U0332571

福建省文艺发展专项资金资助项目

长篇历史小说

聚春园

JU
CHUN
YUAN

陆永建——著

海峡出版发行集团 | 海峡文艺出版社

图书在版编目(CIP)数据

聚春园/陆永建著. —福州:海峡文艺出版社,2024.
11

ISBN 978-7-5550-3925-9

Ⅰ.TS972.182.57

中国国家版本馆 CIP 数据核字第 2024ZG6471 号

聚春园

陆永建　著

出 版 人	林　滨
责任编辑	蓝铃松
助理编辑	吴飔茉
出版发行	海峡文艺出版社
经　　销	福建新华发行(集团)有限责任公司
社　　址	福州市东水路 76 号 14 层
发 行 部	0591－87536797
印　　刷	福州力人彩印有限公司
厂　　址	福州市晋安区新店镇健康村西庄 580 号 9 栋
开　　本	889 毫米×1194 毫米　1/32
字　　数	345 千字
印　　张	15.375
版　　次	2024 年 11 月第 1 版
印　　次	2024 年 11 月第 1 次印刷
书　　号	ISBN 978-7-5550-3925-9
定　　价	68.00 元

如发现印装质量问题,请寄承印厂调换

目　录

楔　子

　　雨，纷纷扬扬，洒落在店外老榕树上。雨水凝聚在叶间，顺着卷曲飘拂的长须滑落，在地上泛起一圈圈涟漪。疾风吹过，枝条如裙裾漫舞，雨滴伴着根须随风飘荡，急促而张扬，时而拍打着高大的躯干，时而飘向空中。

　　这是台北市大同区迪化街上的"叶记台菜"店，招牌满是古早味，店面尽管普通，却每日顾客盈门。

　　已是中午，不太宽敞的门店只有八张饭桌，掩闭的玻璃门上被雨水蒙上一层雾，朦胧中不见食客进出。往日天晴时，此刻门口早有人排起长龙，等待品尝叶记祖传的招牌菜"顶级佛跳墙"，而能坐在店内用餐的往往是提前数月预订好的幸运者。

　　店内，有一桌坐着五位客人，桌上是"淡糟香螺片""沙椒牛柳条""雪蛤绿西榄""灵芝恋玉蝉"，以及一小坛"佛跳墙"，他们边饮酒边低声交谈着。

　　另有两位六十岁左右的老人，在店内一角靠墙的桌边相向而坐，一位老人感觉到冷，用手抓着大衣裹了裹身子。另一位老人不疾不徐地泡着茶、烧水、烫壶温杯、投茶、注水、出汤，动作熟稔，一气呵成。

对面的老人端起杯子，闻了闻："阿宏，你喜欢大红袍？"

"阿爸喜欢茶，我也跟着喜欢，孩子们就买了各种各样的茶回来。"阿宏边说边啜了一口，发出"吸溜吸溜"的声音。

老人看着杯里袅袅的茶香，端在手里，并不急着喝，侧身向阿宏打听："听说，俊杰收到邀请函了，要和淑瑧一起过去？"

"我就说嘛，平常请你阿健来，你都不来。今天下着雨，天又冷，你还巴巴地坐的士赶来，总不会为了喝这杯茶。"阿宏取笑道，卖着关子。

名叫阿健的老人伸出手，拍打着桌子："你个老东西——"见用餐的客人投来好奇的眼光，他压低声音，按捺不住心里的激动，一字一顿地说："那是聚春园的请帖，如果你阿爸在，该有多高兴？"

阿宏若有所思：是呵，如果阿爸叶仲涛在世，能回聚春园，他该有多高兴。外面，淅淅沥沥的雨落在屋顶上，发出叮叮当当的响声，夹杂着时而飞驰而过的汽车声。阿宏听而不闻，思绪仿佛飞过迷蒙的烟雨、苍茫的群山、浩渺的海峡，停落在故乡福州聚春园门前的大榕树上。

1949 年 8 月 16 日，聚春园厨师叶仲涛和妻子抱着年仅五岁的阿宏登上了开往台湾的轮船，他们没想到，仅一水之隔，这一走便整整五十年。

到了台湾，叶仲涛进入官员府邸担任厨师，官员是福州人，叶仲涛偶尔也根据府邸提供的食材煮几道聚春园的传统菜肴：荔枝肉、酥鲫、南煎肝、封糟鳗、全折瓜……至于佛跳墙，因物资短缺，只能每年除夕时做一次，勉强应个景。吃完年夜饭，阿宏听到父亲总会反复低吟着一首诗："乡心新岁切，天畔独潸然。老至居人下，春归在客先。岭猿同旦暮，江柳共风烟。已似长沙傅，从今又几年。"阿宏知道，父亲又想家了。

日子尽管不富裕，一家子的温饱尚有着落，阿宏在上学之余，也帮着父亲叶仲涛在厨房里打打下手。如此安稳地过了三年，有人秘密举报，阿宏的祖父叶鹏程曾是游击队政委，在台湾戒严时期，这个罪名足以让叶仲涛掉了脑袋。幸亏该官员出面力保，多方活动，叶仲涛被关在监狱两年后，放了出来。

两年间，阿宏无法继续上学，只得跟着母亲替人洗衣服、四处打零工，勉强糊口。母亲在迪化街一家饭店找到洗碗、洗菜的事情做，迪化街是台北重要的南北货、茶叶、中药材及布匹的集散中心，很热闹，饭店的生意也还不错，阿宏跟着母亲也算有了暂时的安身之处。

1954年，叶仲涛也来到了饭店，要的工资不高，手艺又好，老板便辞了原来的厨师，留下了他，除了煮一些台湾口味的菜，余皆以福州菜为主，名气打出去后，吸引了远远近近福州籍的食客。俗世烟火，最能留住人心，他们虽经年漂泊，千里之隔，仍能从叶仲涛的手艺中想起聚春园，想起那份故里乡情。

一晃，十五年过去了，1969年，老板辞世，无儿无女，叶仲涛接手饭店，取名"叶记台菜"店。过了两年，妻子去世，叶仲涛也六十五岁，早已把毕生所学传给儿子，便由二十八岁的阿宏接管了饭店。叶仲涛闲下来了，时常搬一条凳子坐在门口发呆，阿宏知道，父亲又在思念聚春园了，那里是父亲心底浓浓的乡愁，无法阻挡。

1987年，台湾当局开放台湾民众赴大陆探亲。细线如故土，游子似风筝。岁月流逝，叶仲涛与聚春园之间的那根风筝线，藏在他心里，从未断过。但叶仲涛已是耄耋老人，风湿严重，卧病在床，无法行走。而他在大陆也无亲人。

"两年后，阿爸去世了。没能回聚春园看看，是他这辈子最大的遗憾。"阿宏悠悠地说。

此时，店内用餐的五位客人吃好，站起身，付完账，准备离开。店老板叶俊杰走出来，问："几位，味道如何？"

"很好吃，全部光盘啦。特别是佛跳墙，回回来都吃光光的。"客人赞不绝口，推开玻璃门走出去。外面，雨已经停了，一股清新的空气吹进店来。

叶俊杰走到阿宏身边坐下："两位爸爸，聚春园发来请帖，我和淑瑧决定带你们一起去。"

阿健站起身，高兴地挥挥手："乖孩子。"淑瑧是他的女儿，俊杰是女婿。

阿宏开着玩笑："你呀，沾了我儿子的光。"

"你难道不想去看看？听淑瑧说，他们要开什么闽菜标准化的研讨会？是要把全世界佛跳墙做成一个样？哎，你说，这是不是跟那本秘籍有关？"阿健性子急，连珠炮般好奇地问。

"什么秘籍，阿爸也没见过，只听说他爷爷那一辈争得你死我活。"

"一定有秘籍，不然，柬埔寨西哈努克亲王、美国总统里根访华的时候，聚春园的厨师怎么可能两次被请到钓鱼台国宾馆做菜？听说佛跳墙，还是国宴上的首席大菜。"阿健很相信自己的猜测，接着说，"如果没有秘籍？佛跳墙怎么可能获得大陆的什么'金鼎奖'？听说是商业部颁给烹饪界的最高奖。我看，你这叶记佛跳墙不错，这次去，把他们的秘籍要来，让孩子们也去得个奖，好多多赚钱。"

阿宏在旁听着，忍不住打断他："聚春园邀请俊杰去，是因为现在两岸一家亲。无论怎样的聚散离合，经历多少风雨，打断骨头都连着筋呀。"他又想起了叶仲涛："我们每个人从小的味觉记忆里，都有家乡的情怀。无论来自哪里、走向何方，身在异乡的中国人，都在一道道美食传承里，感受到对家乡的眷念。"

俊杰在台湾出生，在台湾长大，对此次祖国大陆之行充满了好奇和向往，问："爸，什么秘籍？你跟我讲讲。"

阿宏疼爱地看着儿子，道："'富有之谓大业，日新之谓盛德'。历风雨而枝繁，经暑寒而叶茂，积厚重而出新。百年时光匆匆而过，聚春园的底色始终不变，并打磨出属于自己的光泽、自己的秘籍。"

150 年前的那个秋日，叶仲涛的曾祖父叶倚榕推着小车，离开他开的"猴店"，前往福州，在街头，遇到了石衙厨，那时，阳光正好，风过树梢……

第一章　起苍黄

一

出了福州东城汤门，早年护城的城壕已半废，很多城壕已经填了一多半。那条宽阔的大道依旧平坦，直通向东。大道两旁，随处可见繁茂的榕树，榕根盘根错节，榕须随风飘荡。

这些榕树长得旺，因其年代久远，有些甚至在宋代就种植了。那时，福州由知州张伯玉主政，城内河沟众多，居民虽有用水的便利，却因堤岸无草木保护，也饱受旱涝之苦。加上福州气候炎热，每到夏天满城火辣辣的骄阳，百姓得热病者众多。

张知州遍访里巷，得知榕树生长快、冠幅广，根能固堤，冠可遮阴，便张贴告示："令通衢编户浚沟六尺，外植榕为樾，岁暮不凋。"他动员福州百姓按照户籍编制，沿街每户在指定的地点或道路两旁挖沟、种树，种活一棵、赏银一钱，不种或毁树者处以罚款。他在州衙门口左右两边各种了一株，亲自倡导示范。因此举得民心、合民意，种植榕树迅速成为福州要事风潮，几年后，福州的暑热得以缓解。任何时代，百姓都拥护爱民的官员。张伯玉虽在福州上任时间不长，却以"三年宋太守，十万绿榕树"的实绩赢得了福州百姓的敬仰与怀念。"编户植榕"一事,《福州府志》做了记载:"熙宁以来,绿荫满城,行者暑不张盖。"

福州因榕树众多,久而久之就被称为"榕城"。

九月初六,东门外几株老榕树,挂下一篷篷茂密的"胡须",像是几个龙钟老人,懒洋洋地挤在一起打盹。午后的阳光透过树叶的缝隙洒在地面,形成一片片斑驳的光影,随着风的吹拂摇曳生姿,犹如大地的指纹,独特而美丽。

再往东去七八里,就是灰炉村。村民们原本经年漂在水上,此时虽已迁居上岸,但生活习惯一时难改,仍以撑船捕鱼为生,常在附近的晋安河和周边的湖塘钓虾、捕鱼,将鱼获拿到东门内外的市场兜售。

村口的老榕树下,有一爿小店,飘扬的灰布幡上,黑色的"园春"二字镶着红色的丝线。店内东北角,垒一柴火灶。屋中间,三张槐木方桌,十来张椅、凳围在桌子四周。店主人名叫叶倚榕,生于嘉庆二十五年(1820)三月,这时三十一岁。夫妻二人经营着小店,靠着勤快实在,虽谈不上门庭若市,倒也能顾住温饱。

可今天,叶倚榕却面露愁容,站在店门前蹙眉:"我们这猴店,靠着乡亲们帮衬,以前也还过得去。可你说说,为何最近,我总是心神不定?"

"你呀,还不是看到城里热闹,想着捞大钱。"老婆陈氏正在熬汤,手里的勺子一刻不停地在锅里搅着。

"去城里有什么不好?通商的人多了,钱也就多了。城里有钱人赚钱就像发洪水,我们趁机抓点小鱼小虾米,多好啊。"

陈氏性格温顺,对叶倚榕向来言听计从:"行,都依你,你愿意怎么闯荡，我都随你。大不了，还回福清南门外，种田养牛，总有一口饭吃。"

　　"你这女人，福州城不来便罢，来过了，还回得去吗？"叶倚榕仰着头，眯着眼看了看耀眼的日头，撩起短褂衣襟边擦了擦脸，"今年也不知怎么回事，都快重阳了，还这么热。"

　　"依我说，不是天气热，是你的心燥热。男人这心啊，真是见的世面越多就越野。"陈氏不住地摇着头，"你表哥不是在城里吗？你既然想去试试，何不先去问问他呢？"

　　叶倚榕的二姨嫁给了福清的一个裁缝，生下表哥邓旭初，后来，一家子到福州城的鼓楼街开了一间裁缝铺。二姨、二姨夫现已因病去世，裁缝铺由表哥经营。在叶倚榕夫妻俩看来，邓旭初是城里人，为人精明，见识广、看得远，遇到这种难以决断的家庭大事，请他帮忙拿拿主意，总不会错。

　　"唉，一个猴店我都做不好，这男人当的，窝囊。"叶倚榕抽着烟，慢悠悠地走到老榕树前，坐在树旁的石凳上，狠狠地吸了两口，朝空中吐着烟圈。

　　远远地看着丈夫在出神，陈氏默默地拾掇着。她想，男人想去城里就让他先去吧，客人随时会来，她不能跟着一块儿停下。毕竟，城里的前景再美好，还只在镜子里照着，那么虚幻。小店能多开几天就多开几天，抓住眼前的每一个小钱，才是踏踏实实过生活。

　　叶倚榕口中的猴店，是指开在城郊的这类小店，俗称"郊店"，因福州话"郊""猴"谐音，就被人们昵称为"猴店"。

　　叶倚榕一心想到城里去的想法，根源于五口通商。而五口通商，又与十多年前林则徐在广东开展的销烟运动有关系。

当时，鸦片在中国泛滥，国民甚至以吸食鸦片为荣，把它当成提神醒脑的补药。可是，此中毒害终究日益显现，洋人深藏的恶毒心机大白于天下，鸦片是社会毒瘤成为共识。股肱之臣、湖广总督林则徐为国运筹，得道光皇帝允许，长国人志气，虎门销烟，令朝野大振。

一个壮举，惊醒了国人，刺痛了英国人，成为林则徐生命中最亮的一道光，也成为他的一道坎。

虎门销烟，让林则徐闻名中外，道光帝对他的功绩大为赞赏，直呼"可称大快人心事"！不久，林则徐五十五岁生日时，道光帝亲笔书写"福""寿"大楷横匾，差人送往广州，以示嘉奖。

烟土被缴，英人大为恼怒，驱动坚船利炮，誓要轰开"利益之门"。清廷官军与民众几番抵抗，终因"不对称"的战争劣势，败下阵来。

当此关口，林则徐遭人构陷，道光帝打起了太极，将林则徐革职，遣戍伊犁；转过身，又与英国签订了丧权辱国的《南京条约》。

作为重要条款之一，条约要求中国开放广州、厦门、福州、宁波、上海五处为通商口岸，道光二十二年（1842）八月二十九日，在这五城开始实行自由贸易，史称"五口通商"。至此，中国与世界通商的海上通道被强制开启，幅员辽阔、人口众多的中国，迅速成为西方列强觊觎的肥肉，一艘艘载满货物的大船开进中国港口，吸走中国人的金银。

一转眼，现在已是道光三十年（1850）。为何八年过去了，叶倚榕才想起要到城里碰碰运气呢？

原来刚刚开始通商时，叶倚榕虽时常在福州城内看到洋人，总觉得与自己无关。但是，慢慢地，叶倚榕发现，繁荣的码头开进越来越多的洋舰，城内卖的东西越来越让他看不懂。渐渐地，城外也出现了一批又一批外地饭馆，引得就连那些平日里总在他小店吃喝的常客，也时常呼朋唤友凑钱去尝鲜。虽说他的"园春"猴店一时还不至于倒闭，但他已经感觉到了危机，同时也醒悟到，这是一个绝好的机会。同样是炒菜，烟熏火燎，既然别人能到城里开店，自己为何不能去城里试试？这几年，虽不富裕，但也小有积蓄，不似当初从福清老家出来时那么困顿。老话说：树挪死、人挪活，总没错！他暗暗给自己打气。

一通商，人心都动摇了！东护城河南段，那座著名的瑞云庵，依托庵内栽种的一棵"江家绿"、一棵"十八娘红"荔枝树，搞着玄妙的调调，烹制"荔枝宴"，佛音氤氲间，宴飨宾客。传闻，十日只备一席，其余时间，均谢绝食客。这一席，不但要提前预订，也非有钱就可订，更须得尼师妙云首肯方可。可世道就是这么奇怪，愈是这样，世人愈发趋之若鹜，听说，今年已经订到了腊月。

抽了两袋烟，叶倚榕下定了决心，不想那么多，今天就到城里去，说不定时来运转呢。他收拾好两袋子红糟打算顺道去卖，又给表哥带了几盒自制的福饼，推着木制小车上路了。

走了三四里路，路过一处山沟。这片荒凉的树林，杂草丛中，有很多洼地，叶倚榕不禁加快了脚步。这地方，前不着村后不临店，常有夭折的婴儿被丢弃在这里，平日里瘆得慌，经过此处人人都加快脚步。叶倚榕此时顾不上扭头，只管往前走。这里，埋着他第一个因病夭折的女儿，才四个月大，一逗就会笑，还会咿咿哦哦叫个不停，可惜一场高烧后，人就没气了，陈氏哭天抢地，也病了一场。趁着天黑，他挖了个坑，把女儿偷偷埋在了这里，只要想起那张清秀的小脸，心里还会隐隐作痛。

脚下加快步伐，除了风声外，叶倚榕听到树林里有女人的哭声隐约传来。虽是申时，太阳还在空中，但听见这一阵阵悠长凄惨的哭声，不禁毛发悚立，起了一身鸡皮疙瘩。哭声渐渐近了，叶倚榕听得心中酸楚，忍不住停下车朝路右边的树林看去。

距离十多米远，一位中年女人穿着破烂，瘫坐在地，号啕痛哭，哭声凄厉而哀伤，充满了绝望、无助。叶倚榕扭头看看，四下无人，本不想招惹麻烦，可他自幼心善，就想着好歹劝说一下。

走近一看，女人面前的茅草沟里放着一个卷着的席子，女人只顾恸哭，没有觉察到有人靠近。

"大嫂，你这是遇到什么难事了？莫要哭坏了身子。"他俯身温声劝慰，一时不知该如何是好。

一男一女，在这荒郊野外，实在不好伸手拉起她。

女人止住哭声，抬起头，抽噎地说："阿哥呀，你只管走你的路，让我哭一哭，要不憋也憋死了。"

"你这是怎么了？"

女人扯着嗓子又哭了几声，才抽泣着断断续续地说："这是我丈夫，三天前……还不起陈泗爷的钱，活活的一个人，又是狗咬，又是毒打……肋骨都碎了……这狠心的陈地主啊，吃人不吐骨头……"

叶倚榕听她说得凄惨，不禁替她难过，心生怜悯，从口袋里摸出十多个铜钱，递过去："我也帮不上大忙，就当送大哥一程吧。大嫂你也别哭了，日子好歹要过下去的，孩子还等着你回家呢。"

不说家还好，一提起家，仿佛戳中了女人的心肺，她又大声号啕起来："我苦命的……儿啊……你不该早走……冤死的男人啊……这没天理的……叫人怎么活啊……"哭着哭着，竟然从怀里掏出一把剪刀，朝着胸口猛地用力一扎，"噗"地冒出一股鲜血，喷到席子上。顷刻之间，叶倚榕来不及阻拦，吓得急忙向后一躲，眼睁睁看着女人挣扎抽搐，最终气绝而亡。

叶倚榕匆忙回到小车旁，惊魂未定地推着车子朝前急走，心神不定，懊恼起来：真不该去招惹这女人，晦气。

可往前走了几十米，他喘着粗气，停下脚步，又开始自责：真是心硬。见人如此可怜地死去，不管不顾，你算什么人？

叶倚榕站在原地，本想等一等，或许有个人来，一同回去掩埋了夫妇俩，可左等右等，愣是没有等来一个人。他想着回去掩一掩土，又怕惹上官司，反复踌躇了许久，终究还是不忍心，便折返回去，找了些干枯的树枝，遮住死去的夫妇，取下车上的秤盘挖了些浮土盖在上面，便朝着福州城急奔而去。

一进汤门，路两边所见，全是杂乱的军营旧房。这里原是"罾蒲坊"和蒙古营，元代驻军最多时曾达两三万人，因此留下许多旧房子。穿过"火巷"（官兵烧火做饭的地方）朝北不远，汤涧庙香烟袅袅，隔着老远就能闻到一股蜡烛混合黄表纸燃烧的味道。庙门口或站或坐着五六个衣衫褴褛的乞丐，头发蓬乱，脸色发青，眼神呆滞，赤裸着双足，手里捧着破碗，见到有人走近就伸出去，嘴里嘟囔着："施主行行好，行行好……"

叶倚榕走过去，掏出几枚铜钱，每个碗里放了一枚。

他站到香炉前，闭目祈祷：如今这年头，谁活着容易啊！皇帝老儿只顾自己享福……也罢，今天这两口子也算是解脱了！菩萨保佑，让他们来世转个富贵人家……

他推着车子往前走，满眼所见，最多的是"青甲池"等诸多温泉。因资源丰富、价格低廉，温泉生意很是红火。劳作了一天，汤客们在洗洗涮涮间相互谈笑，除去一天的疲惫，甚是畅快。

叶倚榕此刻没了在家时的踌躇满志，蹙额颦眉地穿过汤门大街，走过澳桥，经过将军府、左都统署，晃晃悠悠地向北拐去。今晚，他要在鼓楼街表哥家借宿一晚，正好顺道看看这福州最热闹、最繁华的地方。

傍晚时分，红霞满天，叶倚榕累出一身汗，见天色还早，便将车子停靠在街边一个拐弯处，边擦汗边将布袋口散开，露出红糟，喊了两嗓子，吸引顾客。

过了半个时辰，偶尔有几个路人上前，只是看看、问问，并无人购买，叶倚榕见天色不早，就准备收摊去找表哥，晚上好好商议。

就在这时，一个上岁数的男人走到摊子边，低下头捧起红糟，用两根手指捻了捻，摊在掌心里，拨弄着反复看。看过，他又放到鼻子下闻了闻，叹了一口气，摇了摇头，无声地放下，准备走开。

叶倚榕见他如此细致，心里升起希望，不想这位老者却摇起了头，不由得心里生出一丝怨气——你不买就不买，何必摇头。

老者准备离开，叶倚榕没好气地问："客人可是不满意？"

老者微微一笑，淡淡地说："还算上品，只不过……"

"怎么样？"

"再看看，再看看。"老者说话间已经移步。

叶倚榕经营小店时也是惯看众人，见老者面色红润，穿着一袭灰白长袍，脑门刮得锃亮，脑后垂着一条长辫，身上依稀可闻到调料味，便猜想是红白案师傅，遂不服气地追问："不买没关系，可否说出此红糟有何问题，也叫我长长见识。"

挑衅意味很浓的话，老者却不以为意，慢悠悠地抒一抒短胡须，又轻轻一笑，说："还不错。"说完转身，抬脚就走。

走出去两步，听得叶倚榕背后嘟囔："何必故弄玄虚，瞧不起乡下人。"

老者一听，站定脚步，身子不动，扭过脖子，问："非要说个一二？"

叶倚榕梗着脖子，直直地回一句："不能欺负人。"

老者转回身走到摊子前，抓起一把红糟，拨弄着问："你也是庖厨？"

叶倚榕点点头。

"红糟，隔年最佳，你这，最多十个月。"

这是年前腊月酿酒的酒糟，叶倚榕没想到老者一眼就瞧出门道，可他不愿就因这一点认输，便模棱两可地说："再说。"

"糟有干、稀两种。干糟，经烘干处理，酒香浓郁、偏咸；稀糟，稀释而成，酒香淡、略酸。你这物件，是稀糟，我没说错吧？"

叶倚榕惊奇地瞪着眼睛看着老者，拱了拱手。

"颜色红褐或深红，质地细腻，无杂质，少颗粒；酒香浓郁，咸味足，香味久，才算是色、香、品俱佳。你闻闻，这红糟，细闻有腥气，不是福建老酒酒糟吧？"

这样一说，叶倚榕也拿起红糟，放在鼻子底下，使劲儿嗅了嗅，果然有轻微的腥味，听老者断定不是福州老酒坊产的酒糟，顿时肃然起敬，作揖道歉："小的不知这普通红糟竟然有如此玄机，多谢

15

赐教。"顿了顿，他试探地问，"先生可否教教后生？"

老者呵呵一乐，亲切地说："你在哪里高就？"

"我叫叶倚榕，在东门外开猴店，听说城里人稠钱多，想来城里谋生。"叶倚榕老老实实地答道。

"哦？便是卖这红糟？"

"也不是，今日第一次卖，想着来寻生意，还没眉目。"

"住在哪儿？"

"准备住我表哥家，他在鼓楼街。"

老者听了，仔细端详叶倚榕，个头高挑，方正国字脸，朴实憨厚，又听他说话老实，便有心帮一把，柔声说："乡下人活得不易，你若有心，明日可来按察使署找我，给衙门做些事吧。"说完，不再搭话，一脚踏进了暮色中。

望着老者模糊的背影，叶倚榕愣愣地站在原地发呆，愣怔片刻，猛地一拍额头："坏了，忘记问名姓了！"

天黑了，叶倚榕弯弯曲曲穿街走巷来到表哥家，邓旭初打开门，一愣，叶倚榕急忙说明来意，把红糟、福饼交给他，谈了今天遇见的事。邓旭初劝他："以后，你尽量少惹事。再说，城里的钱也不是那么好挣，当然，找个苦力活挣钱快。不过，我这也不宽敞，住几日无妨，住久了你也不方便。"

叶倚榕听了，默不作声，决心来日要去碰碰运气。

翌日一早，叶倚榕便来到福建按察使署前。但见门口的守卫腰间挂刀，戒备森严，心里惊惧，就迟疑着不敢靠近。

清承明制，地方省政府设按察使司和布政使司两大职能部门，合称"两司"。按察使主管一省的司法与监察，全名"提刑按察使司"，一般称"按察司衙门"。论说起来，"按察司衙门"是省级部门，但主要指按察使衙门，按察使之下的经历司经历、照磨所照磨、司狱司司狱等官员，各有自己的衙门。

叶倚榕面前的福建按察使署，为正三品按察使公署，即百姓口中的"按察司衙门"。按察使，别称"臬司""臬台"，虽是司法主管，但真正的决定权在督抚手中。

衙门前立着一尊威严的獬豸，独角朝天，据说，当人们发生冲突或纠纷的时候，獬豸能用角指向无理的一方，甚至会用角将犯死罪的人抵死，令犯法者不寒而栗。

叶倚榕小心翼翼、慢慢向大门靠近，试探着向里张望，一名守卫板着脸呵斥道："做什么？鬼鬼祟祟的。"

"我找……"叶倚榕支支吾吾地不知该如何表达，"衙门里的大厨。约定好了，让我……"

守卫不耐烦地挥挥手："走开走开，按察衙门，岂是你随便进的地方。"

这时，一位把总在远处招招手，示意叶倚榕过去。叶倚榕快步来到把总跟前，听他说："可是石衙厨让你来的？"

"正是……"

"从这进去，一直朝里走，东北角。不可乱看、乱走。胡仁，你引他去。"把总指着一名亲兵，朝里努了努嘴。

叶倚榕虽然不知道老者姓石，但既然把总有交代，自然就是这名厨师，他又兴奋又惴惴不安，跟着亲兵朝着东北角的厨房走去。

衙门实在大，一排排黑瓦覆顶的小房间里，坐的都是忙碌的官员；走廊长而宽敞，在叶倚榕看来，仿佛进入了皇宫一般，吓得不敢大口喘气。

来到厨房前，胡仁远远指了指，面无表情地说："去吧，石师傅就在里面。"然后扭头朝门外走。

叶倚榕独自慢腾腾地朝厨房走去，心里忐忑不安，不知是祸是福。刚走到门口，就看到椅子上坐着一人，正是昨日的老者。

"见过石先生。"叶倚榕已经断定师傅姓石。

"你倒很守信用。说说吧，可有什么想法？"

叶倚榕站在石厨师面前，局促起来："我不知道。全听您老给安排。"

"你不是说要学厨？"

"先生肯收我？"叶倚榕激动地说。

"先送泔水吧。"石厨师站起身来，说，"这衙门里，自有它的规矩，凡是不明白、不知道的，切不可擅自做主。每日三餐结束，你就负责把泔水装木桶内，用牛车送出城，这份活计，你可愿意？"

叶倚榕本想着到了衙门厨房，能给个体面的活儿，没想到是送泔水，心里颇有些失望，但转念一想，几个人有自己这般好运气，既来之则安之，先站稳脚跟再做别的打算，当即朗声答复："愿意，先生吩咐的，都愿意做。"

"那你去准备一下，租个房，领个出入的信牌，三天后便可来。"

"不用三日，收拾一日，后日就能来。"

石厨师一愣："呵，你倒利索，小店盘出去总要时间吧？"

"有佬妈（福州方言，指妻子）在店里。"

"你也不问问多少银钱？"

"先生不会亏待我。"

石厨师听完，轻声地"哦"了一声，虽然还是面无表情，却微微额首。看着淳朴的叶倚榕，忍不住交代一声："弄一身干净衣服来。"

叶倚榕将身子挺得笔直，大声答道："是。"石厨师朝屋里喊一声："少阳，来一下。"

应声从屋里出来一位面庞白皙的青年，个头中等，与叶倚榕年岁相仿，表情冷峻。

"这是朱少阳，我从京城带来的徒弟。这是叶倚榕，来送泔水的，你带他去签个信牌。"

朱少阳听了，恭敬地说："晓得了。随我来。"

叶倚榕给石厨师作了揖告别，跟着朱少阳走出院子。

朱少阳半路上告诉他，来了这里，要处处守规矩，不然就会挨板子。原先送泔水的老师傅不小心将泔水洒在了衙门口，"你说说，这叫干的什么事？真是晦气。府里老爷生气了，这几日本来要治罪，幸亏师父求情，才免得一顿打。"这朱少阳说话，冷冷的，完全不像石衙厨和气，可叶倚榕知道，自己好歹在衙门里算有个差事，以后得处处小心才是，因此默默记下，生怕少听一句话，将来行差踏错。

出了衙门，叶倚榕到表哥家打了招呼，推着空车子赶回了东门外的园春店。

本想着腾出了一天时间，好思忖店铺如何盘出去。不想，陈氏却接下了一户人家的白事宴席。有心推却，又想到这是白事，耽误了主家，会让人埋怨一辈子，就和陈氏商量好，明日这家宴席，是小店的最后一单生意。

一大早，天还没有亮，叶倚榕就起床，摸黑赶往主家。他想看看羊肉新鲜不新鲜，可别因肉不新鲜做坏了白事上必备的第一道菜"萝卜炖羊肉"。羊有跪乳之恩，家里老人过世，做子女的无法再孝顺父母，便用这道菜寄托哀思。这可是他的拿手菜，将来要让石先生、朱少阳一众兄弟都尝尝才好。

忙碌了一天，晚上，叶倚榕和陈氏交代好盘出店铺等诸般事宜，收拾好衣物。第二天，他到了福州城，还住在表哥家，寻思着要赶紧租下房子，再去按察使衙门。

二

数千年来，福州城北面即有越王山，因形如屏扆，又称"屏山"，是福州原始族民选定的家园。人们住在山上，山脚有闽江，享如此地利优势，既可御敌与兽，又利于取水。如此绝佳之地，自然有大用。汉时，闽越王"无诸"建"冶城"，就将屏山"公为私用"，围入城中，希望借山险水足恩佑王朝天祚绵延。

闽越王随着王朝的更替已淹没在历史的洪流中，但其构设的"山可居、水可供"的理想模式，却在福州一代代延续，经晋、唐、宋诸朝后，福州人口剧增，朝廷遂增扩子城、外城，将南面的九仙山、乌石山亦围入城内。自此，城中有三山，又成福州一大特征，也因此，福州又获"三山"的雅称，宋时福州第一部志书就取名为《三山志》。三山本是阻碍城市扩建的障碍，有心人却"化困为美"，将之变为增色福州的亮点。

唐代时，在乌石山与九仙山中间，福州城又建起东西并列的两座塔：东为"光塔"，全砖构建，外涂白石灰，俗称"白塔"；西为"坚牢塔"，全石叠积，俗称"乌塔"。

三山、两塔，和谐联袂为福州添彩，遂有"三山两塔一座城"之称。

每逢农历九月初九重阳节，阖城民众皆有登高习俗。

上午，按察使苏敬衡和同僚们也借"顺遂民意"趁机放松，登一登屏山，喝酒、赋诗、赏玩秋菊，观碧空如洗、层林尽染、秋色如画，生出几多逸兴。往年，他们去的多是乌石山，山上有许多前朝官员、文人们的摩崖石刻。苏敬衡和同僚、文人也忍不住会提笔诗赋，为山石增辉。

官员们热衷于此节日，名为"敬老"，内心实是取"登高"的谐音，希望借此活动，登上更高的官阶。

屏山脚下早已沿途摆开许多摊位，有卖龙眼的，有卖重阳糕的，有卖咸鱼的，还有理发的、卖书的，林林总总，热闹非凡，人声鼎沸。卖鱼的壮汉在高声招揽生意："瞧一瞧，看一看，早上刚捞的鱼"；卖书的摊前无人问津，瘦高个子的摊主趴在摊位上发呆；挑着扁担卖草鞋的后生一边挤开人群，一边喊："草鞋哦——草鞋哦——"吆喝声、谈笑声和讨价还价声穿梭在熙熙攘攘的人流中，有几个小乞丐追着行人："大爷，赏口吃的"……

阳光斑驳地洒在台阶上，两个亲兵在前面开路："让开，让开。"苏敬衡一行人穿过人群，谈笑风生，走走停停，朝着镇海楼方向拾级而上。赋诗题字，要到山顶的镇海楼内，文房四宝前一日已备好。

镇海楼居福州城最高处，重檐飞角，冲霄凌汉。楼的西边一潭碧水，水面泛着金色阳光，波光粼粼，正是"西湖"。朝南，乌石山和九仙山遥相呼应，似两位"前世同僚"正朝这边张望。

见天朗气清，苏敬衡心情舒畅，朝左右说："镇海楼，我朝有三座，皆是前朝洪武初年为巩固海防而建，一在广州越秀山，一在杭州旧城南关之上，再就是脚下这座了。大家都看看，镇海楼，凭山控海，俯瞰全城，确实名副其实！"

林师爷笑着接话："大人，福州的镇海楼，专为防御倭寇骚扰。这一座，是府城七个城楼的'样楼'。"

"好啊，这些典故，你一定要好好给我讲讲，莫要藏私。"苏敬衡调侃道。

"您看，楼前右侧的'七星罡'，按照北斗七星方位排列，筑此楼以寓'北斗之水厌火祥'之意，护佑全城平安。这些梁柱外饰的木构件，全是实木，表面涂抹的大漆，和城内的民间漆艺，用的是同样的工艺和材料。"

"古人都很讲究啊。"

说话间，来到镇海楼大门前，林师爷急忙说："您往上瞧，这梁架之间施以弯枋，'一斗三升'的建筑结构，可是福州传统手法。"

"好，有你说的垫底，这就好作诗了。苏某斗胆，望各位莫见笑。"

"大人过谦，这世上谁人不知、哪个不晓大人之才。大人高中过探花，苏老大人是嘉庆年间的榜眼，古往今来，这可是稀世罕见。大人不作诗，哪个敢出来班门弄斧。大家说，是不是？"

众人说说笑笑，簇拥着苏敬衡，一起进到楼内，铺纸的铺纸、研墨的研墨，等待苏大人挥毫题诗。

每逢节日，衙厨们最为忙碌。叶倚榕来的第一天就遇到重阳节，他一刻也不闲着，眼明手快，无须吩咐，勤快地帮忙搬运菜蔬、清洗碗碟、整理桌椅。

暮色西沉，按察司衙门后花厅内，苏敬衡和夫人用过晚膳，吩咐上茶、上栗糕。今日的栗糕，是石衙厨亲自动手做的，难度虽不大，但他知道大人很重视这个节日，夫人也特意嘱咐过，他便用上好的米粉制作出皮，以捻碎的栗子和成馅，包成每个二三寸大小，掌勺煮熟。

夫人唤过丫鬟们，从供案上取下"登糕"（福州方言中"高"与"糕"谐音，意为步步登高），切成小块分给众人享用。这登糕，又叫九重粿、登高粿、重阳粿、菊花糕，用米浆和红糖制成，大小约一寸，共计九层，红白相间，出笼冷却后，有的切成三角形、有的切成菱形，每块糕插上彩色的小三角旗，装在黄色的瓷盘中，十分醒目好看。

苏敬衡已过五十岁年纪，上午登了山，有些乏累，嘴里咀嚼着糕点，一阵阵困意袭来，便思忖着晚上早点歇息，不料戈什哈急急来报："总督大人来访！"

苏敬衡忙命人找来长袍换上，收拾出精气神，等在花厅内。

少时，闽浙总督刘韵珂来到厅前，苏敬衡快步迎出，连连致歉："制台大人，有何要事，您吩咐一声，弟即前往，何敢劳驾您跑一趟。"

"伯舆老弟，你好自在呀。"刘韵珂毫不客气，一屁股坐在太师椅上，端起茶碗就喝，"忘了忘了，这重阳节，最是你这鼎甲的风骚日子。老弟在镇海楼作的诗，我可是拜读了才敢来呀。"

苏敬衡，字伯舆，号蕉林。道光十四年（1834）考取举人，道光十六年（1836）考取一甲第三名进士（探花），青年得志，春风得意，一路任翰林院编修、国史馆协修、陕甘副主考，直隶天津府、宣化府知府等职。尤让他骄傲的是，其父苏兆登乃乾隆年的举人、嘉庆年一甲第二名进士（榜眼），他们仿若林中响箭，以"父子二鼎甲"闻名。更巧的是，苏兆登也曾任福建按察使。三年前，苏兆登去世。这不，苏敬衡丁忧刚结束，就被授福建按察使。

听到刘韵珂调侃，苏敬衡半玩笑半认真地回道："那些应景之作，当不得真。制台大人若为取笑苏某而来，莫怪在下要送客了。"说完，哈哈笑着，端起茶碗喝了一口。他这么说，是为刘韵珂留面子。刘韵珂不是科班出身，只是个拔贡。这是刘韵珂的短处，虽说两人是山东老乡，但苏敬衡可不敢在上司面前炫耀文才。

刘韵珂，字玉坡，号荷樵，山东汶上人，此时五十九岁。他于嘉庆十八年（1813）在京城科考中以拔贡身份进入仕途，当时朝考第一，授刑部七品京官，在京候补。后连续七年未被录用，刘韵珂只得在京城租赁房屋苦读。道光初年，刘韵珂经人荐举，撰写了一副才华横溢的对联，被道光帝赏识，从此仕途一帆风顺。先升员外郎，后在安徽、云南、浙江等地任过知府、盐法道、按察使等职。其父病逝后他丁忧三年，丁忧期满即被朝廷起用为广西按察使、四川布政使，道光二十年（1840）升浙江巡抚，道光二十三年（1843）五月，擢至闽浙总督。

两人是老乡，又非正式场合，说话自然就随意一些。

"玉坡兄，你快尝尝，我府中的栗糕，可是正宗得很。"苏敬衡不知刘夜里来访何事，便故作轻松、没话找话。

"不就一个石师傅吗？你夸过多少次了。瞧你吃得白白胖胖，滋润得很。"

"这石厨子还真是用心，闽菜也做得地道，要不要再给你弄一桌？"苏敬衡笑吟吟地端起碟子递过去。

"已用过晚膳，吃不下了。我来呀，是想跟你说两句闲话。我呢……"刘韵珂呷一口茶，叹一口气，"真准备歇歇了。"

"为何呀？"

"为何？你说说，洋人、皇上……如今，还有一个元抚（指林则徐，此为林则徐的字），这日子还怎么过？今日重阳节，我去见了他……确实老了……可脾气，一点不减！"刘韵珂捋着下巴上的胡须，皱起了眉头，"三月，元抚回到老家侯官养病，我去看过他，叫他好好养着。"他想起半年前的情景，不禁摇了摇头。

"可他就是停不下，这不到了五月，可恼的英国人硬要在乌石山神光寺居住，在山上和南台都要建洋楼，我当然不会同意。元抚更是反对，还鼓动福州士民，闹了一场又一场，提出定要驱夷不可。非但如此，他还在病中，却数次乘舟视察五虎门、闽安海口这些地方，告诉大家炮台、炮位要怎么布置。你瞧瞧，这不是鼓励民众闹事吗？"

"玉坡兄，你消消气，元抚大人是侯官人，自然要保卫家乡，你也多体谅。当然，这事发生时，我还没来，没有发言权。"苏敬衡是五月接到的任命，一路颠簸，来到福州任上，已经快七月了。

"伯舆啊，元抚那刚烈的性格你又不是不知道，和洋人势不两立，我不好多说什么。就这，我还得罪了言官，弹劾我一味妥协，当今皇上也申饬，难啊！"刘韵珂用力揉着两个大眼袋，身子困乏地靠在圈椅的背板上。

苏敬衡正抽着烟，一下呛住了，连续咳嗽了七八声："跟玉坡兄交个底，我已经递上折子了，福州天气潮湿，我这病，在这里发作得厉害，简直要人命。现在就等皇上的御批了。”

“什么？你倒先下手了，也不给我透个信儿。”刘韵珂吃了一惊，直起身子。

“这病，拖不得了。”

“这么严重？瞧过郎中吗？你年纪也不大呀？”

“不小了，今年五十岁出头了，就这三五年，觉得一天不如一天，天刚黑就犯困，昏昏沉沉，浑身无力。”苏敬衡又连着咳嗽了几声，喝了一口茶才压住。

“伯舆啊，万万要多保重。”一时，刘韵珂不知拿什么话来安慰苏敬衡，便转了个话头，“还有个事，我可提醒你，要注意牢里的那些个犯人，广西那边听说六月已经起事了，洪秀全的‘拜上帝会’，连着打了几个胜仗，气焰嚣张得很，可不敢叫有人作祟，撺掇监牢里的亡命徒们。”说着，他凑过头、压低了声音，“我可听到线报，说是你府上有个叫胡仁的，收了外面的钱……”

苏敬衡吃了一惊，“还有这事？”鼻子哼哼两声，“我倒要看看，这是吃了什么熊心豹子胆。”说完拱了拱手，“多谢玉坡兄教导，看来，我睡觉也得睁着眼。”

“福建连年灾荒，战事又多，催粮逼税，成了常事，老百姓日子不好过，能不仇视衙门？闽浙乃边疆要塞，少数民族多，民风犷悍，唉，乱糟糟的。当今皇上少年得志，也听不进话，咱这老臣，怕是不中用喽。”

“你可是封疆大吏，不能打退堂鼓啊。”苏敬衡劝说道。

“朝廷已下旨，让元抚上京，我看是要他到广西镇压拜上帝会起义。可他病恹恹的，都难，都难。”道光皇帝已于正月宾天，此时是 20 岁的咸丰执掌社稷。

"想想你当年，抵御洋人，那真叫一个热血澎湃、慷慨激昂啊！"苏敬衡有意为他提劲儿。

确实如此。鸦片战争伊始，英军久攻厦门难以取胜，便乘浙江防务空虚之际，攻占定海。防御不力的浙江巡抚乌尔慕额被革职，朝廷紧急将刘韵珂调任浙江。刘韵珂马不停蹄，到宁波后，安抚难民，亲赴前线，加强沿海巡防，与将士襄筹收复定海。闽浙总督颜伯焘亦强力主战，二人联名奏请朝廷起用林则徐、邓廷桢等主战派人士。

说到往事，刘韵珂悠悠地说："那时战事正紧，招宝、金鸡两山隔港对峙，可港口只有三百余丈宽，为了防英舰闯入，我和元抚大人商筹，购买长大木桩，从港口偏旁，层层扦钉，填塞石块，或明或暗，疏密相间，将江门束窄，敌船难以直闯，我炮台却可会攻，攻防两利。我们二人联手作战，真是酣畅淋漓，好不痛快。元抚大人在对敌方面，确有过人之处，满朝文武，很难寻到第二个这样坚如磐石、毅如钢铁的卫士！唉，行高于人，众必非之。终有那么一帮小人红了眼，要进谗言，他被贬谪蛮荒之地伊犁。这是命？依我看，是他不懂妥协啊！"

"你别光说他，你不是也顶撞过先帝！英贼攻得急，先帝下令各省撤兵时，你抗旨不撤，还上奏折说'臣自上年蒙恩擢任来浙，以英逆胆敢犯我瀛壖，切齿痛恨，欲加痛剿，以泄愤懑，而振国威……'你说说，这是不是受元抚大人的濡染！"

刘韵珂不再言语，回忆起了定海血战。在那次保卫战中，守卫定海的三个总兵葛云飞、郑国鸿、王锡朋率军五千，鏖战六昼夜，血流成河，终因力竭战死，定海失陷。钦差大臣裕谦也在镇海兵败后，羞愤中投水而亡。宁波守城的兵勇见势不妙，纷纷溃逃，宁波亦陷英国人之手。

接二连三的失利，人人自危，刘韵珂却沉着应战，做出部署，下令在籍的布政使郑祖琛率师扼曹娥江，总兵李廷扬、按察使蒋文庆、道员鹿泽长驻守绍兴，发出号召，鼓励军民死战，迅速招募兵勇两万人，坚守杭州府。同时，扼守重要关口，清除通敌内奸，招抚河匪十麻子投降，共同抗击英军，保住了省会杭州和绍兴等战略要地。

回忆起往事，刘韵珂的话就多了起来。

直到临近子时，苏敬衡与刘韵珂还在花厅里商谈。下人们强打精神等候着，生怕突然喊到自己，怠慢了受罚。厨房里，石衙厨和叶倚榕等人也不例外，大锅里温着热水，叶倚榕不时地往灶膛里添根柴续着火，随时准备听候按察使大人吩咐。

等到刘韵珂大人坐上轿子走了，叶倚榕在厨房里收拾好剩菜剩饭，装入木桶，搬上牛车，准备运送到城外填埋场。这些，都是经过处理，不能再用的。那些老爷、夫人们夹了几筷子，从桌上撤下来尚可食用的，早就被下人们留下了。

叶倚榕和早先负责送泔水的老头赶着牛车，从边门出来，准备拐个弯上大街。黑暗中，迎面沉默地走来几个人，一个亲兵在前面提着灯笼，后面两个亲兵架着一人一瘸一晃地走，那人被五花大绑，嘴里塞着布团，依稀看到有一股股细细的血从脑袋流到脸上。经过身边，借着微弱的光，叶倚榕定睛一看，心里突突地跳了几下：这不是前几天带自己进府的胡仁吗？这是造了哪门子的孽？尽管满心疑惑，也不敢张口叫。

驾着牛车往前，行至半道，飘起了小雨。老头披上了蓑衣，叶倚榕没有准备，只得淋雨干挺着。回到衙门，收拾妥当，已是子时末了，叶倚榕匆忙回到表哥家。躺在床上，闭上眼，那张满是血的脸就浮现出来。好不容易挨到天亮，想找表哥说说，想起朱少阳的警告"少管闲事"，又把话咽了回去。

一连十天，叶倚榕只管送泔水，很少说话。这天到了城外，老头恨恨地开了口："歹狗（闽方言，指无赖之徒）！"

他牙缝里挤出这样的话，叶倚榕丈二和尚摸不着头脑，不知何故，懵懂地望着老头，想，这几日也没有得罪他，这是怎么了？

"送个泔水，想着法压榨，这是不叫人活。"

叶倚榕好奇地问："谁？"

老头知道干到今天为止，也不管不顾了："那贼长随（官府雇用的仆役。多为官员信任的人），仗着按察使喜欢，到处盘剥。我一个送泔水的，他也不放过。"

"这么说，不是因为你洒泔水在衙门口才辞退的？"叶倚榕问。

"不—过—是—借—口。"老头愤懑地一字一顿说道，瞧见黑暗中一盏灯笼靠近，"啪啪"拍了两下手掌，"罢了，我也是看你实在，就告诉你，免得也被那货刁难。"

未及多言，提灯笼的人已经靠近，也赶了一辆牛车，不多说话，示意叶倚榕把木桶里的泔水倒入他的车上。随即，递给老头几个钱，赶着车消失了。

老头见四下无人，才告诉叶倚榕，这些稠厨余，可以卖钱给养牲畜的人，方才那人，就是做这门生意的头头。

"这几个钱，回去需要拿出些孝敬李长随，切莫落得和我一样下场。我就是这个月送钱慢了，才被找借口辞退。这不，明天，我就不用来了啰。后生，你说说看，我一把年纪了，还能到哪里寻活计？老了，不中用了，饿死得了。"

叶倚榕又是感激，又是心酸。在身上搜了一遍，全身上下只有十来个铜钱，他硬塞给老头。老头推辞不要，叶倚榕抓着他的手，让他不要再推让。老头那根干瘦的辫子在夜风中微微抖动着，双眸深陷，脸上的皱纹如刀刻般纵横，脸皮松松垮垮往下垂，手里攥着那把铜钱，哆哆嗦嗦地说："后生，你是个好人，这世道，人善被人欺哦。"

叶倚榕觉得，自己的日子能过，送泔水，衙门也会发薪酬，这就够了。他和收厨余的头头接上头后，把这些钱一分为二，一份给了李长随，一份送去给石衙厨。

石衙厨名叫石宝忠，叶倚榕自从来了衙门后，就一直叫"先生"。他还不敢叫师父，怕石衙厨不认可。

石宝忠接到叶倚榕送的钱，也没推辞，伸手接过、收下。

九月廿五，苏敬衡因病免职，离开了福州。按察司衙门调来一位新按察使，名叫查文经，此前任淮阳道台。

主官换不换，衙门仍朝南。只不过，换一次新主官，大厨们就要紧张一段日子，摸索新来老爷的口味和好恶，这需厨师们观察、琢磨，依靠老爷每次吃剩的饭菜来判断。

譬如来的这位查文经大人，字耕六，一字少泉，是湖北京山县人。和原先苏敬衡大人的口味大不相同，此人虽已五十九岁，却餐餐少不了辣椒。这就需要厨师用心研究，如何将辣椒融入原本以清淡为主的闽菜中。

他的性格也与前任迥异。查大人作风严谨威厉，手下官吏都很惧怕他。到福州上任不久，他就发现此地有重男轻女的劣习，有些人家生下女婴后，或丢入河湖池塘中溺死，或用被子捂死，或按入水桶溺死。更有甚者，当地妇女丧夫后，还会被迫殉葬。他知道后大怒："这还了得，此风不禁，闽地与野人何异？"他当即下令严禁这种野蛮风俗。

这日，衙门前有人来报。郊区有一陈姓人家，家里有待产的女人，昨夜，邻居听到他家闹腾了半宿，子夜时分还听到过有婴儿的哭声，天亮后，邻居过去探听，陈家回复并未生产，也不见那待产妇人。查大人派出衙役前往查看，果然，陈家半夜生产的女婴已被掐死埋到后院菜地。陈家除刚生产的妇人外，其余人等全被抓到衙门，打了板子、枷刑示众。如此，严厉惩处了几处不服从命令、暗地里行事的人家，此风很快绝迹。

叶倚榕连续埋头干了三个月。日常并不与人闲聊，每日送泔水之外，就帮衬他人干活，不久，就赢得众人的喜欢。

腊月廿四，伺候着衙门摆弄完小年祭灶，夜已深。忙活了一天，大家都陆续离开了，叶倚榕默默在厨房收拾着，手上裂开的口子里不断渗出血珠。寒风吹过，他缩起脖子打了个哆嗦。

石宝忠走过，见他穿着一件灰色的破袄，心疼地问："这也每日挣钱，你何必如此寒酸？"

叶倚榕憨憨一笑，答："不冷。攒点钱，给孩子读书。"

石宝忠见状，忍不住问："记得你当初说想学厨，三个月了，倒像个哑巴，不提一句。"

"相信先生自会安排。"

这一说，石宝忠点点头，又问道："还愿意学吗？"

"愿意！"

"不怕吃苦？我可严厉的！"

"学本事，哪有舒服的。"

石宝忠已经观察了他三个月，觉得这小子还算稳当，吩咐道："明天来打下手吧。"

"好嘞。"

"先跟你说个规矩：三年学徒。第一年，刀工；第二年，熬汤；第三年，制肴！可能做到？"

"先生教十分，我用十二分力。"叶倚榕攥着拳头，用力抖了抖。

石宝忠听罢，跺了跺靴子，扫了扫身上的棉袍，迈着八字步朝住处走去。

叶倚榕拎过木桶，倒入剩余的饭菜，裹了裹衣领，高高兴兴地赶着牛车出城。他要送好最后一趟，不给师父丢脸。

成了师徒，石宝忠像变了个人，对叶倚榕反而没有了之前的亲切，总是板着一张脸。叶倚榕刚叫了句"先生"，就挨了训，石宝忠严厉地说："只能叫师父！"

叶倚榕牢牢记下。

论说起来，之前，叶倚榕好歹也开猴店，会炒几个菜，可石宝忠却不让他挨近灶头，每日只练刀工。

石宝忠给他一块豆腐，告诉他，要切成纸薄。叶倚榕还按照之前的习惯切，不免厚薄不均，少不了又挨训。说来也怪，这时候朱少阳冷冰冰的脸上却难得地高兴，常常窃笑。

石宝忠告诉他："必须完全忘记你曾是个厨子，当新学徒。"

叶倚榕反而越切越慢，甚至对菜刀有些生疏了。他认真地一片一片切，按照师父教授的要领操作，一天下来，比开"园春"店时还疲惫。可这也耗不尽他的精力，一闲下来，他仍然不住手地帮着别人收拾，却遭到石宝忠一顿训斥："你是切墩，不是打荷（酒楼厨房的分工之一，辅助炉灶厨师进行菜肴烹调前的预制加工。工作包括调料添置、料头切制、菜料传递等），莫要太热情。"叶倚榕听完这句，略感委屈，他不明白，自己的好心为何也招来师父的反对。但转念一想，师父这么说，一定有道理。

一个月后，叶倚榕确实把豆腐切得像纸一样薄。师父又让他切成条，要求是细如发，可切着切着，在案板上却成了一团豆腐渣。

这天，朱少阳走过来，抓起菜刀在案板上舞得"咚咚"响："小子，算了吧。你不是这块料，还是回去经营你的小店吧。师父不好明说，你还非要逼他开口啊。"按朱少阳的意思，师父是要通过"刁难"让叶倚榕主动请辞。理由很简单，他朱少阳都没有如此被师父逼迫过。

可叶倚榕的拗劲儿上来了，暗暗咬着后槽牙，非要切得细如发不可。下了一个月的功夫，叶倚榕端出一个盘子，其上摆放着细如发的豆腐。朱少阳脸上的笑容渐渐消失了，师父瞥了一眼，在鼻孔里"哼"了声。

师父又让他学习剞花。这就大有讲究。要在各种菜肴原材料上切割成不同图案条纹，不仅仅考验刀工，更要熟知各种菜肴的烹调方法。很多食材在受热时会收缩或卷曲，剞花的图案就会呈现出各种各样的形态，这就要求在下刀时，就能预料到最终的形状。不同的原料，刀法自然有区别。

这日，朱少阳在切猪腰花，叶倚榕经过案板时，见他切得精细、利落，不免停下脚步好奇地瞧着。朱少阳"锵"的一声把菜刀斜切在案板上，转过脸对着叶倚榕冷冷地说："这种技法，需要用脑、用心，你不行，差远了。"叶倚榕心里沉重，捏着刀的手心浸出了汗。

石宝忠走了过来，拔出刀，如将军抚剑般抚摸着刀背，语重心长道："这是刀，是生活，更是命！你们都要记牢！"说毕，娓娓道来：锋利的刀刃可用来削皮、切丝；厚实的刀背可用来锤制肉片；平又阔的刀面，可用来拍蒜……切好的原料无须装碗，只要往宽刀面上一推，刀面如碗，把握火候下锅……看似朴实平常的菜刀，没有一寸地方多余。

石宝忠拍拍叶倚榕的肩膀："福州人靠着厨刀、剪刀、剃刀'三把刀'闯天下，代代相传，你们莫要羞了先人！"

叶倚榕将师父的话牢记在心，反复练习。他用白带鱼剞花，颇有心得：鱼肉很薄，下刀必须迅速、富有节奏，刀刀落底但又能相连。他举一反三，揣摩出松鼠鱼、猪腰花等不同刀法。

一年后，叶倚榕请来师父检验成果。石宝忠脸上难得地露出微笑："剞花如荔，切丝如发，片薄如纸。这刀工，你算知一二了。"这是进到衙厨后师父第一次肯定他，叶倚榕内心一阵窃喜，但转眼看到朱少阳朝他翻的白眼，喜悦的笑容便转瞬即逝。

师父是京厨，叶倚榕没想到他对闽菜亦如此娴熟。听朱少阳讲，师父祖籍本是福州，父母旅居京城时，家里都说福州话。叶倚榕想，怪不得师父说话的口气，丝毫听不出是外地迁居福建的。师父的先祖师承明代"天厨星"董桃楣，叶倚榕对此肃然起敬，愈发珍惜这难得的良缘。

第二年，师父教他熬汤，劈柴大小、木料软硬、整鸡清洗、佐料研磨均有讲究。见叶倚榕面露喜色，师父正色说："你别以为这个容易，熬汤熬的不是汤，是熬人。煮、蒸、熬、炖、煨、煲、灯，一道道工序下来，必须要达到'百汤百味'才算成了。"

"一汤识闽菜，数载香氤氲"，汤熬得好，菜才能有灵魂。好的汤颜色有"汤清似水、汁白如乳、金黄澄透、爽润碧翠"之分；味道则有"鲜美留香、隽永生津、数味回转、香郁满腹"的丰富体验；最妙的是还可用烹制出的高汤作汁再制高汤。

这一年，烟熏火燎间，叶倚榕瘦了十多斤。一袭灰袍套在原本壮实的身躯上，空荡荡的。

经风挂霜，转眼又是一载。兜兜转转间，咸丰三年（1853）腊月初三，苏敬衡又回到了福建按察使任上。这一日，石宝忠领着朱少阳、叶倚榕在厨房忙了一天，做了一桌好吃的，苏敬衡走到桌子旁，还未坐下，目光已被一盘色泽淡红的醉糟鸡所吸引。他撩了撩袍子，搓了搓手，拿起筷子，夹了一块鸡肉送入口中，透亮细腻、弹牙耐嚼的鸡皮，包裹着丝丝入味、糟香绵长的鸡肉，吞入腹中，口里仍留有余香，喜不自禁地连连夸赞："骨酥脆，肉软嫩、味醇香，不错不错。石师傅手艺，不忘旧情，颇有新意。"

这道"醉糟鸡"，其实是叶倚榕烹调的。

"我属鸡，本不该吃鸡，可如此佳肴，怎不惹人垂涎。"苏敬衡赏了二百钱，石宝忠分给了叶倚榕和朱少阳，朱少阳却推辞不受，称无功不受禄。

初七中午，服侍衙门内主官用餐后，石宝忠留下了叶倚榕和朱少阳，平静地说："大荫学了三年，明日，你俩试试手。"叶倚榕本是农人，父亲当年依据朴实的希望，给他起了个字——大荫。

朱少阳比叶倚榕大一岁，跟着师父五年有余，从未真正体验过出师仪式，因此也格外重视。他希望赢下叶倚榕，赢得师父青睐。自从叶倚榕来了后，他感觉师父待他和从前不一样了。

转眼腊八节中午，餐毕，厨房里，只剩下师徒三人，石宝忠是裁判，较量的菜是"鸡汤汆海蚌"。

朱少阳和叶倚榕二人各守着一处炉灶，食材也早就清洗好，一模一样的两份。两人抽签选食材，以示公平。

两人按照师父平日教授的手艺，切块、焯水、旺火蒸、去肉留汤、过滤杂质、做鸡茸球、汆煮海蚌……每道工序、每个细节都不敢轻视。

朱少阳用眼角扫了一眼叶倚榕，见他那副认真的样子，心想：你小子，今天输定了，和我斗，你还嫩了些。

两个人几乎同时将菜做好，端到师父面前。

石宝忠仔细观看品相、颜色，轻轻地用手扇风，用心嗅着味道。在心里赞了一句：这二人确实难分伯仲。他用两双崭新的筷子分别品尝，再换了两次勺子尝了尝汤，朝着朱少阳微微颔首："你的汤，香味更浓郁。"

朱少阳露出谦逊的笑容："全赖师父调教得好。"说完朝着叶倚榕一作揖，叶倚榕忙回礼，以示折服。

两人垂手站立，等待师父发话。厨房外，几个仆人在门边探头探脑，想知道结果如何了。

石宝忠将二人唤到身边，一边一个，说："你两个，都很不错。但是，这次较量，大荫……"他停顿了一下，两人都等着他说下半句，可心里都已经知晓答案，这是要指出叶倚榕不足呀。

朱少阳按捺不住内心的欣喜，抬起头看了看门外阴沉的天空，有一只鸟从屋檐下往外飞。朱少阳想：叶倚榕，你输了，也赶快走吧。那条叫"阿胖"的大黑狗从他身边经过，吐着舌头，嗅了嗅他的腿，朱少阳心想：你也知道是我赢了，等会赏你一根骨头。

石宝忠清了清嗓子："叶大荫略胜一筹。"

朱少阳如五雷轰顶，脸上的笑容瞬间凝固了。本以为稳操胜券，孰料听到是这句话，他疑惑地问："师父，你说谁胜了？你没搞错吧？"

石宝忠缄默不语，眼神凝重，老僧入定般眯着眼。

叶倚榕也不可思议地追问："我比不过师兄啊。方才，您不是说……"

朱少阳心潮起伏，急促地喘着气，提高声音争辩道："我不服！你这是偏袒！"说完，扯过辫子在脖子上绕了一圈，用嘴咬住辫梢，操起手边擦得锃亮的刀，举起，蓦地砍下，"噗"的一声，刀角钻入银杏木砧板上。摇晃的刀身上，映出朱少阳血红的眼珠子。

不等石宝忠发话，朱少阳转身快步离去，见"阿胖"在门边拦住了去路，朱少阳抬起右脚恶狠狠地踢过去，"噗——"一口浓痰朝"阿胖"身上吐去，它痛得汪汪汪叫了几声，呜呜地往门外跑。几位仆人见势不妙，跟在朱少阳身后走开。愣怔的叶倚榕不知所措，两只脚搓着地面。

片刻，叶倚榕涨红了脸，问："师父，我也不服！您明明说师兄的汤味道更浓，为何这样评判？"

石宝忠喟然长叹一声，说："他输在小聪明上。"

叶倚榕更为疑惑，两个人的操作都摆在明面上，未见朱少阳有什么小动作呀？

见他困惑不解，石宝忠问："你好好回想，刚才有什么不同？"

任叶倚榕苦思冥想，还是不住摇头。

"白毛巾！"

叶倚榕愣愣神，惊讶地叫出来："是啊，师兄刚才肩上是搭了一条白毛巾。可这……"

石宝忠讲起一个故事。

福建士子进京赶考，多有金榜题名，有人说是因善"制汤"的缘故。元代陶宗仪《说郛·天下第一》中就记载有"福建出秀才"之说。传闻，福建考生在家时，会用猪、牛、鸡肉或其骨头加以海鲜，熬出浓汤，用洁净的厚布条浸透晒干。家庭贫困的学子，赶考时带上浸过浓汤的厚布条，添加福建盛产的紫菜、虾皮，很容易便能冲泡出一碗味道美、营养高的热羹，补充精力，故而能中举。

"您是说，师兄的白毛巾，浸透了高汤？"

石宝忠语重心长地说："做菜先做人！后生仔，要牢牢记住！"

叶倚榕重重地点点头："我还需跟着师父再用心学。"

"好，老夫教你满汉席。"

叶倚榕见师父送如此大恩，急急跪倒，磕了三个响头，动情地高声说："学完三年满汉席，我还要再报恩三年。"他心里牵挂着朱少阳，抬起头，嗫嚅着喃喃低声说道："师父，我们去找一下师兄吧？"

石宝忠内心五味杂陈，深深地看了一眼叶倚榕，欲言又止。

他望了望朱少阳离去的方向，轻轻叹了口气。良久，迈开八字步，嘴里哼唱着越剧《碧玉簪》：

新房之中冷清清，

为何不见新官人？

想必他在高厅之上伴亲友，

想必他到父母堂前去受教训，

想必他在宴席之上酒喝醉，

想必他身有不爽欠安宁。

我左思右想心不宁，

不觉得东方发白天将明。

……

　　夜色深沉，今天是腊月初八，福州城内难得地下起了雪，小小的雪花在刚刚点亮的昏暗街灯上盘旋着，落在屋顶、行人的肩上、帽子上，积起薄薄的一层。朱少阳失魂落魄、盲无目的在街头走着。冰冷的寒风，如刀割一般刮在他身上，冷得彻骨、冷得麻木，但更冷的是他的心，心里曾经流动的、沸腾的血液，此时仿佛在慢慢凝固。

　　他怨恨师父的偏心，他嫉妒叶倚榕的运气。这小子有什么了不起的？哪一点比自己强？还不是会装，装老实、装本分，讨师父欢心。别人家的师父选徒弟时都要聪明伶俐、优中选优的根基，自己跟着师父六年多打杂、差遣使用，事师如父，言听计从，却比不上蠢笨的叶倚榕装了三年，获得师父的信任。天底下还有比这更荒唐的事情吗？这世道还有讲理的地方吗？

　　寒风不断向他袭来，锐利的疼痛强烈地压在朱少阳的心口上，胸口仿佛要裂开。他脸色惨白，双手笼在袖筒里，靠在江边的树上，痛苦地打量着行色匆匆的行人。这些人，低着头、缩着肩走，就没有一个人能听自己倾吐胸中的苦水吗？不知不觉，他已走到了闽江边，江水向前奔流，水听在朱少阳的耳中，那是委屈、孤独、悲愤的呜咽声。

街的对面是一排小店铺，有糕饼铺、剃头铺、杂货铺、包子铺，还有一家门上挂着灯笼，上面写着"怡红楼"。在这些店铺中间，有一家小酒铺吸引了朱少阳，门上挂着一盏马灯，淡黄的灯光穿过黑夜，向他温暖地招着手。肚子咕噜咕噜地叫着，他摸了摸身上，带着钱，便抬脚朝酒铺走去。到了门前，抬头看了看马灯，灯的玻璃罩被擦拭得透明晶亮，杏核一样大小的灯苗欢快地闪耀着。

他推门进去，屋里暖和多了，面积不大却干净整洁，门口左手处是深棕色半人多高的木柜台，摆放着一个四边包着黄铜角的大算盘，两个黢黑的酒坛子并排放在一起，上面贴着红色的"福"字剪纸。朱少阳环顾一圈，三面墙壁上各挂着一盏煤油灯，空气中弥漫着煤油的味道、酒的香气、衣服的酸臭，四个男人在喝酒、划拳、猜令，高声地说着粗话。昏暗的灯光下，依稀可辨窗户上贴着一只喜鹊站在一枝梅花上的大红剪纸，这是"喜上眉梢"吧？是啰，都快过年了，师父今天还说可以早点贴剪纸。嗨！想他干什么，他有叶倚榕去贴，自己走了，说不定他们怎么高兴呢。今天，他们该是喜上眉梢了吧。

店里的伙计殷勤地迎了上来："客官，喝点什么？"

朱少阳从袋子里掏出钱，数了数，拍了十文钱在桌子上，把剩下的又装了回去，答："青红酒。花生米、豆腐丝、腌鸭肉、酱猪头肉，各上一碟。"

"好咧，客官一看就是点菜的行家。您稍等。"

朱少阳挨着榆木纹理的方桌坐下，那伙计取来黑色的粗陶碗，倒上酒。朱少阳迫不及待地端起，仰头，一咕噜喝了，烈酒入肚，一股暖流顿时从腹中涌起，向身体各处散去，五脏六腑、七经八脉，有着说不出的舒坦。他大叫一声："好酒。"夹了一片酱猪头肉放在嘴里嚼了嚼，想："这种破手艺也敢出来开店。"

正在划拳的几个男人转过头，看了看朱少阳。一个精瘦汉子挤眉弄眼，言语轻佻地说："这个小白脸去了，怡红楼那些货怕是没有功夫搭理我们了吧？你们说是也不是？"四人不怀好意的一阵哄笑。

朱少阳此时已两碗下肚，脸发热，头发晕，心跳加快，胸口的闷气已纾解了许多。他想走过去，问问他们：是什么货，是不是叶倚榕？但他手脚发软，站不起来。

他打着酒嗝，捏着碗，郑重其事地说："你们——也都看出——师父、师父——没空搭理我。喝酒……"一碗酒，喝一半、洒了一半在桌上。

精瘦汉子有心戏弄朱少阳，冲他挑了挑眉毛，说："今晚冷，哥哥带你去一个地方，有人给你暖被窝。"朱少阳平时酒量并不差，只是今天心里愤懑，加上空腹喝急酒，此时已有七八分醉意，听到"暖被窝"三个字，他模糊地想起自己是为了什么事离开了师父："你是说师父？"

四人一齐大笑起来，精瘦汉子说："是的，叫师父疼你。"

朱少阳这句话听明白了，心里很高兴，师父果然还是看重自己，便问："师父——呃——在哪里？"

41

精瘦汉子说："你别急，等下子就去。"

朱少阳的脑袋里好似有一把锤子在敲，头昏脑涨，天旋地转。他一边用手揉着太阳穴，一边小声地说，"师父——来了，叫我——叫——我。"头歪在桌子上，睡了过去。

第二天早上，朱少阳睁开眼，头痛欲裂，却见自己躺在一张陌生的床上，身上盖着散发着香味的棉被。他抬手往身上摸了摸，赤裸着。感觉到他的动静，旁边有双光溜溜的手环上来勾住了他的脖子。朱少阳脑子里混沌如糨糊，吃了一惊，往床沿的方向挪了挪："你是谁？这是哪里？"

"爷，昨晚我们还恩恩爱爱，怎么一早醒来，就不记得小翠莲了？"一个软糯的声音，黏糊糊地在耳边传来。朱少阳向右转过头，一张俏丽的脸庞出现在眼帘，她双颊晕红、柳眉微蹙，眼睛似睁似合，牙齿轻轻咬着下唇，一双手在他身上游走。

朱少阳恍惚间记起昨晚在酒铺里喝酒，他不明白怎么就到了这里，问："这是哪里？"

小翠莲抽出手，轻轻摸着他的脸，说："这是怡红楼。你那四个兄弟带你来的。以后，我就是你的人了，跟着爷吃香喝辣。"

朱少阳想起了那四个男人，想起了昨天的比试，想起了师父对自己的不公，一阵阵委屈、失落涌上心头。此时，他需要一个温暖的慰藉，去愈合昨日的伤口，他翻了个身，把女人拉到了自己胸口，紧紧抱着，想：日子要能停留在这一刻，该有多好。

片刻，朱少阳精疲力尽，慵懒地躺在暖暖的被窝里，抱着小翠莲，听她在怀里絮絮叨叨。她几次问起朱少阳是干什么的？赚多少钱？朱少阳不想告诉她，支支吾吾岔开话。小翠莲想着，昨夜素日相好的精瘦汉子把这位爷搀过来时，交代过："侍候好了，你有的是银子。"又见朱少阳长得甚是标致，心中欢喜，也便愿意留他住一宿。

门上响起了敲门声，一女子在门外叫："姐姐，妈妈叫我送饭来了，起床吃午饭吧。"

朱少阳掀开被子，坐了起来，拿过衣服套上。翠莲也已起身，把门打开一道缝，端了饭菜放在桌上。

朱少阳走到窗前，往外看去，天色灰蒙蒙的。怡红楼是三层的木结构楼房，临街而建，周围的房屋都比它矮，此时被薄薄的积雪覆盖着。旁边就是闽江，能看到江水在静静地流淌。街上三三两两有人在走动，有四五个小孩子在追逐打闹，朱少阳心里一动，想起了师父，从前师父也是对自己很好的。

"爷，别看了，来，填填肚子。"小翠莲在向他招手。他感到有点冷，双手使劲搓了搓，走过来坐在桌边，拿起筷子，狼吞虎咽。他吃饱，摸着肚子，满足地说："我要走了。"

小翠莲撒着娇："先把昨晚的钱给我。"意识到自己冒失，谄媚地笑着："不要走，爷再陪陪我，下雪了，我怕冷。"

朱少阳摸了摸全身上下的口袋，一文钱也没有。小翠莲走过来，坐在他腿上："别找了，我昨晚里里外外找遍了，一个铜板也没有。若不是我好心收留，爷昨晚就冻死在街上了。"

朱少阳说："我把棉袄抵给你。"

小翠莲啐了他一口："呸，谁要你的破棉袄，我要的是你的人。"起身朝屋外喊："妈妈，这位爷要走，你派人和他去家里取钱。"

一个龟奴跟着朱少阳，眼见着他进了按察衙门，取了钱出来，龟奴给门口的亲兵塞了几个钱，打听清楚朱少阳的身份，喜滋滋地走了。

石宝忠见朱少阳回来，精神尚好，便问："吃了吗？"朱少阳眼窝一热，回道："吃过了。"心想，如果没有叶倚榕，该多好，低着头，往自己的房间走去。

朱少阳心里有了嫌隙，见到叶倚榕也不搭理，只管在厨房里埋头干活。师父叫他一句，他应一句，不叫，也不主动找师父，整个人懒洋洋的。

快过年了，厨房里蒸年糕、做糕点、做鱼丸，热气腾腾，一派忙碌。这日，由朱少阳炒了菜，盛了汤，一盘盘，流水似的让厨房的伙计端出去给老爷用午膳。

一会，石宝忠端着一个碗，来到厨房，怒气冲冲地喝道："朱少阳，你看看你干的什么事？"

朱少阳看着那碗，里面盛着奶白的花生汤，烂而不糊，花生仁酥烂不碎，是自己一大早就起床熬下的。他还加了几粒糖腌的丹桂花，红红的浮在汤上，煞是好看。这是怎么了？师父生什么气？朱少阳不明所以，疑惑地看着师父。石宝忠说："你自己尝尝。"朱少阳接过碗，喝了一口，汤咸得发苦，差点吐出来。难道自己把盐当成糖放了？

石宝忠脸若冰霜："我看，你的魂是让狗给勾走了。今晚开始，你不用上灶台了，打杂去吧。"

仿佛一记耳光打在脸上，朱少阳咬紧牙关，胸膛急速起伏，仿佛在压制着满腔的愤怒。他的脸色逐渐变得铁青，把手上的碗用力摔在地上，碎瓷片四下飞溅。他一字一顿地说："早知道你看我不顺眼，不用你赶，我自己走。"抬脚飞奔而去。

他的话就像一根针扎在石宝忠的心里，石宝忠的嘴唇颤抖着，欲言又止，喟然长叹一声，跌坐在了椅子上。

翠莲自从听说朱少阳在衙门做事，很想巴结他。让跟他回家取钱的龟奴，时不时等在衙门斜对面，来了几日，此时，终于看到朱少阳，便上前递话："翠莲姑娘想你想得病了，盼着爷去看她。"

朱少阳何尝不惦记着那日的温存，在"鸡汤氽海蚌"的较量中师父评判自己输给叶倚榕，把他的心伤透了。他就知道，师父的好、师父的期望，都在叶倚榕身上了，恐怕将来的传承都会给叶倚榕吧。这段时间，每当沮丧难过时，他就想想翠莲用能掐出水、娇滴滴的声音喊他："爷。"心里就如春风吹过般舒坦，忘了眼前的痛苦。

今天，为了一碗花生汤，师父居然当众重重地责骂自己。他眼中只有叶倚榕，我朱少阳的死活他何曾放在心上？算了，桥归桥，路归路，此处不留爷，自有留爷处。

朱少阳快步流星地往前走去。龟奴拍了拍双手："瞧瞧这位爷，一提翠莲姑娘，急得跟猴似的。"撒开腿，急急追了上去……

三

咸丰四年（1854）六月十六，天黑后，吹来丝丝凉风，暑气渐渐消退。挨着城墙的是河鳞铺，二十多家摊位，吃的、穿的、用的以及小玩意，琳琅满目，应有尽有。此时人头攒动，摊位里的灯笼渐次点亮。

出城门，过吊桥，朝东走不远，是瑞应铺。瑞应铺内，设有茶税卡点，这时天已暗，收税的官兵懒散地敞开怀，坐在门口的石条上，惬意地享受片刻宁静。

从瑞应铺再朝东走，是一条长长的夹道，夹道两边，零零散散布有几家酒肆和百货铺子。往南不远，是河塍巷村，隔河相望的是琼河村。

福州城道头、埕的设置，均与水运有关。而驿、馆、铺、亭的设置，则与陆路相关。

瑞应铺挨着半填埋的壕沟，铺内有明代忠臣张孟中的故居，后人以宅为祠。环绕着张家祠，有一条小河，人们叫它"玉带河"。

这一带，居住的都是穷苦的贫民，穿得破衣烂衫，街道上坑坑洼洼到处是脏水。小巷里散发出一股股腐烂的菜叶味道，夹杂着浓重的汗臭味。此时正是各家做晚饭的时刻，烟囱里飘出呛人的浓烟，四十岁的张胡子从院门探出身，大声叫嚷："刘二姑，又是你家，烧这呛死人的湿柴火，你要把老子呛死，陪你男人去见阎王啊。"

隔壁邻居院内，一女人粗着嗓子叫道："快死去，你不给姑奶奶砍柴，每天就你屁话多，就光呛死你一个光棍汉。怪不得你孤身一人，活该！"

张胡子一脚踏出门，到街上，骂骂咧咧地："说不定哪天老子掀了锅灶，叫你喝风去！"

他的话音刚落，跑过来一个赤脚的女子，在她身后，一个拿着竹笤帚的小脚女人一路追一路骂："你这死货，年纪不大，光知道偷吃。"赤脚女子一闪躲在张胡子身后，紧张地哀求："阿叔，救我。"

小脚女人赶上来，抢起笤帚照赤脚女子身上"乒乓"敲打四五下："我叫你跑！光吃饭不下蛋，要你有什么用？"

张胡子急忙拦住，说："李嫂，差不多得了，好歹是你花钱买来的童养媳，打死了岂不就赔钱了？"

"白花了我三两银子，这个死妮子，不肯与阿毛睡觉，打死她算了。"

张胡子开玩笑地说："既然你不要了，送给我当老婆算了。"

"你个不要脸的无赖，听听你说的是不是人话。"刘二姑已经站在门口，用手指着，撇着嘴鄙夷地说。

拿笤帚的婆婆赌气地去拉赤脚女子，女子一挣扎，"刺啦"一声，衣服扯破了。这下不得了了，婆婆更为气恼，连打带骂："你这丧门星，一件衣服又是十来个钱，哪天你不惹点事就到不了天黑。"

远处，光着脊梁、挑着担子从城里归来的汉子们拖着疲惫的身躯，钻进自己的家中。

听得这家喊"你又吃了两个饼子。半大小子，吃死老子"，听得孩子叫唤"我饿得不行"，还有女人挨打的哭声、刮锅底的声音、沿着街巷借大米的哀求声……

瑞应铺南头的壕沟里，一块大石头旁，两个小乞丐正端着一碗饭在吃。年龄大点的哥哥舍不得吃，端着碗，弟弟头上飘着几缕头发，正"咕噜咕噜"张口喝着稀粥。

更远的地方，一个年老的乞丐，在这大热的天，光着上身，肚子上堆着一件又脏又破的棉衣，蜷缩在壕沟里，一动不动，也不知还有没有一口气。

张家祠的附近，是瑞云庵和白云寺。

白云寺此时香火惨淡，日渐没落。白云寺墙外，有个小小的土地庙，一位清瘦的男子坐在庙旁地上，在默默地等待，有人带着贡品来祭拜，就可饱餐一顿。土地庙两侧石柱子上刻着一副对联："噫敬我二老，好赐你三多。"

这两家寺庙如此败落，而瑞云庵，却名声日隆。

这瑞云庵，始建于北宋真宗大中祥符元年（1008），年代久远，已历八百余年，初名"香云院"。当初建庵时，这里的池塘星罗棋布，水和陆地形成的地形，有如一只燕子的形状，人称"燕穴"。每逢晚霞映照，燕子振翅欲飞，瑞云庵屋顶被披上一层霞光，愈发神采，故有"瑞云妙景"的美誉。乾隆年间，尼师妙慧任主持，发愿要中兴瑞云庵。她擅书画，遂潜心作画，引来香客购画布施；又广收弟子，加盖好几间偏殿，瑞云庵一时名声大噪。

庵内，妙慧亲手种下"江家绿"和"十八娘红"两棵荔枝树。荔枝成熟时，叶绿果红，摇曳生姿，因日日聆听佛音，便有了"佛荔"雅称。香客来庵内拜佛，本就有所求，图安心，而荔枝有"利是大开"之意，瑞云庵和两棵荔枝，缠绕连在一起，更增添了几分神秘。

六月十六日晚上的瑞云庵内，尼师妙云跪在大殿，低声吟诵着佛经，伴着悠扬的磬声在庵内缥缈回荡。院子里，一位食客默默地等待着。他面庞清瘦，额头疏朗，穿着一件月白色的长衫，几根八字胡稀稀疏疏。他是城内盐商，家财颇丰。这桌荔枝宴，在三个月前就已预订。

单人的荔枝宴，雅称"轮回宴"，共有四道菜，分别为"青涩岁月""阁中待嫁""初为人妇"和"烟火人间"。光听名字，食客们就充满期待。

月色如镜，清雅幽境，食客渐渐静下心来。

四道菜全素，表面看并无太多玄机，像其他寺院的素食一般多是仿荤菜。但瑞云庵的这四道菜，却是味道多变，暗含酸甜苦辣。当然，最后一道辛辣，本不为佛家提倡，于是单独放置小蝶，供食客选用，可就没有一个食客不愿蘸着辛辣佐料品尝的。

单人宴要价不菲，白银二两。食客都是殷实人物，自然不差这银两。

按说食客久久等待，传闻中这里的菜肴独树一帜，却原来是尝酸甜苦辣，想来应该大失所望，可偏就没人提出意见，人人均心满意足。

这是尼师妙云布下的玄机。她知道，来的人都享用惯了人间珍馐，浓郁尝尽，唯独这"苦涩艰难"味道平日极少尝到，因此另辟蹊径，专门设下这回味人生的宴席。

比丘尼俏厨娘，三十岁出头，对菜肴烹调有着独特领悟，奉上的轮回宴，道道精奇，特色分明，掐准了食客口味。清淡中有回味，朴素里含隽永，每道菜熬足了功夫，火候把握精准到位。

酸味包裹荔枝青涩，甜味蕴含熟透浓汁，苦味带来舌尖缠绵，辣味混合警醒顿悟。四道极为普通的菜肴，硬是让食客唇齿留香，思索起世间百态来。

但让他们更为陶醉的，是制作荔枝宴的女师姑，婀娜婷婷，瘦腰粉面，走路风摆杨柳，身上隐隐带着体香。

待菜肴上桌，女师姑妙月会默默坐到对面，静坐作陪。每道菜自然、精致、独特，真是菜如其人。更妙的是，妙月师姑说出来的话，句句都像偈语，让人醍醐灌顶。

月朗星稀，妙月宛如一尊玉观音，陪着客人慢慢品味菜肴，也缓缓梳理人生。

这位食客姓江，是侯官县人，在福州从事盐业已十多年。在这静谧之地，只想放下白日的曲意周旋、辛酸委屈，安静地坐坐。妙月抬手倒上一杯茶，道："道是云遮月，恰是雾开时。倘得三分财，天取一分利。"

盐商颔首："师姑说的是。"突然问道，"人说心软难经商，难道经商非要先做恶人？"

妙月也不看他，平静地说："烦恼本心生，不理便无忧。反复迟疑处，正该巧撒手。"

盐商微微一笑："江某人的烦恼，师姑应该知道。你若有意开场子做宴席，江某愿出资，师姑不如离了此地，随我而去。"

说完，他直盯着妙月，眼里似有星光闪动。看到她耳郭上一个瘊子，像个欲要爬进耳洞的瓢虫，月光一照，心动了动，便伸出手欲帮她驱赶。妙月抿了抿嘴，头一偏，躲开了："劳烦施主珍重，若再提此事，妙月告辞了。"

江盐商悠然地："罢了，你且再坐坐。"两人聊到盐商家乡侯官，感慨人生苦短，不知不觉就谈到了烟土。

"林大人去了，可惜。"盐商喟叹一声。

道光三十年（1850）十月初二，林则徐奉旨赴广西镇压洪秀全，抱病从侯官起程，至潮州普宁会馆时已病体难支。十月十九日辰时，林则徐指着天空，连呼三声"星斗南"，而后溘然长逝，享年六十六岁。

"按我说，林大人就是被人害死的！他还是吃了禁烟的亏，查禁了十三家洋行，头目伍绍荣怀恨在心，听说林大人赴广西上任路经广东，就用重金收买厨师毒死了林大人。林则徐临死呼叫的'星斗南'，是洋人走私、贩毒的地方，在广东，名字就叫'新豆栏'。"

妙月双眼下垂，双手合十，诵念佛号："阿弥陀佛！"

两人相对而坐，不再说话。此时，一轮明月悬在高空，流水般的月光静静地洒落在地上，瑞云庵内外像笼罩着一层薄薄的银纱，轮廓分明而又柔和。种在墙脚的茉莉、栀子花，散发着淡淡的香气。

盐商仿佛置身在梦里一般，他想，这样的良辰美景，即使一年只见一次，还是划得来的。少顷，他打破沉默，道："听闻师姑琴技出众，如此良夜，可否弹奏一曲？"

妙月操起大广弦，低声吟唱：

> 心事满腹千斤沉，
> 无法排解泪淋淋。
> 自与林郎两情订，
> 日盼夜盼来迎亲。
> 如今林郎身已死，
> 抛下满月悲伶仃。
> ……

大广弦低沉、浑厚、缠绵、哀婉的音色，听起来悲情入骨，盐商不禁黯然神伤，对着夜色叹了口气。

"惹施主难过了，都是贫尼不合时宜。"妙月曲罢，站起来道个万福致歉。

妙云主持，一心要振兴瑞云庵，多取香火金，应食客要求，一向默许妙月唱唱小曲。

盐商摆摆着手说："做人难，人生在世，尽是沧桑。"

此时，一位中年比丘尼走上来问："可要佛荔？"

按约定的规矩，食客餐毕，每人可品尝庵内现摘的荔枝两粒。来到瑞云庵，不食佛荔，等于没来，吃完荔枝，也就送客了。

这荔枝，自两棵树上各取一粒。因树的品种不同，味道、成熟期自然各异，口感自然各不相同，传来传去，瑞云庵的荔枝仿佛成了仙界蟠桃，越发神秘莫测。

瑞云庵还有铁律一条，食客一年内只能来一次，专为防止他们与庵内师姑生出情愫，再续孽缘。妙月并未向主持提起过江姓盐商的心意，她想，即使没有庵规约束，她也不会与他有什么瓜葛。

送走盐商，妙月收拾停当，便迈着小脚，走向瑞云庵西边的一条巷子。到庵里操持餐食，妙月自有报酬，平日里她则来去自由。

巷子内，一位男人蹲在墙角，已等候多时，见她来了，便站起身迎了上去……稍后，两人别过，她顶着月色，冒着细汗，一路来到按察使衙门，熟稔地与边门岗哨打过招呼，走了进去。

此时夜已深，叶倚榕在收拾厨房。他总是最后一个离开，没有因自己已成为"二厨"而显出半点骄矜之色。朱少阳赌气出走后，石宝忠除少数的重要宴会亲自动手外，其他的宴席都交给叶倚榕掌勺。

叶倚榕养成了习惯，每日里不但将自己的厨具收拾干净，还悉心将师父的也整理一遍。每晚收拾妥当后，他都要到后院师父的住处辞别。

他迈着沉稳的脚步，走到师父的屋子前，正要敲门，忽然听到里面有女人的声音。

石宝忠从来没有提过他有妻子，作为徒弟的叶倚榕也不敢多问。只是偶尔听仆人们说过，师娘还在京城。

石宝忠问："不是提前说好的吗，怎么又加？"

屋里女人的声音清脆，听起来不像师娘的岁数："也不多，只要五十文。"

石宝忠好像有些生气："我也要生活。依我看，你们就是个无底洞。"

女人说："我也不想这样，可有什么办法呢？这是我的命，我只能依靠你了。"好像还有哭泣的声音。

石宝忠说："我也不是不给钱，我的收入也有限，总要给我留一点，不能把我刮得精光吧。"

女人说："这日子是过不下去了。"安静了一会儿，又说："先不说了。这大热的天，屋里闷死了。你把窗户打开条缝隙，今天太累了，我困得不行，要睡了。"听到了窸窸窣窣的脱衣声。

叶倚榕听不下去了，羞臊得脸红起来，忙转过身，急匆匆地小跑着走了。

出了按察司衙门，叶倚榕的脑子还嗡嗡作响——他没有想到，师父如此正直的人，竟然背着人在偷偷"嫖妓"！

他不敢相信自己的耳朵，更无法接受这个现实。在他心目中，师父一直像父亲般高大、伟岸。可刚才自己却亲耳听到了讨价还价声，这是一种耻辱。对叶倚榕来说，所有的敬仰、崇拜瞬间轰然倒塌，化为泡沫，他的内心难以平静。他没有朝租住的房屋方向而去，脚步踉跄、漫无目的地在街上游逛。叶倚榕是怕回到家中，陈氏若问起自己的失态，没有脸面回应。

大街上，两旁的店铺多已打烊，明亮的月光洒在坚硬的青石地面上，是那么的清冷，一如他冷却的心。

叶倚榕盲目地走着，向南来到宣政街，遥遥望着高高的鼓楼，痴呆呆站在原地，心中羞愤，不知该往何处去。慢慢踱着步，走到狮子楼附近，不知不觉站在了勾栏桥上。他抚摸着石雕栏杆，看着桥下玄坛河水无声流淌。月光泼泻，水面一闪一闪，波光粼粼，犹如人在眨眼。岸边榕树枝叶，被风撩起，沙沙作响。叶倚榕看看左右，空无一人，心里烦躁，迈过桥，继续往南走去。

他甚至想，就这么一直走下去，走得无影无踪才好，远离按察司衙门，远离师父，明日不再见面。前几年，他心心念念来城里，学点手艺，养家糊口，没想到师父却是这样的人。遇上这么件糟心事，该何去何从，他犯了难。

失魂落魄地走着，他想起朱少阳来，莫非他早已知晓？莫非师父的种种行为都是做局，就是为了赶走朱少阳？可他随即又摇了摇头，他不相信，那么善良、真诚、智慧的师父，会有如此肮脏的行径。他被自己的想法吓住了，使劲儿搓了搓面庞，仰起头看着月亮发怔。

一路兜兜转转，穿过三坊七巷，遥遥看到，远处还亮着灯，他不知不觉就循着灯光而去。

这是路边的一个小摊位。一个佝偻着身躯的老头，用汤匙敲打着碗，不停地扯着沙哑的嗓音叫卖："鱼丸鱼丸，七星鱼丸，一文钱十个……"

叶倚榕此时走得乏累，坐到小凳子上，心事重重地说："老板，来一碗鱼丸。"

老人起身，拿起拐杖拄到腋下，谦恭地问："客官，这么晚了，要多加几个吗？"

叶倚榕这才看到他一条空荡荡的裤腿，难为情起来："老人家，我来、我来。"

"您是客人，怎敢劳驾您。"说着话，老人就从小匣子里抄起鱼羹糊，那是用鱼肉和猪肉、佐料混合在一起，早就在家制作好的。

老人利落地用左手取了些鱼羹糊，轻轻收握五个指头，将馅包在鱼羹糊中，从大拇指和食指握成的圆洞里挤出球形的肉丸来。

做着这些活，老人担心叶倚榕等得久，就主动搭话："客官是福清人吧？"

叶倚榕只顾着看老人娴熟的动作，暂时忘记了师父："福清乡下的，来城里几年了。"

"一看客官就是富贵人。"老人用勺子将球丸舀到清水盆中，一颗颗鱼丸宛如珍珠，一上一下时浮时沉。

"谈不上，谈不上，都是穷苦人。"叶倚榕将车子上挂的灯笼动了动，锅里开水蒸腾的雾气飘过来，他怕打湿灯笼罩。

老人边说着话边将包好的鱼丸，连同清水慢慢倒入锅里，捡起一根细细的木柴，放入灶膛内，又往外抽出来些，生怕火苗太旺，嘴里还解释道："得用小火，煮出来才里外一致。"

叶倚榕好奇地问："您一个人，嬷嬷呢？"

"老婆子入土十来年了。就一个孩子，也在去年五月被官府抓了去，还关在牢里。"去年，由于广西金田起义，清政府左支右绌、财政窘迫，于是开始发行大清宝钞纸票。五月间，钱商们因票存不够支付，金融市场大乱，便有人趁机抢掠。老人的孩子虽是兑付自己的钱，也受牵连被逮入狱。

叶倚榕一听，赶忙道歉："我不该多嘴。"

老人却十分豁达："这人啊，命里该有的，躲也躲不开，总是他命里有这一劫。"

叶倚榕问："您这一晚上，能卖几个钱？"

"十个二十个不等，好歹能养着我这老头子。"

鱼丸在锅内翻腾，老人顾不上说话，眼睛直直地盯住沸腾的水，生怕错过时机。少时，鱼丸胀大，老人取出一个汤碗，将另一个坛子内的高汤舀到碗中，迅速捞上鱼丸放入，淋上麻油，撒上胡椒粉、葱花……

叶倚榕盯着面前这碗鱼丸，一颗颗如核桃大小、雪白，漂浮在热气腾腾的汤中，浑如星斗布于天空，禁不住赞叹："果真是'七星鱼丸'，好卖相！"

老人听罢，拱手行礼："先生仔细品，我家鱼丸也传了三代——汤鲜馅香，丸肉滑嫩，很有弹性。"

叶倚榕舀起一个，小心地将鱼丸咬破一个口子，避免汤汁四溅，他闭着眼睛尝了尝，果然别具风味，忍不住说："难得您好心态，用心制作，才有这绝佳味道。"

老人用抹布麻利地擦拭着碗和勺子，淡然说："人活一世，千难万难，总不能散了精气神。"

叶倚榕吃完鱼丸，顿时觉得神清气爽，他站起身，作别老人，走出去很远了，回头望着昏黄灯光下的老者和小摊，高高地竖起大拇指！

夜色中的福州城，凉风习习，"梆梆"的打更声，在街巷里回响。仔细分辨，还有闽江的涛声……

闽江边的"怡红楼"内，三楼雅间，小翠莲闺房。朱少阳怀中，身材娇小的俏丽女子不时发出似嗔似喘的调笑声。

"哥哥你无事时，要多到翠莲这里看看。这两日不见你，想你想得心口都疼了。"女子扭动着身躯，哼哼地撒娇。

朱少阳"嘿嘿嘿"低声笑道："我不信，我来检查检查。"

"哥哥好本事。"小翠莲娇羞地捏着嗓子喊，"唉哟，你掐疼我了。"

朱少阳发出沉闷的"哼哼"声，身子一松，滚到床的一边，满足地闭着眼。

"我的哥，你看，手臂上都有淤青了。"

"来来来，小宝贝，哥哥帮你揉一揉。"

这时，听得屋外有人怒喊："朱少阳，你这不争气的货，给我滚出来。"

小翠莲顿时吓得一激灵，推了推朱少阳，低声说："快起来，你那要命的师父又来了。"

"等我去去就来。"

"你可不要顶撞他。"小翠莲拿着手帕，俯身擦了擦朱少阳脸上的汗。

"怕什么，大不了不当这个徒弟。"朱少阳翻身坐起，抓过衣服套上，推开门，往楼下走去，脚下忽的一软，差点摔倒，幸好及时扶住了楼梯栏杆。楼下春兰、冬红两个女子见此，不禁掩住嘴吃吃地笑。

院子里，老鸨正对着石宝忠满脸赔笑："您老人家消消气，您有位好徒弟呢。天气这么热，一会儿，我让翠莲给你端碗茶来喝。"

石宝忠甩开她要摸上来的手，见了朱少阳，怒气冲冲地瞪着他，说："你个不争气的东西，多少次了？你把我的话都当成耳旁风了？这些都是什么女人，你不知道吗？"

老鸨气恼地插嘴："你们要骂，到门外去，别搅了老娘的生意。我这儿的都是良家妇女，可不能叫你糟蹋了。"边说边往外推他们。

师徒二人来到门口，朱少阳冷冷地说："反正你现在有叶倚榕了，我走了不是更好，省得让你嫌弃。"

"你总觉得我偏心，可是该教的手艺，我哪一样没有教给你？你瞧瞧，你做的这些恶心事。作孽呀，真是作践自己。走，跟我回去！"石宝忠踢了朱少阳一脚。

"在这里，我有人疼有人爱！回去干什么？"朱少阳阴阳怪气地说。石宝忠气急，扭头就要往院子里走，他要找个顺手的家伙，非得好好打朱少阳一顿不可。

正在纠缠不清，从院内，突然被推出来一个瘦弱的书生模样的人，与石宝忠迎面相撞，跌跌撞撞倒下。

石宝忠一个趔趄，差点摔倒，顺手抓住门框，站定了。老鸨和两个壮汉走出来，朝地上的书生唾了一口，说："去，把他的外衫脱了，好歹是件衣服。你也不撒泡尿照照自己什么穷鬼样儿，要来迎娶我家姑娘。这里可不是慈善院，有银子再来，没银子就别来骚扰姑娘做生意。"

书生被两个壮汉摁住，将长衫剥了下来，可他顾不上这些，披头散发地哀求道："妈妈，让秋荷跟我走吧，我们是真心相爱。等我中举了，会把银子一并给你……秋荷……秋荷……"他大声地朝着院内叫喊起来。

老鸨手里端着一个铜茶壶，一下子朝书生头上砸下去，书生脸上顿时血流如注，可他仍不管不顾，扯着嗓子叫着："秋荷……秋荷……跟我走……"

老鸨走过来，狠狠地踢了书生几脚："再号丧，把你扔到闽江里喂鱼！"

石宝忠见此状况，上前拉朱少阳，说："你看看这丢人现眼的鬼样，走，跟我回去。"

朱少阳拨开师父的手，身子往后撤，很坚决地："我不回去。"他肚里有句话："我的本事，福州城里的人都知道。跟着你，别想有出头之日，这不，广源兴饭馆已用高价请我去当大厨。"想了想，怕师父到广源兴闹事，便把话咽了回去。

"你跟着我八年了，难道就不念一点师徒情分？"石宝忠咬着牙，手臂颤抖，指着徒弟，怒问道，"你到底走不走？"

"不走！"朱少阳响亮地回答。

"啪"的一声，石宝忠给了朱少阳一记耳光，师徒俩都愣住了。

片刻，朱少阳捂着脸，压抑地说："这个师徒情分，不要也罢！"说完，头也不回地返回怡红楼。

石宝忠怔怔地站立了片刻，抬起右手捶打着自己的胸口，流下了两行苍凉的泪水，踽踽地走进黎明前深沉的夜色中……

四

经反复考验，石宝忠觉得叶倚榕可以托付，便欲将集菜肴大成的"满汉席"传授给他。

满汉席不仅汇聚了"满席"和"汉席"的菜品，更是吸收了二者的精髓，体现"满汉一家亲"。汉席博大精深，以数代传承下来的积累为要，精致宏大。而当朝执政者的满族，推崇的满席，有意要压汉席一头。清初就有规定，朝廷宴席用满席，汉席仅用于会试入闱、出闱等场合。

但是，百姓中以汉人居多。执政者为稳固政权、笼络人心，遇重大场合，既要照顾汉臣习俗，更要彰显皇权，逐渐出现了满席、汉席同一桌的场面，"满汉席"随之诞生。

满人主政日久，满、汉之间对抗情绪渐渐减弱，汉人宴请满人时虽是用"满席"，但已是经过改良、掺杂着汉席的菜肴。同样，满人宴请汉人，亦如此。至乾隆时满席、汉席菜肴已趋同。清乾隆朝袁枚的《随园食单》里有记载："满洲菜多烧煮，汉人菜多羹汤，童而习之，故擅长也。汉请满人，满请汉人，各用所长之菜，转觉入口新鲜，不失邯郸故步。今人忘其本分，而要格外讨好。汉请满人用满菜，满请汉人用汉菜，反致依样葫芦，有名无实，画虎不成反类犬矣。"

满汉席，并无固定菜谱，始终在不断演变中。

满席以烧烤为主，多为固定的几种。这些菜肴，最初源自满人狩猎聚居多年养成的习惯，身居户外，一切肉食皆以最简便的烧烤方式制成，用随身携带的小刀切割熟食，盛于器皿中食用。几道核心的，如手把肉（亦称哈尔巴）、烧猪等，必不可少。

汉席则较为丰富，是因汉席菜系分类较多。

随着京官外放，各种菜系的筵席传到地方，流传中，又因官员好恶、衙厨特长等原因，满汉席丰富多彩，变化无穷。各地陆续出现品种不一、数量多寡的满汉席。成于乾隆年间的《大清会典例则》记载，买购清单中有鸡、鸭、猪肉、羊肉、鱼、鸡蛋、笋、山药、香蕈、木耳、椒、盐、葱、油、酱、醋等，并无鱼翅、鹿肉等高档的珍品。

石宝忠会做满汉席，皆因担任衙厨多年，熟悉官府宴席的各种路数。他制作的满汉席，就带有明显的闽菜特色。

这一次，石宝忠对叶倚榕提出"一年读史，二年品馔，三年艺成"的要求。

叶倚榕十分惊讶："做个菜，为何还要读史书？"

石宝忠告诉他："厨艺不仅拼刀工、佐料、口味，出色的庖厨，最终靠的是心境。"

叶倚榕读书少，此话听得懵懂。但师父在他心里的位置至高无上，只要是师父说的就一定没错。他便紧随石宝忠，边听他讲饮食典故，边按其提供的书目读饮食史。

石宝忠耐心地讲，常会停下询问叶倚榕是否真正读懂、悟透。

提到满汉席宴请仪式，石宝忠说："满汉席是官宴，不同于俗常，繁文缛节代表着尊贵和地位，我们虽不参与过程，但如能加以了解，就是了解客人的身份，做菜时自然'心中有敬畏，手下知乾坤'，不至于忙中添乱。"

这种宴请仪式，常含迎、亮、安、定、上、送六道程序。

"迎"，在客人到来时，奏乐、鸣炮、行礼、恭迎。

"身为厨师，各道菜要何时上，与之前的菜荤素怎样搭配、与上菜伙计如何配合，我们都要心中有数，既要快，又要保证品质，确保有条不紊。"石宝忠磕着烟袋锅里的烟，续上烟叶。

客人入席就座前，下人们要把干果、糖果、蜜饯、鲜果、点心等按造型摆到桌上，让客人感受到东家的盛情，也体会到宴席的规格，称"亮席"。

"安席"，需按吩咐撤去先前陈列，摆上餐具，静待客人入座。

"定"则请客人按职论辈入席就座，遇到职位高、辈分长的尊贵客人，主人须亲自将椅子后撤并扶椅背，恭请上座，呈上菜单，以示请客人确定菜肴，故称为"定席"。

"上"，是"上席"。客人入座后，下人们给客人斟满酒，依照冷荤、头菜、炒菜、甜菜、点心、水果等先后程序上菜，每次上两道菜或四道菜不等。

宴请结束，主人要恭立大门口送客，将客人送至车轿前，目送远去方可移步，这个"送"就是"送席"。

石宝忠给叶倚榕讲这些，让他很是惊讶，以为用心做菜就行，没想还有这许多讲究。

这段时间，叶倚榕感到吃力，读书遇到生僻字，回到家中，还要向刚读书的儿子叶元泰请教。妻子陈氏笑称他是"老学生"，叶倚榕并不在意，他誓要将师父所教吃透弄懂才肯罢休。

六月十七日下午，石宝忠见已备好晚餐食材，就招呼叶倚榕搬过凳子坐到自己身边，摇着芭蕉扇，磕着烟斗，慢条斯理地说："这大热的天，要防中暑，你可知中暑后该怎么办？"

叶倚榕今天见到师父，觉得别扭得很，心里一直浮现昨晚的情景，可他又不敢明说，就绷着脸，蹲下，不看师父的脸，心里嘀咕：看你脸色蜡黄，眼袋发青，定是夜里没睡好，做那见不得人的事。

石宝忠见他走神，便加重语气，说："大荫，你说说看，中暑了，先要怎样？"

叶倚榕还在想：莫非这衙门里的人都一样，看着一幅君子模样，暗地里做事不知廉耻。

见叶倚榕耷拉着脑袋默不作声，石宝忠仍耐着性子，和蔼地鼓励："说错了不怕，你也是三十好几的人了，这点总该知道吧？"

叶倚榕拿着一根小木棍，在地上只管划拉着，神情恍惚。

"你倒说话啊！"石宝忠见他不专心，陡然提高声音，斥责道。

叶倚榕吓得"哦"了一声，倏地起身，脚步不稳，险些跌倒，朝前走了几步才站稳，红着脸不知所措。

石宝忠见此状况，给他找个台阶下："发现中暑早期者，当然先要抬至阴凉通风处，敞开上衣，令其休息。若已昏迷，可用大蒜头捣汁滴鼻使其苏醒，这时候再喝淡盐茶或淡盐水，补充出汗丢失的盐分。"

叶倚榕这时已回过神来，缓步走到师父身边，坐下说："西瓜汁、鲜藕汁、绿豆汤等清凉饮料，也有效果吧？"

石宝忠一脸憔悴，微微额首："还有最简便的：取冬瓜一斤煮汤三大碗服饮，也有奇效。记住，要少放些盐才好。"

叶倚榕满口应承，装出一副洗耳恭听的样子。

石宝忠见状，微微蹙眉，可屋内还有许多人，只好嗔视一眼叶倚榕，耐着性子继续："退热之后，一般多准备面条、米粥、蛋羹、肉松、酱豆腐等半流质饮食。恢复期内，可食用易消化的软饭，亦可多食新鲜蔬菜和水果，忌食肥肉、糯米和煎烤、炙烧之厚味食物。"

叶倚榕是个直肠子的敦厚人，石宝忠见他神情与往日不同，心想：看他心事重重，或是家里有事？他自己不愿说，自己也就不好多问。

三年多时间相处下来，石宝忠已将叶倚榕当成儿子看待，将烹调技艺倾囊相授，恨不得他立刻就能全部掌握。在感情上两人也十分融洽和睦，叶倚榕师父言听计从、恭顺有加，每有闲暇，也常陪着师父到城隍庙里祈福、到晋安河畔吹风、到西湖泛舟、南台岛登顶……

晚饭后，天黑了，想着叶倚榕心不在焉、欲言又止的模样，想来是遇到什么解决不了的难题，能帮还是要帮他一把。石宝忠踱着步，去寻叶倚榕。叶倚榕独自坐在凳子上，蔫头耷脑的。石宝忠走过去，拍拍他的肩，说："此时没有外人，说说吧，有什么难事？"

叶倚榕抬起头，愣住了，他本来还在犹豫该如何到师父房间里"兴师问罪"，没想到师父却先来找他，憔悴的神情里满是温暖而亲切的关心。

一时不知该怎么说，叶倚榕结结巴巴地，涨红着脸说："我，我，我，没有难事。"

"你不要瞒我，师父无钱无米，钱财上帮不了大忙，若你有难处，我或许可以出出主意。"

"不是我。"

"哦，不是你的事，我就放心了。别人的事，让你烦恼，也可以和师父说说。"石宝忠不知这个闷葫芦究竟有什么事情瞒着自己，要坐在厨房生闷气。

叶倚榕鼓起勇气，脱口而出："是你！你……"他伸出的手指忽然蜷缩了回来，茫然地抡起胳膊，狠狠地甩了几圈——他实在难以启齿，说不出口"嫖妓"两个字。他脸憋得通红，嘴里喘着粗气，胸脯一起一伏。

"我怎样？哦，你是指我不该打朱少阳？"石宝忠没想到昨夜在"怡红楼"的事，他这么快就知道了？好、好、好，大荫果真有情有义，毕竟与朱少阳是师兄弟，有感情。但是，朱少阳那个养不熟的白眼狼，白白辜负自己六年多的心血，打就打了吧。昨晚，自己回来后，辗转反侧，难以入睡，只在晌午眯着眼歇了一会，今天一天，心里都在隐隐作痛。他摆摆手，"天要下雨，让他去吧，不要提他。"

"唉，不是朱少阳，是你自己做的好事。"叶倚榕被逼无奈，索性豁出去了。

"我做什么好事？你真是越来越蹊跷，今天是吃苍蝇了？尽吐脏话。"石宝忠诧异地问。

"你昨夜……说我脏？你……那女人……"叶倚榕再也忍不住了，说完，直勾勾地盯着师父，看他怎么辩解。

"啊，你说的是妙月啊。"石宝忠恍然大悟，说罢，神色突然黯淡下来。

叶倚榕以为戳到了师父的痛处，让他颜面尽失，便尴尬地低着头，用脚来回搓着地面。他窘迫时，总是爱用脚搓地面。

石宝忠正想怎么解释，叶倚榕破釜沉舟，补了一句："你对得起师娘吗？"

石宝忠双手一拍："哎呀，你误会了！大荫，你把师父想成什么人了？她……是我徒弟！"

"徒弟？"叶倚榕震惊地盯着师父，"女徒弟？以前怎么从没听说过？"

见他怀疑，石宝忠润了润嗓子，说："不是徒弟还能是谁？你这后生仔，把老夫想成什么人了？"

叶倚榕听此，懊悔错怪了师父，窘迫得面红耳赤，尴尬地挠了挠头，说："就算是徒弟，也不能一个房间睡。"

石宝忠拿起笤帚，轻轻地在他身上扫了扫："师父昨晚并不在房中。"随即苍凉地说，"孩子，这不是光彩的事，本不想让太多人知道。"

妙月，早已婚嫁，丈夫名叫高在潜，是个读书人。两人均在直隶省长大，婚后育有一女，如今有十来岁了。刚成婚的时候，两口子恩恩爱爱，丈夫读书也上进，妙月悉心照料，擅制糕点，每日做了卖几个小钱，不让他干一点活，只专心读书，希望他能够金榜题名、光宗耀祖。高在潜确实是块读书的料，对妙月也很体贴。尤其是女儿出生后，家里每日都洋溢着欢声笑语。

谁曾想，变故发生在高在潜中秀才后。他踌躇满志准备着下一轮的乡试，一心要考取举人。可能是读书压力过大，也可能是平日里生活艰苦缺少营养，高在潜变得萎靡不振、精神恍惚，有朋友就常带他出去散心。奇怪的是，每次出门回到家，他就变得神采奕奕。

渐渐地，妙月觉得蹊跷。在她的一再追问下，才得知高在潜吸了鸦片。犹如晴天霹雳，妙月惊得目瞪口呆，一颗心好似变成一块石头，坠入冰窖中。待抹干眼泪，她便苦口婆心地劝说丈夫要回心转意，高在潜也一再表态会痛改前非。可鸦片瘾，非常人能戒掉。尽管高在潜清醒时也痛哭流涕，赌咒发誓，可烟瘾上头时就转身跑去了烟馆。这个家，很快就被毁掉了。眼看着家里一日日败落，妙月无奈之下，经人介绍拜石宝忠为师学了厨艺，在京城给富贵人家当厨娘。后来，石宝忠来了福州，为让高在潜彻底断绝烟瘾，一家人随着师父来到了福州城。

"这个不争气的东西，本以为他离开了那帮狐朋狗友，就能彻底戒掉烟瘾，不料反而变本加厉，越吸越厉害！"石宝忠痛心疾首地捶打着凳子，"妙月娘俩跟着他，活得生不如死。"

叶倚榕闻听，愤恨不已："鸦片烟真正是害人的毒物，沾染不得，当年林大人虎门销烟，本想着救了百姓，不承想还是叫洋人钻了空子。"

石宝忠猛地咳了几声，继续说："烟鬼真不是人！这高在潜没有钱买烟了，竟丧心病狂地把妙月典给了闽清县一富户人家……"

叶倚榕目瞪口呆："这还了得？后来呢？"

"要不是我及时发现，赶去赎出，妙月现在就是别人家的人了。"

叶倚榕长吁一口气："还好有师父。摊上一个鸦片鬼，妙月真是命苦。"

"为了弄到吸鸦片的钱，大荫，你知道吗？这狗东西……"石宝忠说着话，激动得剧烈咳嗽起来，不断捶着胸脯，"虎毒尚且不食子，可他，他还卖过一次女儿！典妻、鬻子，你说说，这算什么！"

"这叫畜生！"叶倚榕攥紧拳头，捶打着凳子，"您就没有和按察使大人说说，逮了高在潜？这可是贩卖人口！"

"嗨！都怨这没骨气的妙月。"石宝忠无力地垂下头，缓缓塞了一锅烟，叶倚榕忙不迭点燃。

石宝忠深深吸了两口，道出难处。

难就难在，这妙月还心存幻想，留恋着高在潜往日里的好，石宝忠一说要告官，妙月就寻死觅活、哭天抢地，一遍遍回忆起与高在潜往日的情谊，还哭诉着"若是高在潜进了监牢，女儿就没了父亲"等话语，让石宝忠也无计可施。

听着妙月的悲情过往，叶倚榕深深自责，悔不该不问青红皂白，龃龉地猜忌师父，差点闹出误会，气得哀叹连连，不住道歉。

他心里恨透了高在潜，恨不得此时就抓住他，往死里打一顿，替妙月出出气。

"妙月挣的钱和我的钱，都填了这无底洞。我也是没有办法，都是看在妙月娘俩的份上。"

叶倚榕将牙咬得"咯嘣咯嘣"响："别叫我揪住这歹狗！看我不撕了他！"

想着要暗中帮师父排忧解难，叶倚榕打听到了妙月的住处。

这日午后，叶倚榕往烟馆"绵云阁"走去，准备教训教训他。这是高在潜常去的地方。

东门附近的得贵巷，巷口有道高大的大门，门口有一个守兵。这条巷子，住的多是八旗兵和家属，也称"旗下街"。巷口榕树下的躺椅上，一个八旗兵慵懒地打着哈欠，树枝上挂着鸟笼子。鸟儿似乎也嫌热，并不鸣叫。叶倚榕走进巷子，也没人盘问。

"绵云阁"烟馆面朝南，在巷子中间，门面半新不旧。这些烟馆，上午较为冷清，下午人逐渐多起来，晚间最为热闹，人来人往，烟雾缭绕。来这里的，多是做苦力的人力车夫和搬运工。从叶倚榕身边经过的人，个个佝偻着身躯，面孔枯瘦，眼窝深陷，衣衫褴褛，打着哈欠，无精打采。还有些人，胳膊上流着脓汁，那是毒瘾发作时，用尖锐的器具划破，一来二去，感染导致流脓出血。

被鸦片麻痹神经后他们丧失了情感，变得麻木不仁。生活的意义已荡然无存，呼吸就是为了活着，苟延残喘地活着。

叶倚榕原本不认识高在潜，凭着妙月和师父的描述，知道了个大概。他在门口巡睃了一圈，并不见符合高在潜相貌特征的人，便朝屋里走去。

叶倚榕从来没有进过烟馆，平日里只是听闻，此时乍然抬脚进入，眼前顿时一片黑乎乎的。阴暗的环境里，只见红光点点，人影幢幢，烟雾弥漫中有一股浓烈呛鼻的甜辣味道，他连着咳嗽了几声。片刻后，他慢慢适应了这种暗。

"绵云阁"内，因怕风吹焰火乱飘，不便吸食，所以遮蔽严密，几乎长年不见阳光。叶倚榕定睛细看，东西两面各搭一溜床铺，中间留两米宽过道兼具通风。一个个烟鬼横卧在铺上，歪扭着身子，捏着长长的烟枪，对着"鸦片灯"贪婪地大口大口吸着。这些人或蜷曲着身子，或伸直双腿，或面对面，或背对背……打眼望去，一个个瘦骨嶙峋，宛如骷髅一般。他们沉醉在迷幻的世界里，忘却了还在人间。

这种昏暗的环境，叶倚榕看不清人脸，就继续朝里走。

后头有卖烟处，三五个人涕泪横流，正迫不及待在买烟。烟膏用天平称好，以大竹叶包裹，一包为一"度"，普通重二钱。买好烟膏的人，急急忙忙找个空着的床铺，宛如拿着救命仙丹一般迫切。

烟馆里的伙计有三类。一类专管煮烟，一类专管卖烟。这两类人都有固定的工钱，是烟馆的常设人员。还有一类，是流动的"走坪"，服务烟客。这类人，烟馆不开工钱，他们什么活都做，全靠烟客给小费。

还有一类人，在烟馆里"献媚寻活"——装烟与按摩。他们和烟馆毫无关系，因无钱买烟又难戒毒瘾，就死皮赖脸地混在烟馆里，赔着笑脸巴结，帮着有钱的烟客装烟、按摩、捏脚，以换来几口过过瘾。男女皆有，女的叫"鸦片瓜"。

烟馆更是将利润榨取到极致，烟客吸食后的烟屎，不能自己扒去，需要由"走坪"代馆方扒去，这样可以在之后煮烟时加入，增加重量，榨取二次收入。

叶倚榕走了两圈，找不到高在潜，就叫住一个身材矮小、肩耸项缩、面无血色的"鸦片瓜"，问："可曾见过一个高瘦的读书人，叫高在潜。"

"鸦片瓜"笑呵呵地伸出手，朝上抖动几下手掌，那是要钱的动作。

叶倚榕拿出五个铜钱，捏在手里："你见过吗？"

"他呀，今天还不到时候，这会正在巷子东头写文书呢。"说完，女人一把抢过叶倚榕手里的铜钱，心急火燎地颠着小脚朝卖烟处而去。

叶倚榕快步走出"绵云阁"，来到得贵巷东头，远远看见一个布幡飘着，上书"代写文书"，布幡下摆放着一张桌子，桌上有笔墨纸砚。心里估计此人应是高在潜。

叶倚榕走到桌子前，见高在潜正低着头打盹，叫一声："高在潜，你好自在。"

高在潜吓了一跳，抬起头迷蒙地看看，不解地问："您是哪位？可是要写文书？"

叶倚榕见他眼圈发黑，一口黄牙，顿感厌恶，骂一声："你这会儿瞧着倒像个人。"

"你这人好不讲理，我没有招惹你，为何如此恶毒？"高在潜反问道。

"你做下的好事，倒来装迷糊。我问你，妙月可是你的妻子？"

高在潜愣住了，不知所措地望着叶倚榕。叶倚榕来时已想好，见了面不由他分说，抓住就要打一顿，可此时见高在潜文质彬彬，一时竟不知如何动手，便硬邦邦地说："今天且饶过你，若是再欺负妙月和囡囡，看我不卸了你的手脚。"

高在潜大约是听懂了，可他不认识眼前的这个男人，不由驳斥："我是妙月的丈夫，又是囡囡的父亲，你一个外人，凭什么指手画脚？莫名其妙。"

叶倚榕本来见他文弱，不好动手，听他反驳，怒从心头起，伸出手隔着桌子一把揪住高在潜的衣领："来，我好好和你说说。"

这时，远远地从东边跑过来一个女人，上来就抱住了叶倚榕，嘴里喊道："师傅，快停手，打不得！"

叶倚榕回头一瞧，正是妙月，忙松了手："我是叶倚榕，让我替你出出气。"

妙月说："叶师傅，这好好的，在大街上，惹人笑话。"

高在潜却高声喊道："妙月，来，你过来。"

妙月见有几个人在看热闹，就转着圈行礼："都散了吧，这是

71

我表哥和丈夫赌气。"她不说还好，说了，倒引得周围的行人纷纷驻足，围将上来。

妙月又羞又气，含着泪对叶倚榕说："你看，他这不是好好的吗？他也是为家里操心，这代写文书，还不是为了女儿和我……"

高在潜恨恨地："你这人不知好歹，不问青红皂白，怎的就动起了手。"

还在说着话，高在潜蓦地烟瘾犯了，呵欠连连，涕泪交流，痴痴呆呆，左顾右盼，魂不守舍地望向巷子中间的"绵云阁"烟馆。

妙月还在劝说叶倚榕离开，高在潜却摆摆手，对妙月说："你搬桌子，我去去就来。"抬腿就朝西边走。

妙月一把拽住："相公，不能啊，你不能去啊！"说话间眼泪落下。

高在潜双眼一瞪，甩动着宽袖子："放开，你这女人，没了规矩……"

叶倚榕见他如此，便揪住他的袖子。妙月一见，忙撒手松开丈夫，又来扯拽叶倚榕："叶师傅，你让他去吧！人生各有渡口，各有归舟，前世欠他的，我今生躲不过，错是他，但业障却在我自己啊。"

叶倚榕不肯松手，高在潜却已急不可耐，一时发怒，猛然扯散了妙月的头发，将她狠狠推倒在地，嘴里骂着："狗男女，我回头和你们算账。"低下头，朝着叶倚榕撞去。

高在潜个头比叶倚榕高，这一下，撞得叶倚榕眼冒金星，不觉松了手，高在潜当即撒开双腿，直奔烟馆。叶倚榕待要去追，披头散发的妙月却又拽住他的衣袖，她眼中曾有星辰，如今却黯淡无光，空余悲寂。她的声音沉痛而绝望，如同一叶孤舟漂浮在茫茫大海，无助地飘摇。"让他去吧。那是他的命，也是我的命，万般皆是命，半点不由人。人生，是一场宽恕，生死、恩仇、爱恨，只要放手，就得一场自在。"

叶倚榕看了看妙月，悲愤地说："你这是着了什么魔？渡得了别人却渡不了自己，你真糊涂啊。"说完，拉开妙月的手，走出了得贵巷……

日升月落，闽江东流。

一个秋风瑟瑟的下午，石宝忠和叶倚榕急匆匆赶到闽江边，船工们早已将冰冷僵硬的妙月捞了上来，直挺挺地摆放在岸边。高在潜呆愣愣跪在她的身边，时不时仰起头哀号两声，一个十来岁的囡囡扑在妙月身上，哭得泣不成声："娘，娘，你醒醒……"

望着滔滔江水，面对这一切，叶倚榕一语未发，拧着双眉，石雕一般，长吁短叹。

石宝忠拉住囡囡的手，凄凉地盯着妙月看了很久，全身不住地颤抖，眼圈发红。众人用席子卷起妙月，正要抬起来，他猛地发出歇斯底里的一声嘶吼："女儿啊！你怎么忍心撇下为父和闺女，不明不白地去了！"

乍然听到"女儿"二字，叶倚榕张大了嘴，抽噎着，颤抖着，随即慢慢搀扶着师父，一步一回头地走上码头的石台阶……

身后，哭一阵笑一阵的高在潜，赤着脚奔跑着，嘴里嚷嚷着……

围观的人群在窃窃私语，低声议论着：这女人命好苦，男人吸大烟没钱，典卖了婆娘，还要卖女儿……

闽江水一下一下地冲刷着石岸。江面上，船工们弓着身子，扯着缆绳，张起帆，为生计奔忙着……

坐到牛车上，叶倚榕已看不见高在潜的身影了，心中悲凉，不住感慨：好好一个读书人，如今成了疯子，这毒害人的鸦片何时才能禁住？又想起妙月，那么聪慧、漂亮的一个女子，所托非人，一腔痴情终究错付，若能早日离开高在潜，重新生活，凭那一手精湛厨艺，岂非又是另一番气象？莫非，人活在世上，真就是"万般皆是命，半点不由人"？

"吱呀吱呀"的牛车载着石宝忠师徒和囡囡，晃晃悠悠地向前方走去。叶倚榕拿着鞭子抽打着，他没有打在牛的背上，鞭梢在空中绕来绕去，划出沉闷但尖锐的声响。他想：妙月，你再也不用牵挂了……

一连几天，叶倚榕都无法从妙月自杀的阴影里走出来，人恹恹的。而且，他还想问问师父，究竟是怎么一回事啊？他的这个女儿，为何身世如此离奇。

石宝忠悲伤了一段日子后，老泪纵横，揭开了谜底。

"我的老婆子，在我到福州前，就去了那边儿。"石宝忠长长地哀叹了一口气，沉痛地说，"你倒省心，走的时候，咋不带着我一起上黄泉路。"

叶倚榕没有接话，他看到师父如此，心里也是针扎般疼痛。

"说起来，这一切都是命。我的老婆子，是我师父的姑娘。当年，我随着父母到京城，给在户部当郎官的官员家当厨子。这当官的是福州人，我父亲经人介绍进了这户人家，我跟着打杂。后来，我父母相继过世，我就跟着一个老师傅当学徒……"

石宝忠"吧嗒吧嗒"使劲抽两口烟，那些心酸的往事，一一浮现在眼前："妙月这孩子，打小就身子弱，在襁褓里就整天咳嗽。为了给她治病，我和老婆子跑遍了京城的药铺，可我一个穷苦的厨子能有什么积蓄？家里的钱都花光了，还是没有彻底治好她的病，一遇到阴雨天，更是咳嗽得厉害。我对不起闺女啊。苦命的孩子，从小整天喝药，嘴唇都成了黑紫色，吐出来的唾沫都带着一股子药味。"

叶倚榕担心他过于伤心，就插话问道："师娘和您……"

石宝忠点点头："她是我师父捡来的，逃荒要饭快饿死在门口，我师父独身一人，就收留了她认作女儿。我们两个都在郎官府上生活，一来二去，师父做媒，让我们两个苦命人成了夫妻。"

"妙月是如何认识高在潜的？"

"那些年，你师娘带着妙月到处看病，在一个姓高的老中医家中，认识了高在潜。他是老中医的儿子，书读得好，人也长得好，每次妙月去看病，高在潜总是端茶倒水，我们看两个孩子般配，也就同意了。"

说到这里，石宝忠捶胸顿足："他也是个苦命人，读书读得瘦成了竹竿，我总觉得他年轻，熬一熬就过去了，也没太在意。有一年过年，他来借钱，我一个穷厨子，哪有什么钱？就骂了他一顿，说他好吃懒做，光会死读书，连个举人都考不中，让妙月娘俩跟着他受罪，我说的最伤人的一句话是……我骂他……就是个活死人，养不活妻儿的烂人！"

石宝忠流下眼泪，叶倚榕急忙拿来毛巾递给师父。石宝忠接过，越擦泪水越多，呜咽着说："也许，就是我那一次刺激他，伤了他的心，让他夜里出去遇到了烟鬼，吸上了大烟……"

　　叶倚榕静静地听着这些悲惨的往事，心中泛起阵阵悲凉：贫穷，是这个世界上最苦的事。穷人的生活太难了。

　　想到这些，叶倚榕就暗暗发誓，一定要多挣钱，这辈子不再让师父，让自己的妻子、儿子受苦受累。

　　可是，当个衙厨，自己每月只能领几个月薪的小钱，勉强可以糊口。

　　拿什么挣大钱？那就只能是学好厨艺，才有希望将来再开个小店赚钱，摆脱窘迫的贫困。

　　从此，叶倚榕仿佛把命交给了后厨，妻子见他累得脱了相，心疼地劝他："天黑了还有月亮，你也不必如此拼命。"他笑笑道："靠树树倒，靠人人跑，天黑后的月亮也时有时无。要想让你娘俩过上好日子，就得咬牙坚持，靠自己。"

第二章　仗剑行

一

一转眼，叶倚榕已跟着师父又学了三年。

第一年，他悉心研读饮食史学，却越发觉得自己见识浅陋。书中记载，从古时起，仅厨师就有庖人、膳夫、兽人、渔人、酒人、浆人、腊人、蟹人、盐人、鸡人等五花八门的称呼，他不免心中惊叹，更加惜时如金，专心学习。

第二年，他着重在锻炼自己的味觉方面下功夫。师父告诉他，一个优秀的厨师必定是位出色的食客，不仅要对菜品的色、香、味、形有着独到的判断，更要能品尝出火候的强弱、早迟、温差，且须感受到菜品的质感药性与食疗。登峰造极的用心者还可以从中感悟到厨师心态的变化。这种品馔的厚与薄，决定着将来出师之后的境界。

"读史"和"品馔"合二为一，方为"食道"。石宝忠深深吸了一口烟，烟丝发出吱吱的响声，冒出明明灭灭的光，他从鼻孔里呼呼冒出两道白烟，缓缓道："《史记》中早就说过'民以食为天'，我们每天琢磨的吃喝之事，这既是平平常常的事，又是天大之事。饮食文化把'官道''医道'和'礼教'等都糅合在了一起，里面弯弯绕绕的讲究可多了。为做菜而做菜，做出的菜终归是'死'的，缺少灵魂。"

　　见叶倚榕脸上是不可思议的神情，石宝忠顿了顿，继续解释："饮食文化的至臻境界，则是'天人合一''循自然之道'。例如做菜，《礼记·乡饮酒义》曰：'亨狗于东方，祖阳气之发于东方也。洗之在阼，其水在洗东，祖天地之左海也。尊有玄酒，教民不忘本也。'"

　　叶倚榕迷茫地忍不住发问："师父，这是什么意思？"

　　石宝忠用烟袋杆子磕了磕凳子边缘，说："记住了，在厅堂的东方烹煮狗肉，是效法阳气起于东方。'洗'（盥洗时接水用的器皿）放在阼阶上，所用之水摆在'洗'的东边，效法天地的东方是海。酒樽里盛着水，是教导民众不要忘了本源。"

　　这是行业的精髓，是一个"修炼"的过程，在于磨火性、去急躁。三百六十行，任何一个行业要想做到极致，攀至巅峰，都需要这样的过程。技艺精湛的厨师，最主要的是要摸透动植物的本性，"存本味"还要"出本味"，"存本味"就像书法读帖、临帖，"出本味"则是出帖、创新，形成个人独特的风格。

　　石宝忠举例道："有一道'樟茶鸭'的菜，原本是在熏鸭时用漳州的新茶熏制，味道浓郁，茶香扑鼻。可后来，不断改良，又有厨师用樟树叶混合四川产的茶叶熏制，就变成了独特口味的樟茶鸭。你看，这道菜主料始终还是鸭，这属于'存本味'，可是，将福建漳州的嫩茶先入菜，和樟树叶、四川茶入味，这就是'出本味'。这做菜制肴，不仅仅靠手艺好，还要多用心、多思考才行。"

　　石宝忠自幼从学徒干起，他知道学这一行的手艺有多难。见叶倚榕为人厚道，勤勉能干，踏实好学，将他视如己出。几十年来辛苦琢磨出的秘方、心得，悉数传授给叶倚榕。叶倚榕内心深怀感激，但他嘴笨，只嗫嚅着，不知如何开口。石宝忠明白他的心意，笑着对他说："一个人就算浑身是铁，又能打几颗钉？师父老了，还能做几年菜？你好好学，学出师就算对得起我了。"叶倚榕一门心思扑在厨房，做出的满汉席渐渐赢得按察使和来访官员的一致赞赏。

叶倚榕也践行着当初的承诺，三年学徒，三年学满汉席，再回报三年。

咸丰十年（1860）秋，一日午后，按察司衙门陈管家遣人到厨房吩咐，夫人想吃一碗桂花甜羹，做好了交丫鬟端给夫人。片刻，叶倚榕娴熟地做好了桂花羹，用碗装了，放进脱胎漆器食盒内。他到厨房门口望了望，不见丫鬟的身影，心想，定然是她料不到自己的速度这么快，因此来得迟。桂花羹凉了，口感就不好，我还是给这姑娘送去吧。

叶倚榕拎着食盒往西厢房而去，转过一道门角，忽听到有两个声音提到自己的名字，他站住脚，定神细听，却是陈管家和李长随在廊下交谈："石宝忠已过六十岁，精力不如从前了。虽说技艺高，是老衙厨，可如今却不太动手，我瞧着平日都是叶倚榕在灶上。"

"您说的是，留下他多一份开支，多一人吃饭，不如……"

听到这儿，叶倚榕惴惴不安、五味杂陈，转身往厨房方向退了回去，内心难过、担心，身上却冒出了一层汗。他呆坐在凳子上，生出了念头，不行，师父已在衙门待了这许多年，又对自己恩重如山，他这把年纪，离开衙门，日子怎么过？绝不能抢了师父的饭碗，要走也是自己走。

中秋节这天中午，按察使林福祥交代，要宴请布政使张集馨大人。

四十七岁的林福祥是六月初三从吉南赣宁道道台升迁而来，广东香山人。他曾在香山、顺德招募过水勇组成"平海营"，在三元里一带与英军作战，因奕山和广州知府余保纯出面为侵略者解围而失败，林福祥对此极为愤慨。

这年，英法联军长驱北进，逼近京师。八月初八，秋分凌晨，咸丰皇帝率后妃、皇子及王公大臣逃往承德避暑山庄避难。北京城内，官眷、商民等出城逃避者十有七八，六部九卿无人入署办事，京城内外十余万清军溃散十之八九。

林福祥听闻国遇大难，内心充满了苦闷忧愁、悲哀愤懑，整日想着如何联合众官员扶大厦之将倾。可闽浙总督庆瑞、福建巡抚瑞璸均为满洲人，他担心不好沟通，便想先和身为汉人的布政使张集馨商量商量。

张集馨已年过花甲，代理着江西布政使，身兼两省重任。上一年九月出京时，他曾受到咸丰帝训饬，革去布政使，保留三品官衔。当前风雨飘摇，形势不明，对他来说，生怕福建、江西两省有些许闪失，求稳就是最大的心愿，自然不愿贸然出头。

张大人是江苏人，林福祥吩咐厨房多做几道江苏菜。叶倚榕便备好金陵烤鸭、彭城鱼丸、羊方藏鱼、水晶肴蹄、清炖蟹粉狮子头、凤尾虾等数道苏菜，他打听到张大人已六十岁出头，因此就悉心在火候上下功夫，将菜做得软糯些。

他平素使用的厨房面阔五间，墙壁很有特点，是先用竹木编制成壁，外附泥巴，添加了白垩粉。福建木材多，官府建造房屋时，就地取材，建筑常木多于石。

厨房的窗边，建有连着的三个灶，火已烧旺；东墙还有一个大灶，大铁锅内，"咕嘟咕嘟"熬着热汤；屋子正中间，有丈余长、四五尺宽的一个台子，备用的黄瓜鱼、猪肝、排骨、牛腩、羊鞭、松茸、玉兰片、石笋、百合、鱼脑、羊肘等摆放在盘子上；造型各异的凉菜已按菜谱"各司其职"，排成一溜；靠墙立着几个柜子，尊、壶、箧子、勺、砂锅、瓮、瓢、刀、铲等炊具或挂或立，一应俱全；灶台的锅边，葱段、姜丝、蒜蓉、海盐、黄酒、淀粉、酱油、陈醋、胡椒粉、芝麻油、干辣椒在一个个小盅里有序排列……

台子边，一个择菜的妇人正在掐去芫荽根；另一个妇人在清洗海蛎，洗好后，她又仔细摆放着雕刻好的西瓜……

灶台旁，叶倚榕开始炒菜，菜蔬和海鲜的翻搅声不绝于耳。灶膛里的柴火在熊熊燃烧，不时发出"噼噼啪啪"的声音。

石宝忠知道今天有贵客，踱到厨房来看看，灶膛的火焰突然明亮起来，随之传来一串"呼呼"声。石宝忠呵呵一笑："我就说吗，'灶火笑，人客到'，大家今天要打起精神来，格外留意。"

"师父，您放心，有我们在，您只管指挥，不用动手。"叶倚榕一边忙着，一边朝师父大声说。

"我也闲不住，索性来看看。这里、这里，扫一扫脚下的水，别叫滑倒了。"石宝忠吩咐一男童用笤帚和簸箕清理地面。

一个负责传菜的丫鬟问询："这个葡萄盘和哪个一起上？"另一丫鬟嫌弃地说："你真是忘事，不是早告诉你，石榴和葡萄一起！"

叶倚榕喊一声："师父，您看看海蜇皮泡发到几成了？"

"好，老夫遵命。"石宝忠乐呵呵地说。

这边厨房里忙得热火朝天，厅堂里林福祥和张集馨各执己见。按林福祥的建议，洋人在北京作乱，也要把福建这边的洋人赶出去，让他们首尾不能相顾。可张集馨却认为，多事之秋，治安为重，首先要确保福建安宁，不能再出纰漏。

"可恶的洋人，一日不驱，一日不得心安。"林福祥放下筷子，长叹一声，语气沉重地说。

"皇上的意思，还是要和谈。"张集馨老成持重，举着银杯，"我们做臣子的，总得按皇上旨意行事。"

"食朝廷俸禄，当日日警惕。"

"老夫不反对驱逐洋人，可林大人也看到了，这福州开埠以来，我们做了多少努力，拦住了多少洋人？现在国家命运多舛，太平军又不消停，做臣子的，总要为君分忧，莫要徒生事端。"张集馨揉一揉太阳穴，轻叹两声。

两人吃了半晌，各说各有理，便商定改日拜访总督、巡抚后再议。

不想，数日后，形势急转直下。英法联军抵北京城后，迅速攻占德胜门外土城，直取圆明园。不久，纵火焚烧了这座世所罕见的"万园之园"。滚滚浓烟裹挟着冲天的火舌，昔日辉煌的圆明园被毁于一旦，珍贵文物被劫掠一空。

叶倚榕听说皇帝和嫔妃们逃到承德避难、圆明园被烧，叹道："这皇上比我更窝囊。"可是国家大事毕竟距离他太过遥远，眼下更令他着急的是如何向师父开口提要辞职一事。正在他左思右想，不知如何开口之际，林福祥于十一月升迁任职浙江布政使去了。

新的按察使还未到任，叶倚榕觉得这是个难得的机会。一来，新按察使来任职，并不知道厨房里以谁为主，对师父更有利。另外，衙门新旧主子交替时，总管们总会趁此调换一批年轻得力之人。石宝忠虽说是资深衙厨，可毕竟年老，若是叶倚榕还在，对师父就是一个威胁。别的厨师的技艺，叶倚榕知道底细，都难以挑起大梁，还要师父从旁指导。

这天，叶倚榕终于鼓足勇气："师父，我不想在这里干了。我想出去试试。"他不想挑明，怕伤了师父自尊心。

石宝忠听后，并不吃惊，仿佛早在他的意料之中："也该动动了。有我在，你还不算真正的'出师'！"

叶倚榕揪着的心放下了："我不会给师父丢人的。"

"你能跑到哪里去？还不是在我眼皮底下？"

"这倒是。元泰和娴儿，每日总盼着要见您。"六年前，妙月过世后，叶倚榕将她的女儿高娴接到家中抚养。高娴时年十六岁，和叶元泰青梅竹马，宛如亲兄妹。

石宝忠的眼神里充满了慈爱的笑意："小年轻不讨厌我这老头子？"

"哪会呢，他们都是您看着长大的。"

石宝忠欣慰地笑着，捋着山羊胡，悠悠地说："你去闯闯吧。"

叶倚榕便辞了按察司衙门，回到家中与陈氏商量，要开个饭馆。

去哪里开，一时拿不定主意。陈氏说就在这鼓楼附近，可找到表哥时，表哥建议他去"双杭"看看，那里更适合小馆子。

叶倚榕这几年攒下的钱只够小本经营，自然对表哥说的感兴趣，欲邀表哥一道去双杭。邓旭初推辞道："按理说，表弟你的事，无论如何我要陪你去。可我这裁缝铺子，要有人守，你表嫂她又不懂，我一日不在就有一日的损失。"叶倚榕明白他的心思，从袋里摸出准备好的铜钱，交给邓旭初："我的事，全靠哥哥帮忙，哥哥受累了。"邓阳初掂了掂手里的分量，乐得笑出声："好说，好说，谁叫你是我弟弟？"

双杭，是上杭街和下杭街形成的商业街区，在福州城的西南部，濒临闽江，这里水陆交通发达。清代福州分为城内、台江两部分，上下杭街区就在台江，商行、店铺和会馆居多，素有商贸"黄金宝地"之称。

自北宋元祐年间（1086—1094）开始，闽江水在大庙山南麓冲积出的两条沙痕逐渐形成陆地，即为上、下杭，"杭"从"航"音衍化而来，听名字就可以感受到此地是航运码头。后经元、明两代，船来船往，货物交汇，商人、杂役和居民增多，繁华的街市逐渐形成，一时华夷杂处、商贾云集，潭尾街一带更是民居鳞次、鱼盐成市。清代，由于商业中心南移，城内与"双杭"之间交通频繁，福州南门至大桥头已是十里而遥，民居不断。后来，清政府两次海禁，"双杭"发展受限。

康熙二十三年（1684）开海禁、设海关，"双杭"街区迎来发展的黄金期，商店作坊、商业行馆、仓库货栈、水坞道头等相继建立。鸦片战争后，福州正式开埠，各地商帮纷纷在上、下杭街区及苍霞洲一带建立会馆、商行，此地愈加繁荣。

邓旭初找到贩茶叶的钱正安，他是"双杭"最大商帮"兴化帮"的成员，对此地十分熟悉。曾到邓旭初的裁缝店里做过几次衣裳，一来二去，两人熟识起来。

福州的商帮分为本地帮和客地帮。本地帮称"福州帮"（含闽县和侯官），客地帮包括省外和省内各府、州、县在福州经商的商人。此时客地帮有东北帮、天津帮、山东帮、山西帮、湖南帮、安徽帮、江浙帮、温州帮、广东帮等。

钱正安领着兄弟二人，走街串巷，如数家珍介绍各家店铺的前世今生。这些店铺，保留着老福州市井的特色，多是前店后宅或下店上宅。风格是"三落透后"的传统建造方式，集商贸、仓储、居住功能为一体。沿途，三人看到龙岭顶蔡五五炒粉、马祖道唯我鼎边糊等各色小吃摊，都排起了长队，真个是人头攒动、热闹非凡。

"来来来，坐下来，尝一尝这潮安嫩饼店的炒米，咸、甜两种，都让人口水直流。"邓旭初招呼二人坐下，叶倚榕要了一碗甜的炒米。店家拿出一个小碗，抓上一把白白的酥酥的炒米，加点白糖、开水，搅一搅，端给叶倚榕。叶倚榕捏着调羹，舀了一勺酥香的炒米往嘴里送，细细一品，果然滑嫩香韧、入口清甜，他暗暗记下店家的操作步骤。

三两下吃完，见表哥还埋头碗里，他站起身把钱付了。

上下杭的路，虽然也宽阔，但多是沙土、碎石，头上的太阳明晃晃地晒着，三人走着不免感到疲乏。来到一座建筑前，邓旭初提出要歇一歇，钱正安一看，说："也好，咱们眼前是浦城会馆，再往前，就是江西南城会馆，刚才路过的地方，是建宁会馆、绥安会馆，这都是上杭街的大地方。"

邓旭初、叶倚榕仰头观看，浦城会馆坐北朝南，依山而建，临街的前门正墙上嵌"天后宫"石刻直匾，两边门的门额上分别刻有"河清""海晏"。遥遥望向里面，有戏台、天井和大殿。

"殿的后面有石阶，上面建了梳妆楼，边门有小路能通到大庙山去。楼下是三间排，楼上有四间十房。会馆最讲究同乡情谊，里面有吃有喝，浦城生意人到了这里，尽管进去歇脚，喝茶、谈天，想啥有啥。"钱正安摇头晃脑地介绍。

"你对这里这么熟，看来你进去过？"叶倚榕好奇地问。

"何止浦城会馆进去过，我在这一条街的会馆里都吃过、喝过，大家都是做生意的，互相帮衬啦。"钱正安得意地炫耀着。

这时，有三五个半大的孩童，在街上嬉笑着、打闹着、追逐着，唱着儿歌：

> 海防前炊肉包，
> 肉包炊真熟，陡义泡扁肉。
> 扁肉建郡馅有够，食鼎边三捷透。
> 三捷透在三保，苍霞洲玉春库出鸡老。
> 鸡老喷喷香，猪油炒米宝来轩。
> 宝来轩店开油巷下，来往人也细（多）。
> 也细生意多，庆香居卖馍馍。
> 馍馍鸡肉丝掰两另（片），闹市台江汛。

叶倚榕看着热闹，不禁感慨："这'双杭'比起鼓楼来又是一种模样。"

"兄弟，听我说，在这里开个小饭馆，保你赚个够。"钱正安拍拍胸脯，打着包票。

叶倚榕坐在浦城会馆门口的台阶上，看着街道上来来往往的船工、挑工、客商，心头激动，连连点头："瞅着这地方，真好。"

邓旭初却道："你好好考虑考虑，在这商人窝里做生意，不比别的地方，有一处考虑不到位、做得欠火候，人家不但笑话，还会耍心眼，叫你吃不下吐不出，到时候可就进退两难了。"

钱正安一听，哈哈一笑："还是你哥老道。在这里做生意，确实也不容易。"他顿了顿，骄傲地说，"兴化人做的生意里百货、食杂、土产、医药、钱庄都有，能人辈出。以后，我给你引荐几位。"叶倚榕连忙道谢，钱正安想起了什么，说："对了，说起钱庄，你们不知道吧？安徽大商人胡雪岩，今年在上海开了阜康钱庄，银票可以异地汇兑，去外地做生意，再也不用带许多沉甸甸的银子、铜钱了，可真方便！福州这边的钱庄已经有人开始准备跟上了。"

边说边走，走到闽江边，三人身上都出了汗，邓旭初提议，在闽江边榕树荫下吹吹风，歇一歇。

眺望着江对面，叶倚榕在想：一路走来，见到好些蓝眼珠、黄头发的洋鬼子们，按理都是人，为什么他们就不害臊？尤其是女人，有的甚至露出半个胸脯，白花花的肉就那么大胆地暴露着，丝毫不知廉耻。自己将来如果到这里做生意，一旦这些洋人来吃饭，是笑脸相迎好，还是拒之门外好？

此时，看见上游岸边一群人奔跑着、呼叫着、追逐着，有人拿着长竹竿往江水里探、有人往江心方向用力划着舢板，岸上、水面上一片嘈杂声，闹哄哄的。

不一会儿，舢板上有人大叫一声："找到了。"从水里捞起了一个女人，往岸边划来。江边跪着一个女子号啕大哭："二嫂啊，你可不能就这么走了！二哥已经死了，你再有个三长两短，我那几个侄子怎么办？我哪里养得活他们……"

"怎么回事？"路上站了许多人，翘着脖子观看，钱正安拦住一男人问。

"嗨，别提了，二嫂的一担子菜，叫衙役给踢翻、扔到江里了。女人就是气量小，这就想不开，跳了江。"

"你说得轻巧，二嫂一个寡妇人家，两筐菜，可是二十文钱呢。她的男人上个月跳江死了，邻居们七拼八凑刚刚把他埋了。家里已穷得揭不开锅，可恶的贼差人，还想白抢了她的菜，这不是要了她的命啊……"一个粗壮的女人愤愤不平。

一个身材矮小的女人撇了撇嘴，哼了一声："她一死倒轻松了。把几个儿子扔给小姑子，小姑子自己还有一大家子，这下要带他们去讨饭啰。"

"你这个女人，人家都跳江了，你说的这是什么话？"粗壮女人气愤地大声说道。

"我说人话。"矮个子女人摇头晃脑，一副幸灾乐祸的模样。

钱正安向来爱看热闹，不禁问："她男人又是为了什么跳江？"

矮小的女子脸颊瘦削，见钱正安像是个有钱人，于是献媚地笑着，往他身边靠去，薄薄的两片嘴唇抢着说："这个我知道。"

钱正安退后一步，不让她近前。女人也不以为意，兴高采烈地卖弄："那一家本来是种菜、卖菜的，日子过得比我们好多了。也不知怎的，男人被一个娼妓勾住了魂，染了花柳病，又被那个狐狸精拉着学会了赌博，嘿嘿……"她开心地笑着，停顿了下，故作神秘地压低声音，"听说，他不是跳江，是欠了高利贷，还不上，被人挑断了手筋、脚筋，扔江里去的。唉哟哟，想想就疼。"她矫情地摸着自己的手腕，斜着眼瞅着钱正安。

叶倚榕嫌弃地别过脸，不待他张口，邓旭初怕惹出事来，拉着他往前走。叶倚榕说："你们说要到这里做生意，我还真不知道适应不适应？"

钱正安见多了这种事情，不以为然："天底下，有富人也有穷人，有百姓也有官差，每个人有每个人的命。慢慢来，这里做生意的能人多得很。只要你敢拼肯干，就能赚钱。就说闽南帮，他们有一股拼命劲，嘴上常挂着一句'三分天注定，七分靠打拼'，自称'三分本事七分胆'，我看，小老弟你要学学他们的胆子。"

叶倚榕想，这也不是胆大胆小的事，一个人终归要有同情心。怎么他们见到人跳了江，还能无动于衷？甚至有的人还很高兴。

邓旭初见他沉默，插上一句："我看，你也别想着开什么酒店、饭馆的。让钱哥帮你介绍份事情做，还更安稳。"

钱正安轻轻拍一拍叶倚榕的肩头："兄弟，来，有哥罩着你，少不了你一口饭吃。"

叶倚榕心头沉闷，怏怏不乐。傍晚时分，钱正安请他们吃过晚饭，叶倚榕将吃剩下的半碗米饭用油纸包了，和表哥准备往回走。

走到城边，见一个身穿粗布短衣的男人，弓着背，"哼哧哼哧"向南走，背上的茶砖，足有一百四五十斤多。估计是往江边的洋船上送。叶倚榕轻声地问："你以前说的让我来做苦力，就是背这茶砖，赚这'活命钱'？"

邓旭初讪讪地："哪能让你干这？"伸手推了推他，"快走吧，家里人还等着呢。"

两人低头赶路，身边陆陆续续经过许多干苦力的男人，他们低垂着头颅、弯曲着脊背，麻木地背着货物挣扎着前行。叶倚榕没想到，福州城里也有这么多穷苦的人。

福州残存的城墙已破败不堪、断断续续，像老年人脱落的牙床。昏暗的灯光下，城墙边，值班的衙役们喜笑颜开。天一黑，他们就精神抖擞。白天那些不宜公开索要的名目，此时正是出手的好时候。

白天，有由头的税收，是属于官府老爷的。巧取豪夺的官员们，趁着洋人作乱，朝廷昏聩，以"无形之加赋，有形之勒索"设立多如牛毛的杂税，充塞着各自的胃口。为了升迁，官员们绞尽脑汁地讨好上级，懂事理地适时送上节敬、程仪、赆礼、赆礼、赙礼、贺仪等，用银两、古玩、字画，换来更耀眼的乌纱帽。

黑夜，则属于这些微末小吏。他们躲在暗处，伸出利齿，千方百计想出百货厘、牙税等方式搞钱，甚至连骡马、草料、粪便都要收捐。名义上是"捐"，实则是强制摊派，将穷人们搜刮殆尽，生活难以为继。

一衣不蔽体的中年妇人，头上裹着一块破布，脚穿草鞋，用敞开的上衣兜着一个尚在襁褓中的孩子，挂着一根棍子，有气无力地沿着墙根儿摸索前行，孩子在怀里哼哼叽叽着……两个衙役朝妇人不怀好意地调笑着，掏出一块饼，咬了几口，将剩下的扔过去："快来接着，要不就给那条狗了啊。"然后，放肆地笑着。妇人眼里亮了一下，小跑着过来，跌跌撞撞，脚下被绊了一下，向前一个趔趄，摔倒在地，急忙爬起身，扑向扔在地上的饼，掰下一点，小心翼翼地塞进孩子嘴里，轻声地说："仔，快，有吃的了……"

叶倚榕看了表哥一眼，将手中的米饭给了妇人，妇人连连道谢："好心人，老天保佑……"

那两个衙役双手交叉，抱在胸前，眼里闪着寒光瞪着他们。邓旭初不禁打了个寒战，拉了拉叶倚榕，低下头，急急忙忙朝城里走去。

夜里，叶倚榕和妻子商量了半宿，也没个结果。

第二天，和师父说起"双杭"的好处来，师父一语中的："双杭好是好，闹热（闽方言，指热闹）得很，可人员很杂，南来北往口味不一。你开的店里若来吃的人是出苦力的多，他们即挑剔又想省钱，不太适合你这新手；鼓楼是府衙要地，官场走动的人很要面子，你用几个招牌菜套住他们，食客就稳定了，钱多钱少他们不在乎。"

闻听此言，叶倚榕就定下决心，在鼓楼这边开店。当然，他心中还有一层没有说，师父在这边，他在开店之余也好照顾。

二

叶倚榕辞去了按察司衙门的差事。咸丰十一年（1861）除夕，一家人难得地聚在一起，热热闹闹地过了个团圆节日。

此时，叶倚榕已租到了黄巷一处五间房的院子，并将石宝忠一起接过来居住。白墙斑驳，青苔黑瓦，门口红灯笼摇曳，陈旧但被清洗得发黄的旧门窗皆用镂空精雕。后院有道门，门外有一口与邻居们共用的水井，今天的井边已贴上了"福"字剪纸。一整天，这里都热闹非凡，有来担水的，有在井边洗衣服的，有拾掇着鸡鸭鱼肉的，有涮锅碗瓢勺的，有洗萝卜青菜的……几个女人在谈论着家长里短，就像没把门的话匣子叽叽喳喳。

陈氏负责择菜、洗菜。天气冷，她一双手浸在水里，已冻得通红。高娴负责提水、挑水，动作很是熟练，她到井边，麻利地把水桶放到井里，用力拉住桶上的绳子左右一摆，水桶翻了、倒下、灌上水，再双手使劲拉上台湄，或挑回家倒水缸里，或就近倒给陈氏。

隔壁邻居男人叫关春狗，娶的诸娘人（福州方言，指妻子）邵氏，最喜说长道短，她手上搓洗着衣物，嘴上一刻也不停："哟，这么会做的诸娘囝（福州方言，指女子），谁讨去做媳妇，祖上可要烧八辈子高香。"陈氏性格温柔，回道："可不是？也不知谁家有这个福气。"高娴听了脸一红，挑起水急急忙忙赶紧回到院子里。

申时三刻，眼见菜已烧好，外头响起此起彼伏的炮仗声。叶倚榕也取出炮仗"噼里啪啦"地放了。石宝忠在主位，叶倚榕一家、邓旭初一家、高娴，团团坐在桌子前准备吃年夜饭：桌上摆着熬芥菜粥、包春卷、清蒸鳜鱼、太平燕、鱼丸……难得见菜品如此丰盛，高娴高兴得直夸："外公，陈管家难得肯让你告假。这个年过得真安心。"

石宝忠笑了，"人老了，我在府里也不太帮得上忙。"瞅见外孙女夹过春卷，正要从中间咬下去，他立刻出声制止道："欸、欸、欸，娴儿，你这个吃法不对，春饼（又叫春卷）怎么吃是有讲究的。"

高娴撒娇地说："外公，您快说怎么吃，我都等不及了。"

石宝忠笑眯眯地道："你呀，总是这么心急。春卷，必须一口气从头吃到尾，这叫'有头有尾'"。

叶倚榕见高娴吃得欢，便离座取了皮，狠狠夹了一筷子豆芽炒肉，卷了卷递给她："你爱吃，就多吃点。"

叶倚榕装了一碗肉燕和鸭蛋做成的"太平燕"给表哥，邓旭初尝了一口，赞不绝口："好、好、好，真是太平吉利。老话说得好——鱼丸扁肉燕，乞（让）侬谝一谝。二位大厨的手艺，够谝一年了！大荫，在这里，我要恭喜你明年发大财！"

叶倚榕诚心诚意说道："那可要托师父的福，明年大家一起发财！"众人闻言，顿时都笑了起来。

正月初一早上，人人必吃"线面"。这种丝细如线、洁白似银、软而柔韧、绝不糊汤的线面，据传始于南宋，人称"席上珍品"，宋代诗人黄庭坚曾赞誉："汤饼一杯银丝乱，牵丝如缕玉簪横。"民间俗称"长面、寿面、银面"。

叶倚榕一早就被炮仗声吵醒了，他起床、穿好衣服，在锅里烧开热水。眼见家人陆续起来，他将线面煮好，放到早已准备好的番鸭汤里，加上两枚鸭蛋，调些老酒，撒下葱花。看到师父坐下，他端到师父面前的桌上："师父，您吃这碗'太平面'，祝您老人家福寿绵长、长命百岁！"

石宝忠眉开眼笑："这两个鸭蛋你自己一定要吃。师父六十有二了，将来这个家全靠你，你要太太平平的。"

叶倚榕平时就口拙，只回了一声："是。"

店铺还没找好，叶倚榕先把开店的事放在一旁，陪着一家人到街上看热闹。街上人山人海，百姓早早等着游神。一会，只见众人用敞篷大轿抬着庙里供奉的神祇塑像，有华光大帝、白马王、临水奶、妈祖和各村单独供奉的主神，孩儿弟、七爷、八爷等竹制的"扎骨"神像，排成队列巡游，锣鼓和鞭炮在队伍前面打头，老百姓伸长脖子欢呼着，场面十分热烈。

到福州城隍庙去，是必不可少的活动。陈氏今天打扮得甚是俊俏，上衫立领，领扣是"金银扣"；为了防寒，披一件棉坎肩；宽袖口，衣长过膝，领口和袖口镶滚；双手套在"手笼"里，很是温暖；下穿鱼鳞百褶裙，一双小脚，套上棉鞋，半藏在裙下，看不见脚，走动时两条腿像安装了轮子一样向前挪动；手上拎着一个素净的布袋子，里面时不时发出"叮铛"的响声。高娴见了，好奇地问："依姆（福州方言，对老年女子的称呼，表示亲切），这里面装了什么？"

高娴身上的衣服，颜色十分鲜艳，愈发衬托出年轻面庞的白净粉嫩来。陈氏看着她，慈爱地笑着，神秘地说："一会你就知道了。"

在庙门前，叶元泰抬头看到"善行到此心无愧，恶过吾门胆自寒"一副对联，念了几遍，不由赞叹道："这种楹联，实用又易于传播，才会让人记得住。"

这城隍庙，也称"都城隍庙"，始建于晋代太康三年（282），安静地坐落在冶山上，经过历代修缮，各间殿宇虽然风格不同，却修葺得齐齐整整，尤其每年春节前后，每日有人值守，香火不绝，院内院外洒扫得整洁干净。

主祀的神明中，有位叫陈文龙，福建兴化（今莆田东门外阔口乡）人。他中过状元，是宋度宗、恭宗、端宗三朝重臣。元灭宋时，他见元兵纵火烧毁民房，愤慨至极："速杀我，勿害百姓。"始终坚贞不屈不肯降元，以绝食抗拒，到杭州拜谒岳飞庙后，气绝而亡。人们把他供奉为神，也是敬佩他的气节。

今天天气好，前来烧香拜佛的百姓络绎不绝，正、侧门都是进进出出的人流。几人穿过一拨又一拨人群，挤到大殿前。香烟袅袅，几尺长的香炉上供满了香，见插不下了，庙里值守的人便把前头的香给拔下来。叶倚榕掏钱买了三根手腕粗的镂文香柱，点燃，拜了拜，插上。

城隍爷头戴王冠，正襟危坐。脚下跪满了虔诚的香客。他们手持燃香磕头膜拜，口中念念有词："阿弥陀佛，城隍爷保佑，祸去福来，子孙发财。"

殿外大圆炉里是一沓沓燃烧的香表，整个庙香雾萦绕，纸灰四处飞舞。陈氏从袋子里取出一把长柄铁勺，一个铁罐子，用勺伸到香炉里，舀出香灰，放到铁罐里。

高娴忍不住，问："依姆，你装香灰干吗？"

陈氏一边盖上铁罐子，一边心满意足地说："你元泰哥准备要考举人，据说用这个香灰给他喝下去，他准保考得上。"

高娴很高兴："这么灵验？为什么不早点喝？"

陈氏答："你这傻丫头，这是要算日子的。我给他算过了，就是今天的香灰才有用。"

高娴拍着手，笑道："那可太好了，元泰哥哥要中举了。"

陈氏急忙制止："小声点，别让别人听见学了去。大家都喝，元泰再喝，就不灵了。"

高娴点点头，左右看看。见大家都只关注着如何上香、烧纸，并无人听她说了什么，便放下心来。叶元泰看在眼里，摇摇头，往城隍庙外走去了。

一直到正月过后，叶倚榕才选定了东街口附近白鸽弄口一间店面。这是福州城里最繁华的地段，店面租金自然比其他地方高了许多。钱正安是个热心人，一直留心着，打听到这家店主人家里生出变故，要变卖家产，便急忙通知了叶倚榕。

店面位于东街口的十字路口，东边的"左通衢"巷子里，有"凤池书院""正谊书院""嵩山书院""浙江会馆"等文人汇聚的场所；沿着这条街直往东就是东门，东门兜附近驻扎有旗兵，建有将军署；西边是"右通衢"巷，旅馆、客栈、茶楼、酒家林立，"马总铺"皮箱店、沈绍安脱胎漆器店都在此；往南穿过窄窄的巷子，就到了三坊七巷，达官贵人多居于此。

见地段好，叶倚榕一刻也等不得，急忙付完钱款、签好契约。次日一大早，他带着高娴、叶元泰往店铺而去。在三坊七巷里穿行，不经意间到了文儒坊，看到一家大门开着，门庭上还挂着灯笼，门两侧贴着笔力遒劲的对联："青山不墨千秋画，绿水无弦万古琴。"

高娴很好奇，平时这条街的门都关着，里面是什么样子她还没见过，便探着脑袋往里瞧。

叶倚榕心疼她身世可怜，平日里宠爱有加，都由着她性子，便停住脚等她。

叶元泰比她大三岁，素日沉稳，看了看春联，知道这是林则徐大人所作，心里感慨：林大人走了这么多年，百姓都还记得他。他记挂着父亲的店铺，说："高娴，别误了正事，我们走吧。"

高娴已是十八岁的漂亮姑娘，不知从哪一年开始，她的心中有了叶元泰，每天看着他的身影，她就心跳加速。他的一举一动、他的笑容、他呼唤她，都让她的心中充满甜蜜。她希望叶元泰知道他的心意，又害怕他知道。这种矛盾的情感让她焦虑，也让她不能自拔。叶元泰有学问，闲时也拿起毛笔作画，高娴想，我若能成为哥哥笔下的人物，让他画、反复看，该有多好。

高娴踏进院子，院子只有一层，一眼看得见前厅堂前挂着一幅画，她高兴地叫："乾正哥，快来看，这里有只老虎，是你前一阵子画过的。"她说的乾正，是叶元泰的字。

叶元泰听到声音，走过来，低声说道："你小声点，主人出来要骂你呢。"抬头望了望墙上，画中的老虎，栩栩如生，张开的血盆大口似乎发出怒吼。果然，不久前，自己还临过。

高娴脆生生地说："怕什么，又没干坏事。"

话音刚落，听得一个声音："家里来客人啦，快请坐。"从后厅，转出来一位老者。

两人见来人六十岁左右，长髯飘飘，精神矍铄。叶元泰忙道歉："惊扰了老人家。"

老者笑笑："说哪里话，有贵客登门，不胜欣喜，何谈打扰。敢问二位，有何贵干？"

叶元泰回道："我们正筹备开个小饭店，路过您家，进来看看墙上的老虎。"

老者捋了捋胡须，乐呵呵地："好、好、好，开饭店好呀。对于老百姓来说，吃不仅仅是填肚子，当感到困乏或疲惫时，美食就是一种慰藉。"

高娴有几分好奇，问："别人家里都挂着神仙，老爷爷家为何挂一只老虎？"

"我家先祖提督是武将，自然爱老虎、画老虎，虎虎生威。"

叶元泰问："甘国宝提督是您的……"

"那是小老儿四世高祖，后生好眼力。"见认出祖上的笔墨，老者哈哈笑着，甚是高兴。

叶元泰谦虚地说："前些年在书摊上买过临摹之作，我照着样子临过几次。"

高娴接过话，问："武将啊！怪不得看上去这老虎像真的一样凶猛，就是墨有些浓。"

"那是先祖用手指画的。福州的天气又潮，书画不易保存，这亦是临摹之作，原画藏起来了。"

"手指画的！这可真神奇。"高娴十分吃惊。

叶元泰恍然大悟："哦，难怪我临得总不能神似。"又问，"甘大人原来就住在这里？"

老者说："是的。我们一直保留着这祖宅，平日都在京城住，只有两个亲戚常常过来看看。我今年过来准备修葺修葺，你瞧，有些破败了呢。"

叶元泰抬头四周看了看，墙皮已斑驳地脱落，四周的封火墙还挺立着，可以想见昔日气派。

高娴还要追着问，叶元泰拉着她连称打扰，走了出来，三人往店里而去。

路上，叶元泰说起，这是甘国宝的故居，他曾是雍正朝的武进士，听说还是侍卫内大臣，任过总兵，当过广东提督。他曾两次到过台湾，教导民众明礼义、务耕种，还亲自坐镇，到六斗门抓捕巨寇董六。

听着惊心动魄的事迹，高娴边走边感叹："武将真是厉害！"她只管嘴上痛快，全然未顾及叶元泰的脸上已有些挂不住。

东街口的北面不远是鼓楼，原有五代后唐时建的"镇闽台"楼，因楼有两个门洞，亦称"双门楼"。明万历年间，在双门中间，放置了一个石狮，传说是为了镇伏南面的五虎山。清顺治时，因楼旁妙巷发生火灾，被毁了。清康熙年间总督姚启圣等发起重建，定名"狮子楼"。再向北，有个虎节门，门前有条内河，进入城内的货物都在此登岸，岸边林立的商铺琳琅满目地排列着各类商品。

这样的地段着实热闹，叶倚榕满心欢喜，站在十字路口四下张望：东北角有五和京果店、金牙钱庄、清华轩茶叶店；西北角有世泰伞店，森兴酱店、迎宾楼菜馆；西南角有百爱百货店、慎隆金店；东南角有牛肉炒店、修皮鞋店等。

当然，这里虽是闹市，却和福州城里其他地方一样，多是低矮的瓦房。

新店开业，总要选个黄道吉日，叶倚榕便来到"择日街"，请陈登夫先生给"踏日子"（福州方言，即择日）。陈登夫是位落第的读书人，读书不成转而研究易经、五运六气、卜卦、算命，对择日、看风水自有一套，在福州城小有名气，平日里常有人从郊县各地慕名而来。

他的店铺门前右边，有一棵百年榕树，盘根错节，伸展的根须与院墙合为一体，已看不出是先有树还是先有墙。人们就常说，这个"榕树根墙"是陈登夫的风水墙，为他带来数不尽的福气。

选定了日子，"园春馆"顺利开张。店面不大，南北进深三米、东西长十几米，七八张桌子，但收拾得特别干净。因处在闹市区，叶倚榕手艺又不俗，饭馆刚开张便广受关注，日日门庭若市，食客络绎不绝，生意好得出人意料。

附近虽有南门兜的调仙馆、双门前的四海春、杨桥巷的迎宾楼等几家饭店，却丝毫也没有影响到园春馆的火爆。许多人听说叶倚榕当过衙厨，都慕名而来，想尝尝按察使大人吃过的味道。

开张的第五天中午，园春馆内，八张桌子都坐满了人，谈笑的，吃酒的，大快朵颐的，热闹非凡。

"伙计，上酒。"

"伙计，来一盘荔枝肉。"

"伙计，算账。"

"好嘞，您稍等，就来了。"

叶倚榕雇了一个伙计赵天赐，专门跑堂、打杂，陈氏和高娴在后厨帮忙。赵天赐一会上菜端酒，一会给客人结账，一会擦桌撤碗，脚不沾地，忙个不停。

表哥邓旭初走过来，站在门口往店里看了看，大声喊道："叶倚榕，叶倚榕。"

赵天赐见他大咧咧地直呼东家的大名，急忙跑过来，点头哈腰："客官，您是吃饭还是……"

邓旭初把头一扬："告诉叶倚榕，我是他表哥，我帮他带客人来了。"他身后还跟着四位衙役。

赵天赐急忙引着众人进饭馆，搬了一条长板凳请他们坐下稍等，小跑着到后厨禀告了叶何榕。叶倚榕掀开门帘走出来，一边擦着手一边招呼："各位爷，稍坐片刻，等会我炒几个菜给爷下酒。"

邓旭初说："这几位官爷想吃海鲜，你多弄几个好菜，钱算我的。"

叶倚榕急忙说："表哥，说哪里话，你帮了我多少忙？今天各位只管吃好喝好，算我请客。"

邓旭初假意客套，推让了一番。见酒菜上齐了，他和衙役们敞开肚皮吃了个酒足饭饱，抹了抹嘴，叫出叶倚榕："你的生意不错，以后有人找你麻烦，你就提我的名字，我们罩着你。"

叶倚榕不以为然，但口中还是应承着："多谢表哥捧场，以后多关照小店生意。"

邓旭初打一个饱嗝，说："好说。"和几个衙役踏出门，扬长而去。

100

园春馆的菜品，以海鲜为主，又新鲜，价格又实惠，每天供不应求。

闽菜偏重甜、淡、酸，重视汤水，叶倚榕熬汤时格外用心。锅内浓浓的老汤，用猪、牛、鸡骨头混合海蛎等海鲜熬成，炒菜时就续加这种汤。他可不像有的店那样悭吝不舍，嫌成本高，续白开水。他很清楚，做生意需懂得舍得之道，舍得舍得，有舍才有得，大舍大得、小舍小得、不舍不得。舍些真材料，换来众食客，这买卖不亏。

感念妙月的身世、厨艺，叶倚榕在做"荔枝肉"时，除了口感外，还讲究色彩和造型上的视觉美感。

荔枝肉是闽菜中的传统名菜，一般做法是：将猪精瘦肉切成小块，再剞十字花刀，用湿淀粉、红曲水抓匀。荸荠切成小粒，包在肉中，湿淀粉封口，制成荔枝肉坯。将肉坯入油锅中炸成荔枝状沥干油。再旺火烧锅，下少许油加葱煸香，用酱油、糖、醋、香油调成卤汁倒入锅中烧沸，投入炸熟的肉坯翻炒而成。

叶倚榕此前看到北宋陶谷所著的《清异录》中记载："以红曲煮肉，紧卷石镇，深入酒骨淹透，切如纸薄乃进。"于是，他对荔枝肉的做法进行了改良：首先将选用的猪精肉切成大骨牌片，放白水中煮二三十滚；而后将上等的红曲碾碎加少量水，过滤成红曲水；将湿淀粉和红曲水抓匀后的肉坯放置碗中加盖腌制。这个过程，确保肉坯吸透了红曲汁水，肉就有了曲母的糟香，颜色也变得深红。

"大荫，你的荔枝纹十字刀，深而不断，几可乱真。"石宝忠赞不绝口。

"师父，我总觉得还有改进空间，要不然，吃个荔枝肉，何必非来园春馆？"

"这传统的菜最难做。因是名菜，食客们就记住了那种味道，你如果改得多了，大家反而觉得不正宗。对菜的改良，要谨慎行事，牢牢记住，存其真为上。"

叶倚榕也有自己的想法："既为荔枝肉，为何不可加入真荔枝？"

"你这想法倒很大胆。加荔枝，难就难在如何加得巧妙，不让食客讨厌。"

"我想着，荔枝成熟时，将荔枝果肉炸成汁，蜜渍保存，这样调制卤汁时，可以适当加入，让荔枝肉真正有荔枝味，岂不更好。"

"好啊，你肯这样用心，老夫甚是欣慰。"石宝忠正抽完一袋烟，磕掉烟灰，将烟叶袋缠在烟杆上，"道道菜若都能这样琢磨，只怕将来要成名厨。"

"徒弟倒不稀罕做什么名厨，只想对得起良心，对得起客人，图个心安罢了。"叶倚榕望着满天星斗，和师父坐在院子里闲叙。

正是春末，微风拂面，依然感觉到凉意。一片片金黄色的大叶榕叶子，窸窸窣窣地从枝头落下，在地下铺上了一层金色的地毯。院子角落的女贞树上，一簇簇如米粒般大小的花竞相怒放，密密麻麻攒集在一起，春风拂过，暗香浮动，散发着馥郁芬芳。叶倚榕想，眼下的日子就很好，今晚没有喝酒，却像要醉倒。

"你样样都好，就只看得见眼皮子底下这些事，大丈夫做事，不妨看远些，你为何就不能成为名厨？"石宝忠端起茶杯，轻轻啜一口，"还是这茉莉花茶好，喝起来甜美得很哦。"

两人正说着话，高娴一脚踏进来，石宝忠当即嗔怪道："汝复野去底呢（闽方言，你又去哪里游荡）"？

"外公，你这么不放心，找根绳子，拴住我得了。"高娴走过来，挨着石宝忠撒娇。

"就你这么野，将来如何嫁人？"

"我才不嫁人，守着外公和叶依伯，哪儿也不去。"高娴知道家里人疼她，说起话来也就无所顾忌。

"说什么笑话，自古女子长大后，哪有不嫁人的？"石宝忠疼爱地说。

叶元泰也从门外走进，老实地汇报："我们去卖了鸡毛，换了点小钱。"

"你真能乱说，收鸡毛的这么晚还在？"叶倚榕训斥儿子道。

"依伯不要冤枉乾正哥，真有。"她两只手拢在嘴边，学着街上的小贩喊叫，"收鸡毛鸭毛肉骨头……"逗得几个人哈哈笑起来。

饭馆里的鸡毛、鸭毛可做扇子或加工成鸭绒，肉骨可粉碎成肥料，所以就有小商贩常来收这些东西，卖了可以换成钱。

"好、好、好，就信你，收鸡毛的也不容易，这么晚了还没回家。"石宝忠擦着眼里笑出的泪水说。

石宝忠和叶倚榕见这二人相伴相随，私下里也商量，索性让他们结成夫妻。石宝忠悄悄问过高娴，她虽然羞涩不明说，但看意思十分愿意。叶倚榕让陈氏去探叶元泰的口风，他说不中举人誓不成婚，这件事就一直拖着。

七月中旬，咸丰皇帝驾崩，全城宵禁一个月，每天傍晚，园春馆就早早打烊。

一日早晨，叶倚榕刚拉开门，一个人顺着门板跌进来，他仔细一瞧，这人顶着一头微黄的乱蓬蓬的头发，把脸遮住了。身上的衣服都是补丁，满是污渍的一条裤腿已经缺了一小半，狼狈地挂着几根布条。叶倚榕蹲下身，撩开他脸上的头发，只见面黄肌瘦，约莫十岁上下。叶倚榕用手探了探，他额头发烫，急忙拉他进屋内，灌了些热汤，问道："你从哪里来？"

"我是罗源人，父母都过世了，只得出来找活干，到处都不要我，还被狗咬。我已经三天没吃饭。"他提着气说，不住地喘着。

叶倚榕自从开店以来，见到孤寡贫困人，总是设法救济，见孩子可怜，盛了米饭和一盘肉丝炒青菜。见孩子狼吞虎咽地扒拉着，叶倚榕慈爱地叮嘱："慢些吃，有的是，不要撑住了。"

孩子顾不上搭话，埋头吃完，伸出舌头在碗里舔了一圈，抹抹嘴："感谢掌柜，我给您磕头。"说完跪下，将头磕得咚咚响。

叶倚榕急忙伸手拉他起来，心疼地问："既没了父母，可先愿意留在我店中？"

孩子满心欢喜，高兴地答："愿意，愿意！"又要趴地下磕头，叶倚榕拦住了他。

"你叫什么名字？多大了？"

"陈小牛，十岁。"

"好，小牛，以后你就是园春馆的伙计。先治好你的病，我再慢慢教你干活。"

陈小牛病好后，擦桌扫地，端菜送水。他手脚利索、聪明伶俐，加上人又机灵，一点就透，叶倚榕心里十分喜欢。

店里原先的伙计赵天赐，是叶倚榕福清老家的亲戚，岁数比陈小牛大。叶倚榕让陈小牛和赵天赐住一屋。有了这家店铺后，叶倚榕就退了黄巷租的房子，和师父等人都住在店铺后院。出了后门，穿过一条巷子，不远就是原来的黄巷，倒像是没搬家一样，和周围的邻居依旧可以每天说说笑笑。

每天早上，鸡叫头遍，陈小牛就起来打扫，全家人都觉得这是上天送来的善财童子，对他甚是满意。

园春馆生意兴隆，每日食客络绎不绝，像潮水一样涌过一拨又一拨，中午、晚上经常没有闲桌，有时客人为吃一碗鱼丸，要站着等桌子才行。叶倚榕、赵天赐、陈氏、高娴几人每日在店里忙得不可开交。

邓旭初仗着是亲戚，又帮过叶倚榕，隔三岔五领着狐朋狗友上园春馆吃吃喝喝。吃完，有时赵天赐结账算了二十文钱他只给五文，有时干脆不结，叫一声"记邓大爷的账"，抬脚就走。他领来的衙役们也有样学样，三不五时地到店里打秋风，白吃白喝。

叶倚榕倒没说什么，赵天赐看不下去，有时邓旭初几人正吃喝得欢，他拿着扫帚在饭堂内转着圈扫地，有时将算盘珠子拨得"噼里啪啦"响。邓旭初就装糊涂，该吃吃，该喝喝，每个月至少要到园春馆来三次。

眼看着园春馆开业快一年了，这天晚上，石宝忠把叶倚榕叫到屋内，拿出一个发黄的本子，对他说："我今年六十三岁了，身子骨一天不如一天，这个本子上，是我半辈子做菜的心得，今天传给你。"

叶倚榕一听，顿时大吃一惊，急忙推辞："师父，我万万不能受。再说您老身体这么健朗，定能长命百岁，还是您保存的好。"

"莫说笑了，你见过几人长命百岁？活到今天，我也知足了。再说，你师娘和妙月一走，我就剩下高娴这一个亲人，她和乾正一

105

块长大，将来她若进你叶家，就是一家人，你不要推辞了。"

叶倚榕虽然已经出师，但知这本子是老人家的一生心血，传给自己，责任太过重大。他心地良善，再次推却："师父，您老人家还是留着吧，我早晚听您指点，又不离开您，何必着急。"

"这物件，在我手里，迟早是个惦记，给了你我也心安。"

"我还不够格。"叶倚榕诚恳地答。

"这么多年，师父观察下来，你靠得住。天下人多以市道交，像你这样以情义之交的少。"仿佛想起来了什么，石宝忠轻声喟叹。

"论人品，论手艺，你都比师父强。宝剑赠英雄，古来如此。这本子里，不光有我的心得，还有很多秘方，是你师爷传给我的。"

"师父，我……"叶倚榕还在迟疑。

"叫我说你什么好呢。你也真是憨厚，我告诉你……"石宝忠忽然低声说道，"多少人想要都想疯了，可你……也只有你，才配得上它。"

叶倚榕见师父如此郑重，只好恭恭敬敬地接过这本发黄的册页，指天为誓："师父放心，有我在，这秘方就在！"

石宝忠微笑着赞许地点点头，此时，想起了他的师父："你师爷收过三个徒弟，我是最小的那个，照他老人家的说法，我们三人的人品、悟性、恒心、毅力哪个都不差。按理说，秘方应该传给大师兄，不该传给我，你知道为什么在我这里吗？"

叶倚榕被突如其来的秘籍震撼到，脑子嗡嗡地响，一时转不过弯，满脸疑惑地问："难道是觉得师父您的手艺最好？"

"不对。"石宝忠今晚的心情格外好，爽朗地"哈哈"大笑着，接着说，"论手艺，大师兄最强。你师爷是看中我能识字，他的祖上是福州人，在家都说福州话，他担心一直靠口口相传的话，这个徒弟听错一道菜、那个徒孙再听错两道菜，不用说千秋万代，只要三代，传的就不一样了。他让我要记下来，这样，无论哪个徒子徒孙看到，一道菜就能做得八九不离十。"叶倚榕连连点头，心里暗暗佩服，师爷真有远见。

石宝忠抑制不住嘴角的笑容，难得地滔滔不绝："有一次，不知受了谁的气，师父一整天都沉着脸，也不说话，厨房里大伙都吓得轻手轻脚、大气不敢出。配菜时，师父朝大师兄伸出手说'压乱'，大师兄没听懂，他是老实人又不敢多问，脸涨得通红，还好我听师父说过，赶紧告诉大师兄要的是'鸭卵'，也就是'鸭蛋'。哈哈哈，没有接触过福州话的人，完全听不懂。"

两人开心地一起大笑起来，笑声直冲云霄，像烟花一样在夜色里绽放。

一阵春风吹过，院外的榕树应和着"哗啦啦"地响，几片叶子像黄色的蝴蝶，翩翩起舞，联袂飘落。

两人不知，榕树上有一双眼睛，始终盯着他们。

三

园春馆的生意好，叶倚榕的手中也渐渐有了积蓄。他本性善良，遇到鳏寡孤独，能助则助。有时，他到乡下购买食材，也会顺道留意寻访贫苦人家，伸出援手。

在叶倚榕心中，底层人生活艰难。若有能力，去帮助需要帮助的人，就是大德。他本不爱多说话，信奉君子"讷于言而敏于行"，平日只管默默做善事，也不对外人宣扬。

尽管自己的生意做得好，可在世人眼中，经商总是低人一等，因此他对儿子叶元泰的学业十分舍得投入。最早，他有心专门为儿子请一位私塾先生，可问过儿子，他则更喜欢到学馆里读书，理由是："读书的伙伴多了，才能比出学习高低来。"叶倚榕见儿子有志气，就遂了他的心愿，让他到园春馆附近的学馆就读。塾师是个四十多岁的先生，多年苦读，未中秀才，家中贫困，放弃了科举考试，以教授学生，维持家计。学馆设在塾师家中，课桌椅是学生自备。课程以教读、练写和作文为主。启蒙读物即是《三字经》《千字文》《百家姓》。

叶元泰记性特别好，很快就超过了同龄人，先生便布置他学读《幼学琼林》，抽空还将他作为得意弟子，给他讲《四书》《五经》和一些生僻杂字、史学典故。尤其是叶元泰的毛笔字，更是深得先生赞赏。叶元泰本来就愿意读书，又处处得先生奖励，心中渐渐骄傲。

叶倚榕每逢节日，总要多给先生送些礼物，感激教诲。每一次，先生少不了对元泰的一番夸奖，叶倚榕因此也格外放心，一心操持自己的生意。

这日，叶倚榕下乡归来，进了东门时，天已黑透。走过旗下街，他总感觉身后有人跟着，他快那人也快，他慢那人也慢，心想：坏了，定是遇到不良之人。于是，加快了脚步，希望走到人多的地方，好摆脱他。

从前在乡下时，他觉得世道不太平，处处小心谨慎，没想到在城里也能遇到歹人。走了一段，他感到庆幸，对方也只有一个人，不至于有本事要了自己性命。

若是春夏秋季节，街上总有聊天的闲人。现在已是秋末，人人都窝在家里不愿出门，街上空无一人。

叶倚榕加快脚步，走到澳桥时，远远看到了街巷里有灯光，他扭头看看后面，那人手里拿着根棍子，不远不近地尾随。在街角拐弯时，他转个身，藏在转角处，警惕地观察着后面的动静。

那人跟了上来，一双鞋拖在脚上，一走动，就发出"扑踏扑踏"的声音。黑暗中看不清来人面目，但可以看得出个子矮小，穿得破破烂烂，站在拐弯处，东张西望，高喊："叶东家！叶东家！"

叶倚榕从暗处走出来，心中警惕，不敢凑太近，瞅了瞅，光线暗，认不真切，疑惑地问："敢问哪位？我们认识？"

"您真是贵人多忘事。去年冬天，在城隍庙门口，我差点饿死，您给了热饼，还给了八个铜钱，要不是您救命，我也活不到今天。"

叶倚榕一点也想不起来。这人方才一路尾随，不知是否还是为了找自己要钱？不禁问："你是又没饭吃了？"

那人站直了身体，连连摆着手说："不是不是，我如今不要饭了，回家种了地，今年收成好，能吃饱。"

"那你为何一路跟着我？"

"我刚才正要往家里去，隐约看着是您，想着要上前招呼一声。又怕认错人，就想着跟一段再说。"

叶倚榕一听，忙道："哎呀，我还以为遇到打劫的了。"

两人寒暄一阵，叶倚榕从袋里摸出二十几个铜钱，要给这人。可他坚持不要，嘴里喊着"感谢恩人"，转过身飞一般走远了。

望着他远去的身影，叶倚榕感慨万千。人生在世就是一场修行。世道艰难，生活各自不易，各人命数不同，苦难是修道场。此人在绝境中遇到自己，是他的修行，也是自己的修行吧。只要存善念、做善事，相信老天爷不会亏待自己。

回到家中，见叶元泰屋里还点着灯苦读，叶倚榕心里十分欣慰，老叶家若真能出个一官半职，也对得起列祖列宗了。

前厅后院里都熄了灯，半夜的星光薄薄地从窗棂透进了屋，砖地上仿佛洒了一层微霜。福州的秋冬难得有雪和霜，但今晚叶倚榕还是觉得冷得彻骨，他打了一个寒战，准备上床歇息。

忽然，他听见院外榕树上传来树枝断裂的"咔嚓"一声，叫了一声："谁在外面？"随即打开门，冲到院外，就着微弱的星光四下里查看，高大茂密的榕树长着巨大的树冠，墨绿色的叶子密密地排在一起，阵阵夜风吹过，下垂的气须随着风的方向微微拂动，并没有看到人影。叶倚榕想，自己怎么总感觉有人在树上窥视？是自己太多心了吧，谁会对自己感兴趣呢？

转眼间，来到同治元年（1862），新皇登基，朝廷开设恩科，考生人人欢欣。八月初三，祭酒衍秀、司业马金寿来福建担任乡试考官。

乡试在省里举行，考生在之前已经过层层选拔。叶元泰信心满满，考场就设在福州贡院内，他有优势，不必长途跋涉赴考。拿到考题后，觉得甚是容易，文思如泉涌，下笔如有神，洋洋洒洒，一挥而就，暗想今年定是中了。

在焦急的等待、煎熬中，盼来了放榜这日。

高娴比叶元泰还紧张，昨夜躺在床上，一直翻来覆去，左思右想。中举是乾正哥的心愿，也是她的心愿，自己希望他能一举高中。

瞧着外公和叶依伯的打算，乾正哥一考中，就会让他娶了自己。自己喜欢乾正哥，他应该是知道的。可他到底是什么心思呢？这么多年自己也看不明白。

有时，感觉他喜欢自己，有好吃的会留给自己，有好玩的会邀自己去，这算喜欢吗？怎么有时又觉得他很陌生，对自己客客气气地。再说了，为什么他要说考不中举人就不娶亲？天下没中举的人多的是，难道大家都不娶亲了？唉，不想这么多了，等到哥哥考中，放了榜，外公会给自己作主。

睡意蒙眬间，她仿佛看到乾正哥向她走过来，叫："娘子——"

天亮了，高娴早早起来，收拾利落，看到叶元泰出门，她立刻跟上。

两人到了贡院，早已是人山人海，里三层外三层，将贡院门口堵了个水泄不通，一眼望去，黑压压的一片。

一声锣响，有人高喊："吉时已到，张榜。"刚才还喧闹的人群迅速安静了下来，众人伸长脖子等待着。

一张张榜单被贴在贡院门前，不时有士子高举双手，喜不自胜："我中了，我中了。"也有那闲人，拼命往前挤，记住榜上的名字撒腿就跑，回去好传递消息讨赏钱。

叶元泰不顾高娴，自顾自挤进人群，几次都被推了出来，他累得气喘吁吁，终于挤到榜下，上上下下、左左右右、前前后后看了几遍，都不见自己的名字。他身子僵住了，绝望地闭上了眼睛，整个人如坠冰窟，一浪高过一浪的嘈杂声冲击着脑袋，嗡嗡地响着。他想，为什么会是这样的结果？

高娴见他脸色煞白，也替他难过，心里阵阵疼痛不已，劝道：

"乾正哥，一次考试不中，平常事。以后还可以再考。"

叶元泰脸上冷冰冰的，也不看高娴，自顾自往前走去。

回到家，叶元泰把自己关在房里，谁也不见。高娴给他送饭，敲了敲门，说："乾正哥，饭放在门口凳子上，你起来吃两口。这怨不得你，本来不是考试的时间，突然提前，谁能考好？"屋里没有任何回应。高娴呆呆地站立片刻，转身走了，眼泪差点要流出来，她犯愁：接下来该怎么办呢？

乡试称为"秋闱"，原本每逢子、午、卯、酉年份的秋天举办。三年一度，遇朝廷重大事则设"恩科"。咸丰十一年（1861）是辛酉年，举办过乡试，按理应在三年后的甲子年（1864）再开考。但同治元年（1862）有恩科，将乡试提前，所以高娴给叶元泰找的理由也勉强能站住脚——准备时间不充足。

这次儿子未考中，叶倚榕也很难过，心中淤积着一团怨气，无处排遣。

结果，还未等他缓过劲儿来，叶元泰竟然气得病倒了——一天到晚不是说冷就是说热，弄得全家都不安生。找了好几个郎中，开了十几服药，均不见成效，一天天消瘦下去，并时常大声嚷嚷："考官有眼无珠。"有时还跑到店里，问食客："你们说，考官不录我，是不是狗官。"

叶倚榕意识到，这孩子是心病，不能任由这样下去："不是考官不识，是你平日学得不扎实吧。"

元泰十分不服气："我平时就学习好，先生都夸我是人中龙凤，凭什么我会落选？必是考官弄错了。"

"你这是自大，将来恐怕要吃亏！"

"我不服！"

"不服，你就考出个功名来，这样算什么本事？"

"考就考，谁怕谁！"叶元泰一怒之下，头也不回地走向了学馆。

叶倚榕不禁松了一口气，没想到这叶元泰也是个倔脾气，竟较上了劲儿，没日没夜苦读。

叶倚榕见儿子一门心思刻苦用功，默默地舒了一口气——受点挫折也好，也该成熟了。

两年里，家人看着叶元泰没命地苦读，都有些心疼，暗自为他祈祷，盼着他能一举高中。

儿子全力备考，叶倚榕如常忙碌着生意。石宝忠也提起过两位孩子的婚事，叶元泰态度很坚决，没有考上不娶亲。

同治三年（1864）秋，一日黄昏，石宝忠匆匆来到园春馆，一进门，难过地说："林福祥被杀了！"

林福祥当福建按察使时，叶倚榕还在按察司衙门做事，听到这个消息，惊出一身冷汗，急忙问："怎么回事？"

"官场凶险。"石宝忠惋惜地，"林大人提拔为浙江布政使后，前去镇压太平军，不料马失前蹄被虏，但太平军大将李秀成对他却甚是优待，馈赠给大人一百两银子后释放，结果反而种下了祸根。"

石宝忠刚刚走了几里路，说得口渴，连着"咕咚咕咚"喝了几口茶，接着说："朝廷因这件事怪罪林大人，前年正月初四，将他抓入大牢。本来还有机会活命，唉，也是他命该当绝，偏偏去年左宗棠大人任闽浙总督……左大人一向是出了名的严厉，眼里揉不得半点沙子，前几天，林大人被左总督杀了！"

叶倚榕听罢，久久无言，他没有想到，雄武刚烈的林福祥大人就这样被杀了，忧虑地说："真是官场无常。我们这小门小户的，当了官，更是凶险吧。"他心里想到了叶元泰。

"乾正书读得好，也不是只有当官一条路，要不就让他跟着你学做生意，管管账？"石宝忠看出了他的担忧，便出了主意。

"您也知道，他的脾气倔得很，我看看吧，孩子大了，有主见了。"

叶倚榕几次找到儿子，建议他也可学学算盘经济，熟悉下饭馆的生意，可叶元泰却不为所动，一心要金榜题名，光宗耀祖。见劝说无效，叶倚榕也无可奈何。

同治三年（1864）七月初五，朝廷派内阁学士殷兆镛、祭酒丁培镒担任福建乡试的正副考官，叶元泰听闻，心中燃起了希望。

正主考殷兆镛是出了名的耿直之士，有他在就能保证公正；副主考丁培镒才华横溢，官至上书房行走，是恭亲王、孚郡王的老师，久闻他甚为爱才。

每次乡试，朝廷都会专门委派考官，以杜绝当地营私舞弊。叶元泰觉得自己不缺文章才华，缺的是没有伯乐赏识。这一次他铆足了劲，誓要考中举人。

此番答卷他胸有成竹，落笔越发行云流水。放榜那日，叶元泰仔仔细细搜寻，苍天不负有心人，他的名字在榜单上。他终于得偿所愿，考中举人。

叶元泰一阵狂喜，他高举双手，张大嘴巴，狠狠地呼吸着空气中幸福的味道。他高兴得要飘起来了，才不管自己的仪态是不是稳重。他甩开一早就跟着他的高娴，像风一样飞跑起来，绕着贡院跑了几圈，跑过几条街，又一口气跑到园春馆。一进门，一阵不可抑制的大笑就不由自主地迸发出来，他像疯子似的笑得浑身颤抖，笑得肚子发痛，呼吸窒塞，不断打出喷嚏来了。

次日，来园春馆就餐的客人挨挨挤挤，东街口附近的商铺掌柜纷纷前来送贺礼：脱胎漆器店老板——沈绍安的儿子送来了精美的脱胎漆花瓶和茶箱，祝瓶（平）步青云；南后街古籍书店送来珍贵的宋本《孟子集注》，祝饱读诗书，早成大儒；鼓楼"长顺斋"布鞋店老板送来八双千层底布鞋，祝行万里路，扬名四方；东街的"鸟店"送来精美的鸟笼和一只白燕，祝一鸣惊人；东街"三山座"菜馆等同行也送来了各式各样的礼品和红包……

三天过后，叶倚榕备下答谢宴，豪爽地办了三桌六十四件式的满汉席：

四水果盘：东蜜梨、西罗柑、南佛手、北苹果。

四干果盘：酥玉卜、盐杏仁、酱胡桃、白瓜子。

四甜果盘：山红枣、酥芡实、葛仙米、建莲子。

四蜜饯碟：蜜雕梅、蜜薤白、蜜山楂、蜜京枣。

四糖果碟：酥青果、糖杏脯、炸京果、樱桃果。

四件双拼盘：火腿腱片拼万年青酥、炸凤尾虾拼醉厚花菇、酒蒸肥鸡拼如意萝卜、醉填鸭肝拼辣椒白菜。

即位鸳鸯瓜子（每位一份）。

四单盘：马齿鲍鱼脯、椒盐龙凤腿、油炮猪肚仁、秋荚冬笋尖。

四大件（主要正菜，用品钴装）：四喜净燕菜、扒烧荷包翅、膏汤烩熊掌、八宝葫芦鸡。（品钴，一种特制的外铜内锡的锅）

四中件：斑指鳡鱼鳔、夜来香西舌、银耳煨鸭舌、竹荪氽刺参。

四大盘：葱白煨鹿筋、白烧开乌参、虎皮白鸽蛋、清蒸大鳊鱼。

四小件：香油烧白鸽、蒜瓣煨干贝、鸡茸豌豆苗、口蘑老豆腐。

双烧烤：杠烧乳猪全具（采用关外炙烤）、叉烧填鸭全只（采用平地砌炉，使皮脆而肉不焦）。

跟点心二件（带汤）：团荷叶包带芡糊汤（烧乳猪后的点心）、芝麻烧饼带紫菜汤（烤鸭后的点心）。

满洲白煮二件：哈儿巴（亦称"孩儿巴"，按照满人烹法，只往主料中投一些海盐或面酱，不用其他调味料）、白煮鸡（煮法同哈儿巴，必须用阉过的大公鸡）。

白煮点心二件：银丝花卷带蛋花汤、葱花油饼带冬菜汤。

咸煮点心二件：蟹黄菊花饺带三丝汤、油盐雪花丸带冬菰汤。

甜点心二件：五仁酥盒（配杏仁茶）、枣泥扁豆汤（配乌梅茶）。上茶的茶具名称"茶船盖杯"（即杯上有盖、杯下有套碟）。

四押桌（配白米饭）：烩狮子头、煨马齿肉、红烧鱼胶、锅烧白菜。

四小菜（配糯米粥）：酱南瓜丝、大头菜丝、拌黄韭菜、炝辣芥心。

宾客们虽是小有名气的富户，可平常哪有机会见如此盛宴，大快朵颐之余不忘倾心赞誉。

如此阵容豪华的满汉席，的确很少在民间饭馆露面，园春馆推出后，迅速香溢榕城，生意也更上一层楼。满汉席用料讲究、制作繁复，也不是日日能做，需要提前预订。官商士绅们以能订到满汉席为荣，城外郊县的富商们也闻香而至，却少不了遗憾而归。园春馆霎时"一座难求"，成为闽地热议的话题。

高娴心里既高兴又难过，高兴的是叶元泰中举了，也就有可能娶她，不枉自己等了这么多年。难过的是，他的心意仍是个谜。

邓旭初为叶元泰做了一件青色长袍，巴巴地送过来，讨好地说："我早就料到表侄定有出息，从小他就是个读书的料，将来中了状元，可不要忘了他大伯我啊。"

叶倚榕谦逊地替他道谢："您说笑了，一家人不说两家话。元泰何德何能，劳您破费。"

叶倚榕知道表哥一向吝啬，这样的好布料定是心疼不已，就让妻子把钱送给表哥。

邓旭初虽精于算计，可当天就气咻咻地把钱送来，对叶倚榕说："你是看不起哥哥了？怕我这小小裁缝铺，弄了这件衣裳，就要挨饿？"

叶倚榕有些尴尬："自家人，不该如此破费。"

"我给侄子做件长衫倒错了？好，那我就以后不敢登你这举人的门了。"

这样一说，叶倚榕只好收下，表哥喝粥都不肯弄点菜，到园春馆白吃白喝不知占了多少便宜，白送一件长衫，这真是太阳从西边出来了。

过了五六日，叶倚榕正在园春馆忙碌，表哥小儿子哭着跑来，大叫："阿爸要杀了我，求依叔救命。"

叶倚榕听着，原来是孩子摔了一坛福建老酒，邓旭初震怒，非要他"以命相抵"，除非从哪里还能弄回一坛老酒。

叶倚榕一听，心里暗暗发笑：该来的还是来了！这才是表哥的性格！

当下，搬出两坛福建老酒交给"来演戏"的侄子，让他快抱回去"偿命"。

看着他的背影，石宝忠摇着头笑着对叶倚榕说："你这表哥，真的是，头发丝都是空的。"

"他也是穷怕了，师父多担待。"叶倚榕为他解释。

"这几年，他在你店里揩了不少油？"

"也还好，毕竟是一家人。"

"人精，总想占别人便宜。"

这年，叶倚榕将隔壁转租的铺子接了下来，拆掉了中间的壁板，扩大了园春馆的空间，可以摆下十六张桌子，容纳的客人多了一倍。

生意兴隆，叶元泰荣登举人，双喜临门，叶家喜庆的气氛一直延续到这年的春节，才渐渐转归于平静。

刚过完年，就有同行要抢饭碗了。

这件事，还是陈小牛发现的。

陈小牛上街买菜回来，慌慌张张地说："不好了，东家，快去看看吧。"

叶倚榕不慌不忙地问："小牛，慢慢说，怎么了？"

"双门楼前，三友斋！三友斋开张了！"

"什么三友斋？"叶倚榕问。

"一家饭馆！我听到路边有人议论说，这下圆春馆的生意要被三友斋抢走啰！"

听小牛这样说，叶倚榕有点好奇，就随着他往北走，来到一家并不显眼的店铺前。只见门楣上悬挂着金色的"三友斋"匾额，门前散落一地的红鞭炮屑，客人们正纷纷朝着店主道喜。两只洋气、威武的狮子在欢快的鼓乐声中舞蹈。

三友斋距离双门楼不远，大门就在贤南路中段龙湫巷口，门面虽然看起来不大，但望进去院子却很深，瞧这气派，非同寻常。

叶倚榕看了两眼，边往回走边吩咐："准备点贺礼，送过去。"

"东家，他抢我们的生意，你不生气还送礼？"陈小牛惊讶地嘟囔。

"做生意各有各的门路。"叶倚榕解释道，"做人虽不能总是雪中送炭，但锦上添花的事要常做。"

叶倚榕虽然嘴上说着不着急，心里多多少少还是有了紧迫感。两家饭馆离得这么近，又都"吃"着衙门，客人自然会分流，就暗地里打探。好在之前他在按察司衙门做过事，又有师父帮衬，很快就打听清楚，三友斋三股经营：一股是北门外梅柳村的厨师张亨发，一股是祖居安民巷的陈姓富商，一股为福州府衙门的绍兴师爷。

张亨发是明面上的经营者。叶倚榕听说过他，是一位厨师，威胁不大。另外两个股东才是关键，陈富商有充足的资金，多年经商，做事有秩序、经营有一套。绍兴师爷交际广，有熟络的衙门路子，自然能宾客盈门。

清官员中，多数虽出身科举，对刑名、钱谷却并不熟悉，少不了要雇佣熟知专业的各类幕友，俗称"师爷"。这多是有才华却未中举之人，当然也不乏亲友推荐、无心仕途的读书人和退休官员等。

师爷们主要协助主官办理文案、刑名、钱谷等事务，无官职。他们虽不是官，却是主官聘请的私人顾问和帮办，深受信任和倚重。他们以浙江绍兴籍者居多，故民间有"绍兴师爷"之称。

此时闽浙总督是左宗棠，朝中的股肱之臣，拜访、请教的人踏破门槛。总督衙门又和三友斋一街之隔，等候左宗棠接见或受托请之人便会就近来到三友斋等候。来三友斋也确实有用，因福州府绍兴师爷参股，会提供很多有价值的消息。

福州府衙和福建省衙驻地不远，师爷又在衙门里，三友斋的生意，一部分赚菜肴的钱，一部分就靠提供消息。这些消息无法拿到台面上来，但来来往往的人都心知肚明。

这些优势，叶倚榕比不了。他生性安稳，不急不躁，按照自己的节奏，靠着精湛的厨艺，将菜品质量放在第一位，又加之人品端正，和善亲切，以诚待人，生意不但没有衰败，反而蒸蒸日上、日见红火。

这也和园春馆的地理位置有关。毕竟，鼓楼这里是中心位置，布政使署、按察使署、官钱局、盐法道署、福州府衙、粮驿道署、左都统署、福州将军府各类衙门实在太多，一家三友斋根本忙不过来接待这么多客人。还有闽县、侯官县来省府、州府办理差事的，有人怕太招眼，反而舍近求远，不去三友斋而选择来园春馆。他们想，若是在三友斋经常露面，有些该秘密办理的事反而会提前泄密。选择相对较远的园春馆，不远不近，更为妥当。

叶倚榕为了留住这类办理官差的客人，另辟蹊径，预备了好多小吃，称为"留客点心"。

叶倚榕用心做、用情做，先后摆出酥脆柔润、甜中带咸的"潮州腐乳饼"，开胃理气、搜风解表的"茶饼"，福州老式"葱油饼""虾干肉饼"，泉州"绿豆饼"和霞浦县的"豆馅饼"等休闲小吃。为了让客人吃得更舒心，还准备了合适的搭配，福州"蛎饼"旁放置有做好的"鼎边糊"，供自由选用。

他当厨师多年，自知口有同嗜，就备足常见小食品；也深谙众口难调，同一品种尽量多样化：猪肉丸、牛肉丸、鱼丸、虾肉丸……让大家各取所需。

这些点心和小吃，虽是免费提供，但食客吃得唇齿生香，在结算正餐时，往往会多给小费，反倒成为独树一帜的招牌。

四

园春馆的生意风生水起、如火如荼，就像锅底的灶膛一样红火，终日里食客盈门，各地名流、人物，纷纷慕名而来，热闹非凡。这是叶倚榕当初未曾奢望过的。

离开福清老家时，叶倚榕只是为了糊口，才在东门外暂时开了"园春"馄店，从不曾料想，有一日自己竟能在福州城内开园春馆。更未料到，南来北往的客人如此捧场，络绎不绝，不知不觉竟已积蓄下一笔不菲的财富，心中反而隐隐不安。

师父曾说，吃苦就是了苦，享福就是消福。人间本是苦海，烦恼灾厄无数，固然谁都想一辈子顺顺利利，但谁也难保自己一生都能一帆风顺。

叶倚榕觉得师父说得对。每逢节庆，他陪着陈氏到庙宇里进香、布施。每月总会抽出一两天，到乡下转转，购买食材的同时，扶孤助贫，做点善事。他时常和家人念叨："福从善中得，财从德中来。世人皆爱财，都希望自己多福多财，好运常伴。但好运、福气是靠修养品德，积攒福报而来。"他是福清人，和许多发达的人存着一样的心理，最关心的还是家乡。

福清县在福州东南，濒临大海，叶倚榕在那里出生、长大、娶妻、生子，对那里的一草一木深有感情。福清东面临海，山却在西边，水也来自西边，有"山自永福里，水自清源里"一说。每次回去，他都要到山区走一走，看看那里的穷苦乡邻；也会赶去海边，看一看碧蓝辽阔的大海，极目眺望，心胸总会无限开阔，顺便从出海的渔民手里买些活蹦乱跳的海货。

这日，叶倚榕和妻子陈氏一起，带着陈小牛，购完海鲜，叶倚榕心满意足地朝着福清城南门信步而去。

远远就看见城南的水南寺塔，跨过一丈五尺宽、五十五丈长的龙首桥，小孤山就在眼前，高耸的玉融山隔河相望。

走在文兴里，浏览着郊外的风光，叶倚榕心旷神怡。龙江触手可及，波光粼粼水天一色，两岸绿树倒映在平展如镜的水中，波澜不惊的清清江水，千百年来奔流不息，世世代代滋养着生于斯，长于斯的福清人。

叶倚榕的家就在南门附近，走到南门口，他回头看着冈峦环列的玉融山，慨叹地对妻子说："这玉融峰第二叠虽说'有石莹然如玉'，可总要有福之人才能得到啊！"

陈氏双手合十，默默祈祷，坦然地说："只管行善，福气自来。"

"玉融真好！过几年，我们还是回来养老吧。"叶倚榕边走边憧憬着未来含饴弄孙的生活。因这玉融峰"形胜"，福清遂有"玉融"的美称。

穿过厚而深的门洞，挨着城墙根，是一溜排开的海鲜摊，人群挨挨挤挤，嘈杂不已，叫卖声、讨价声、说笑声，此起彼伏，一片喧闹。陈氏催他："不必再买，我们今日收的已经够多了。"

"再看看，或许还有好货。"叶倚榕回到家乡，总是恋恋不舍，像玩不够的孩童不肯离开。

随着人群往前走，一溜七八个摊位上摆满着各式水产品，有活蹦乱跳的虾、张牙舞爪的螃蟹、不断蠕动的乌贼、一张一合的蚌，都养在有海水的箱子里。一个十多岁的小男孩见叶倚榕夫妇走到他跟前，便大声招呼着："依伯，上好的海货，又便宜又新鲜，保您满意，买点吧，买点吧。"

小男孩黑发浓密，眼神清澈，赤着脚，穿一件灰色褂子，敞开怀，眼巴巴地看着他们。叶倚榕微微一笑，故意逗他："你没看见，我的车上已经买了这么多，都是刚从码头买的，你的还能比这新鲜？"

"我的也是一早从码头带着水运过来的，一点不差。依伯，再选些吧。"

叶倚榕看了看，无非都是些寻常货，抬脚准备离开。

小孩急了，恳求道："一看您就是大善人，生意肯定做得大。您抬抬手，动一动口袋角，就能让我吃个饱饭。"

叶倚榕站定脚步，尚在犹豫，边上一位壮汉帮腔道："叶东家，你多少收些吧，这孩子不容易，他爹去年走了，怪可怜的。"

叶倚榕心里一颤，慈爱地问："你今年多大了？"

"十二岁。可我有力气，不怕吃苦。依伯若是要，我再去码头运。"小男孩急切地回答。

见他机灵，也不胆怯，一副有担当的样子，叶倚榕心里生出好感，问："你这么小，谁教你做生意的？"

壮汉一听，笑了起来，有心帮衬他："这可不是夸，你别瞧他小，人小鬼大，脑子灵光得很，我们这些人，一不小心，都要在他面前栽跟头呢。"

"何阿叔，你这是坏我生意呢。叶善人不能听他的，我老实本分做生意。"

　　一句"叶善人"叫到了叶倚榕心里。他暗暗思忖，这孩子真是聪慧，反应真快，刚才壮汉一句"叶东家"，他就称我"叶善人"。他饶有兴趣地蹲下，翻看水产："这么多货，你怎么运来的？"

　　"担子！别瞧着我瘦，力气大得很。"他曲起胳膊，露出并不发达的肌肉"炫耀"着。

　　"跟着我走，肯吗？"

　　"当然肯！"

　　何壮汉一听，忙一步移过来："叶东家，你若把小春发带走，就做了件大好事，只怕能救活他一家了。"

　　陈氏有点担忧："他走了，娘怎么办？"

　　"娘的事好说，东家不用发愁。"

　　叶倚榕问："你叫春发？姓什么？"

　　"我叫郑春发，我阿爸名天贵，去年得病过世了，阿妈身体还好着呢，不用我照顾，东家尽管放心。我什么活都肯做，万不会给东家丢人。"他一口气说了这么多，叶倚榕想知道的都清楚了。

　　陈氏拉住郑春发的手，摩挲着手上的口子，心疼地："你阿妈看见你受这么多苦，心里该多难受啊。"

　　郑春发抽回手，呵呵一笑："穷人家的孩子，习惯了，我已经长大，多做些活，让阿妈享福。"

　　陈氏夸赞道："真是个懂事的孩子，你家离这多远？"

　　"很近，拐两个弯就到了——"

　　叶倚榕见妻子和郑春发有缘，爽快地说："走，去你家看看你阿妈，要是愿意，就跟我们走。"

　　郑春发当即就提起几个鱿鱼往叶倚榕的车上放，高兴地说："东家，这几条送您！我给您带路。"

叶倚榕急忙拦住他："你这孩子，天生是做生意的料。你不必送我，这些货，我都买了。"

"要送的，要送的。"

叶倚榕和壮汉对视一眼，哈哈大笑。壮汉说："怎么样，我没说错吧？"

到了郑春发家，见到他母亲，叶倚榕说了园春馆的情况。母亲当然同意，当即给春发收拾好行李，放他进城学徒。陈氏临走时又留下二百文钱，给这个贫困的家贴补贴补。

这时，已是同治六年（1867），叶倚榕四十八岁。看着店里赵天赐、陈小牛、郑春发三位伙计忙忙碌碌，生意红红火火，更加努力经营。园春馆春风得意，引得附近的几个馆子眼红。

人多了，住不下，叶倚榕单独给赵天赐在附近租一间屋，让陈小牛和郑春发住在一屋。

陈小牛此时十六岁，比郑春发大四岁。见有新人来，有时也摆摆老资格，少不了耍些心眼，让郑春发多干些活。郑春发自小生活在农村，只要大家都高兴，多干体力活倒不在乎。

以前，叶倚榕有意让陈小牛跟着叶元泰认几个字。半年过后，叶元泰说，陈小牛一看书本就瞌睡，实在不是读书识字的料，叶倚榕就放弃了。

郑春发来到店里后，叶倚榕很喜欢他。见他重活累活抢着干，服侍顾客总是谦卑得体、笑容满面，愈加青睐于他，就让叶元泰教他读书。郑春发也格外用功，抽时间就钻到书里，叶倚榕夫妻见了，打心眼里喜欢，慢慢就把他当成自己的儿子对待。

　　郑春发生于咸丰六年（1856）二月初五，这一年是丙辰龙年，他的性格也如腾龙一样，开朗活泼。他从福清农村初到福州城时，还有些胆怯，轻易不敢出门。可很快，他就适应了，活泼的天性展露出来，一有空，叶倚榕准过后，郑春发就会像个城里的老住户一样，到附近的三坊七巷、旗下街和各大衙门口转悠。他天生胆大，看到衙门和带着刀的差人，一点也不畏惧。

　　为了让他好好读点书，叶倚榕批准他每日半天在店里干活，半天读书，由举人叶元泰亲自教他。有时候，遇到叶元泰和福州的儒生们去正谊书院里推敲文辞，郑春发就到街巷去看热闹。

　　一日，溜达到宫巷时，郑春发停住脚步，端详着门额上的"沈府"大匾发愣。同行的陈小牛拽了拽他的衣裳："小兄弟，快走，在沈老爷家门前停留，这不是惹事吗？"

　　郑春发低声问："这是哪个沈老爷？"

　　"福建船政沈葆桢，他可是大清正吃香的官老爷，二品官！"

　　郑春发闻听，精神一振："造船？在哪里造？"

　　陈小牛拉着他边走边说："听说是在马尾，我也没见过，这是官老爷们的事，不是你我操心的。"

　　郑春发却说："我想去看看，我跟你说，在福清我随叔伯们出海时见过大铁船，气派得很呢！"

　　"拉倒吧，你一个毛孩子，也就远处看看过过瘾吧，还能上洋人的舰船上？"

　　郑春发不顾他的揶揄，说："我一定要去看看城里建造的铁船是什么样。"

　　"算了吧，不要做梦了。"陈小牛不住地摇着头，感叹他不知天高地厚。

走到宫巷口，郑春发停住脚步，激动地说："我们现在就去，如何？"

"我懒得理你，要去你自己去。"

"马尾又不远，去看看多好。"

"你看看这天，到那儿天就黑了。"

郑春发看一看，确实已经临近黄昏，只好改变主意，明天再去马尾。

此时马尾港内，总理福建船政局的是沈葆桢。他在去年上任。上任前，他还在家里的花厅内，经营着"一笑来"裱褙店，替人写对联、团扇、折扇，打发时光。

更早前，沈葆桢是江西巡抚，为何会辞官归乡呢？这事要从同治四年（1865）三月初一说起，沈葆桢在江西南昌接到母亲病重的消息，心急如焚，当即"卸篆"（辞职）三个月，日夜兼程从南昌赶回福州。

沈葆桢 1820 年生在侯官县，榜名振宗，字幼丹、翰宇。道光二十七年（1847）中进士，之后历任编修、江南道监察御史、九江知府、广信（今上饶市）知府、广饶九南兵备道、吉南赣宁兵备道等职，咸丰十一年（1861）调曾国藩安庆大营办理军务，同治元年（1862）由曾国藩保奏，升任江西巡抚。同治三年（1864）九月，急行军五昼夜，俘获洪仁玕、洪仁政、黄文金等人，并在石城荒谷搜获洪秀全长子——洪天贵福，一时声名大振。

他急匆匆往老家赶。选择回乡探母，这是人之常情，也符合孝道。可当沈葆桢火急火燎地奔走了半个月，三月十六日踏进家门时，还是遗憾地得知，母亲已经于数日前去世。想起官场的纷纷扰扰和朝野局势，四十六岁的沈葆桢悲愤感怀、心灰意冷，向朝廷申请"丁忧"后索性辞职，在家乡当起了闲散百姓，开起"一笑来"裱褙店，想着闲云野鹤，安度余生。

事情的转机在一年后。忧心国政的左宗棠看到西方坚船利炮的威力，一直在伺机寻找合适的机会上奏朝廷，推行洋务，建立水师。同治五年（1866）五月，朝廷批准了左宗棠的申请，决定在福州设立船政局。此时身居闽浙总督高位的左宗棠本计划着大展宏图，强军救国，但陕西、甘肃、新疆等地的回民却相继起义，朝廷只好委派作战经验丰富的左宗棠前去镇压。

左宗棠心心念念的船政好不容易才刚起步，这一走，船政能否继续？他十分担心。尤其是接任的闽浙总督吴棠，偏偏有不同看法："船政未必成，虽成亦何益？"他这种态度，让一向强硬的左宗棠放心不下，当然不会放任船政搁浅，他思来想去，推荐了正在家中丁忧的沈葆桢。

左宗棠选择沈葆桢，是有原因的。

沈葆桢的母亲林蕙芳是林则徐的六妹，妻子林普晴又是林则徐的二女儿。而林则徐和左宗棠十分投缘，林则徐从新疆返回福州途经长沙时，两人在湘江的船上曾彻夜长谈，由此，左宗棠认定沈葆桢是福州船政大臣的最佳人选。

尽管沈葆桢已经有心隐退，但作为曾经的国之要臣、心怀国家被列强欺辱蹂躏的锥心之痛，而况左宗棠"三顾茅庐"恳切相邀，遂答应出任船政大臣。

马尾破土，扩港开工，迅速成为长国人志气的地方，吸引众多福州人前往观瞻。

第二天下午，郑春发央求了叶元泰、高娴一同去马尾。三人一块儿来到东边的旗下街，郑春发花了好不容易积攒下的十个铜钱，好言好语恳求常来园春馆用餐的清兵马甲（清代八旗骁骑营的士兵）恩山，请他带着前去马尾港。郑春发知道，船厂是军事要地，没有旗营的人引着，定然看不成。他更知道，十个铜钱是买不动这人，偏偏这人一向贪吃，郑春发给他带了园春馆的点心，这才让他动了心。

他们租了一辆有车厢的马车，让恩山坐在最里面的位置，三人挤在车厢后部，一同往马尾港而去。

别看恩山只是个士兵，但因出身旗人，身份优越，平日里骄傲得很。此人又爱处处显摆，被郑春发的迷魂汤灌得晕晕乎乎，也乐意带着他们前去看看。

一下车，三个人都愣住了。郑春发本来想着应该是硕大高耸的船蠱立着，没想到眼前却是看不到头的厂房，高大的房子几乎遮盖住了天空。叶元泰虽然也想着港口的样子，但看到如此情景，也有些意外。高娴则显出有些失望，女孩子毕竟喜欢花花草草、风景秀美的地方。

"你们可千万别出声啊，就当成我的随从。"恩山也不想想，他一个士兵如何来的随从？

恩山是满族人，身材魁梧，又黑又胖。郑春发个头不高，瘦瘦的身材，跟着在身后，毫不起眼。可叶元泰一看就是读书人，怎么看也不像随从。尤其是高娴如此漂亮的女孩子，格外显眼。但恩山毕竟是旗人，有了这个优势，士兵也懒得问他。路上遇到几个盘查的，恩山都以找兄弟搪塞过去了。

"不是我跟你吹，这地方我都来腻了。你往这边看，这是轮机车间，那边……你这小子，你往哪儿看呢，那边是绘事院。"

四人沿着宽阔的场地行走，远远看见溅起的火花，恩山说："这是造船体的，那红红的铁个个都是巨物，连在一起上万斤呢。"

郑春发忽然压低声音，悄声问道："这是沈大人府？"

一座砖木结构的三进衙门，面阔三开间，大门正前是一个官厅池，池前竖着旗杆，大门两边是抱鼓石，大门的门额上悬挂个木匾，上书"衙门"两字。

叶元泰"扑哧"一笑："你也不瞧瞧，这是衙门。"

郑春发看着廊柱上的字，左右端详。

恩山摇头晃脑地念出了声："以一簣为始基，从古天下无难事；致九译之新法，于今中国有圣人。"

郑春发憨厚地笑了笑，巴结地说："大人，你懂得真多。"

"这是沈葆桢大人亲自题写的。他可是大清国数一数二的重臣，有他坐镇船厂，只怕用不了几年，洋人的铁舰船，我们也有呢。"恩山跷起大拇指洋洋得意。

叶元泰露出敬佩的神情。

几个蓝眼睛、黄头发的洋人，有说有笑地从衙门里走出来，郑春发惊愕地问："这洋鬼子怎么也来船厂？"

"嗨！这你就不懂了。他们不是跟咱们打仗的那些人，这是来帮我们建军舰的。沈葆桢大人和左宗棠大人，看得开呢。为了造船，请了这些洋人来给大清国当伙计。"

"不是说，洋人都打到紫禁城了？他们可是我们的仇人呀！"

郑春发瞪着眼睛看着几个洋人走过去，朝他们吐了一口唾沫。

"哈哈。"恩山招呼他跟上自己的脚步，"我跟你说不清楚。反正你记住，这些人就是……就当是你们园春馆的店小二就行了。东家还是大清！"

"他们要是不听话怎么办？"高娴插话问道。

"他敢！这可是在咱的地盘上。我吐口唾沫钉死他。"

恩山领着郑春发三个人，到了海边，沿着海滩走。恩山边说边比画，指着远处，也不管他们看到看不到，手舞足蹈地为他们描绘着沿海岸的炮台、英国副领事署、圣教医院、船政教堂等。

郑春发确实用心看了，虽看不到这些神圣之物，但听恩山讲起来也感觉热血澎湃："我们有大炮，洋人就不敢来福州。"

"最厉害的，叫作克努伯大炮，一炮打出去，洋人的铁舰就是一个大窟窿！"

郑春发环顾四周，群山环抱，马尾港港阔水深，穿插的士兵喊叫声、嘈杂的匠人劳作声、运送木料铁器的车马声、哗啦哗啦的海浪冲击石岸声、呼呼的海风声汇合在一起，感到了深深的震撼，大声赞叹："沈葆桢大人，真乃大丈夫！"

"算你小子识货，回去少不了请我吃醉糟鸡！"

就在这时，或许由于心情激动，叶元泰忽然抽搐起来，身体僵硬着慢慢就要倒下，恩山和郑春发手忙脚乱地扶住，让他慢慢坐到地上来。叶元泰的癫痫发作了。

叶元泰嘴角流出白沫子，身体不住地抖动，双眼紧闭，郑春发和高娴慌张得不知所措。

恩山到底比他们年龄大，用大拇指死死掐住叶元泰的人中，告诉郑春发："快，把你的挂件放在他嘴里，防止他咬着舌头。"

郑春发急忙将脖子上戴的一块玉塞进叶元泰口中，眼睛牢牢盯住，生怕他咬碎了。

过了不一会儿，听得叶元泰"嗯……"一声悠长的喘息，他慢慢睁开眼睛，吃惊地盯着大家，懵懂地问："我这是怎么了？"

正和他面对面蹲着的高娴眼中含泪："哥，你吓死人了。"

三个人扶着他站起来，整理了衣物和面容，往码头外面走。

归途中，飘起了小雨，因了叶元泰的病，几个人都默不作声。

郑春发等人并不知道，他们在船厂遇到的洋人，其实是洋教师。船厂在马尾破土动工的同时，沈葆桢就着手培养自己的人才，未等校舍建好，就先在福州于山白塔寺内招收了 105 名学童。马尾建成船政学堂后，分设前、后两个学堂。前学堂学制造，外语用法文，另设蒸汽机制造与船体制造两个专业；后学堂外语用英文，设驾驶和管轮两个专业。后又增开算术、几何、代数、地理、航海、天文气象、航海数学等科目。

意气风发的沈葆桢，誓要开创一代伟业，聘请法国人日意格和德克碑为船政正副监督，后又请两人代雇，陆续聘请教习、监工、矿师、绘图员、匠首等五十二人来到船厂，为国造舰，矢志强国，以振国威。

郑春发湿漉漉地回到园春馆后，悄悄将叶元泰发病的情形向师父做了描述。

叶倚榕心里像被针扎了一样疼，真希望能替元泰承受这一切。

过了好几天，郑春发的心情还不能平静，就问师父："洋人这么坏，怎么能用他们来当店小二？"

叶倚榕说："国家大事，我也不通，和你我无关，你专心学厨就是。"

可郑春发脑子里一直转不过弯，直到有一天叶元泰告诉他："师夷长技以制夷！"郑春发记住了这句话，却似懂非懂。

过了一段，叶元泰在家中犯了一次病，请来郎中，郎中详细询问了，说："是羊角风。"

"什么病？"

"羊角风（即癫痫）。"

郎中开了方子又一再交代叶倚榕："千万不敢让他累着。熬夜、饮酒、劳累都会诱发。"叶倚榕不觉忧心忡忡，望着躺在床上的元泰，心里充满了不安。他的未来，会是怎样呢？

第三章　风雨急

一

郑春发脑子灵光，学啥都有模有样，就像一盏晶莹剔透的玻璃灯，一点就亮。叶倚榕因此格外喜欢他，有心传他厨艺，可心里也有顾虑。他见过许多机灵的人，有的太过精明，工于算计，过分计较得失，做事不扎实。在园春馆做厨师，整天烟熏火燎，终究不是什么体面的活，他就怕郑春发学到半路，吃不了这份苦，扔下了这手艺。

可观察了半年，叶倚榕见这孩子干活不耍滑、为人肯吃亏、待客颇懂礼，经过认真考虑后，决定授艺于他。

同治七年（1868）三月初一上午，淅淅沥沥的雨已经飘了好几天，从早到晚屋子外面一片雨声。福州就像罩在一块毛玻璃里，到处都朦朦胧胧、湿漉漉的。这种天气，园春馆里客人不多。

他把郑春发单独叫到后院房间。墙上挂着灶王爷的像，像前敬着供品，香炉里点燃的三支香散发着缥缈的烟雾，氤氲袅袅。方桌两边摆着两把罗圈椅。桌上是叠得整整齐齐的衣服。

叶倚榕正襟危坐，喝了口茶润一润嗓子："郑春发，我准备教你厨艺，你可是真心要学？"

郑春发见阵势如此肃穆，当即跪下，挺直上身，朗声答道："师父在上，受徒弟一拜。"

叶倚榕摆摆手："先莫慌行礼，我来问你，厨子是'寒冬双手裂口、暑热顺背流汗'，你可吃得这苦？"

"绝无二话！"

"可想过'灶火贴口鼻、油烟穿肺过'的煎熬？"

"再苦，我也能熬。"

"能经受'客人指着鼻子骂、百人百口难伺候'的委屈吗？"

"不受苦中苦，难成人上人。"郑春发铿锵地回答。

叶倚榕一愣，纠正道："大厨也非人上人，你不要想多了。"

郑春发声如洪钟地答："在我心里，师父就是人上人。"

一句话让叶倚榕陷入沉默。他仔细端详着面前稚嫩的小春发，感到须刮目相看。自己辛劳了半辈子，天天小心翼翼地伺候官员和客人，此刻竟然被这个十三岁的少年称为"人上人"，顿时胸中涌上一股暖流。

为掩饰心中的感动，叶倚榕又饮一口茶，赞许地说："你肯上进，师父倒满意，有句话说在前，要想做好菜须先学做人，人品不端正，我是非撵走不可的。"

"来时我阿妈就嘱咐，遇到叶东家，是几世修来的福气，一辈子也报不完这恩情，从今往后，随师父打骂。"

"好！你有这志气，我就收你为徒。"

郑春发"咚咚咚"磕了三个响头，忽然顽皮起来："师父，那衣服是给我的吗？我这就穿上，去给娴姐姐看看。"

"胡闹！"叶倚榕板着脸呵斥，却不自觉地将桌上的衣服递了过去。

郑春发低下头吐了吐舌头，捧起衣服跑走了。看着他疯跑的样子，叶倚榕不觉露出笑容，他毕竟还是个孩子。收了个心仪的徒弟，叶倚榕心中甚是欣慰，端起茶，慢慢品着。

忽听得一阵吵吵闹闹的声音，由远而近。尚在疑惑，高娴在门外已经叫出了声："叶依伯，你不能这么偏心，我也要学厨艺，也要一身这样的衣裳。"

叶倚榕见是高娴，有些头疼。因她父疯母亡，自己和陈氏平日里格外纵容，照顾得比儿子元泰还用心，也就养成了高娴说一不二的性格。这么多年，她对元泰一往情深，可元泰这小子中举之后，却绝口不提自己的亲事，石宝忠师父和自己有心撮合二人，说过几次，元泰不是沉默不语，就是丢下一句"我的事不要你们操心"便拔腿而走，也不知道他心里到底怎么想？现在元泰是举人了，加上又生了病，也不好勉强他娶亲。

高娴年纪渐长，刁蛮任性的样子慢慢变了，话越来越少，经常一个人安静地待在屋里。有时，还偷偷地抹泪，刻意回避着叶元泰。即使正面相遇，也不正眼看他，常常低下头，假装整理衣服……

这么多年，高娴也提过几次要学厨，叶倚榕没有同意，此时，仍然搪塞道："好，改天给你弄一套。"说完就朝门外走。

"不行，我今天就要，我必须学厨。"高娴一把拉住叶倚榕，不让他走。凭什么呀，自己要求依伯学厨都好几年了，他没同意，却收下一个刚来没多久的小孩，明显是看不起自己。这份委屈翻涌上心头，她差点要哭出来。

"行，这就叫你依姆去给你做。"

"你回去，我要行拜师礼。"高娴扯着叶倚榕的袖子，将他往客厅拉。

"你又闹什么呀？"

"拜师，我是认真的。"

这一下，叶倚榕为难了。见她认真的样子，进退维谷，推托道："好，拜就拜，总要问问你外公。"

"我的事，问他干吗？"

叶倚榕和石宝忠私下里曾经达成一个协议，不让高娴学厨。两个人心中都清楚，因为妙月的缘故。

石宝忠常常自责说，妙月虽不是因厨艺投河自杀，但若不是做了瑞云庵的庵厨，能挣些钱，又怎能供高在潜吸食鸦片，使他的毒瘾越来越大，在无形中成了帮凶。

因此，石宝忠便一直反对她学厨。

自妙月离世后，石宝忠一直郁郁寡欢，时常长吁短叹："都怪我。"叶倚榕看到也心疼不已，想要劝慰师父两句，不等他开口，石宝忠便堵住他："我没事，我没事。"

叶倚榕见高娴还扯着他的袖子不放，便嗔怪地拒绝："若再胡搅蛮缠，我去喊你外公了。"

高娴仗着宠爱，拉着他："正好，走呀、走呀。"一时左右为难，叶倚榕拖着脚步不肯去。

"那就说定了，你必须收我为徒。"

叶倚榕进退两难，只得暂时敷衍着答应，高娴这才放开他。

叶倚榕本想，高娴说要学厨，纯属一时兴起，就没有太在意。

不想接下来几天，她却紧追着不放，叶倚榕便找石宝忠商量。

石宝忠这两年见到过高娴暗自流泪，他也在心里纳闷，叶元泰已中了举人，两人年龄相当，尽管生病，也不碍事，这门亲事为何还悬着？看来让高娴学点手艺也好，就不会一天到晚想着心事，不然，早晚会生出病来。架不住高娴软磨硬泡，石宝忠想着让她吃些苦，知难而退吧。

听到石宝忠发话，叶倚榕让高娴和郑春发跟着他，自然，他内心里是有区别的。

叶倚榕知道郑春发没有一点基础，决定让他从基本功学起："我师父叫我吃过的苦，你吃一半就够了。"

"我要多吃一倍苦。"郑春发主动表态。

"听你的还是听我的？"

郑春发就不吱声了。

叶倚榕觉得郑春发比自己聪明，所以给郑春发的要求是"半年刀工，半年看火；一年识菜；一年制肴"。自己手把手地带，识字读书、史料详解则由元泰教。

定下三年出师，叶倚榕自有私心。自己眼看就迈入大衍之年，师父石宝忠马上就过古稀。要抢时间，将厨艺传承下去。

这日，叶倚榕从刀工开始示范，多种技艺娴熟地依次展示，手上忙着，嘴上不停地说："你看，论说起这刀工，就有粒、丁、块、条、茸、末等各种形状。"他手握菜刀，如同一位魔术师，刀光剑影之间，一堆食材瞬间变成了各种形状，得心应手的手法令人叹为观止。

郑春发用心地听、专注地看。叶倚榕接着说道："刀工并非只为好看，对菜肴的色、香、味、形起到至关重要的作用。合适的刀工能够帮助菜入味，便于烹调。还关系着客人食用时的心情，要做到整齐划一、清爽利落、主辅料调和。"他看着郑春发，摇摇头："像你这样切得长短不一、厚薄不均、形态杂乱，可万万不行。"

郑春发站在案板前，脸上热辣辣的，不敢看师父一眼，低下头，默默听着，暗暗揣摩。可是，越是想切好越是适得其反，不是切得藕断丝连、就是切得前宽后窄。往常在家，他很少做饭，不久，左手的几个手指都受伤了。但是，他暗暗咬牙，不肯服输，厨房里不时响起切菜声。

陈小牛看到，便拿他开玩笑："瞧瞧，真是战功赫赫，这手上的肉也够炒两盘菜了。"

郑春发说："这刀不听使唤。"

陈小牛反唇相讥："都是一样的刀，在师父手上怎么就那么听使唤？莫非是这刀欺负你？哈哈……"

郑春发不搭理他，只管低着头，发狠苦练。

叶倚榕不厌其烦地给他演示直刀法、平刀法、斜刀法和混合刀法。

"你看着，这直刀法，刀和砧板要垂直，下刀要稳、准。"

为了练好直刀法，保持刀和砧板垂直，郑春发每切四五刀，就闭上眼睛凭感觉下刀切四五块，将切好的反复对比，调整手势，做到刀在心中、手牵刀走，逐渐做到了"不看刀而知刀"的地步。

"直刀法主要有切、劈、斩三种。"

不等郑春发完全掌握，叶倚榕就又示范了平刀法的平刀片、推刀片和拉刀片，斜刀法的正片和反片，混合刀法的剞花等。

一段时间后，叶倚榕开始讲削、旋、剔、刮等手法的运用。

叶倚榕在指导时，总是将各种刀法混在一起讲。他知道郑春发领悟力强，这些刀法，虽然看起来复杂多变，但都是最基本的厨艺，万变不离其宗。想做到"刀人合一"，全靠刻苦练习。

中途，郑春发抽空回了一趟福清老家，老远看见自己的家，心内甚是欢喜，三步并做两步跑进了门，道一声："阿妈，我回来了。"阿妈拉过他来，看到手上左一道右一道的刀疤，既心疼又欣慰："春发，要跟着师父好好学。再苦再累，都要咬牙坚持。若是偷懒，就不要回家见阿妈。"郑春发年龄虽小，也知道，学不好就得回福清。一回家，这辈子就再也没什么指望了。学厨艺，首先就必须把刀工学扎实了，这是他安身立命的根本，是他迈入福州必须跨过去的一道门槛，只能前进不能倒退。

高娴则不同，并没有像郑春发一样苦苦练习，她极有天赋，一点就透，对厨艺就像上辈子谙熟的朋友，不久就能够上手炒菜。石宝忠又高兴又隐隐不安："这怕是又一个妙月。"

叶倚榕却十分看好："师父别总想那些伤心事，高娴也许天生就是吃这碗饭的料。"

郑春发和高娴私下里也交流心得，他羡慕地问："师姐，你为何手那么巧？"

"我做过女红，这厨艺如绣花，讲究的是心手相随。你一个小毛孩，从来没摸过这些，当然感觉生疏。"

郑春发记下了她的话，师父再讲道理或者演示时，他就格外留心看师父的神态，看到的是气定神闲、挥洒自如，甚至好几次师父在讲解时会不自觉地耍些"杂技"：轻用巧劲儿，刀头向后旋转，刀身"神龙摆尾"地翻个跟头，刀把神奇地牢牢吸在掌心；软软的菠菜，抚琴一样，两根手指划过，"吱"的一声，菜已笔直如线；

剥蟹壳，似弹珠；抽笋丝，犹织锦；火腿扫皮，就是拂尘涤坛……

郑春发再上手时，就不再"苦"了，他先调整心态，让自己气息均匀，心中如有神助，即使切得不顺畅，也明白师父教他的吾人为学、当从细微处用力、自然笃实的道理，学刀亦不再生硬，这样愉悦地练习，虽然手上还是苦，可心中已经如饮甘饴，短时间内，厨艺大有长进。

期间，郑春发到后院去，看到陈小牛在师父的屋子里，前两次他没有在意，以为是师父让陈小牛找什么。第三次，又遇到了，郑春发就忍不住问："小牛哥，你在找什么？"陈小牛神情不自然，慌张而含糊地说："师父的烟袋没拿，师父叫我来拿给他。"可郑春发看到，他出来的时候是两手空空。

郑春发就悄悄告诉师父："我觉得他鬼鬼祟祟，师父您要多留心。"

叶倚榕听了一愣，却说："师兄弟之间，最忌猜疑，你只管做好自己的事。"

郑春发年龄还小，以为师父不信他的话，忍不住辩解："当时他紧张得都出汗了，我怕他做什么坏事。"

"知道了。"叶倚榕没有拿到凭据，不好说什么，随口应付了一句。

郑春发怏怏地离开，闷闷不乐了好几天，把这事一直记在心里。

端午这天，福州城的琼东河上举办赛龙舟。琼东河畔，高升桥、满洲桥（象桥）上挤满了人。榕树绿意正浓，叶元泰、高娴和陈小牛躲在一片浓荫下。郑春发年少，在人群里钻来钻去看热闹。

清澈的河面上，早已布好浮标隔开赛道。水面波纹随着一浪高过一浪的人声，一次次涌向堤岸。

几个身材瘦削的半大男孩，兴奋地推搡着，将同伴推入河中。河中的年轻人疯狂地朝岸上撩水，人群中尖叫声不断。少顷，比赛开始，河道里锣鼓喧天，喊声阵阵，数十条龙舟船浆齐飞，乘风破浪，激起一道道浪花，河道两岸人头攒动，里三层外三层，数千人围观。

"来了，来了！"眼尖的人扯着嗓子呼喊，人们看到高升桥下迅疾而来一艘龙舟，此起彼伏的呐喊声接连不断。这艘竞渡的龙舟，船身褐色，击鼓者穿着淡褐色衣服，划桨的人穿得蓝、绿、黄、红、紫五彩斑斓。都戴着黄色帽子，上面红色的帽缨格外耀眼。船首的龙头高高昂起，船身插满各色旗帜；又一艘龙舟很快追上来，队员穿戴和前一艘船一样，唯有击鼓者是绿衣粉裤……两龙舟你追我赶，不分上下。

忽然，又一艘龙舟从桥下穿过，船头形状却是一只硕大的青蛙，似乎随时要蹦入河中。看到这艘船，旁观的人们更加欢声雷动，这往往是铁定的冠军、真正的水上英雄——蛤垤人。这些人多为水上居民，熟识水性、体格健壮、长于划船，因信奉青蛙将军神，故也模仿青蛙建造龙舟。

岸上的人们开始随着三艘龙舟的快速滑动而追逐、呐喊、跳跃，嘶吼着为各自看好的龙舟队加油助威。

此时，一个脏兮兮的流浪汉，正在纠缠着叶元泰三人。

流浪汉眼神呆滞、神情麻木，宛如行尸走肉。追着高娴不住地叫："可怜可怜我，给个铜板吧。"高娴嫌弃地左躲右闪，向相反的方向快步走去，无奈周围人多，一时甩不开。

叶元泰见状，拿出几个铜板，流浪汉急忙伸手来接，高娴却一把拽住叶元泰的胳膊，鼻子哼了一声，剜了他一眼，讥讽说："你对别人可真好，这样的人也值得你用心？"

叶元泰解释："不是看他一直缠着你吗？我在帮你解围。"

高娴愤懑地拉扯着说："别给他，这个害人精。"

叶元泰一不留神，铜钱散落在地，弹跳几下后匍地无声。流浪汉急忙趴在地上，慌乱捡拾，嘴里还不住地叫："我的，我的。"人群中引起一阵骚动，有人趁机争抢。

高娴没了观看的兴致，招呼着叶元泰离去。陈小牛被人群围住，没看见郑春发，不住地踮起脚尖，大喊："春发，右边，往右边走，那儿人少。"

四个人寻到一块儿，高娴说："不看了，回去吧。"郑春发不解地看着怒气冲冲的高娴，感到有些陌生，比赛结果马上就要揭晓了，为什么这时候回去？

郑春发凑近陈小牛："娴姐今天为何不高兴？"

陈小牛笼起手掌成喇叭状，贴着郑春发耳朵悄悄说："那是她阿爸！"

郑春发惊诧莫名，停住脚步，回头看着那个人不像人鬼不像鬼的流浪汉。他褐黄色的头发乱蓬蓬地蒙着尘土，身子瘦得像根细竹竿。正举着攥紧的拳头，赤着脚，手舞足蹈地蹦跳，转着圈儿踩地上的瓜果皮和垃圾……

"阿爸？"郑春发感觉不可思议，高娴的阿爸为何会在街头流浪？这到底是怎么回事？

郑春发茫然地想：这福州城里的人，真让他有些看不懂了。

突然，街上的人上一刻还兴高采烈、喜气洋洋，此时四处响起了惊恐的尖叫声。有人大叫："我的老天爷，快看，龙舟翻了。"

河中两艘褐色的龙舟顶头相撞，龙舟头部瞬间破碎解体，船上数十名桨手纷纷落水，有人被倒扣在船体下，许多人在水面挣扎着。岸上的人们见状，吓得连声惊叫，站在外围的人大为好奇，拼命往里挤，想亲眼看个究竟。刹那间，河里像下了饺子一样，站在内沿的人不时被涌上来的人群挤得掉入河中。

街上的人乱作一团，惊慌失措，四散奔逃。许多人被人群冲散，一时被后面的人推倒踩在脚下的骇人的尖叫声、撕心裂肺的哭泣声、声嘶力竭的呼救声，此起彼伏、不绝于耳，场面十分混乱。

街上顿时拥挤不堪，有不少小摊贩摆了不少东西招徕生意，此时都被逃命的人群撞倒，货摊上的东西散落了一地，粽子、莳饼、糕点、西瓜、荔枝、桃子、菠萝、龙眼、芒果……四处滚落，被踩得稀烂。

叶元泰四人早已吓得魂飞魄散，庆幸刚才不在岸旁的人群中，几人东扭西拐，转进小巷，一路狂奔而回。

陈氏已听说赛龙舟出了事故，正焦急地走到门口担心地张望。见四人毫发无伤平安回来，抚着胸口直念："阿弥陀佛，菩萨保佑。"

那边，高在潜捏着几个铜板，一路小跑，来到一处苦力烟馆。门口的见他手上有钱，挥挥手让他进去。掀开黑乎乎的帘子，是黑乎乎的房间，骨瘦如柴的烟瘾者横七竖八地躺着。高在潜伸出脏兮兮的手，说："看，钱，有钱。"

房间内四个人各自抱着一杆烟枪。一个吸了几口正软绵绵地自我陶醉中，一个在握着烟枪深深吸着，一个裹着一张破席子靠着墙眯着眼，还有一个已经僵硬。高在潜不管不顾，说完这句话，将钱塞进老烟鬼手中，夺过烟枪就凑在嘴上，用足肺腑之气狠狠吸了几口。

老烟鬼一把夺过烟枪，怒斥道："三五个铜板，你还要吸完老子的烟啊。你这条贱命，老天怎么还不收走，天天说要死，也没死了。"

高在潜不理会他的谩骂，嘴角流着长长的涎水，觍着脸哀求道："好爷爷，再来一口，再来一口吧。"

老烟鬼将烧得正烫手的铜锅伸过去，笑嘻嘻地说："你敢舔一口，就再让你吸两口。"

高在潜此时已经神志不清，把舌头伸出来，使劲儿舔了一下铜烟锅，立刻疼得捂着嘴跳起来，不住地用手扇风给舌头降温。老烟鬼看了哈哈大笑，指着他说："这不要脸的货，讨到钱就来蹭两口，讨不到钱就像条癞皮狗。给，叫两声，爷再赏你吸两口。"

"汪、汪、汪，谢爷爷，我的亲爷爷。"

边上原先半睡半醒的男人巴结地说："也就是您老人家，家里种了大烟，这才有我们这些人的活路，活菩萨啊。"

老烟鬼抽搐地抖动着双手，夸耀说："三十亩地，如今卖的虽剩不到三亩地了，让你们这些穷鬼吃几口，总还是够的。"

裹着破席子的男人献媚地说："哪天到你家的田地里，让闻一闻那香喷喷的花儿，也赛过活神仙。"

"等着吧，你们这几天抓紧去要钱，凑够了一百钱，我领你们去……"

鸦片战争后，腐朽的清政府认为既然控制不住洋人售卖鸦片，索性对国内的鸦片也不再限制，趁机收取高额税收，填补财政的亏空。利益驱使，南方很多地方种植鸦片数量甚至超过了棉花。如此一来，国产罂粟种植量骤然增加，价格不断下跌，清政府见税收减少，就加大力度，催生种植户扩大面积，价格再降。价格低了，烟民就越来越多，最终形成恶性循环。国民因吸食鸦片，体质越来越弱。福州城内，像高在潜这样的低等烟民，越来越多，渐成一股流淌在社会上的毒液，肆意蔓延。

二

九月的清晨，微风习习，水流缓缓。太阳刚刚露面，温柔地俯瞰着福州城。通往乌石山的路上，已是人潮涌动，花枝招展的青葱少女，侧身于三把刀、大耳环的大脚农妇中，听着家长里短的边角新闻。山脚下，调皮的孩子拽着花哨的风筝，跑着跳着，惹得后面的大人们担心地喊着："看路看路，小心跌跤！"卖橘子、卖梨子、卖登高粿、卖小玩意的小贩们追着孩子们的脚步……

要饭的乞丐们很懂"黄道吉日"，早早就占据有利位置，一个个可怜兮兮的模样，凄苦而漠然，朝着妇人和香客们不住地乞讨："行行好，赏口吃的吧。"

郑春发今日一个人上山，混在人群中凑热闹。看到一个乞丐伸手，他心生怜悯，放下一个铜板。

远处的乞丐们纷纷窜过来，将他围住。他只是学徒，手里能有几个钱？方才施舍是出于善心，可没想到却引来如此后果，他急忙狼狈地钻出去，快步朝山上攀登。

石阶两旁，狗尾草、爬山藤、猫眼菊、日来睡摇晃着绿绿的叶子，和风一起舞蹈。人流缓缓向上，由于有老有幼，前进的速度不快。

乌石山虽不高，却处处可见摩崖石刻：李白族叔李阳冰那块"般若台"篆书，回转写意的笔画让石头也添了几分佛家意蕴；米芾的

"第一山"三个字，将石头锻出岁月的凹槽，尽管历代皆有红漆描绘，但深深的笔画里，还是抹不去雨水冲刷的沧桑感；"霹雳岩"圆圆的大石上，朱红的楷书，每个字约六寸，排布在整齐方正的右边，左边则是蓝色描绘，上书一首诗，是林廷玉的墨迹：

> 草树迷蒙谢豹啼，
> 江山依旧世人非。
> 野翁识破尘凡事，
> 一度来时一醉归。

来到山顶，到处是人，天上更热闹，人们忍不住仰头看高空的风筝；玉皇阁、天君阁、观音堂、吕祖宫内，道士们个个脸上堆着笑容，殷勤地照顾着客人，当然不忘适时捧出缘簿请施主结缘。游人们站在高高的朱子祠前，俯瞰山脚下层层叠叠的灰色瓦片，瓦片下就是生动鲜活的人间烟火。

待到西边飘起橘红的彩云，人们恋恋不舍地往山下慢慢赶。放风筝的孩子匆忙收着绳子；小贩们一般到天黑了才舍得收摊；路远的开始相互招呼着，脚步匆忙起来；孩子们手里捏着登高粿……

郑春发回到店里，天已黑。他到厨房里四处转了转，看看该熄灭的火是否熄灭了，将店里的地面打扫一遍，才安然入睡。

经过前一段刀工考试后，郑春发已经在学"看火"了。

看火是俗称，实为掌握火候，要在菜肴加热时掌控火力大小、时间长短。菜肴原料本身或者经过加工后，就有老、嫩、大、小、硬、软、厚、薄等多种状态，通过厨师的手艺，要把它们加工成香脆、鲜嫩、酥烂或者独特口味的热菜，必须靠火，恰当的火候自然极其关键。

火候称之为"看火"是很形象的。最基础就是要学会看火焰。依火焰高低、颜色、温度、体感等可分为旺火、中火、小火和微火。

叶倚榕确实教徒如教子，毫无保留，耐心细致："旺火亦叫武火、烈火、大火，这是做菜时的最大火。火焰高，火苗稳，你仔细看，火焰是黄白色，光度明亮，热气迫人。火力强而集中，是快速猛火烹调时用，在炸、爆、汆、涮、烹、蒸、炒、熘时用得多。"

眼前是三个连环灶，叶倚榕换一个灶台，又放上去一口锅，炖上鸡块，这才指着火焰说："看，这就是中火，又叫文武火、温火，它仅次于旺火。火焰低、易摇动，红色，光亮度也稍暗于武火，你感觉感觉，它的热主要是散发在周边的热，这种火用于较慢的炖、煎、贴、烩、扒等软嫩入味的菜烹制。"

郑春发用心感受，觉得胳膊上的毛孔开始慢慢加热，不像刚才那样火烧火燎。

这些，郑春发默默记在心里，等和叶元泰读饮食历史时，再记录到本子上，闲了多看看，反复琢磨，也就学得很快。

郑春发也一直留意着陈小牛。这段时间，郑春发发现，一旦有了闲暇，陈小牛就往外走，究竟去哪里也不说。有时，半夜醒来，郑春发能听到陈小牛在说梦话，嘟嘟囔囔地："老子运气太差了。"

第二天早晨，郑春发问陈小牛："师兄，你说什么'运气差'？"陈小牛被他一问，吃了一惊，支支吾吾："我听不懂你的话，什么运气差？"见他装傻充愣，郑春发也没有追着问，毕竟只是梦话。论起运气，自己是比师兄强些，在三位伙计中，师父对自己最好。

郑春发能感觉到陈小牛的嫉妒。他也就比郑春发大上四岁，可总摆出一副师兄的模样，特别是师父不在场时，陈小牛总对他呼来喝去，片刻也不让他歇息。

叶倚榕看到在下雨，想着这种天气来店里的客人不多，便和陈氏前往乡下采买。雨是早晨开始下的，刚开始是温柔的、细细的雨线，慢慢地滑落，后雨由小及大，凉意四起。空气中弥漫着潮湿的泥土味道，院外那棵大榕树，笼罩在烟雨中，油光透亮，充满了生机。

有赵天赐在店里看着，郑春发也跟着叶元泰到正谊书院，这天，学得太高深了，郑春发不懂，坐着直犯困，叶元泰就让他先回园春馆。

撑着伞快走，郑春发内急，急匆匆地从后门进到茅厕。刚蹲下，便听到有"吱呀"的开门声，这声音他熟，每天早晨，师父起床，拉开房门，就是这声音。他想，师父不是去买食材了吗？或许是娴姐姐进去帮忙收拾屋子吧？

师父的房间在院子西边，郑春发提上裤子，来到房前，发现门虚掩着，叫了声："娴姐姐——"刚要推门，猛地从屋里蹿出来一个人，迎面把郑春发撞倒在地。郑春发吓得大喊："什么人？"

那人慌张地叫："我，是我。"

郑春发一看，是陈小牛，站起身奇怪地问："师兄，你不是跟师父、师娘去乡下了？"

"我没去。"陈小牛吞吞吐吐，"对了，你怎么不去读书？"

郑春发说："少东家让我回来。你在师父房间干什么？"

陈小牛尴尬地左顾右盼，说："我来看看，没干什么。你不也来了吗？"

"我回来上茅厕，听到这里有动静，还以为是娴姐姐呢。没想到是你……"

"我是来打扫的，没找到顺手的家伙，你接着扫啊，扫干净点。"不等郑春发接话，陈小牛冲入雨中，匆匆而去。

望着他远去的背影，郑春发觉得这人太奇怪了，怎么也不带把伞？心中疑窦丛生。环顾一周，屋里的摆设整整齐齐，唯有挨着床铺摆放的一张桌子里，最上面那个抽屉半开着，师父做事总是井井有条，什么都整理得清清楚楚，这不像是师父忘了关的样子。想想陈小牛刚才的模样，又想起从前他在这儿的几次情景，心想，陈小牛应该是在师父房里找什么东西，师父不相信他会做坏事。我可要盯紧些，拿到真凭实据，好向师父禀告。

陈小牛确实在找东西，不过每次都空手而归，不免愤懑失望，今天还有了几分慌张惶恐。

他神色张皇，手脚发软，一路跌跌撞撞奔往三里开外的广源兴饭馆旁一个小院子里，进得门来，全身都湿透了。

"真是废物，你怎么搞的？你说说，几年了？还没弄到手。我白养活你了。"一个穿着青衫的神秘人愤愤然，坐着，埋怨陈小牛。陈小牛垂手而立，脸色阴晴不定，一颗心还在突突地跳，难以平静，雨水顺着裤管往地下滴落。

这个小院子是广源兴东家给大厨租的，青衫人是广源兴的大厨。

"我偷偷找了许多次，没有看见踪影，估计叶倚榕没有把它藏在房间。"陈小牛答。

"你的赌债，我这些年帮你还了多少，你心里要有数。要是一直拿不到秘方，我可都给你记着账呢。"青衫人冷冷地说。

"我一直在找。找不到，也不怨我呀。今天，我还被那个小学徒碰到了。"

"一个乳臭未干的毛孩，也把你吓成这个样子？你有个屁用。"青衫人满不在乎，嘲笑着陈小牛。

"郑春发虽小，可叶倚榕难对付啊。"陈小牛惊魂未定，想着晚上师父回来，如果知道了，自己该怎么办？

"你之前不是吹牛，叶倚榕很信任你？看来，言过其实。"青衫人轻蔑地笑了一声，眼睛看向窗外，雨从屋檐滴到地上，那种滴滴答答的响声让他心里烦躁。

陈小牛自尊心受挫，抬起头盯着神秘人，辩解道："叶倚榕这人粗心得很，也是信任我。这几年，不是也没被发现？"

"万事不可马虎。这样，你不要动手了，装作什么也不知道，回去后，这一段时间不要再有什么动静。"青衫人交代道。

"要不，我回来跟你学得了，反正那东西也不知在哪，也拿不到手，这一天天的，我担惊受怕，真没意思。叶倚榕就是个厨子，沉闷得很，毫无乐趣，也教不了我什么，那里我也待够了。"

"不要说胡话，让你留你就留下，记住，多探听消息，少说话。"

陈小牛不出声，站起身来，一步一步移到门口，低声哀求："我这几天手气不好，要不……"头也不回，从背后向青衫人伸出一只手去。

"你呀，真没出息。你看看那郑春发多用心，怪不得叶倚榕喜欢他。"

"你怎么知道郑春发认真？你见过他了？"陈小牛蓦地转过身来，紧张地追问。他生怕自己失去作用，被青衫人当成弃子。

"这还用我自己去看呀，有朋友说的。说那小子是块厨师的好料，伶俐得很。”

陈小牛吁了一口气，打着哈欠说：“当厨师天天烟熏火燎，有啥好啊。”

“你瞧瞧你一幅不争气的样子。”

陈小牛换了一副面孔，嬉皮笑脸地说：“我这几天确实手气不好，要不⋯⋯”

“你呀，扶不上墙了。”青衫人说着递给他十来个铜板，摆摆手，“去吧，最近什么也别做，留心听消息就好。”

陈小牛哪有心管这些，跑步出门直奔赌场而去。

青衫人望着他远去，心中泛起怨气：自己煞费苦心，把陈小牛拉拢过来，为己所用，这个蠢材，三年多了，竟然什么也没得到。他越想越气，咬牙切齿地骂出了声：“叶倚榕，你等着瞧。”

没错，青衫人就是朱少阳，叶倚榕的师兄，这么多年过去，提起叶倚榕，他依然恨得牙根痒痒。

他怎能不恨？叶倚榕没有出现之前，他朱少阳多么受师父器重，师父什么都教给自己。自从有了叶倚榕，自己就到遭到师父的冷落，还被他们联手设计赶了出来。

幸好那几天，有小翠莲日日陪伴，让自己暂时忘了心底的伤痛，还在怡红楼碰见了广源兴饭馆的东家，他的大厨得了慢病，东家想换他。自己厨艺好，名声在外，东家丝毫没有犹豫，租了院子，定了薪酬，天天“朱师傅长、朱师傅短”地叫。这么多年，自己尽心尽力，为东家挣了不少钱。

小翠莲那个贱人也真有意思，给她三分颜色就想开染坊？认识不到一年，就话里话外要让自己赎了她，她要跟着自己从良，真是好笑。自己就不去怡红楼了，小翠莲几次托人带话，说思念成疾，呸，都说婊子无情，怕是思念自己袋子里的钱吧。自己也去过福州城内其他窑子，几次下来，乏味得很，那些女人就那么回事。也有媒婆上门提亲，自己心气高，高不凑低不就的，光阴眨眼，一晃十几年。这辈子也就这样吧。

说到底，这么多年，师父领自己进门后，自己一颗心就在厨艺上，食物中蕴含着大千世界，烹饪里藏着万种乾坤，在厨房这个烟熏火燎狭窄的空间，别人避之不及，自己却能感受掌控大千世界、万种乾坤的成就和快乐，一直在寻找那些可以让味道、色泽、造型更出色的烹饪方式。后来，听说叶倚榕开店了，生意还很好，定是师父把压箱底的手艺传给了他。于是，自己在饭馆后厨忙完一天，夜里睡不着时，就爬到叶倚榕家院外的榕树上，那里视线好，又能隐藏自己适合看看他们有什么名堂。果然，有一天晚上，看到师父掏出一个本子交给叶倚榕。哼、哼，自己一定要把它拿过来，看看上面记着什么秘方？

但是，自己白天要在广源兴炒菜，晚上叶倚榕一家都在，怎么能找到这个秘方？最好的办法是让叶倚榕身边的人去找，可赵天赐那个伙计，蠢笨如牛，这种人成事不足败事有余。真是老天有眼，自己发现叶倚榕收了个徒弟叫陈小牛，还算机灵。

有天，上街采买，自己看到街头有人在设局"抓彩"，在一条长凳上摆着不同的牌和数量不等的铜钱，俩人你一句我一句地唱着："请又请、让又让、三请茅庐诸葛亮；不要慌，不要忙，稳稳当当过闽江；扔几点，过了关，快来这里得铜板……"有一个人显然是他们的托，不断花小钱抓到大彩。围观的大人都知道这是一种骗人的把戏，只是站着看热闹，并不投钱，而十四岁的陈小牛对此深为好奇，以为自己会有好运，花了身上仅有的两个铜板，当然颗粒无收。自己掏出十个铜板送给他，他感恩戴德，转眼又花光了，自己又给了他十个铜板。从此，陈小牛一步一步被自己牵着走。只是，三年多了，自己已花了许多钱，什么也没得到，该想想其他的办法了。

这天晚上，朱少阳做了一个梦：叶倚榕得意扬扬地说，我手里有师父给的秘籍，你的厨艺永远不如我，输定了。他四下里找师父，师父面目模糊，冷冷地对他说："我就不给你，你死了这条心吧……"

一早，高娴只说要散散心，穿了一身素雅的灰白粗布衣裙，朝着东门逶迤而去。

一出门，她就加快步伐，穿过旗下街，出了一身细汗，远远望见瑞云庵的院墙，停住了脚步，呼吸变得急促起来。

这是她第一次来瑞云庵。

她走到门前，轻轻叩响木门上的铁环。

应声而出的是一位中年女尼，见到高娴的刹那，愣了愣，少顷，轻声地问："敢问施主找谁？"

高娴摇摇头，答："妙月是我阿妈，我想见主持妙云师姑。"

女尼上下打量着高娴，依稀可辨妙月的身影，便打开门，说："主持正在佛堂，请施主进来等候。"

高娴随着尼姑来到院内，女尼要给她安排地方坐着等，可她坚持要候在院内。女尼便不再强求，自去忙碌。

高娴抬头看看瑞云庵的殿宇，都不高大，却修缮得齐齐整整，院落洒扫得一尘不染。院内地面，大都铺了青石，少许露着土的，种了各式各样的花花草草。她心里有些紧张，早就听说阿妈在这里烹制"荔枝宴"，心中一直想来看看。她在院子里来回走动着，蓦地看到了两棵荔枝树，顿时觉得亲切起来。慢慢踱步到树下，看着青翠的叶子和遒劲的枝条，仿如看到了阿妈，伸出手去，一点一点抚摸着树干，心中一片茫然。

忽听得身后有声："阿弥陀佛，施主久等了。"

高娴扭转身，眼前站着一位白净的尼姑，一脸慈悲，大眼高鼻，嘴角微微翘着，不由得心生敬畏，道个万福回礼："小女高娴，师太好，叨扰了。"

妙云一听，双眼里溢出柔情，侧身让路："请到后禅房一叙。"

高娴随妙云来到一间小屋，屋内简朴素净，一张方桌旁放着两个圆木凳子，妙云微微颔首，并不说话，刚刚坐下，一个少年尼姑端着一壶茶走进来，将茶壶放到桌上，轻轻地退出去，关上了门。

妙云操起茶壶，冲了两杯茶，柔声说："姑娘，尝尝这茉莉花茶。"

高娴端起茶碗，闻到一缕清香袅袅升腾，确有"万朵茉莉换茶骨，千朵花香一口茶"的滋味，不由赞叹道："师太的茶，果真不同凡响。"

妙云微微一笑，呷一口茶，缓缓地道："不见你阿妈有十几年了。"

虽是简单的一句话，高娴心里却深受震动，眼里流出泪来，妙云低眉颔首，陪她静静坐着。片刻，高娴问："师太，庵里现在还做荔枝宴吗？"

妙云摇摇头："斯人已去，再无雅宴。"

"为什么？这么好的宴席，除了我阿妈，其他师太做不成？"

"人到世间，各有命数，缘分散了，强求无益。"

"我想知道……当年我阿妈可留下什么心得？"高娴总觉得这样说有些太过于直白，因此吞吞吐吐。

"怎么？姑娘要学？"妙云平静地问，也不看她。

"叶依伯说过，荔枝宴中并不只是果腹之需，而是一场修行，是什么'无味使其入，有味使其出'，我不太懂，因此想请师太指点。"

"阿弥陀佛，我佛慈悲。"妙云双手合十，念了几声佛号。"'无味'与'有味'相辅相成，'无味'的食材并非毫无价值，却蕴藏着无限潜能。通过厨师的巧手，赋予'有味'的新生与意义。"

高娴若有所思，喃喃地道："师太，我不明白自己活着有什么意义？"

妙云再次续上茶，喟叹一声："你心中有执念、有怨念，叶施主是在点拨你。他是想说，每个人都是自己的厨师，要在日常中发掘与创造意义。"

此前，高娴从未来过瑞云庵。但是，现在，她仿佛从未离开过这里，这里就像她的家，让她感觉到安心、温暖，一时有些恍惚，嗓音发黏地说："我想待在这儿。"

妙云瞧着眼前的高娴，活脱脱一个"妙月重现"。生命轮回，浮生若梦，缘来缘去，一切缘分，皆有定数。或许，瑞云庵就是她们母女的命数吧。

高娴不再吱声，告辞后，静悄悄地走出禅房。见那两棵荔枝树，有七八米那么高，叶子长得茂密极了，一簇堆在另一簇上面，向四周伸展的枝叶一串串、一层层，密密麻麻、绿油油，就像一把撑开的碧绿大伞。

刚才为她开门的中年女尼，迎了过来。

高娴问："庵里为何如此冷清？"

女尼说："自妙月离开后，一直如此。"

高娴想，妙云师太说得对，万法缘生，皆系缘分。相遇是缘，分离是缘；得到是缘，失去也是缘。而定数，决定了缘深缘浅。自己与乾正哥哥，是有缘还是无缘呢？

自此，她做菜更为用心，像着了魔一样。

心中有魔，本该"降魔者先降自心，心伏则群邪退听"，可高娴却是个有主意的女子，她沉静多了，常常央求叶倚榕传授厨艺。即使这样也不满足，动不动就缠着外公要求传授心得。石宝忠拗不过她，看她乐意学，也就动手教她几道拿手菜肴。很快，高娴的厨艺大有长进。

郑春发每月能领到二百文"同治通宝"，算算略有积蓄，这天就和叶倚榕商量："师父，我想把阿妈接来城里住……"

"不必说，应该的。你阿妈受苦了。我们这里住不下，这样，我帮你出租金，你只管去找房子。"

"多谢师父好意，租金我自己出。"郑春发涨红了脸，急忙推辞。

叶倚榕微笑着说："你那一点钱还是留着吧。"

"师父前几日说过，我长大了。可以自己照顾阿妈了。"郑春发将身体挺得笔直。

看着眼前这个瘦瘦的青年，叶倚榕心中暗暗思忖，寡妇养儿，母子都很要强，自己不能打击了他的"雄心"，这点面子要给足。

叶倚榕欣慰地夸赞："好，你有这骨气，好样的！"又忍不住担心地问，"想好了吗？去哪儿租？要不要我帮你介绍？"

郑春发答："准备去闽县县衙附近。"

"哦？为何不在园春馆边上？"

郑春发憨憨一笑，尴尬地挠挠头："这地方贵。"

叶倚榕愈加喜欢他的真诚，又说："闽县那边，在旗下街，也还不算太远，你每天来回跑，就要多走几步了。"

郑春发却说："那里挨着南门，阿妈想透气了，可以到城外走走，闻一闻泥土上的庄稼味道。"

"真是个孝顺孩子。"叶倚榕宽慰他，"有什么难处了一定要告诉师父。"

"师父待我像阿爸一样，可不敢多麻烦您了。"

叶倚榕见郑春发小小年纪，做事却有方略，虑事周全，少年老成，不由感慨——果然没有看错他！

得了师父允许，下午得空，郑春发就来到闽县县衙附近，前几日早就看中一个院子，今日来和主家敲定价格。

主家见只有他一个年轻人，欺他年少，开口就夸院子的好处："你别瞧着好几年没住人了，这是完整的四合院，有主房有配房，吃住方便，宽敞得很。说定的一年一百钱，再也不能少了。"

"我仔细看过了，这院子后面就是个池塘，到夏天，蚊子、苍蝇准少不了。还有，东屋屋顶的瓦，你瞧瞧，有十几块破了，这可不是光换上就行，说不定请匠人要花点钱呢。这附近也没有菜市、百货店，买点东西要走三两里路。我只能出到八十文一年。"

"你小小年纪，不懂这些，看这儿周边缺少人家，住的地方，图的就是僻静。少不得，少不得。"

"我阿妈来城里，就是图个热闹，要是图清净，在乡下比这还清净呢，再少点，我诚心要租。"

主家是个秃顶的中年人，脾气有些急躁："你租便租，不租不缺人家。"

郑春发给他装上一袋烟，点着，恭敬而诚恳地说："阿叔，这房子不怕人住就怕闲着，闲得久了不是墙倒就是屋塌，还要害您修缮。我租住下，一来图个人气旺，二来也抽了你的一股愁肠，省得操心下雨天漏不漏，你说这你好我也好的事情，为何要生气呢。"

主家冷笑一声："你这孩子，看着老实，却是个巧嘴八哥。我就退一步，收你一年九十个铜钱。"

郑春发一听，将头摇来摇去，利索地说："不瞒阿叔，我还看了两家，人家的院子都不用收拾，有一户一年才七十文。"

"小小年纪，你少耍鬼，有便宜的你何必来租贵的？"

"我绝不骗你。说句实话，那两户都是女人做主，我从小阿爸早去，看着您和我阿爸年龄相仿，第一眼就觉得投缘，我这人惜缘，总要等阿叔不肯收留我们娘俩，才去别家。"

这样一说，主家于心不忍，有些动摇："难得你这孝心，这样，你我都退让退让，八十五文，再也不能少。"

郑春发憨憨一笑："我就知道阿叔疼我，那就八十文一年，我这就交钱。"说着话，装作可怜兮兮的样子，从衣兜里掏出钱，双手捧着，"阿叔，我知道您心善，肯收留我们母子。来日住下了，总要我阿妈做几顿好吃的，请一请您！"

"你这孩子，我真的没法了，回去如何和婆子交代啊。"

"您是一家之主，肯定有办法的，就这了，就这了……"说着话，将钱塞到主家手里，急忙再给他续上烟，又掏出早已写好的租房契约。

主家一见，滋润地吸了一口烟："罢罢罢，就当做了善事。你天生就是个做生意的料，我是真服了！"

过了几日，郑春发抽空就来打扫，将院子、屋子里里外外收拾得一尘不染，反复看过，想着母亲住到这里一定会高兴。

翌日，郑春发请了假，天还没有黑，他就回到了福清老家，准备好好收拾完家当，第二天将母亲接到城里住。

村口这片开阔的地方，此时，燃烧的几十个火把，双方上百个男人，都像愤怒的狮群，发出震天的怒吼。

对方亮出了红旗，郑春发村亮出了白旗，人们呼喊着，高举着手中的器具，冲向对方。双方"哐哐哐"敲响了铜锣，"冲啊……"一声高过一声的呐喊，像给这些战斗的村民身体里注入了沸腾的热血，刀砍过来，锄头朝着人头砸过去，血流如注的男人顾不上包扎，嗷嗷叫着向前，横冲直撞……双方血战在一起，骂声、刀枪、农具碰撞声、风声、惨叫声合在一起……忽然一阵锣声响起，双方不再互骂，搀扶着伤员，抬起奄奄一息的乡邻，暂时收兵。

这种械斗，由来已久。郑春发从小就很熟悉。

宗族间的械斗常有延续数十年，甚至数百年的，仇恨深得难以化解。

这一次，是因为和邻村张姓浇地用水引起的纠纷。

参与的人，都有血缘关系，对他们来说，血缘高于一切。仿佛每一场血战都关系本族的生死存亡。

第二日，吃过早饭，郑春发便和母亲坐着车，带着家当，到了闽县县衙附近租住的房子内。

进到屋里，母亲忍不住哽咽落泪："囝仔，阿妈没想到，这辈子还能进城享福。"

"阿妈，这么多年您受了不少苦，现在我长大了，您就放心让儿子孝顺吧。"说着话，他把一吊铜钱塞进母亲手中，"您看看，这是儿子攒下的，师父待我好，以后，您就好好养老。"

母亲揉着眼睛，擦着止不住的泪水，叮嘱道："你对待叶东家，要像敬阿爸一样，没有他们，如今我们娘俩还在乡下做粗呢，你可千万不敢忘本。"

"放心吧，我这辈子绝不会做一点对不起师父一家人的事。"

母亲一遍又一遍摩挲着手上装了铜钱的布袋，嘴里呢喃着："天贵啊，你看看，囝仔出息了，老郑家的门户撑起来了……"

郑春发听着听着，心酸地推开门，站在院子里仰头望着天空，想起了早亡的父亲。

半月后的一日午后，园春馆客人都走了，伙计们尚在收拾。石宝忠在后院歇息，忽然窜进来三个公差，气势汹汹地问："谁是石宝忠？"

"我就是，怎么了？"石宝忠从藤椅上站起身，疑惑地看着公差，问，"敢问公差大人，找我何事？"

"有人将你告了，说你私藏违禁书，我们要搜一搜。"

"谁诬告的？搜查要有证据。"

"你吵什么吵，没有藏还怕搜查吗？"

石宝忠是见过世面的人，自然不肯轻易妥协，同他们理论起来。

吵嚷声惊动了屋内的叶倚榕夫妇，急忙来到几人跟前。

公差这时已经有些发怒，扭住石宝忠的胳膊，要将他锁拿到福州府。

叶倚榕见势不妙，急忙劝说："有话好好说，我同你们府衙里的师爷熟着呢。"

"你是……"

"我是叶倚榕，这家馆子的主人。"

"正好，连你一起，被告里也有你。"说着一个公差就过来抓住叶倚榕。

陈氏见状，慌了神，只顾着哭喊："你们不能不分青红皂白乱抓人啊。"

两个公差也不搭话，扭着叶倚榕和石宝忠往院子外走，叶倚榕急忙喊："叫元泰和表哥，去找按察使大人。"

另外一个公差，到石宝忠和叶倚榕的屋子里翻腾了半天，毫无收获，气恼地走了。

经过送礼、求情、调查，按察使说情，过了两天，两个人被放了出来。经不断打听，才知道是朱少阳诬陷他们。

石宝忠不禁对这个不争气的徒弟痛心疾首，一颗心好似寒冬雪，凉彻刻骨。

谁也没有想到，同治九年（1870）二月，高娴突然说出令人想不到的话："我想去瑞云庵。"

不啻晴天霹雳，石宝忠大瞪着眼睛，怒不可遏，气得颤颤巍巍地说："你是要气死外公呀！家里待你不薄，为何说出如此让人寒心的话。"

高娴走过来，搬了条凳子，挨着石宝忠坐下："外公，你想错了，我不是出家，是去当厨娘。"

叶倚榕闻听，反复摇头："不行不行，好好的人家，谁去那种地方。是不是乾正做错了什么惹你生气？"

高娴哼了声："哪有。乾正哥待我如亲妹妹，我高兴得很。"

叶元泰一下站起身来，正色地说："高娴，为人要孝字当先，不能只图自己高兴，你不要胡闹。"

高娴态度坚定，声音不疾不徐："我怎么胡闹了？我这也是正事，让阿妈的'荔枝宴'重整旗鼓。"

"除非我死了，这事没商量。你娘……"石宝忠想起了妙月，心里一阵阵刺痛，他捶打着胸口，"那是个伤心之地。再说，好好的人家，谁肯去尼姑庵。"

陈氏劝说道："都是我太粗心，平日里对你关心少。娴儿，过来，过来，不说这傻话。"

叶元泰自持高娴平日都听自己的，便说："大家一向都宠着你，把你当作一家人，你要知足，不要闹脾气。"

见叶元泰一副迂腐的书生气，高娴气不打一处来。她想，还不是因为你，我把你放在心里这么多年，你是真不知道还是假不知道？外公和依伯也和你提过成亲，你说不中举不娶亲。可你中了举人已六年，为什么还不成亲。又拿生病来搪塞，我都不嫌弃你生病，何必找借口。我想明白了，你不过是嫌弃我的阿妈和那个高在潜丢人现眼吧。你不知道我每天见到你，对我就是一种折磨，我们俩终究是有缘无分，无法接续这段情缘，人生终要继续，不如放下，各自过各自的日子。

想到此，她冷冷地说："去了瑞云庵还是一家人，我这又不是作恶，为什么不行？"

叶倚榕一向温和，听她如此决绝，也动怒："你不想我叶家一点好处，总要想你外公的恩情吧？从小到大，哪让你受过一点委屈，你却要和我们掰手腕。"说完，将桌上的一杯茶泼到院子中间。

石宝忠见她不听劝，气咻咻起身，举起巴掌要打过去："你这不知好歹的，看我今日不打你。"

高娴却赌气地将脸凑到外公面前，连声地："打，你打，就是打死我，我也要去！"

石宝忠气得怒吼一声，仰天高呼："老天啊，我这是造了什么孽啊！"

陈氏热泪滚落，哽咽地哭喊："囡囡啊，嬢嬢上辈子欠你的，今生来还，你可千万不敢做这种傻事啊……"

叶元泰拉住高娴说："你去尼姑庵，我的面子如何放？"

高娴的心凉透了，说："你举人的面子比什么都重要，以后，你就当不认识我。"

陈氏愁容满面，长叹道："这囡囡，心可真硬。"

叶元泰脸色铁青地说："阿妈，孔夫子有言'唯小人与女子难养也'！由她去吧。"他想不通，高娴究竟为何执意要去瑞云庵。她在家里，众人都对她宠爱有加，她要风得风，要雨得雨，就没有什么不顺心的。

夜深了，见高娴屋里还亮着灯，郑春发走进去，悄声问高娴："为何姐姐要如此，惹大家不高兴？"

高娴叹息一声："我谁也不想依附。"

"怎么会有这样的想法，师父待你如亲生女儿呀。"

"我不能跟师父一辈子。"高娴望着满天星斗，声音听起来十分空旷遥远。

郑春发"唉"了一声："姐，你心事太重了。"

"母亡父疯，一心要托付的人不想娶你。是个人，都会有心事。"

寒风刷过榕树枝条，"呜呜"响着，愈加衬托出夜的宁静。高娴裹紧棉衣，被烛光印在窗棂上的身影，孤独而苍凉……

三

高娴离开后，偌大的院子空荡荡的，没有了她的欢声笑语，变得寂寥，空气里满是沉闷冷清。但园春馆的生意还得继续，郑春发学艺一刻也不曾停歇。

叶倚榕给郑春发讲闽菜制作的精细程度，已经超越了石宝忠。他从闽菜的源头讲起，叮嘱郑春发："闽菜汤鲜隽永，清淡宜人，但终究还掩藏在众多菜系中，难拔头筹。你聪慧过人，要用心练习，将来园春馆就指望你了。"

郑春发见师父如此器重自己，愈加觉得责任重大："徒弟一定尽力。"

"你脑子确实灵光，一定会超越我们。"叶倚榕分析道，"你每一项付出都比我们更用心，又不骄傲。光是这火候，我就看出你非同一般。你心中不躁，遇事肯思考，我也仔细察看过你的笔记，对炖、炒、煨都标明了用柴的种类、粗细、多少。大多数厨师没有像你这样专心，师父我看好你。"

的确如此，郑春发对各种燃料的记录十分用心。如：旺火因需要持久的火力，就用枣木、松木等质地坚硬的木柴；谷壳、锯糠和杨木等疏松、不耐燃烧的适宜迅速点火；文火则要小柴，勤添，将大柴劈成小块；微火需要用软的庄稼秆、谷壳或碎木屑等，不能一次添加太多；由于煤炭昂贵，用的时候极俭省，除非是客户需要，一般不用。

园春馆虽是饭馆，可与外界关联的地方很多。每日里蔬菜、海鲜自不必说。仅是木炭和木柴，就要和各地打交道。这些燃料，多来自尤溪、古田、闽侯、永泰、连江、罗源一带。光靠园春馆几个伙计，自然顾不上跑去各地采购，就需要到福州城内固定的柴炭牙行或街头的零售商那里购买。一般的学徒工，谁肯操心这些，而郑春发却留心，把这些店在哪里、主人是谁、脾气如何都做了详细记录，定期向叶倚榕报告。

饭馆一般都自己养猪、鸡鸭鹅之类，剩菜剩饭、剩下的菜叶子可以饲喂这些家畜家禽，它们养大了可供园春馆食用。郑春发对这些动物的数量、肥瘦、养殖时间长短也都做了登记，随时都能如数家珍地回答得详细而准确。

他做的事，完全超出了学徒工的范畴，叶倚榕深感欣慰：时时处处用心留心，这是个东家的做派啊！小小年纪，能有如此见识，着实不俗。

叶倚榕忍不住就总是夸他。

"是师父教得好。"郑春发明白山外有山、人外有人的道理，人须在事上磨，努力干活，才能成长，因此格外谦虚。

"春发，今年，你也十五岁了。好多事你也渐渐明白了，厨艺才是你的根本。我还记得你当初说要当'人上人'，你有这种决心很好。师父毕生所学，尽数传授给你。"

"师父恩情，徒弟没齿难忘。"

叶倚榕讲得极为细致，将闽菜制作的锅煏、洋煏、煨、烩、煲、灯、炯、炊、扣、蒸、炒、炝、熘、炸、烧、焖、醉、煎、熏、烤、拌、卤、浸、腌、烙、炮等操作法一一讲透。

首先从闽菜滥觞切入，搭建起宏观的舞台，他只怕郑春发学成小气的厨子，"重小技而失大本"，那样就枉费了心血。

郑春发脑子聪慧灵活、悟性极高，师父讲述完毕，他立刻就能领悟到核心要点。有时候叶倚榕讲到一半，故意停顿，让郑春发接续后面的部分，因材施教，激发他的学习兴趣，挖掘他的潜力。

郑春发制作的菜里，浸润着石宝忠和叶倚榕的良苦用心，一日比一日精进。

客人在园春馆点菜后，叶倚榕会有意识地把几个难度高、食客常点的菜肴让郑春发出手，比如"鸡汤水晶肉""紫盖肉""拉糟排骨""竹荪氽刺参""龙凤汤"等。而他在边上指导，调整郑春发不足的关键点，最后再收集客人的反馈意见。

这是优秀厨师最根本也必须要经过的历练，叶倚榕称作"秀才炒"，亦是过"心理关"。有了客人认可的一道程序，厨师才放心。

很多厨师往往过了这第一道关，就止步不前。陈小牛就是这样，虽然也能做几个不错的菜，但他觉得自己已是"炉火纯青"，再怎么指导，他总是难以提升、改变。其实是慢慢骄傲起来，心里已经抵触了，认为客户都没有尝出来，不提意见，就说明很好了，所以嘴上尽管说着听师父的话，手上不下功夫，技艺上也就止步不前。

郑春发不一样，他知道"秀才炒"之后一定还有"举人炖""翰林汤"之类更为精湛的厨艺。确实如此，叶倚榕知郑春发是可造之才，自己身为师父，还是要对他多加引导。

叶倚榕青睐郑春发，自然引起陈小牛的妒忌，平日里说话就阴阳怪气，遇到重活、急事，陈小牛就说："春发，你来。"遇到打杂的琐事，他时常懒得动手，指使郑春发："师弟你来，你吃香，做错了师父也不怪你。"郑春发清楚他的心思，却不想与他计较。他想，自己刚来不久，如与师兄起争执，恐师父会怪罪自己不懂事；况且在福清时受的气、吃的苦比这多得多，到福州，是来学艺而不是争长短的。让自己不断变强，便是最好的反击，于是郑春发更加卖力，也总是隐忍着。

陈小牛的心思本就不在厨艺上，因此虽然嫉妒却并非深入骨髓，便顺水推舟地乐得做个好人，两人的关系还算过得去。

遇到有客人赏小钱，郑春发也总是适当地分一些给陈小牛，师父知道了就劝他，不必惯着陈小牛，郑春发却另有见地："小钱不发家。再说了，乾正哥教我'建功立业者，多圆融之士；偾事失机者，必执拗之人'。这是我和师兄的事，师父不用费心。"

叶倚榕见郑春发如此通达，贫寒却不吝啬，也在心里暗暗赞叹——成大器者，不拘小节。

郑春发与人交往，聪明机灵。在端菜倒水的间隙，他常会站在门前张望，遇到有停下脚步的，郑春发就会急忙迎上前去，"阿叔、大爷"亲热地叫着，一连串地报着诱人的菜名，那个热乎劲，使得常来园春馆用餐的州衙、省署里的官差们，也渐渐与他熟悉了起来。

又兼郑春发口才好，懂得"人抬人高"的道理，八面玲珑，豁达好客，热心帮忙，遇远道而来福州府和省衙办事的侯官、闽县、长乐等地的官差，就常帮他们捎口信或寄存物品，深得这些人的信赖。一时，客人们来到园春馆，竟点名要郑春发给做菜，为他挣了不少面子，也积累下了人脉。

邓旭初雷打不动每月一次到园春馆，吃完记账的多，付账的少。赵天赐见了他来，便翻着白眼，陈小牛也是嫌弃得敲锅打碗，郑春发尽管也看不过去他白吃白喝，但见师父仍以礼相待，便也热情有加。

这日，邓旭初还没迈进饭馆的门，郑春发便迎上去，招呼："今天刮的哪阵风把阿伯吹来了，还有三位官差老爷，里面请。"

邓旭初喜欢这个始终笑脸相迎的小伙计，他让自己感受到尊重。他拍拍郑春发的肩膀："朋友多，没办法。"

郑春发懂事地笑笑，捧着说："这一带谁不认识阿伯，提起您，那真是'对着窗户吹喇叭——名声在外'。"

邓旭初得意地大笑："哪里哪里，我呀，也就是一棵葱，一头白一头青，又辣又苦心里空。来，来，来，招呼好几位官爷。"边坐边用手扣着桌子，"大荫，你这徒弟今后有出息。"

叶倚榕笑笑，不搭话。

夏天，一日，陈小牛、郑春发跟着叶倚榕去采买。

到了闽江边，远远地，听到有人齐声高唱："黄厝里'驾鸬鹚'，远乡近邻最行时，一只鸬鹚一亩田，你说稀奇不稀奇？"郑春发叫着："'驾鸬鹚'（闽方言，即带着鸬鹚捕鱼。），师父，那是'驾鸬鹚'！"这是他熟悉的场景，打小就跟着大人们捕鱼。农民种田收入微薄，打鱼则收入高点，尤其是带着鸬鹚，一只鸬鹚带来的收益往往能比上一亩田。叶倚榕微微一笑："看到了。"只见六七个渔民划着竹排，赤着脚站在排上，以竹竿撑江底，划动竹筏穿行在江面。

买了鱼，叶倚榕让陈小牛先运回园春馆，带着郑春发往前走。

走到城南郊外菜地，瞧见几个农民赤着脚，在菜地里忙着，一个个汗流浃背。有的赤裸着上身，有的穿着短褂，为了干活儿利落，腰里还用一根布条拴住。平整的土地上排列着一畦畦鲜绿的蔬菜，或高或矮，或带花或结果，有茄子、有毛豆、有豇豆、有黄瓜、有红苋菜……株株长得喜人，一派生机勃勃的景象。园春馆使用蔬菜量大，叶倚榕常到这一带来，在菜地里直接买蔬菜，比去商贩那里购买划算许多。

蓝蓝的天空中没有一丝云彩，酷热的太阳把大地炙烤得发烫，就连空气也热烘烘的。他和郑春发浑身是汗，走到菜地旁的树荫下，摘下头上戴着的斗笠，扇了扇风，卷起衣角擦了擦脸上的汗。知了在树上"知了""知了"地叫着，声音低沉缓慢，有气无力。树底草丛中几只蚊子被惊得飞起，热情地往两人身上扑。

几个人见了叶倚榕，向他打着招呼："叶东家来了？今天你那辆车可不够装。"大家都快活地笑了起来。

此时，一个士兵牵着马，一个军官骑在马上，左手执缰绳，右手拎着马鞭，慵懒地出现在乡间道路上，朝着他们慢慢走过来。太平天国灭亡之后，其残部在福建屡有活动，扰乱地方治安。清军的清剿行动始终未停，仍有辅王杨辅清在谋划起义，清军也就派出兵勇到乡村去巡逻，看看动静。

"喂，你们几个，聚众商议些什么？"二人走近，勒住马，士兵用手指着众人，厉声喝道。

几个农民吓得脸色都变了，呆呆地站着，不知所措。这些官兵，一向对百姓耀武扬威，横行不法，入村滋扰、肆意抢夺已是常事。

"禀官爷，小民开饭店的，过来采买些蔬菜。"叶倚榕从前在府衙待过，见多了官兵的嘴脸，作了个揖，大着胆子回话。

军官坐在马上，睥睨俯视着众人，不停打量着叶倚榕，阴森森地开口道："依我看，你们是借采买的由头，要与太平军那帮余孽勾结吧！"

叶倚榕吃了一惊，若被扣上通匪的帽子，轻者园春馆要被封，重者自己和家人的脑袋可就保不住了。自己对这帮官兵的行径太熟了，他们没胆子与太平军作战，借清剿的名义抢夺老百姓时，胆子却大得很。算了，好汉不吃眼前亏，且退一步，再作道理。他掏出装着铜钱的袋子，双手捧着，说："军爷，小民确实是一个本本分分的厨子，与太平军毫无瓜葛。这几个小钱，请军爷笑纳，辛苦给兄弟们买点绿豆汤消消暑。"

军官高兴得眼睛眯成一条缝，示意士兵接过钱袋，哈哈笑着："老爷我向来明察秋毫，方才早就看出来你是良民，好说，回头到你饭馆捧场。"说完，双腿一磕马肚，马猛地朝前一跃，往前奔去了。士兵撒开双腿，拼命追赶，脑后那条辫子一上一下拍打着他的屁股。

众人回过神，纷纷向叶倚榕道谢。如果不是叶东家，今天那两个贼官兵还不知会怎么折磨他们。几个人采下蔬菜往车上搬，叶倚榕与他们说好，改天再派徒弟送钱来。

　　这日，叶倚榕接到一份请柬，送信人声称只管送信，详情不知。拆开请柬，小楷字自右竖写：

　　　　谨卜十月十五日于广裕楼敬具杯茗奉迎
　　　　高轩侧聆
　　　　鸿诲伏惟
　　　　惠然早临曷胜荣感之至
　　　　右启
　　　　大德望园春馆叶老大人台下
　　　　眷晚生吴成顿首拜

　　叶倚榕一头雾水，吴成是谁呀？原本不想去。可又思忖，如此正式的请柬，宴设在极其豪华的广裕楼，认识这位吴老板，或许将来有合作的可能，做生意嘛，讲究的是多个朋友多条路。思前想后，他遂决定按期赴宴，探明情况。

　　叶倚榕带着郑春发，依约傍晚时分来到广裕楼所在的苍霞洲。

　　苍霞洲原本是闽江北岸的一片水域，北宋后期逐渐从闽江中露出水面，成为冲积洲，明代时称"仓下洲"，后淤积成陆地，改名"苍霞洲"。明末清初，沿苍霞洲一段的闽江，成为通往上下游重要航道。境内三捷河、新桥仔河纵横，沿江有美打道、恒昌埕道、篷埕道、南福道、娘奶庙道等道头，舟楫来往十分方便，商品便在此集散，居民不断增加，街市渐趋繁荣，旅社、茶馆、酒家、戏场应运而生。

叶倚榕师徒到达时，正是夕阳西下、百鸟投林之时，落日、霞光映照江面，苍凉中另有一番景致。少顷，霞光散去，江面上笼罩着一层祥云，沙洲变得朦朦胧胧，犹如仙境般。叶倚榕陶醉地说："整日里忙，难得一见这'落霞晚照'美景，晚年若能来此颐养，余生足矣！"

郑春发望着江面出神，沉醉中没有搭话。

叶倚榕看着江面上来往的船只，轻轻咏诵出声："涨落芳洲日欲斜，半江残照烂晴霞。赤城散绮川如练，句里丹青属谢家。"

郑春发惊讶地盯着叶倚榕，敬佩地夸赞："师父好文采！"

"我哪有如此才华？这是太常寺卿梁上国大人的佳作。他家是福州长乐县的。"

郑春发捂住嘴窃笑，掩饰自己的无知。

师徒二人溜达着来到广裕楼。

五口通商后，南台成为福建茶叶、木材出口的主要集散地。经营茶叶、木材贸易的有很多广东买办商人，他们把广东的饮食文化带到了福州。苍霞洲适时开办了许多以"广"字为首的酒楼，这些"广记"特色的菜馆，烹饪技艺以闽菜为主，融合粤菜等其他菜系，比较著名的有广裕楼（始称广聚楼，后改为广资楼，再改广裕楼）、广宜楼、广升楼、广福楼、广陆楼等。

广裕楼是第一家，名声最盛，人们常说："没吃过广裕楼的菜，不算来过福州。"这里的座席很难定，常客满为患。渐渐发展到，必须有一定的身份，才能到广裕楼就餐。洋人进入福州后，也常光临。为满足他们的需求，也为了增加竞争力，广裕楼从德国辗转几番，运来啤酒，一时成为新闻，福州街巷传闻："去广裕楼，能喝到冒泡的酒。"

广裕楼是两层木楼，内设包厢、雅座，房间里摆设有名人字画，装修雅致，屋内的家具都极其高档；酒楼当然以供应酒菜为主，屋内还布置有戏台。戏台前放置多排四方桌，每桌六人，三面各坐两人。客人们边饮酒吃菜边看戏，甚是愉悦。

店东是长乐人张荫朗，他曾在将军衙门当过十三任官厨，民间戏称其为"将军朗"。

据传，乾隆末年因"国丧"，朝廷规定不得饮酒演戏，可广裕楼等带有营业性质的茶馆、戏园为了生存，便打起擦边球，将酒楼改称"茶园"。这时，福州人对洋人十分抵制，为长国人志气，也为了稳定本国客人情绪，更为了体面，广裕楼规定——凡洋人和妓女看戏要加倍收费。这一规定赢得了更多民众的心，食客因此增加不少。

叶倚榕看到气派的广裕楼后，心中也受震动，但他面上不动声色。郑春发就不同了，啧啧称赞，震撼之余羡慕地低声说："师父，我们的酒楼要是能办成这样，不枉这一生了。"

他们刚在二楼坐定，便进来一位笑容可掬的胖子，大约三十多岁。他自报家门："鄙人吴成，开了个小小的'恒运钱庄'，勉强糊口。能邀请到园春馆叶东家，不胜荣幸。"福州男子身材多清瘦，骤然见这个胖子，又满脸堆笑，叶倚榕觉得蛮喜庆，忙起身寒暄致谢。

这个吴成，一看就是人精，极为老成，说话语气十分客气。迂回客套了几句后，说出了这次宴请的目的——购买叶倚榕手上石宝忠传授的制菜秘籍。

　　叶倚榕没等他说完，就一口回绝。

　　吴成笑眯眯地劝："叶东家不必生气，我也是受人之托。来，吃酒吃酒。"

　　"何人之托？"叶倚榕问。

　　"这不方便说。"吴成答。

　　"那我连酒也不吃了，告辞。"叶倚榕站起身来，"春发，走！"

　　吴成忙起身拦住："买卖不成仁义在啊。"

　　"我怕这是鸿门宴。"叶倚榕说。

　　"您老听我一句劝，听听有没道理，再走不迟。"吴成眼珠一转，生出一个念头。

　　生意人最看重和气生财，叶倚榕也不想与他翻脸，便坐下了。

　　"我是这么想，既然有人惦记您的秘籍，想必对他有用，我给先生提个醒，这天下之事，不怕贼偷就怕贼惦记。你今日不卖，明日不卖，或许来日就会给您招来麻烦。"

　　"我的东西，他还能来抢不成？大清国可是有律法的。"叶倚榕说。

　　"明抢倒不可怕，怕就怕，生出别的变故。我也是为您着想，要不要生个万全之策？"

　　"什么办法？"

　　"您肯不肯把秘籍放到当铺，鄙人也有一间当铺！"吴成依旧笑嘻嘻地说。

　　叶倚榕冷冷一笑："哼，你倒会做生意。秘籍到了你手里，还不是由着你摆弄？"

　　吴成摇摇头解释道："我是受人之托不假，可现在我给您出的主意，却是在帮您的忙。您好好想想，这样我虽然没有完成请托之人的事，但却保住了您老的珍宝。不瞒您，我的这个办法，一来可断了那人的念想，二来也不至于让您整天担心，放在我这里，相当保险，您可以单独用一个保险柜，钥匙您拿着。"

叶倚榕还是摇头："什么钥匙不钥匙的，你想看，随时都有办法。"

吴成显得无可奈何，遗憾地说："您是前辈，自然比我见识的人多。可我开钱庄、当铺，见惯了贪心之人的伎俩，一旦贪欲附体，'狐媚猿攀，蝇营狗窃'的手段总是有的，这是人罪恶的本性。今天我把话撂在这里，信不信由您！"

叶倚榕愣了愣，反问："你如此好心？究竟是为请托之人做事，还是为我操心？"

"我是当成生意做。一开始为那个人，他出了钱，我当然要为他办事。可您不同意，足见此物对您很重要，我就想到也能转手做您的生意，为当铺添一笔收入。"

"一面抹壁双面光！天下生意都要归你喽！"叶倚榕无心用餐，站起身，边走边嘲弄地说。

吴成却不恼不气，依旧笑容满面地将两人送出了广裕楼，还为他们租了一辆马车，临走不忘嘱咐一句："想通了告诉我，保管秘籍我一定尽心尽力。"

坐在马车上，叶倚榕回想着吴成的做派，不住摇头，对郑春发说："做生意，这个人确实有一套，但我们不学他，凡事总要有个底线。"

郑春发连连点头，心里却在想：这吴成做得并不全错啊！谁也不得罪，说不定还能揽到一桩生意，这个人经商的脑子，值得好好想一想。

翌日，郑春发正在园春馆听师父讲牛蹄筋的涨发法，他还提出疑问："水发比较好操作。油发时，蹄筋下入油锅，一膨胀大，内里就有气泡，如何掌握这个火候？"

叶倚榕刚要张口，急匆匆跑进一个伙计，气喘吁吁地喊："春发，你阿妈……你阿妈提水……滑了一跤，撞墙上……流了很多血，快不行了……"

闻听此言，"当啷"一声，郑春发丢了手中的铁锅，油顿时喷溅出来，师徒俩一起往后跳。郑春发稍一愣，撂下一句"师父，我回家去看看"，当即拦下一辆马车朝住处奔驰。叶倚榕到柜台拿了银钱，紧随其后，也追过去。

郑春发到家时，母亲躺在床上，已奄奄一息。额头上有一个大大的伤口，鲜血还在喷涌不止，邻居敷上的止血药粉已被血冲开，脸上和衣服上都沾满了血迹，让人触目惊心。几个邻居家的女人围在床边，抹着眼泪，手足无措。

郑春发张口喊一声"阿妈"，就泪眼婆娑地跪到床边，伸出手去捂伤口，鲜血渗出指缝，染红了他的双手。他痛苦地大叫着："我去请医生，阿妈你挺住。"母亲用力睁开眼，脸上强挤出几分笑容，有气无力地说："没有用的，出血太多了。你赚钱不容易，不要浪费。阿妈实在支撑不住了……才……才让人给你捎口信的，别怪我……"

郑春发满面泪花，反复摇着头："不，阿妈，您没事的，一定没事的。"

母亲蓦地呼吸急促起来，旁边一位老妇人着急地催："有什么话，快和儿子说。"她大约有经验，知道郑春发母亲已经走到奈何桥边。

母亲伸出左手，猛然一把攥住郑春发胳膊，掐得他生疼，可他咬着牙一动不动，母亲悠长地吐出一口长气，抬高声音说："你……天贵，春发……春发……没有娶……媳妇！"

叶倚榕已经赶来，站到了郑春发身后。

"叶东家，孩子……就交给你了，成婚……"郑春发母亲攒足了力气，话未说完，彻底咽下了最后一口气。

手一松，闭上了双眼。

郑春发见状，歇斯底里喊道："阿妈……阿妈呀，你睁开眼看看我！"

叶倚榕俯下身子，伸出手探一探她的鼻息，沉重地举起手，大声说："别出声！"

一屋子人都静了下来。寒风吹动窗纸，"噗噗"作响。

叶倚榕对着刚刚咽气的郑春发母亲，缓声承诺："放心吧，有我呢。"

郑春发号啕大哭着，沉浸在悲伤中没有缓过劲儿来，叶倚榕吩咐随行的伙计赵天赐去买棺材，又请邻居们来帮忙丧葬，费用全由他出。

妥善安葬了母亲后的夜晚，叶倚榕让郑春发到"一清居"好好泡了个澡，然后回到园春馆，一家人陪着他吃晚饭，安慰他。

郑春发一顿饭少言寡语，忍不住默默落泪。

叶倚榕和石宝忠劝了几句也就不再劝说，知道这时候的悲苦，是不能憋在心里的。

郑春发悲悲切切地不住自责："我不该接阿妈来城里的，她来到城里后，总是闷闷不乐，也没有个人陪她说说话。在老家，她还有鸡鸭，还还能种田……"

陈氏宽慰道："这是你的孝心，你阿妈高兴着呢。"

"我在这世上再也没有亲人了！"

陈氏慈爱地说："团仔，以后你就把我当成阿妈吧。"

叶元泰也抚慰道："春发，有我在，你就不孤单。"

高娴这几日在家帮忙，静静地看着这一幕，没有言语。吃过饭后，她见郑春发一个人独处发呆，走上前去，帮他理了理衣衫，说："心里的苦，自己知道就行，别哭给人看。"

见郑春发整日沉浸在悲痛中，这天，高娴带他出来到街上透透气。

一路上，两人默默地走着。来到万寿桥边，高娴停下脚步，心情复杂地望着桥下发呆。

郑春发顺着她的视线望去。桥洞里，一堆黑乎乎的烂棉絮中，有个男人蜷缩成一团，小腿上裸露出一片白骨，夏天蛆虫爬过的烂肉，经过秋冬溃烂，已经成了脓疮，流淌着黑色的汁水……

他的身边，还躺着咳嗽连连的同伴。

郑春发惊讶地问："姐姐，他不是……"高娴咬着牙，点点头。

一浪又一浪涌过来的江水冲刷着桥墩，溅起来的江水不时滴落在桥洞，可他们已经无力挪动。破旧的棉絮被浸泡得一多半都湿透了。有两只狗耷拉着头，在桥墩边溜达。

阴暗的桥洞里，四处透风，呼啸的寒风裹挟着垃圾飘飞，萧瑟的景象让人感到凄凉。

夏天时，高娴还来打听过高在潜。听人说，妙月死后的那几年，他下决心要痛改前非，戒了烟瘾，拿锤子把烟具砸了个稀巴烂。每当烟瘾发作，他都忍受着巨大的痛苦和折磨，有时更是以头碰墙，撞得自己头破血流，直到昏死过去。如此，反复多次，他终于戒了鸦片。他还重操旧业，摆了摊，替人写写文书，赚点小钱，勉强糊口之外，还能存下一点积蓄。不料，前年，他又交了狐朋狗友，被拉着复吸，过得人不人鬼不鬼的，一直苟延残喘。

每次来，她都恨得牙根发痒，觉得他是咎由自取，但看到他如此落魄，还是会忍不住买些吃的扔下。她心里恨透了他，从没有和这个男人搭过腔，他害死了母亲，也害得她和乾正哥哥无法走到一起。

高娴恨恨地对郑春发说："你的阿妈尽管不在世，但她一直在你的心里。高在潜虽然活着，可我希望他死了。"

临近年终时，郑春发的情绪稍微有了好转。但叶元泰却遇到了一桩蹊跷事，寝食难安。

前几日，叶元泰遇到一位姓杜的儒生，极为投缘。杜儒生自称有一本家传的宋代"建本"，为建阳县著名的"万卷堂"《春秋公羊经传解诂》刻印本。读书人听到有如此珍宝，自然极为艳羡。杜儒生便邀请叶元泰到家中观览。叶元泰在儒生的书房里看得入迷，儒生去街上饭馆购买了酒菜，带回家中两人同饮。叶元泰一谈起书稿，忘情地多饮了几杯，待翌日醒来，儒生家传的珍贵建本，竟然不翼而飞。

叶元泰觉得中了圈套，却拿不出一点证据。

杜儒生紧追不放，定要他赔，叶元泰苦恼不已，生怕父亲知道后责罚。杜儒生见叶元泰无力赔付，就帮他出主意，让他拿家中的菜肴秘籍来补偿。

叶元泰深知秘籍是父亲的心头肉，自然不肯答应。可杜儒生却威胁说，如若不拿秘籍换，他只好告官，让叶元泰背上一个"窃书"的罪名，锒铛入狱。他吓得失魂落魄，如果入狱，自己辛辛苦苦考取的举人也将一文不值，从此仕途无望，无奈之下只好答应回家窃取。

他数次到父亲房里翻找，终究被叶倚榕撞见，走投无路的叶元泰羊角风又犯了，口吐白沫，在地上抽搐。叶倚榕觉得蹊跷，儿子的病已慢慢稳定下来，只要不受刺激，就不会犯病了。在叶倚榕的一直追问下，叶元泰知道瞒不住，只好把详情告诉了父亲。

叶倚榕心中"咯噔"一声响，吴成曾经警告的暴风雨，这就来临了！

四

高娴搬到瑞云庵居住、做菜已有一段时间。"荔枝宴"重启后，竟比妙月在世时还要抢手，很快就预定到半年以后。

妙云认为凡事有因果，万事有轮回，去留有天，一切随缘。随缘来去，随遇而安。瑞云庵沉寂了十几年，现在重现香火鼎盛，这都是缘分。佛法讲："法轮未转，食轮先转。"瑞云庵提供"荔枝宴"，以一颗欢喜供养大众的心操办饮食，在挥动锅铲之中，若能系心于此，即使在热如铁锅、急如星火的厨房里，也能做好修行的功课。普度众生，众生来了才能渡。高娴心中烦恼过重，同世间纠缠过多，她与瑞云庵有缘，在这里，就是佛菩萨安排给她的修行。

高娴的容貌和母亲相比，更胜几分。她肌肤胜雪，双目犹似一泓清水，顾盼之际，自有一番清雅的气质，让人为之所摄，犹莲般可远观而不可亵玩焉。有钱人总喜欢追逐虚空、华丽、别致，荔枝宴正好满足他们的心愿，他们觉得高娴在尼姑庵烹调，菜品里包裹着红尘的浓香。

高娴行事风格，不同于母亲。妙月喜欢静中悟禅，导人静心。而高娴则更愿意交流，打探、追问母亲的过往。这样的沟通，热烈、略显喧闹，却因高娴的年轻、清新而显得有些俏丽，那些曾到此品尝过妙月神馔的熟客都知无不言。

这样的情形，着实红火了一阵子。

高娴往往端上一个菜，会柔柔地发问："我和阿妈，谁的手艺好？"

她对母亲的过度思念，在心里渐渐淤积成一个结——既想超过母亲，又不愿意让母亲落败。

她怀着矛盾的复杂心情，虚构出一个假想敌——母亲。某菜胜过了母亲，她欣慰；某菜不如母亲，她又沉郁。

渐渐，食客们有些乏味，觉得高娴虽然容貌上胜过妙月，可心境，却像蜜丸裹着苦瓜。

食客们来此的意愿本是品尝美食，欣赏美人，秀色可餐的同时感受与酒楼别样的氛围，可绕来绕去，竟陷入了高娴的怪圈里，因此心里有了遗憾。

有人传出，吃了瑞云庵的荔枝宴，心更乱了。庵里日益人稀。

这对高娴无疑是个打击。本想着来此锦上添花，重现荔枝宴雅事，最后竟似磨砖成镜，徒劳一场。

一日，瑞云庵烹调菜肴端上桌，对面坐着上海邱姓商人，不住称赞她厨艺超群，却又遗憾地连连摇头："可惜了，如此神技，窝在这小地方，施展不出来。"

深感失落的高娴，听贵客如此赞扬，不觉心中欣慰，却也深知自己所处环境，遂怏怏地说："小门小户人家，哪能有什么大地方？"

邱姓客商豪爽地说："姑娘若是乐意屈就，鄙人愿意为你买一座酒楼，由你执掌经营。"

"先生不要哄我，开一座酒楼所耗巨资不说，小女子也没有那么大的本事。"高娴反复摇头，"不行不行。"

邱商竖起拇指："开座酒楼而已，区区小钱，邱某不放在眼里。你行的，你的技艺绝对一流，况且又美丽动人，定能招徕天下食客。"

高娴想起在园春馆，每日叶倚榕在后厨指挥、前台接待、迎来送往，过年过节还要给衙门、常客送礼稳固客户等等一堆杂事，愈发有自知之明，苦笑着摇摇头说："我知道自己的分量，这可不是闹着玩的。"

"姑娘错了。当你真正成了东家，一应琐碎事都不用你来管，可以多雇人嘛。你只要负责好菜品质量，留住几个大客户，越是高档酒楼，越容易经营。再说，我们上海商会的人，自然都会来捧场，有了食客，还怕生意不好？"

一时竟说得高娴动了三分心思，她心生有疑惑，警惕地问："你我素昧平生，先生为何会替我买酒楼？你图什么？"

"缘分。姑娘在这里烹调，不就是等个缘分吗？或许我们前世有缘，今生才得相遇。"

高娴相信缘生缘灭如云聚云散，缘来缘去如风起风落，而风云变幻莫测，缘分也是难以预料。就如自己和乾正哥哥，唉，自己对他情深，奈何二人缘浅。

此时，见邱客商面容和善，说话轻声慢语，这番话说到自己心里去。顿时生出好感，心想或许这是自己的良缘，他是自己的贵人吧。两人便越聊越投缘。

邱先生的声音如一阵阵春风，温柔地托起高娴的思绪，让她情不自禁地沉醉于他描绘的美好未来之中。高娴想，邱先生如果能购一座气派的酒楼，那样，不但超越了母亲，甚至叶倚榕的园春馆、包括外公这资深庖厨都要对自己刮目相看，特别是叶元泰，她想，你不是嫌弃我的爹娘，瞧不起我吗？我就要做出个样子来让你看看，到那时，或许你就愿意娶我了。高娴单手撑在桌上，托着腮，嘴角露出了几分羞涩。

两人约定，三日后下午，在文儒坊巷口见面，邱先生带高娴去相看一座酒楼。他提醒："怕只怕，如此好事，你回去和家里人一商量，泡汤了。"

高娴笑着说："先生您放心，我的事，从来都是我做主，没有结果时，我不会透露一点消息的，我要给大家一个惊喜。"

邱先生双手拇指一起举起："你看你看，这就是当东家的潜质。有见地，有胆识。"

餐毕，邱先生要走了，高娴破例送他到庵门。正抬手依依告别，吹过一阵风，吹得高娴耳畔的一缕长发飘起，遮住了眼，邱先生伸出手，温柔地撩起头发，指尖碰到了她的脸颊。一股又酥又麻的感觉从脸上掠过，高娴的心剧烈颤抖了一下，不觉羞涩得脸红起来。

心里"咚咚"打着鼓——邱先生的手指，又热又柔，像划过肌肤的羽毛，可又硬如一把刀，直戳心窝。高娴急忙退后一步，娇嗔地说："先生慢走，我回去了。"

邱先生嘴边噙着一抹笑，用柔和得几乎听不见的声音轻轻地说："早些歇息。我等你。"

高娴的心跳得好像要飞出来似的，不敢再说什么，转过身飞快地往住处奔去。

第二日，高娴神采飞扬，眼中闪烁着前所未有的光，脸上时不时浮现着开心的笑容。妙云主持见了，疑惑不已地问："姑娘遇到什么好事了？"高娴想起邱先生的提醒，事情没有成功之前，先不能对外说，搪塞道："高娴是悟出荔枝宴美味的精髓。"妙云听了，微闭双眼，双手合十，道："姑娘独具慧根，定有福报。"

黄昏时分，瑞云庵来了位客人，约莫五十岁左右，中等身材，精瘦，前脑门剃得锃亮，脑后垂着一条花白又油光水滑的辫子。他眯着双眼，用心品尝着高娴的荔枝宴，说："姑娘的手艺与你母亲不相上下。"

提到母亲，高娴顿时来了兴致："先生认识我阿妈？"

客人的目光停留在荔枝树上，望过去有着岁月的痕迹，时光流转，十余年过去，两个不同的女子，同一桌荔枝宴。从前，那不能言说的情意，不可或说的怅惘，埋于心底的遗憾，如今似乎变成一束光，慢慢洒落，撩拨着他的心弦。

客人淡淡一笑："认识，我姓江，曾贩过盐。"夜色已悄悄降临，他想起了那个同样的夜晚，那个叫妙月的女子。时光像丝绸一样柔软，那晚的景致像绣在上面的图案深藏于心。"妙月师姑的菜中，有无奈之中的苦涩。而姑娘做的菜里，有幸福的香甜……"

耳边，有江盐商穿过岁月的回忆。而心里，有邱先生许她的未来。高娴觉得，老天真是眷顾自己，接连两天，都送来懂她、助她的人。

此时，月亮像长了腿似的一步步爬上夜空，窗外一片皎白，高娴感到了从未有过的幸福。

到了和邱先生约定的时间，高娴想，路也不远，自己去看看就回，等确定下来，晚上再告诉师太这件好事。她避开妙云等一众师太，绕到瑞云庵后院，取下后门上的门闩，打开一条缝，回头看看没有人，侧身跨出去，敏捷地一路小跑而去。

她满心欢喜地来到文儒坊巷口，邱先生租了一辆马车，早已等候在此，见她来了，邱先生喜出望外，迎上来，声音激动得颤抖着："你终于来了。"高娴一股暖流涌上心头，感动得眼里流出了泪——这人太贴心了！

两人坐上车，朝着南台闽江边而去。

约两个多时辰后，傍晚时分，叶倚榕等人正在园春馆后厨忙碌，来了一个跑腿的人，直冲进来，张口就嚷嚷："哪位是叶东家？快快告诉石宝忠师傅，他的外甥女要出海，正在登文道码头。去得迟了，船就走了。"

叶倚榕一听，忙道："春发，和我走。小牛，你来掌勺。天赐，你先和外面的客人打个招呼，今晚的菜上得会慢些，请大家多担待。"他随手抓了一大把钱，心急如焚地和郑春发出了门，租了马车，快马加鞭赶往码头。

闽江南岸的这个登文道码头，其貌不扬，仅简单地铺了几十米石板，却颇有来历。这是下游长乐、福清学子们上省、进京应试的必经之路，读书人向来爱跷，就把此处命名为"登文道"，寄托着众学子们的希冀，希望自此上路，便能金榜题名，仕途大顺。

岸边有些走的人多、五十厘米宽、被磨得溜光的石块，已存近三百年。苔藓塞满了石板的缝隙，稍不留心，便会脚下打滑。

叶倚榕算是见过世面，可此时心里仿佛被块无形的大石头压住，堵得自己呼吸都觉得困难，脸像窗户纸似的煞白。他和郑春发一路疾驰追到登文道码头，一眼望去，几十条"鼠船"浮在江上，谁知道高娴在哪条船，心中愈加慌张。

叶倚榕腿脚发软，又走得急，打了几个趔趄，险些摔倒，郑春发急忙扶稳。

师徒俩心如刀绞，生怕耽误了时辰，手忙脚乱地上船、下船，挨个钻进船舱里察看。

这些"鼠船"，因形似鼠而得名：头尾尖，船底薄平、船体窄长，有船篷、船舵，配有竹篙、木浆、橹。这种船最早产于闽清县，故又称"闽清船"，长两丈四尺，宽二尺五寸，高约二尺六寸，船体轻，吃水浅，最适合在内溪支流航行。

鼠船有"大鼠"和"小鼠"之分，兼载客、货。"大鼠"载重两百至三百担，船上由"滩头""闲人""艄公""帮大"等人操作，上行时需雇纤夫八人。这种船可通至建瓯、建阳、拿口、下茂等处。"小鼠"载重一百至一百五十担，可通至建阳、水吉、将乐、邵武、永安等处。

这时五口通商，洋人势力强，铁船的运费便宜，竟挤兑得这些鼠船大多没了生意，常常停靠在码头等些短途的生意。

船主们见叶倚榕和郑春发两个陌生人登船，以为来了主顾，纷纷钻出船篷，聚拢过来。

这样一来，倒省了不少事儿，叶倚榕拿出五百文铜钱，告诉船主，这是买消息的钱。得知二人在寻找一个姑娘，船主们站在船上高呼几声，一声传一声，不久就听到一条船上有人搭话，声称找到人了。

叶倚榕三步并作两步，踏上船头，往船篷内看过去。

船篷内，高娴的双手被反绑在身后，正在呜呜呜哭泣。见到叶倚榕，她心中的委屈、绝望、尴尬、茫然交织在一起，两行眼泪扑簌簌直往下落，嘶哑着嗓子欣喜地叫了声："依伯。"声音不大，却让人揪心地疼痛。

叶倚榕见到她，一颗悬着的心暂时放了下来。伸出因担心变得冰凉的手，招呼她："过来，跟依伯回家。"

旁边一个穿着红衣绿裤、头上插着银簪子的胖女人，伸手"啪"地打了一下叶倚榕的手，冷冷一笑，说："回家？回什么家？你说得轻巧，她已是我家姑娘了。这里就是她的家！"

郑春发年轻气盛，怒吼一句："她是我姐，自然要回自己的家。怎么，你要抢人？这是福州城！"

"年轻仔，你毛还没褪光，和老娘横什么横？"胖女人的声音像一根根银针一样刺耳，说话间她钻出船舱，站在船头，双手叉腰，把头一歪，顿时有一个矮胖大汉气势汹汹地钻进篷来。

叶倚榕一看，忙赔着笑脸说："不要生气，有话好说。"

胖女人从怀里掏出一张纸，抖了抖："看你还算老实，你看看，白纸黑字，老娘不是空口白牙乱说，讹人的事咱可不做。"

叶倚榕拿过契约仔细浏览着，见上头写着：父亲迫于生计，将女儿卖给"新紫鸾",作价二百两。父亲处签名是"高在潜",叶倚榕当即说道:"这肯定是假的,她父亲疯掉好多年,生死都未可知。"

胖女人鼻孔里"哼"了一下:"你说假就是假?少来诈我。再说,就算她父亲是假,这里还有姑娘的手印呢。"

叶倚榕定盯一看,在高娴名字处确实有个通红的手印,便朝高娴看了两眼,算是问询,高娴羞臊地轻轻点了点头。

叶倚榕见事已至此,看着面前的胖女人,在心里暗暗思忖。这"新紫鸾"可是南台田垱数一数二的妓院,和鸿禧堂、乐群芳、新玉记、艳红堂齐名,平日里三教九流都有交往,且官衙里也常有打点,自己显然惹不起。目前虽弄不清楚来龙去脉,当务之急是要先救下高娴,他顾不上计较契约真伪,诚恳地商量:"既是白脸厝(闽方言,指妓院)的人,也不缺这一个女子,你说个价,我赎回。"

胖女人装出一副为高娴撑腰的样子,狡黠地问:"他是你什么人?你该不会是人贩子吧?"

高娴急忙说:"是我依伯,亲如阿爸。"

胖女人不好再狡辩,脸上一幅吃了大亏的样子:"我出了二百两白花花的银子,这年头……"

叶倚榕怕夜长梦多,催道:"说个价吧。"

"本来不能这么做,若人家父亲找了来,跟我要人,我可怎么办?"胖女人翻翻白眼,斜觑叶倚榕,见他笃定要赎人,遂装模作样叹口气,"唉,也罢,既然她愿意跟你走,我就行行善,就当吃个哑巴亏。你给二百六十两,勉强补上我请客的钱算了,谁叫我是菩萨心肠,心软得很,最见不得女孩子家哭泣。"

"好，你随我去取钱。"叶倚榕果断地说。

"那可不行！谁知道你搞什么鬼。"

"那这样，春发，你速回去，向师母取钱，无论如何要凑齐，我在这里等你。"

郑春发扭身就要走，叶倚榕急忙又吩咐一声："只能告诉师母，可不敢叫师爷知道。"

"我晓得。"郑春发拔腿就往码头赶，恨不得插上翅膀飞回园春馆。

叶倚榕让胖女人先给高娴松绑。胖女人见他已差人回去取钱，转眼工夫，就多赚了许多银两，心里高兴，态度缓和下来，便解开绑住高娴的绳子，但还不让她出舱，怕一个不留神让她跑上岸去。

叶倚榕站在船头，望着静水流深的江面，静静地等待，心里翻江倒海，可他知道此时需要镇定，不能露出惊慌，高娴既已找到，一切都好说。

深夜，郑春发带着陈氏东拼西凑来的银子回到江边。叶倚榕租了马车，头也不回地带高娴回了家。

原来，高娴随邱姓客商来到江边，邱商领着她装模作样地去看了几座酒楼，声称要到自己的船上拿银子，将高娴骗到胖女人船上。高娴一上船，便被矮胖大汉抓住胳膊、绑上双手，塞入船篷。此时，她才醒悟过来，邱客商这是把她给卖了。如同晴天霹雳，她的世界瞬间崩塌。整个人如坠冰窟，绝望透顶，拼命挣扎着、哭泣着，嗓子都要喊哑了。"别哭了，哭死了也没用。"是呀，这个世道，大家的日子都很艰难，自顾不暇，谁愿意去管别人的事呢？

矮胖汉子拿着鞭子，胖女人说："别打她的脸，还要靠这张脸挣钱呢！"他狠狠地朝高娴的背上抽去，那一刻，高娴想，不如把自己打死吧。

妙云见高娴这几日神情异常，心里担忧，派了小尼姑暗地里观察着。小尼姑眼看她上了船，被绑起来，慌忙掏了几个钱请一位船工去园春馆报信。至于契约上有她的手印，是邱客商看酒楼时拿出一张空白纸，让她签下字摁手印，说是买酒楼定契约要用，当时她正在兴头上，根本没有多想。

按照叶元泰和郑春发的意见，一定要将此事告官。可叶倚榕觉得，一旦闹出去，高娴的名声就毁了，所以宁愿吃暗亏也不声张。

他们将高娴从庵里接回家，仍住她从前那个房间。石宝忠得知后，一气之下病倒了。高娴每日陷入深深的自责中，自怨自艾，痛恨自己的贪心、自以为是，什么良缘，什么贵人，明明是吃人的魔鬼，若不是师太关心留意着、依伯来得及时，自己差点就进了魔窟，一辈子暗无天日、万劫不复。还给依伯造成这么大损失，给外公带来这么大的伤害，自己真是罪人，不如死了算。

见高娴终日以泪洗面，陈氏寸步不离陪着，生怕她寻了短见。

这日，陈氏劝高娴："妙云师太带话给你。冥冥之中，所有的劫难，都是注定的，也是来渡你的。你命中注定有此一难，逃不了、也躲不过。众生皆苦，悲喜自渡，你渡过去就能重生，渡不过去就寥寥浮生。"高娴听了，仍沉默不语，但已不再哭泣。

高娴的情绪稳定下来，叶倚榕也感到欣慰。赎她的银两虽是一笔不小的数目，但只要众人齐心，园春馆正常营业，相信用不了几年，就能赚得回来。

可是，此时，却又发生了一件蹊跷的事——陈小牛失踪了！

　　陈小牛失踪，是郑春发发现的。

　　郑春发母亲去世后，为安抚郑春发也为了干活方便，叶倚榕让郑春发重新搬回来，和陈小牛一个屋子住。

　　这天早晨，郑春发醒来后发现，陈小牛的被子乱糟糟堆在床板上，奇怪的是，陈小牛的衣物和私人用品全都不见了，觉得非同小可，赶紧跑来告诉师父。

　　叶倚榕还不信，陈小牛十岁时就到了园春馆，跟着自己近十年，感情深厚，怎么会不辞而别呢？郑春发这才又说："会不会与陈小牛到师父房间翻找东西有关？"

　　"照你说，陈小牛是受人指使，里应外合，要得到秘籍。"这是自己从前猜测过的，得到证实，叶倚榕还是心痛不已。

　　叶元泰捶打着自己的脑袋："也怨我贪心，非要看宋代珍本。"

　　石宝忠说："是福不是祸，是祸躲不过。怨不得你，根源还在我这。"

　　叶倚榕愧疚地说："师父，坏人越是想得到，越不能让他们得逞，我们拼着命也要保护您和祖师爷的心血。"

　　"只怕，这是一场暴风雨啊！"

　　"我挺得住！"叶倚榕笃定地说。

　　俗话说，"屋漏偏逢连夜雨，船迟又遇打头风"。陈小牛失踪后，园春馆里众人都惴惴不安，担心杜儒生来追逼叶元泰还债，几日过去了，还没有动静，刚想着或许此人回心转意，不再纠缠，不想石宝忠缠绵病榻，一日重似一日，走到了生命的终点。

　　石宝忠对叶倚榕极为重要，虽是师父，却也似父亲。因此，他像送别父亲一样为石宝忠办丧事。因没有其他亲人，"报亡"的环节就省了，但"吊唁"一定要进行。灵堂就设在房子的后院，来吊唁的全是叶倚榕的同行和朋友，按察司衙门也送来了殡礼。叶倚榕找画师紧急给师父画了像，挂在灵堂正中央。从布置灵堂开始到"头七"结束，陈氏安排，为石宝忠"做功德"，请了"定光寺"的和尚。叶倚榕努力将葬礼办得风风光光。

安葬完师父，叶倚榕将自己锁在师父生前居住的屋里，焚香祭奠，守孝七日。这七天时间里，他完全沉浸在和师父一起的往日岁月里，点点滴滴的回忆，这时都成为温暖而贴心的"膏药"，每一贴都正好疗伤，让叶倚榕渐渐减少痛苦，慢慢接受"师父已去"这个现实。恍惚间，看到师父严厉的面孔，他就钻进"秘籍"里，每道菜谱每个食材都泅入心扉深处，反复斟酌师父和师爷的心得，揣摩为何会如此强调，自己做菜时的心境，逐一对比，让天堂里的师父"指点"自己。

这七日，其他人都不敢打扰，饭菜就放在窗外的窗台上，叶倚榕也不管冷热，感到饿了才端进来吃。

七日守孝结束，打开房门的那一刻，感觉阳光有些炫目，可他释然了。

送走了师父，家里接二连三的变故，守孝也结束，叶倚榕感到了前所未有的疲惫。这几天张罗生意，他就让郑春发顶上，自己在家缓口气。

园春馆遭遇这一连串打击，陈氏便和叶倚榕商量，这么多年了，还是把叶元泰和高娴的婚事办一办，冲冲喜，赶赶晦气。

夫妻俩达成一致，先和叶元泰商议，不想却遭到极力反对："我现在自身难保，前途未卜，有可能染上官司，是戴罪之人，岂可罔顾脸面，恬不知耻地娶亲，让她找个好人家嫁了吧。"

陈氏劝："你说的这叫什么话？是别人坑害我们家。再说了，面子重要还是传宗接代重要？"

叶元泰态度极为坚决："读书人的面子就是命，面子没了，活着不如死了。"

夫妻劝说几次无果，陈氏遂去劝说高娴，哪知也碰了一鼻子灰。高娴冷若冰霜，一句话就噎住了陈氏："依姆，举人会娶青楼女？"她知道叶元泰心里对她一家子的嫌弃，早就绝了嫁给他的念头。

陈氏急忙掩饰："傻囡囝，这事可不敢乱说，你不是好好的吗？"

"唾沫会淹死人的，我不能害乾正哥。"

"两个拧种，这是要气死嬢嬢！"

见他们两人斩钉截铁，坚决不同意，叶倚榕夫妇做主，为叶元泰娶了媳妇张氏，张氏生得眉清目秀，甚是乖巧，父亲是秀才，开了一家私塾，收了几个学生，虽不富裕，但勉强能维持着全家人的生计。

本来，叶元泰不娶高娴，面上说是怕染上官司，可他内心很骄傲，自己是举人，妻子的家世必须清白。高娴的父母、包括她自己都不体面，娶了她，自己在外面怎么抬得起头？这么多年，没有迎娶别的女子，已经算对得起她了，现在，高娴出了这么大的丑事，也别怪我叶元泰了。

但安生的日子并未过多久，杜儒生见叶元泰迟迟没有拿出秘籍，将他告到了府衙。

这一听就是早有预谋，这种事本该归闽县县衙或者叶元泰老家

195

福清县衙管，却直接去了福州府，显然是早已疏通了关系。这几年，虽说福州府常常有官差来园春馆吃饭，不少还赊欠着饭钱。当叶倚榕找上门去寻求帮助时，他们有的支支吾吾，有的百般推脱，只能空手而归。

万般无奈之下，叶倚榕去见杜儒生。

"我知道你们盯着秘籍，你让真正的幕后之人出面，我可以交出。不然的话，我们叶家宁愿丢掉举人身份，也要拼死一搏。按察司衙门总还是有些能说上话的人。"叶倚榕做出破釜沉舟的样子，连哄带吓，誓要做个了断。

他话音刚落，从内屋传来一声喝彩："好，有骨气。"一人挑帘而出。

叶倚榕尽管早有心理准备，一时也被惊得站起身来，伸出的手指不断颤抖："你！你……"硬生生说不出话来，捂着胸口"扑通"坐到椅子上，"呼呼"喘着粗气。

郑春发急忙轻轻地给师父摩挲着胸口。

来人正是叶倚榕的同门师兄朱少阳。

朱少阳"呵呵"一笑，狞笑着说："师弟，你终于吐出这句话了，多谢。"

郑春发闻听，也吃了一惊——这是师伯？他为什么要这样做？

"我园春馆开业，给你发了请帖，为何不来？"

"哼，你少假惺惺。难道你不知道？我自从离开按察司衙门后，不久就到广源兴饭馆担任大厨，既是对手，我怎会来给你祝贺，受你侮辱？"

"你怨恨我，师父去世，我派春发给你报丧，为何也不来？一日为师终身为父，你连师父也不认了？"叶倚榕气恼地质问。

"我不是送了礼幛吗，还要怎样？"朱少阳也不示弱地答。

"难道师父连你一个磕头都当不起？你呀，你真是坏了良心。"叶倚榕喟叹连连，"这我也就想通了，为何元泰成婚，你也只是送了礼而人不来，原来，你是早有预谋，做下了龌龊之事，心里愧疚吧？"

"呸！你还有脸说愧疚？当初我为何离开师父，你不知道吗？明明我赢了手艺师父却偏袒你，赶跑了我。叫他一声师父，是因为我心里还念着他的恩情。"朱少阳怒不可遏地说完，端起茶碗，一口气喝了一杯茶。

"十八年了，在你心里，一直带着对师父的怨和对我的恨？值得吗？这个仇，你记得好……深！好，重！"

"对，我就是记仇，我没有肚量。"朱少阳皮笑肉不笑地自我揶揄，"我算什么？一个失败者，一个被师父逼走的恶徒，我有何面目去认师门，我有何面目去谈恩情？我，我……我就将彻头彻尾的恶人做到底，这下你们就满意了！哈哈哈……"他自顾仰天狂笑，旋即又嘤嘤哭出了泪……

"你知道吗？我在那榕树上看到你和师父，我的心有多痛嘛？"

叶倚榕恍然大悟，说道："原来是你！怪不得时时感觉有人在那树上窥探，我早就该想到是你。"

"你究竟把那秘籍藏到何处？为何我始终找不到？"

叶倚榕反问："你要这秘籍何用？"

"我得不到，谁也休想得到。"

叶倚榕一听，当即打消这个念头，皱着眉头问："你是非要逼死我全家？"

"是你不让我活。"

"不就一场较量吗？你至于记一辈子仇？"

"那是我人生最大的侮辱。"

"这是师门几代人的心血，我不能让你毁了！"

朱少阳仿佛累了，有气无力地说："十八年了，你知道这十八年我是如何熬过来的吗？对师父，我慢慢想通了。我是没脸见他，现在也不恨他了。是你，把所有的风光占尽了。如果没有你，这一切都是我的。我当年学徒时，师父曾答应我，学得好，衣钵传给我，都是因为你！"

叶倚榕没有想到，还有这一层，难怪他恨自己恨得这么深。不禁反问："师父自有判断，你纯粹是胡搅蛮缠。明明是你的心术不正，被师父看透了。即使没有我跟师父学艺，你一样得不到真传。你是被猪油蒙了心。你比我聪明，更应该知道'得失之患，起于不舍；成败之虞，源自贪婪。'你好自为之吧，这本秘籍，只要我还有一口气，就绝不会让它落入你这种人之手。"叶倚榕猛然站起身来，愤愤地扬长而去。

"哈哈哈，好！你有种。"朱少阳狂傲地笑笑，恨恨地放话，"你等着，我一定让你家财两空。"

不久，朱少阳下了最后通牒，依旧是两条路：三日后，要么叶元泰等着上公堂，要么赔偿丢失的建本五百两银子。

这两条路都让叶倚榕脱层皮。虽说偷盗珍本一事仅靠杜儒生一面之词、无凭无据，但若他们已买通官府，官府就不会仔细追究这件事情的原委，尽管官府不能给有举人身份的叶元泰定罪，但如此一来，搞得满城风雨，读书人最看重的是颜面，如若名声扫地，叶元泰将来还怎有立足之地？这不就是朱少阳他们想要的最终目的么？

这几年，自己带着一家子辛辛苦苦、起早贪黑，一文钱一文钱挣了一些。但架不住衙役、官差像蝗虫一样，吃白食的太多，就连表哥邓旭初，园春馆开了多少年，他就白吃白喝了多少年，自己念着他是亲戚、又帮过自己，睁一只眼闭一只眼。可是，挣得再多也经不住这样折腾，五百两银子不是一个小数目，一时半会拿不出那么多现银。

秘籍万万不能给朱少阳，那是师父的命。师父人不在了，秘籍不能丢。

可儿子在牢房里，总要想办法救他啊。

叶倚榕只好花代价疏通衙门，由官府出面组织双方调解，无奈朱少阳一口咬定，少了五百两银子绝不撤诉。此路不通，叶倚榕假意做出"忍痛"之举，万般不舍地将"秘籍"交给朱少阳，以换取儿子早日出狱。

不想，朱少阳对厨艺有着极强的判断力，他根据师父往日对菜谱的研究，很快判断出秘籍是赝品，更加气急败坏，扬言要让叶元泰付出代价。

走投无路之际，百般疏通，叶倚榕选择了高价赔偿。把全部积蓄凑完，还缺一百两银子，便去吴成的钱庄借贷凑齐。又给了杜儒生一笔小钱，算是堵住了他的嘴，他也不再纠缠。

同治十年（1871）初秋，一早就有一中年女子上门问："叶东家在吗？"叶倚榕听到声音，从后院往前店走，那女人望见他，不等叶倚榕招呼，自顾自一脚踏进店门，把手上的礼物放在桌上，搬了一条凳子坐下，说："恭喜叶东家，贺喜叶东家，大喜。"

叶倚榕丈二摸不着头脑，这两年，糟心的事情一件接着一件，诸事不顺，哪里谈得上什么喜事，更何况是大喜？

不等叶倚榕开口，女人便迫不及待，一顿竹筒倒豆子：城内有位江姓老爷，年龄不大，才五十有一。经营盐业这一行多年，不敢说富甲一方吧，在福州城也是排得上号的。老爷原本有位发妻，五年前，原配夫人得病死了，生的两个女儿已出嫁，家里、家外的事情现在由江少爷管着。

叶倚榕心里大约已猜到了个大概，见已有路人进得店中坐下听热闹，便将女子迎往后院屋里。

女人有着三寸不烂之舌，一刻也不停地说：江老爷吃穿不愁，凡事不用操心，只是孤单寂寞。于是生了续弦的想法，这个消息传出去后，不少媒人上门提亲，啧、啧、啧，这里面既有肤白貌美的寡妇，也有未出嫁的黄花大闺女，但是江老爷见过几个，都不满意。去年，江老爷偏偏在瑞云庵遇到了高娴姑娘。听老爷的口气，他还认识娴姑娘的阿妈。嗨，叶东家，你说这事巧不巧？

女人见叶倚榕默不作声，不管不顾，接着说："江老爷打听过了，得知娴姑娘还待字闺中，愿意明媒正娶回去当他的夫人。娴姑娘的福气到了，往后，吃香的喝辣的，绫罗绸缎穿不完。叶东家，你说，这是不是天大的喜事？"

叶倚榕皱着眉头，心想：这都什么乱七八糟的事？高娴二十八岁，尽管过了出阁的年岁不再年轻，但江老爷的年纪都可以当她阿爸了，单从这一点，这门亲事就要从长计议。家里什么情况，也要打听打听。不能听凭媒婆说什么就是什么。

沉吟片刻，叶倚榕缓缓道："烦你回个话，江老爷的心意我们知道了，东西请先带回去，这事我们商量商量。"

"不用商量，这事我同意。"高娴在门外听到了他们的谈话，斩钉截铁地说。跨进屋，对着媒婆行了个礼："我愿意。"

叶倚榕劝道："你不再想想？我们也要打听清楚吧？"

高娴冷静地说："去哪里，对我来说有什么区别？阿妈不在了，外公不在了，乾正哥哥成家了，瑞云庵不收我了，我在这算什么？这么多年，遇到太多太多事，我很累了。依伯，您和依姆对我的好，高娴没齿难忘，你就让我去吧，是好是坏，这是我的命。也对大家都好。"说完，趴在地下，"咚咚咚"对着叶倚榕磕了三个响头。

叶倚榕赶紧站起身，扶起高娴，两行泪止不住地滚滚而下。

雪上加霜的打击，接踵而至的变故之下，叶倚榕的头发仿佛一夜之间被岁月染上了霜白，面容憔悴不堪，眼神中透露出无尽的疲惫与沧桑，整个人显得异常苍老，好似走过了漫长而艰辛的旅程。经营园春馆时，也力不从心，艰难地维持着。

这时候，热闹的东街口已是酒楼密布，较知名的就有南轩、河上酒家、四海春、别有天、可然亭、江山楼、东亚饭店、南门兜菜心香素菜馆等一二十家，在竞争之下，生意愈加难做。

拖了半年多，同治十一年（1872）暮春的一日清晨，郑春发一块块拆下店面的木板，打扫干净园春馆铺面门口的街道，提着抹布擦拭店内桌子。叶倚榕拎着一块木牌慢悠悠地走过来，递给郑春发，淡淡地说："挂上吧。"

接过木牌子，"本店歇业"四个大字晃眼地刺痛了郑春发心，他忧伤地问："师父，不再想想了？"

"去吧……"叶倚榕头也不回转身而去，消瘦的背影有些佝偻，看得郑春发一阵心酸……

第四章　露锋芒

一

园春馆关门，郑春发帮着师父售卖店内的物品。得了空，他便到南台闽江边，看看辽阔的江面，一待就是一下午。水面上倒映着一朵朵悠然自得的云朵，船只在粼粼的波光中游弋往来。那碧绿如玉的无尽江水，如同时间的流沙，缓缓流淌，让人的心也宽敞通透起来。

宽阔的水域上，来往的大多是外国人的商船，很少看到以往熟悉的那种帆船和木船。园春馆关门，生活还得继续，他本想到码头找点活做，可看到这种情形，不免有些迷茫，一打听才知道，造成闽江上中国船少的原因，还是五口通商。

外国人要求开放港口做贸易，并不是真心为中国人好。外国的保险公司拒绝为中国海船保险，中国商人因怕风险也不愿意租用本国船只载货。

外国人常以"护航"为名勒索中国商船。护送几只中国帆船一华里大约一两银子，护航一次，动辄四五百两，船商苦不堪言。留下的为数不多苦苦支撑的中国船只，有时会被强插上外国旗帜，勒

203

索护航费，如果不肯缴纳，洋人就向中国衙门诬告该船"违背合同"。清政府为了不挨打，维护现有的统治地位，骨头极软，洋人说什么就是什么。

《南京条约》允许英国货五口通商，却没有规定抽税细则，英国人因此耍赖，货物在一个口岸交完税，便可以免税运往另一口岸出售，称"免纳子口税"。清政府惧怕英国人，也就默许这样做。别国商人见此，纷纷效仿。在清政府眼里，只要是外国都是强国，就一律准许。而这样的权利，中国人却无法享受。

种种制约，中国船只便少之又少。

外国人看到清政府如此颟顸，趁机都来占中国人的便宜。

福建出海的商品中，外国人都盯上了茶。同治十一年（1872），俄国人在"泛船浦"开办了中国历史上最早的机械制茶厂——"阜昌茶厂"。

开办茶厂的地方，是个港口，最早始于明代弘治年间，督舶太监将中洲无偿割让给外国人开辟新港，供番船停泊，因此得名"番船浦"，后因谐音改称"泛船浦"。咸丰十一年（1861）五月，英国就在泛船浦设立了闽海关（洋关），当年仓山即有各国洋行二十余家，分布在观井、中洲岛和海关埕沿江一带。在福州流传着一句"走马仓前观走马，泛船浦内看番船"的顺口溜，就是讲泛船浦的热闹境况。

外国商人在福州采买的商品中，茶叶占很大比重，中国茶风靡国外贵族。福州周围茶园很多，一年中有三个采茶季节，多在农历的三月、五月和八月。北门外有一个北岭茶园，郑春发来到时，正是五月茶叶采摘季。满山坡的茶园里，一簇簇葱绿而低矮的茶树间，采摘茶叶的多是妇女和儿童，他们都是采茶能手，一天可采摘八斤到十斤青叶，大约能制成三四两成品茶。

郑春发看到这种劳动场景，不断摇头，这确实不太适合自己，毕竟他已经十七岁了，再来这群妇女、儿童群中劳动，报酬低不说，还可惜了这身手艺。

茶叶采摘和制作有很强的季节性，外国人的茶厂雇佣大量的男人、女人和童工做季节工挑拣茶叶。女人和小孩都需要自己带饭，男壮劳力雇主却包伙食。到了茶叶赶制时，即使这么多人劳动，依旧忙不过来。于是，俄国人就利用蒸汽机带动机械，将福建出产的茉莉花茶、红茶、岩茶等茶叶压制成砖茶，既便于运输，又可以保持原有的品质。

俄国人的工业化生产，降低了费用，产量也有增加，但规模还较小，制作的砖茶主要用于自销。

冒着热气的机器，带给郑春发极大的震撼，但这个震动还未结束，当他站在宽阔的马尾码头上，看到雄壮威猛的"扬武号"巡洋舰拉响汽笛，游弋江面时，禁不住高声呐喊起来。

和他一起的，是当年带他来马尾船厂的旗兵马甲恩山，已升为把总。

郑春发兴奋地盯着线条流畅的"扬武"舰，激动地指着远处喊："恩山，那炮塔，啊呀，真是高大威猛，一炮弹出去，不知要砸坏几条船呢。"

恩山得意地炫耀："厉害吧！"

郑春发略为惋惜地说："可惜是条木船。"

"木船怎么了？这巡洋舰，排水量一千五百吨呢！"

"一千五百吨？"郑春发瞠目结舌、惊愕地问。

恩山吹个口哨，自得地吹嘘："怎么？吓坏了吧？"

郑春发感慨地点着头。他扭头，看到远处一座酒楼，想起自己已经无事可做，顿时黯然不语。

两人相偕，回到东街口的四海春酒楼，专门要了荤香、糯柔、脆嫩、味鲜的"扁肉燕"。恩山虽是满族，但在福州待得久了，一提起福州美食就口水直流。

一碗热气腾腾的"扁肉燕"端上来，恩山用筷子指着薄如纸、透如纱的"面皮"，看到内里红润的肉馅，边搅动边赞："上次我回到京城，三个月吃不到这一口，馋得口水半尺长，迫不及待赶了回来。"

郑春发笑着说："恩把总，您要吃，我给您做。"

"你去哪儿做？"恩山噘起嘴来回吹着滚烫的汤，惋惜地说，"可惜了，园春馆没了，你哪里还能做这人间美味？"

郑春发笃定地说："您等着，我一定还有地方做菜的。"

"好，我盼着这一天。快吃，凉了就不是这个味道了。"

他们享用的这"扁肉燕"，是四海春最先推出。做这道菜的厨师，原本是位经营土特产的商贩，名叫王世统、字清水、小名全聚，也极爱美食。王世统到各地收购土特产品，赶上饭点就在农家吃，有机会见到各种美食的制作方法。在闽北收购土特产品时，见人们制作"扁食"肉馅，用木槌捶打成泥。浦城的"扁食"皮，竟是用敲打的肉泥拌薯粉做成，十分好奇，就跟着学会。

回到福州后，王世统尝试着做了几次这种肉做皮、肉做馅的"扁食"，很受大家青睐，四海春酒楼听闻后邀请，王世统遂放弃生意加入酒楼，专负责制作小吃。他不断改良，将敲打的肉泥，拌入蒸熟的糯米饭，加入薯粉和适量清水，反复搅拌，不断压匀，做成硬坯，之后在条板上用圆木棍反复碾压成薄如绵纸的薄皮，而后敷上一层薄薯粉，折叠成晶莹剔透的"薄扁食皮"。馅料则用猪瘦肉、虾仁、葱、荸荠等细剁为泥。

王世统一手持"薄扁食皮"，一手用筷子挑适量的馅卷入皮中，双手合拢、捏紧，成燕尾形。此时，"扁食"由"面包肉"变为"肉包肉"，他遂改此美食为"扁肉"。食客们不断推崇，有文人雅士见"扁肉"形似飞燕，雅称其为"扁肉燕"。

恩山出了四海春大门，走到街上打着饱嗝，还不住赞叹："兄弟，你虽手艺高，这扁肉燕，我还是觉得这里最正宗。"

郑春发也由衷地说："美食，创始者做出的味道，总是最地道的。"

园春馆歇业两个月后，郑春发尝试着到福州城寻活计，却一直没有着落，尽管师父一直挽留，可他也知道，师父欠下这么多债务，自己不能再白吃白喝增加负担，就自觉地辞别师父，返回了福清老家。

从十二岁来到福州城，这时已十七岁。五六年的时间，他从懵懂青涩的乡下少年，已经成长为见过世面、经事历难的青年。可命运却和他开了个玩笑，一下又把他逐回了乡下。

若是从来没有到过福州城，或许郑春发就在乡下，一辈子碌碌无为，安然度过一生。可一旦见识过外面的世界，就很难再回到原点。郑春发回家后这段日子，非常苦闷。想想经历的诸多世事，感叹人情冷暖，愈加感到师父叶倚榕的知遇之恩和培养之功，恩同父母。他苦恼于自己羽翼未丰，无法为师父排忧解难。他有心重返榕城，却总觉得心有余而力不足，担心徒增师父的烦恼。

郑春发离群索居，整日里左思右想、彷徨不安，眼看着一日日消瘦了下去。因夜里睡不着，这日卯时，他起床、推开门，凉爽的风吹在脸上，让人清醒了不少。薄薄的晨雾像纱一样笼罩在村子，一轮圆月还挂在西天上，只是光华暗淡了许多。远处不时响起的鸡叫、树上的鸟鸣，混合着蜿蜒向前的潺潺溪水声，很快就把最后的一丝夜色送走了。

村里的发小扛着锄头经过，向郑春发打着招呼，郑春发低低地回应了一声，发小瞧着他一副无精打采的样子，摇摇头："做粗的人（闽方言，指干粗活、重活的人，也指农民），不要想太细了。"说完，在晨光里渐行渐远，直至背影模糊，转个弯不见了。

郑春发脑袋里轰然响了一下，他想：我把自己看高了，去了几年福州城，当了几年厨师，便觉得和乡亲们不一样，似乎"高人一等"了。其实，归根结底，自己还是那个郑春发，纵然心比天高，可现实就是如此。日子过得好与坏，除去天命的安排，也在于自己的经营，如果整天抱着那些不着边际的想法，不能脚踏实地生存，命运自然就会设槛。纵然不服，也要接受现实。他为自己感到羞愧——莫非看不起种田、打鱼的相邻了？一想到这些，内心受到震动，做人，万不敢如此。即使将来真的有出息，也断然不敢低看故乡和故乡的人们。福清是他的根，也是他的灵魂。

想通了这些，郑春发豁然开朗，主动找到叔伯们，和他们一起种田，像以前那样早早地去码头贩卖海产品，运回南门里售卖。

他热情地吆喝，比往常更加卖力，憧憬着美好的未来。他勾勒着，用不了几年，就能凭着努力，修缮了祖屋，娶个媳妇，安安稳稳地成家立业，过好日子，也是给自己、给已去世母亲的交代。

虽然，他会时不时地回忆起在福州城的日子，但他告诫自己——那段美好的日子已经远去，不会再来了。

这是命，不由人，全怪自己时运不济。

一个晴朗的午后，郑春发正在家中的凉席上酣睡，蒙眬中听得门外有人喊自己的名字，侧耳聆听，像极了师父叶倚榕的声音。他揉了揉眼睛，苦笑着翻了个身，继续睡，自嘲地喃喃着——这是想师父了，做梦还不忘师父……

迷迷糊糊间，听得又是两声喊，这下睡不着，听得真切，确实是师父的声音。他一跃而起，翻身下地，趿拉上鞋子，朝门外走去。

门口的榕树下，一个清瘦而高挑的身影映入眼帘。这个身影太熟悉了，郑春发心头涌起一股暖流，急忙紧走两步，激动地喊了声："师父，您怎么来了？"话一开口，已是两眼含泪。

叶倚榕抬起手，轻轻擦去郑春发脸颊上流下的泪，微笑着问："怎么，不欢迎师父？"

"哪有，快屋里坐。"郑春发兴奋地拉住师父的手，往家里拽。

"就在这里坐坐吧。"

师徒二人坐在树下的青石板上，互相对视，脸上洋溢着笑容，却迟迟都不再开口。

盯着看了一会儿，叶倚榕和气地问："回到村里，可还适应？"

"都好。大家待我挺好的。"他回答完，又担心起来，"师父，是遇到什么事了，需不需要春发？您说话，跟你走，我绝无二话。"

"没有没有。我路过，顺便看看你。"

"路过？师父从福州路过福清？"郑春发的印象中，师父在福清，并没有其他亲戚。

叶倚榕笑了笑，并不搭话。

郑春发是个聪明人，嘿嘿笑着挠了挠头，接着说："我好着呢，天天忙着卖鱼卖虾，您瞧这手上，黏糊糊的都是盐巴。"郑春发忽然忸怩着，仿佛回到在园春馆当徒弟的时候。

叶倚榕看他红光满面，虽说看起来略有些疲惫，但精神头十足，便说出来意："我想出趟远门，到上海大城市走走，你可愿意与我同行？"

"那没得说，一万个愿意。"

"不要急着回答，这趟远门，我也是为了学艺，自然不比自己的馆子，要吃许多苦，你可要想清楚了。"

"师父，您老一句话，徒弟舍命追随，其他的不用再说。"

叶倚榕听他这么说，满心欣慰，乐呵呵地说："好，那就收拾收拾，我们出发。"

郑春发瞠目结舌："怎么？福州城也不回了？"

"对，就从这里出发。我们都是福清人，从家乡走出去，吉利！再说，跌倒了还得从家里出发最有底气！"

"可你连被褥也没拿啊？师娘他们呢？"

叶倚榕指了指远处，原来早就放了一个大大的包袱。他说："师娘摆个摊卖鱼丸，乾正去私塾教教书，张氏在家里料理家务，兼做点女红补贴家用。放心吧，日子总能过得下去。"

知道师父主意已定，郑春发急忙返回家中，卷起铺盖，收拾了日常用品，大踏步出来，锁上门，环顾着熟悉的院落，说："这一别，不知何时再打开这把锁。"

叶倚榕鼓励道："好男儿不困在家乡。走，我们上路！"

师徒俩出南门，经过小孤山，踏过龙首桥，穿过文兴里，直奔郎官渡码头，下南洋的人多从此处出发。岸上的饭店、凉亭、商号、客栈繁多，很是热闹。拴船缆的硕大石墩一头连着家乡，一头连着远方。

郎官流传有民谣："郎官渡口长又长，离别妻子共爷娘。番邦谋生实无奈，三回六甲（留）七洲洋。此去十年或八载，不知何日回家门。"道出了福清人外出谋生的苦楚与艰辛。

选择这里出行，叶倚榕也带有这种酸楚而复杂的情绪。既是坚定出外拼搏的决心，也是对福清先人的敬畏，从这里出发，是一种精神的祭奠，更寄托着燃起希望再度启航的信念。

不过，他们不是下南洋，而是选择北上，到大上海去闯荡。这一次，师徒所依仗的便是福州的"三把刀"精神，决心访一访大地方的名厨，开拓出一片新天地。

这一次出行，其中的艰辛不言而喻。风餐露宿，师徒相偕照顾，情同父子。

早在道光二十三年（1843），上海开埠。犹如打开了魔盒，上海成为著名的"冒险家乐园"，来自英国、美国、法国、德国以及全世界的人们，不远万里，历尽艰苦，纷纷慕名而来，在这里"闯天下"。

三十年岁月悠悠，蜿蜒的黄浦江昼夜不停，奔流向前。此时，上海已成为全国最大、最繁荣的通商巨埠，街道两旁各式洋房林立，二层三层，宽廊敞窗，样式各异，玻璃窗晶莹剔透。上海的大饭店、小餐馆、饮食店、点心铺遍布大街小巷。洋行所陈货物，百怪千奇。

晌午时分，在黄浦江畔外滩上岸，只见一幢幢高楼巍然耸立着，造型各异的楼房，长的、圆的、三角的，参差错落、远近有致。上海商业繁荣甲天下的盛景，让风尘仆仆的郑春发感到耳目一新，目所未见，耳所未闻。叶倚榕望了几眼，顾不得舟车劳顿，带着郑春发心急火燎直奔上海人惯称"四马路"的福州路而去。

已是三伏天，连风都是那么炽热。路旁的柳树无精打采地垂着头，叶子蔫蔫地打着卷，像生病了一样，知了在树荫里有气无力地叫着，郑春发跟在叶倚榕身后，抓起搭在脖子上的汗巾，揩了揩流到眉毛上的汗水，那张黑黢黢的脸上擦出了一道道泥痕。他看到师父汗流浃背，仍埋头赶路，便加快脚步追上。

走到福州路，街道两旁店铺林立，悬挂着书局、笔墨店、戏园、旅馆、洋行、药铺、百货、照相、钟表行、烟号、茶肆、大大小小的餐馆等各式店招，太阳炙烤着地面，路上的行人、店铺进出的顾客并不算太多。

他们走到路的东头，在一家挂着"有洞天"店招的饭店门前站定，这家店飞檐翘角，玄瓦朱窗，上下三层，煞是气派。

叶倚榕见"有洞天"门内立着一个伙计，他向前几步，对着伙计，笑着问："敢问谢老板可在？"

伙计上下打量了他几眼，看到叶倚榕脸上是长途跋涉后的疲惫，身上散发着混杂的酸味，穿着打扮也不像有钱人，又听开口直接找老板，断定此人不是来用餐的，只怕是哪个乡下来打秋风的穷鬼，从鼻子里哼了一声："不吃饭，走远点。"

叶倚榕开饭店时，什么人没有见过？对伙计的势利也不以为意，笑了笑，还想上前套近乎。郑春发年轻气盛，早把师父交代过"任何时候都要'沉得住气'，逆境不悲，顺境不喜"抛之脑后，生气地走上前，维护着师父："你不要狗眼看人低，不吃饭，就不能找谢老板了？"

"有洞天"已在福州路开业十六年，来吃饭的客人不计其数。看郑春发浑身上下灰扑扑的，没有个人样，伙计鼻孔朝天，抬高声音呵斥："侬格赤佬，啥辰光轮到侬讲话（上海话。你这小鬼，什么时候轮到你讲话）。"

这时，饭馆的账房听到门口有声音，走出来，朝着伙计说："来者都是客，和你说过多少遍了。"伙计翻了个白眼，不服气地往店后头去了。账房拱拱手："请问先生，是用餐还是别的贵干？"见叶倚榕面有疑惑，补充说："我是账房，老板在忙着。"

叶倚榕放下背上的包袱，从里面取出一封"红条封"信函，交给账房："我找谢老板，这是江老板写给他的。"

账房接过信，请叶倚榕二人进到店里坐下，一边往楼上去了。叶倚榕环顾四周，这是一幢木质结构楼房，高大轩敞，古朴典雅，建了有些年头，宛如时光之痕，静诉岁月流转。进门处有一长条形木柜台，摆放着算盘、记账本、两坛酒、摞着一叠碗；店内有六张八仙桌、配着长凳。

已是申时，尚有一桌坐着五个客人在饮酒，时而高谈阔论，时而卷起袖子划拳。

片刻，楼梯上传来"咚咚咚"的脚步声，叶倚榕抬头看向二楼，只见一位胖胖的、约莫五十岁上下的男人，满脸堆笑从楼梯上一步一步走下来，老远便拱着手，道："叶老板，远道而来，一路辛苦。"

叶倚榕料想这位就是"有洞天"的谢老板，早站起身，迎上前去："久闻有洞天大名，此行给谢老板添麻烦了。"

谢老板圆团团的脸，见人三分笑，一脸喜庆，闻听此言，按住叶倚榕的肩膀，示意他坐下："说哪里话，既是我兄弟江老板推荐，谢某定义不容辞。" 谢老板拉开长凳，在叶倚榕对面坐下，招呼着郑春发："这位小兄弟是随叶老板出来的？来来来，坐下说。"

郑春发落落大方地回道："多谢老板，郑春发跟师父一起来向有洞天学艺。"

"好个伶俐的后生。"谢老板赞了一句，笑嘻嘻地接着说："叶老板是福建大厨，到我这屈才了。"叶倚榕闻言，连忙摆摆手。

"不过。"谢老板话锋一转，见叶倚榕、郑春发二人望着他，接着说："也不怕你们笑话，外人看着有洞天风光，实则不然。"

郑春发侧过脸看了一眼师父，叶倚榕并不作声。谢老板堆满笑容的脸上态度很诚恳："别看每日有那么几个客人到店里用餐，开支不小，叶老板你开过店是知道的。"叶倚榕不知他葫芦里要卖什么药，不便回应，点点头表示赞同。

那五位客人还在划拳，一阵阵声音震耳欲聋。谢老板把凳子朝叶倚榕的方向挪了挪，说："但是，再难，江老板的面子要给。我想这样，二位就住在我这，平时吃饭也归店里管了，这些都不收你们的钱。叶老板先到后厨熟悉熟悉，过段时间炒一炒闽菜，我也想让客人尝尝鲜。春发还年轻，一步步慢慢来，先挑挑水、劈劈柴、洗洗菜、跑跑堂，再学学配菜、炒菜。既然是来学艺，就不论工钱，每月支几个零花钱用用，以三年为期，叶老板你看如何？"

郑春发心想，谢老板面上和善，心里算计得这么狠呀，这不是为有洞天免费白干么？师父不能同意吧。果然，叶倚榕张口说："谢老板想得周到，但此行还有别的事情，恐怕待不了三年，以一年为期可好？"

谢老板平白得了两个劳力，脸上笑开了花："谢某素来心肠软，最见不得世间疾苦，能帮上一把是一把，一年就一年……"见叶倚榕望着他，关切地："江老板所托之事，你放心，上海虽大，有洞天开了十几年，各路人马谢某都认得几个，找个人还是做得到的。"说完，朝账房点点头："来，今天劳累，把叶老板师徒带去安顿好，明日再到厨房帮忙。"

叶倚榕、郑春发背着包袱，跟着账房穿过一楼大堂，经过后面厨房、配菜间、操作台，正值备餐时间，厨房一片繁忙景象，厨师们正在对鱼肉果蔬进行加工，部分食材已下锅预烹煮，三眼灶上的油炸锅内不时响起"滋滋滋"的声音。多么熟悉的感觉，郑春发鼻子一酸，仿佛又回到了园春馆的后厨。

厨房尽头有道门通往巷子，账户带着他们七拐八弯，穿过一条狭窄的弄堂，停在一扇暗红褪色木门的屋子前，抓住生锈的门环推开，拉开两扇木窗通风，屋内两张简易的木板床。账房说："叶先生，请。"叶倚榕明白这就是栖身的地方，虽然简陋，他和郑春发都在农村长大，对此不以为意。

账房走后，郑春发问师父："江老板是娴姐姐的……"叶倚榕知道他想问什么，点了点头。

高娴出嫁后，所幸江老爷待她不薄，衣食无忧。但她每每想起那些伤心、羞愧的往事，难免一个人躲着偷偷哭泣。高娴被人所骗、差点卖到窑子里，当时码头上许多人都看到，一传十、十传百，江老爷早就听到过传闻，他心疼高娴，也感念叶倚榕倾尽家财救人的仗义。暗地里找人打听了一年多，终于有消息说那邱姓商人在上海与人合伙经营茶楼。江老爷不好与人商量，便找叶倚榕，正逢叶倚榕关了园春馆，打算外出到上海等地学习技艺，以再展宏图。江老爷十年前贩盐时到过几次上海，结识了有洞天的谢老板。谢老板虽精明，但善经营、有人脉、识轻重。江老爷于是修书一封，并附上十两银票委托谢老板，只说帮忙寻人，至于何事，并没细说。

叶倚榕从前也打探过邱姓商人的消息，均无果。"能找到骗子最好，找不到就当破财消灾。"他叹了一口气，语重心长道："有洞天能在上海开这么多年，很重要的原因是有几位响当当的厨师。春发，此行主要来学艺，要吃得了苦、忍得下气。出门在外，别逞口舌之快。不要轻易得罪人，以免惹来祸端。"郑春发看了看逼仄、昏暗的屋子，想起了下午那个伙计，脸上一热，点点头："徒弟记下了。"

"还有，"叶倚榕慎重地说，"你也看到，上海这个十里洋场，比福州繁华多了，但它也鱼龙混杂，泥沙俱下，好人、骗子都有。害人之心不可有，防人之心不可无。除了师父，你对任何人都要多个心眼，莫让人骗了。"心里想起了高娴，他叹息着摇摇头。

二人在有洞天安顿了下来。谢老板安排叶倚榕在厨房配菜，每隔三天在有洞天推出一道特色闽菜，有色泽红润、形如荔枝、脆嫩酥香、酸甜适口的"荔枝肉"，糟香四溢、骨酥脆、肉软嫩、味醇香的"醉糟鸡"，通体金黄、外酥里嫩的"全折瓜鱼"等菜肴，吃得大家连连夸赞。馆店里的生意本来就好，如此一来，更是顾客盈门，每日络绎不绝，收入胜过从前，谢老板越发像个弥勒佛，整日笑得合不拢嘴。

馆店开得久，并不只是厨艺好就行。况且叶倚榕财力不够，心思也不在上海。谢老板不担心他会与有洞天竞争，也就由着他在厨房学上海菜的烹饪技巧。

上海地处江南水乡，东临大海，北靠长江，南依杭州湾，西与苏浙接壤，境内水网密布，河道纵横，水产丰富、禽畜肥美、时蔬繁多。一方水土养一方人，在上海厨师手中，众多的物产逐渐造就了水乡气息浓郁的上海菜。以红烧、生煸见长，吸收了无锡、苏州、宁波等地方菜的特点，讲究火候和调味的精准把握，做出的菜肴汤卤醇厚、浓油赤酱、糖重色艳、咸淡适口。

有洞天能在餐馆遍地的福州路屹立十六年，绝不仅仅靠谢老板八面玲珑的为人那么简单。仅在食材上，谢老板就认为，没有绝顶食材，就没有绝美佳肴，为了呈现每一道菜的灵魂，他隔三岔五就到厨房转转，对食材的精细考究从不妥协，要求选料讲究"活、生、寸、鲜"，也即食材必须新鲜，保持原始状态，如有切割也要恰到好处。食材上该花的钱一文也不能省，也因此，有洞天大部分都是回头客。

有洞天一楼专供大众菜：素十巾、咸肉豆腐汤、炒酱、肉丝黄豆汤等。这些菜都是批量制作，提供现成品。客人们来了就吃，吃好就走，因是热饭热菜、价格合理，不必久等，故深受小商小贩等喜欢。

二楼放着五张八仙桌、靠椅。三楼隔开四个包间，摆着红木圆桌与圆凳。这两层主要接待达官贵人，供应名菜：松江鲈鱼、枫泾丁蹄、眉公鸡、白斩鸡、糟钵头、红烧圈子、竹笋鳝糊、八宝鸭、虾子大乌参、青鱼秃肺、生煸草头等。品种丰富，根据不同季节相应变化：春天有春笋鳝丝、油焖竹笋、清蒸时鱼；夏天则供应糟鸡、糟白肚、糟毛豆等各种冷糟菜肴。

叶倚榕为人客气，谦卑有礼，从不拿过往的经历摆资格。很快就和几位上海厨师熟络了起来，常常向他们请教上海菜的做法。他本就功底深厚，厨艺超群，很快就了解到制作精华。

五个月过去了。郑春发聪敏机灵，眼里有活，什么事都愿意干，也都干得认真仔细。已从挑水、洗菜、烧火，转为跑堂，每日端菜、端锅、擦桌子、撤碗碟、扫地，随叫随到，楼上、楼下忙得脚不沾地，却不从抱怨。回到住处，叶倚榕总会详细地向他传授领悟到的上海菜种种做法，郑春发也和师父一起分析，仔细推敲。

初见面时遇到的伙计是谢老板的远房亲戚，人称"小青浦"，自诩到了上海好几年就是上海人，又与老板沾亲带故，虽同样是打杂，却很有优越感。比郑春发小一岁，见面就叫他"小赤佬"，经常指使郑春发干这干那。郑春发想着师父的交代，出门在外，以学艺为主，也就不与"小青浦"计较，尽量不得罪他。

福州路就在门外，这条街店铺林立，既有书店、报馆，也有戏院、茶楼，还有各种各样的商店。每日人流如织，人声鼎沸，商贩的叫卖声、顾客的讨价还价声交织在一起，三教九流的人都有，是一幅生动的市井画卷。郑春发却不为所动，用心琢磨，埋头做事。谢老板见了，笑呵呵地对叶倚榕说："你这徒弟，有静气，必成大事。"

转眼，已到腊月廿四，过了小年。一场薄薄的冬雨，从天而降，淅淅沥沥，细细密密，风在每一个角落里旋起，夹杂着似雪非雪的冰滴，打在脸上刀割似的疼。冷森森的水意弥漫在天地之间，每一件什物都裸露着冰冷的气息。到上海来经商、务工、游玩的人们，纷纷回老家去，上海本地人也在家忙着准备过年。有洞天安静了下来，谢老板笑呵呵地放了叶倚榕、郑春发几天假，又分别给了二人一个红包，附身在叶倚榕耳边说："还未有那人的消息，你先安心过年，此事包在我身上，你放心。"

天低云暗，风缓雨淡，闲来无事，叶倚榕便带着郑春发外出逛逛。到了中午时分，来到静安寺路上德国人开的"来喜饭店"尝尝西餐。

此时，朝中官员崇洋媚外者居多，又兼国人习惯以"大"字为美名。在上海，西餐被称之为"大菜"。

上大菜时，服务生支开台面，换一条干净的白色台布。桌上，放酒盅、刀叉、瓢勺。客人点餐后，花露酒、高脚杯这些洋餐具陆续登场。最初主要供应外侨，"礼查饭店""汇中饭店"等均为外侨经营，顾客也以外侨为主。后来，上海外侨增加，吃大菜之风遂起，西餐馆迅速增多。出现许多中国人经营、主厨的餐馆，经过改良，更符合中国人的口味。这些西餐，粗略地分为"德国大菜""法国大菜""俄国大菜"等。其中，德国大菜味厚，味道偏酸，以炖、煮肉类及土豆、牛肉饼、香肠等闻名。

来喜饭店的"生牛肉饼"很有特色，正式名称叫"鞑靼牛肉"，将纯瘦、没有筋腱的牛肉绞碎成饼，在肉饼上放生蛋黄，撒上适量洋葱末、胡椒粉和白醋，混合搅拌均匀，牛肉变成粉红色，入口无膻味，略微带酸，鲜嫩无比。

菜一端上来，郑春发尝了两口，说："辛辣、酸爽，这两种浓郁的味道混合在一起，正是闽菜欠缺的。师父，我觉得，这样的口味，可以适当在闽菜里尝试尝试。"

叶倚榕赞许地点头："我们的'当归牛腩'是药膳，滋补得很，汤汁浓郁，口感鲜美，虽然也有点酸味，但是甜酸，和他们相比，确实各有风味。"

"他们的这个特点要巧妙加在闽菜中去，既不失本色，又要感觉得出来。"

"春发，你魔怔了，什么都能和闽菜想到一块去。"叶倚榕开心地笑着。

郑春发知道师父并不是批评他，也不反驳，只是笑笑。

师徒二人边吃边聊，似乎又回到了福州，回到了那个烟气袅袅的园春馆。

二

叶倚榕与谢老板所约定的一年之期，就快到了。叶倚榕不仅按谢老板要求，隔三岔五煮几道闽菜，也能上手煮几个地道的上海菜，不是行家尝不出与上海厨师烹饪的区别。

郑春发底子好，又有叶倚榕悉心指导，同治十二年（1873）端午节后，已能独立上灶炒一炒上海菜。"小青浦"还是打杂，见到郑春发不再叫"小赤佬"，而是改口亲热地称呼"发哥"。郑春发待他仍与从前一样，心想，师父说得没错，面子和尊严从来不是别人给的，而是靠自己本事赚的。

到了一年，谢老板极力挽留，提出开高工资给叶倚榕二人，希望他们留在有洞天。叶倚榕此行不为在上海当厨师赚钱，便坚辞不受。他还想了解北京菜、浙江菜、广东菜等各地菜肴的做法，请谢老板帮忙推荐到这些餐馆去学艺。念在这一年间叶倚榕师徒替有洞天招揽了不少生意，谢老板知道二人留不住，也不过分强求，痛快地给做北京菜的"聚贤楼"饭店打了招呼。叶倚榕带着郑春发谢过，自去悉心学艺。

北京菜是将北京的风味掺以鲁菜，勾兑清真菜、满族菜和宫廷菜特点，真可谓雍容华贵、阵容强大、取材广泛、烹调考究、造型美雅。烹制以烤、爆、涮、扒、炸、溜、白煮等技法为主，兼用炒、烧、燎、烩等法；口味主咸，兼合他味，以脆、香、酥、鲜为特色；以烤鸭、烤肉、涮羊肉、扒熊掌、醋椒鱼、炸佛手卷、三不粘、白煮肉等为名菜；全鸭席、全羊席、满汉全席最是代表。

郑春发跟着师父一边学着北京菜，一边在心里与闽菜做个比较，想着怎样能将北京菜的长处融合到闽菜中去。

这期间，俄国人在福州开了第二家砖茶厂，茶叶的产量越来越大。英国人开始用汽船将福州的优质茶叶运往本国，海运全程需三四十天。

洋人再怎么制茶，总离不开当地人。哪里是种植区、产茶区、制茶区，福州人心里最清楚。

优质的茉莉花种植区，多分布在白龙江和乌龙江两岸的下游沙洲盆地。温润的气候，充沛的雨量，加上沙壤土肥力高、水分足，最适宜优质的茉莉花生长。有人赞美道：

闽江两岸茉莉香，
白鹭秋水立沙洲。

两岸飘荡的茉莉花香和旖旎风光，美不胜收。茶农们也依靠这个行业，挣来生活的油盐钱。

福州城里，也有遍种茉莉花的习惯，有诗赞：

> 山塘日日花成市，
> 园客家家雪满田。

咸丰年间，因在鼻烟壶中灌入茉莉花香气，提神醒脑，北京的达官显贵们大为追捧，福州生产的茉莉花茶，一度热销。福州城的茶号"生盛""大生福""李祥春"，古田的茶号"万年春"等大量供应北京城。洋人享用茉莉花茶后，也迅速运往本国，供应勋贵。

为迎合来自北京等各地客人的口味，"聚贤楼"在上菜前，均会给每桌免费提供一壶茶水，其中就有茉莉花茶，这也给郑春发留下了深刻的印象。

又过了两年，光绪元年（1875）重阳节后。一日傍晚，"小青浦"到郑春发师徒所在的广东餐馆"龙凤堂"找他。此前，郑春发和师父已去过北京、安徽、江苏菜馆学艺，了解到各地菜肴的特色，同时也见识了上海的奢华、开放，海纳百川的包容，郑春发感觉豁然推开了一扇窗，饮食的世界无比广博。

自从离开"有洞天"，郑春发就没见过"小青浦"，他意识到定是有重要的事情，喊上师父一起走到门口。小青浦满头大汗，急切地向他俩招手，亲热地叫："叶老板，发哥，我在这。"郑春发紧走几步，紧张地问："你怎么来了？出什么事了？"

小青浦拉着二人靠近墙根，看看来来往往的行人，没有认识的，压低声音，说："你们要找的人，爷叔帮你们找到了。"他口中的爷叔，指的是谢老板。

叶倚榕突然睁大了眼睛，脸上流露出不可思议又惊喜的神情。抓住小青浦的胳膊，急切地问："在哪里？带我去。"

小青浦摆摆手，说："朱家角，青浦我熟，爷叔让我陪你们去。"

约好明日一早同往朱家角，叶倚榕激动得一夜辗转难眠。次日，天还蒙蒙亮，三人乘着马车出发了，一路紧赶慢赶。临近中午时分，停在朱家角一家"草木间"茶馆前，小青浦前去通报，便有一个伙计出来带着往里走。

"草木间"是一幢两层的茶楼，临河而建，"回"字形的楼身，粉墙黛瓦，飞檐翘角。进到茶楼，人声鼎沸。这里壶对壶，盅对盅，有光喝茶的，有喝茶伴煎饼的，有一边喝茶一边啃瓜子、青豆的，有阁起脚说消息的，有捋袖骂山门的，说到动情处，还会夹杂几句粗话……席间，还有花生、瓜子、五香豆等提篮小卖，川流不息在茶座之间。在朱家角，茶馆又被称为"百口衙门"，想打探消息，寻个人问个事，最好的去处就是到茶馆。

伙计带着到了二楼一间雅室，叶倚榕和郑春发进去，"小青浦"识趣地走开了。靠江一面是一扇大窗户，窗边河水汩汩流淌，水波荡漾，晴空万里，倒映在碧波中的朱家角安静而秀美，仿佛仙境一般。叶倚榕无心看风景，朝坐在窗边的一位四十岁上下的男人拱拱手："我是叶倚榕，谢老板介绍来的。"

男人身材瘦削，神色落寞，倒了一杯茶，请二人坐下，悠悠问道："鄙人姓朱，经营这家茶楼。你们也是上了邱富贵的当？"

叶倚榕第一次知道邱姓商人原来叫这个名字，咬着牙一字一顿地说："倾家荡产、家破人亡。"

朱老板同情地看了一眼叶倚榕，想起令人伤痛的往事。

那邱富贵自称是宝山人，父母双亡，十年前流落到青浦一带。寻到"草木间"茶馆，请求收留，只要一口饭吃，干什么都成。朱老板见他样貌端正，反应机敏，身手伶俐，可怜他就招进来打杂，那一年他十八岁。最初的一年，还算本分，端茶、送水，很是勤快，又兼长得标致，一张嘴抹了蜜似的，把茶客们哄得开开心心，回头客不少，人人都道朱老板有福气，天上掉下个带财的富贵。

"都怪我有眼无珠，唉——"朱老板重重地叹了一口气。他一门心思放在茶馆经营上，屋里厢（上海话，指老婆）长得俊俏，尽管生过一子，身材仍如姑娘一般。她时常到茶馆来，与邱富贵年龄相仿，一来二去两人背地里勾搭上了，卷了茶馆和家里的金银私奔而去。朱老板气得大病了一场，家丑不可外扬，对外只说邱富贵另谋高就，屋里厢回老家照顾生病的父母，因此也少有人知道这桩丑事。

这两年，朱老板已慢慢缓过气来。哪曾想，清明过后，那女人自己跑了回来，哭着求朱老板收留她。说是当时出去后，曾逃到广东、福建等地，最近两年在苏州落脚。两人原本就游手好闲，这么多年坐吃山空，带去的钱早就用光了。嫌弃女人年龄渐长、姿色不再，邱富贵对她轻则责骂，重则抬手就打。邱富贵吃惯了软饭，重操旧业，瞄上了苏州一位丝绸商的小老婆，已经哄得她要拿出钱来私奔，却被丝绸商察觉，直接叫人打死扔河里了。

"死了？"叶倚榕想过邱姓商人的许多种可能，但这种结局是他所未曾料到的。举头三尺有神明，恶徒自有天收。他死了倒是一了百了，只是可怜了那些被他所骗之人。石宝忠师父如果不是遇到这档事，应该还会有几年阳寿，哪会气得生病、早早离去呢？

叶倚榕想起朱老板的老婆，"那、那、那……"又不知该怎么称呼她。

"跳河死了。"朱老板冷冷说道。"我怎么会让她回头？放着从前好好的日子不过，儿子不要，偏偏要跟个小白脸走，心硬得跟石头一样，自作自受哦。"他喝了一口茶，面无表情地说："贱女人死了倒不足惜，我心疼的是辛辛苦苦积攒多年的血汗钱，被拿去养了那个瘪三，太不值得啦。"

见叶倚榕愣怔地出神，朱老板接着说："我前几日到福州路'莲花楼'茶馆，遇到谢老板，他问我知不知道邱富贵，有些话不好向他讲，因此请叶老板过来一叙。"

叶倚榕和郑春发谢过朱老板，与"小青浦"一道回福州路。一路上，谁也不说话。

第三日，离开"龙凤堂"，叶倚榕备了礼物专程登门向谢老板道谢，也是辞行。

师徒二人在外几年，中途从未返家。这是福州人的特点，认定要做的事情，定会"咬定青山不放松"，直到成功为止。现在，所有的心事已了，叶倚榕便有了归家的念头。要从陆路返乡，顺道去杭州感受浙江菜的烹饪技艺。

谢老板请二人在有洞天三楼包间用了晚餐，算作饯行。看着谢老板永远笑嘻嘻的脸庞，郑春发想：谢老板既关心和追求自己的利益，又能助人之所困、帮人之所需，这是外出几年学习技艺、经营之外，还要用心揣摩的处世之道吧。

师徒二人，于光绪二年（1876）二月，回到了福州城。

回顾师徒这一路行程，从福州出来，已近四年，郑春发明白了菜系又称"帮口",或简称"帮",每个菜系都是先以民间菜肴为基础,受社会发展、自然环境变迁、历代厨师传承与创新等因素影响,逐步发展演化而成具有特定口味的类型,大都自成一体,带有浓厚的地方风味。

早在先秦时期,即分为"南味"和"北食"两大菜系。之后,汉族地区主要菜系长期分为"四大菜系"(川、扬、鲁、粤),经过不断发展,又扩展为"八大菜系",在原有四大菜系基础上,增加了湘、徽、浙、闽菜系。而后又扩为"十大菜系",增加了京、沪菜系。而通常以为,川、扬、鲁、粤四大菜系形成最早、影响最大,其他菜系多是由它们派生出来的支系,或融汇了它们的特色后发展起来的。

这时,叶倚榕已经五十七岁,饱经沧桑,对他来说,传承闽菜精华比吸收更重要。他更看重的是大厨的"德",技艺已在其次。这次的游历,便如武林掌门人会见各门派掌门,互相切磋,交流经验更多。可郑春发就不同了,他才二十一岁,刚过弱冠之年,正是斗志昂扬、朝气蓬勃的年纪,虽已掌握闽菜精湛技艺,可这四年时间,像初出江湖的侠客,见了沪菜的精致、京菜的醇厚、扬菜的玲珑、浙菜的雅致,每次都艳羡、惊叹,可沉下来后,倒好像忘记了闽菜的根本,反而有些"邯郸学步",不知该何去何从,难免一时有些恍惚。

叶倚榕看到他的这个变化,明白这时的郑春发恰如闽北南平的毛竹,前五年一直在往地下深深扎根,第六年猛然快长,一年即成大材。郑春发之前在园春馆和外出游历,便是扎根的阶段,要想茁壮成材,唯有自我顿悟。

而游历归来，郑春发坐下沉思，常沉如石佛，感觉脑子里越来越乱，见识越广，反而有些贪多嚼不烂。四大菜系、八大菜系、十大菜系一时半会儿也捋不清，不如细观本地，好好捋捋福州城中四类饮食。

福州城的餐饮，一类是"菜馆"。多设在闹市区，店堂装修豪华，格调高雅，山珍海味、名酒佳肴多，多作为达官显贵、文人墨客的聚会场所，或者作为行商巨贾协调市场、融洽会友关系的场所。是规格最高的一类。

另有一类是"清汤店"，又称"饭店"。常设在闹市中较为安静的地方，窗明几净，陈设较为淡雅。有精致的几道拿手菜，也经营名小吃和点心。一般为中产或者衙门从员、小生意人常光临之处。仅次于菜馆。

较为普通的是"猴店"。这类店小、分散于各处，面向大众，供应价廉的菜品，讲究的就是实惠，是普通劳作者休憩、就餐的首选，早晚营业时客人最多。

当然，地方特色浓郁的是"糍粿店"。主要供应豆、糖、油制品等小吃，满足平民日常果腹之需。

行了万里路，加有名师指点，外出归来，本该突飞猛进，可郑春发脑中一团乱麻，在迷惘中迟迟难以走出，甚至怀疑是否还能重现园春馆昔日鼎盛时的风采。

阵痛带来的是沉思，沉思不能解答，郑春发就到正谊书院、三坊七巷、琼东河畔、高升桥上走走，边走边想，苦思冥想，不得要领，懵懵懂懂地。这天他登上了乌石山，累出一身汗，走走停停间，不觉坐在朱子祠前歇息。最近一直是阴雨天，好不容易有个晴天。

仰望蔚蓝天际，白云、骄阳，四周都安安静静的。空荡得甚至听不到鸟鸣。他慢慢闭上眼睛，稳稳地调匀气息，这时，倏地听得远处传来空灵的钟声。他放空了自己，觉着眼前出现了五彩颜色，又忽然黑乎乎一片，他依旧紧紧地闭着眼睛，少顷，烟消云散，眼前和脑子里豁然似推开了一扇大门，蓝蓝的苍穹上、洁白的云彩正大片大片地飘移……

脑子里飘出一句话："见山是山，见山不是山，见山还是山……"

这是在杭州期间，郑春发和师父到灵隐寺布施时，一老僧诵念的。当时，郑春发问到修行技艺的境界，老僧闭目养神，淡淡而言："青原走出来的惟信禅师修行三十年未参透禅机，忽一日悟'见山是山，见水是水。及至后来，亲见知识，有个入处，见山不是山，见水不是水。而今得个休歇处，依前见山只是山，见水只是水。'施主可谨记。"

他睁开眼，望着山下苍茫的福州城，心中再无杂念，正念冥想，"见山是山，见水是水"，说的不就是自己最初来到福州城，学习厨艺时的情景吗？那时的自己是一张白纸，对福州城内的一切感到新奇，对厨艺的所有都感到吃惊，感觉所有的一切都很有道理，此生也许学不完。起步之始，见识尚浅，所见即信。

而经历了系列错综复杂的事件后，开始感到了人世的复杂、世事的艰难，包括这次外出游历，愈发觉得，世界之大，好些事物并非真如自己所见，果真生出"见山不是山，见水不是水"的慨叹。经历事繁，我见他见，生发怀疑。

归来福州，本想着能尽快重振旧业，再现辉煌，却感到肩挑千钧担，如石堵胸，不但不能振兴，反而陷入旋涡中。此刻猛然想起灵隐寺老僧的话，顿觉天际开出一条缝隙，照彻心扉，所谓人生，是"从简单到复杂，然后又回归简单"的过程，此时再睁眼看世界，真乃"见山是山，见水是水"。摈弃杂念，回归本我，才是王道。

了悟至此，郑春发兴奋地跑着下了乌石山，一路奔回家，坚毅地对师父叶倚榕说："我想通了，闽菜才是我们的根，其他菜系，皆是补充。"

叶倚榕欣慰地看着容光焕发的徒弟，乐呵呵地反问："该怎么走？重开园春馆？"

郑春发摇摇头："该去的已经去了，不必纠缠，自有新路。"

叶倚榕听罢，竖起拇指夸："春发，你超过了师父！"

"师父谬赞，您是我永远的师父。"

叶倚榕宽慰道："弟子不必不如师，师不必贤于弟子。"

师徒二人遂做出决定，不再重启园春馆，将再寻出路。

他们本想着能出去找找人，不想，三月开始却一直是阴雨连绵，下得人心里也长毛了，人人都盼着有个响晴天。谁知怕啥偏来啥，老天滴滴答答下个不停，到了五月，竟然下了百年罕见的大暴雨。

五月十六日，白天犹如黑夜，雨水像从天上倒下一样，从屋内端出来的水盆眨眼间就装满。洪水像一头野兽，疯狂地撕咬着福州城的一草一木。雨越下越大，砸得人们睁不开眼睛，到处都飘荡着哭声、喊声，还有各种惊恐的叫声。闽江水面不停地上涨，堤岸早已失去作用。洪水漫灌到城内，慢慢升到了脚面、脚踝、小腿、膝盖……低洼处最深的达六尺多，牢固的万寿石桥也被冲得垮塌了一少半，就连地势最高的北门附近，洪水也涨到了二尺，闽县、侯官两个县衙均浸泡在洪水中。

福州城里城外，民居、田园、道路、桥梁，都被洪水冲击。西门外的三十六个乡村，地势低洼，多成泽国。洪水桀骜，淹死者众多。幸而未被淹死的民众，呼号奔泣，无家可归，缺吃少穿，惨不忍睹。遇此纷乱，少数心术不良的人就趁灾打劫，恃强凌弱。

此时，刚服阕（丧服制度。父母亡后，儿需服丧三年，期满释服，称服阕）结束到任的福建巡抚丁日昌，看到阖城百姓遭受如此大难，他登上城头，亲自指挥，维持民众的基本生活。一面开设粥厂赈济灾民，一面令船政局和福建水师用小船解救各处被洪水围困的百姓，又派轮船到各处运大米，出示安定民心的告示，严惩趁火打劫的歹徒。

丁日昌驻守在城楼上，殚精竭虑，三天三夜没有休息，带领全城文武官员和兵勇全力救灾，被解救的灾民多达十万人，百姓们获救后感激不尽，奔走相告："活我者，丁中丞也。"

洪水退去后，随处可见的尸体在烈日之下腐烂，洪水曾经肆虐过的地方罩起了一层可怕的雾，城内有的榕树枝都被黑压压的苍蝇压弯了。

福州米价不断上涨，经丁日昌上奏朝廷，官府派汽轮，调集浙江的粮米急运到闽，接济百姓。

人们还未从洪灾中缓过劲儿来，闰五月廿六，南台的二保街和三保竟然又发生了特大火灾，蔓延的大火烧毁房屋三百余间，为了救火，不得已拆掉毁坏的房屋也达一百余间。

福州城连续遭遇水火灾害，整座城弥漫着悲伤的气氛，这让正准备出去找厨师干的郑春发师徒俩也一筹莫展，只好安心在家，等待时机。毕竟，连遭两大灾害轮番蹂躏，大家都在想方设法先填饱肚子。

灾害引发一连串连锁反应：物价飞涨，传染病肆虐，社会不太平，时有盗抢发生。娱乐行业和酒店自然受到牵连。大难之时，光顾这两行业的客人迅速减少。

种种因素作用下，郑春发和叶倚榕这时出来找厨师工作，自是机会渺茫。

祸不单行。遇上这灾荒岁月，本就艰难，陈氏又突犯病，连续喝了三个月中药不见效果，竟一命呜呼。

叶倚榕伤心过度，心中又焦躁不安，面容枯槁，两腮深陷，嘴唇上裂开口子，不断渗血，安葬妻子后一连数日萎靡不振。

园春馆歇业时，叶倚榕就欠着债务，这几年虽多少挣了点，终究有限，这时为维持妻子安葬费和家庭用度，只好变卖一些家产，处处俭省，勉强度日。但即使如此，叶元泰夫妻、叶倚榕和郑春发四人的吃喝穿用，仍是一笔不小的开支，眼看着物价没有下降的趋势，郑春发和叶倚榕愈发愁容满面，整日如坐针毡。

叶元泰则稳如泰山，虽然生活清贫，但他依旧如常地到正谊书院里和士子们研习学问，备考会试。在他心里，没有什么事情比这更重要。

本想着，找表哥邓旭初周转，没想到，表哥也没有挨过这场瘟疫，撒手而去。

叶倚榕的日子和情绪几乎到了极限，每天到街上转悠，想着碰个机会，找点事做。

十月，郑春发也没找到事干，正在街上散心，听得人们吵吵嚷嚷往巡抚衙门走，就随着人流去看热闹。

津泰路上的福建巡抚衙门，此时锣鼓喧天，郑春发挤过去，只见衙门口围着许多人，中间正簇拥着两个人，他定睛一看，眼前一亮：这不是严复吗？

虽然他和恩山把总只是远远看到过战舰上的严复，但后来陆续听闻了消息，见过几次严复的画像，因此一看便认出来。

听得旁边穿灰色夹袍的儒生指着前面说："穿官服的，是抚台丁日昌大人，正二品。珊瑚顶戴，官服上绣的是狮子。嚄，好气派！"

另一人穿蓝色袍子的人炫耀地说："看见了，严复，船政学堂的高才生，侯官人。多精神，二十多岁，真好。"

灰袍儒生说："哪个不是侯官人？边上的刘步蟾，也是侯官人。他们这是要去英国皇家海军深造呢。听说，漂洋过海要几个月呢。"

"几个月怕什么，福建人还怕水啊？他们到外面也是个顶个的好汉。"

"别说了，要上车了。"

只见严复和刘步蟾朝着丁日昌深深鞠躬，而后扭转身子，脚步铿锵地走到马车旁，利落地上了车，朝着送行的人群拱手作揖，车夫甩起拴着红绸的鞭子，"啪"地响亮一声，紧接着高声吆喝"驾"，马车朝着前方辚辚而行，人群一时朝着马车行走的方向追了过去。

郑春发瞧着前方，露出羡慕的眼神，内心里翻滚起来：这才是真正的大男人！大男人非要做一番事业的！

严复和刘步蟾去英国的事情，人们热议不断。等激动的劲渐渐褪去，师徒俩的活计依旧无处着落，不免惆怅。

临近年终，叶元泰却越来越忙，竟然和臬司李明墀搭上了话。

按察使李明墀，刚到任不久，此时已五十四岁，平生最爱书，是个不折不扣的藏书家。他是德化（今江西九江）人。在其兄长意外去世后，接替兄长以荫官授知县。尽管他在剿捻行动中颇有功绩，但因曾与已故军机大臣肃顺有交往而仕途陷入困境，使得本该被授予湖南粮道的机会遭剥夺，后经李瀚章和郭柏荫多次上奏，才被任命为汉黄德道员兼任江汉关监督。因在汉口有出色表现，随后调任山东盐运使，这次升迁，来到福建任按察使。

李明墀的父亲就酷爱藏书，建有"木犀轩"书堂，藏书以十万卷称，在太平天国运动中烧毁大半。

李明墀重新收集图书，将薪俸所余，全部购买经籍，还开办刻书坊，刊刻古书。建了"麟嘉馆""凡将阁""庐山李氏山房"等书房，藏书近十万卷。刻有《范家辑略》和本邑先贤诗集和著述数种。这样一个资深藏书家，与叶元泰甚是投缘，一来二去，两人无话不谈。

正在苦苦寻找机会的叶倚榕，本就没有和按察司衙门断了往来，便让叶元泰说了好话，又请托按察司衙门原有的关系，师徒二人，一起回到了按察司衙门。只不过这一次，叶倚榕成了副手，将郑春发推到了前台。

叶倚榕的打算，厨师也是体力活，他已年近六十岁，郑春发正值青壮，刚二十岁出头，技术也日臻熟练，执掌大勺。

郑春发见推辞不过，也就应承下来。他想，以后办差得了赏、所有功劳，都算师父的，自己绝不争抢。

之后几年，师徒俩在按察司衙门过得很是平稳。师徒一起努力，这天凑够了银子，到吴成的钱庄还债。

这个吴成，看着和和气气的，"啪啪啪"弹着算盘珠子："四年零七个月，我这里都有账目，还按照当初约定的，利息也不再生息，一百两白银加利息，总共是一百五十六两六，这样，我们都是朋友，去掉零头，给我一百五十六两。"

郑春发一听，略有些不快："说的比唱的好听，利息这么高，还谈什么朋友。"

"你将来也要经商，亲兄弟明算账，说好的连本带息，我也没有催过，叫你师父说，我够不够意思？"

"多谢多谢，春发，莫要乱说话，给一百六十两，算是我们承吴东家的人情。"叶倚榕吩咐道。

郑春发也不糊涂，知道这笔钱有份人情在里面，边递钱边认真地说："艰难日子毕竟还是靠你的银子度过的，谢了。"

吴成却极有个性，拿出四两银子："这不是我的，坚决不能要。"

郑春发方才还有一丝不快，一见这种情况，顿时肃然起敬："吴东家，你真是泾渭分明，郑某人受教了！"说完恭恭敬敬鞠了个躬。

他们的日子虽刚有起色，但福州城这几年却不太平。光绪三年（1877），北方大面积大旱，很多村庄的村民十之八九都饿死，最严重的地方甚至出现"人吃人"的惨状。福州城内，五月初五至初八，四昼夜连发大水，这一次比上一年更严重，街道水深一丈有余，水势汹涌，冲坏洪山桥、万寿桥等桥墩，阖城陷入洪灾。

巡抚丁日昌正在病中，已近一月未出门，得知洪灾肆虐，心急难耐，让人搀扶着登城指挥抢救。调来几百艘小船往来接送灾民，亲自巡视各城楼，路遇受灾的居民，含泪安慰，发给食物。福州城内，哭声不绝，全城文武官员尽力援救灾民。丁日昌连续四天奔走在城内，日夜劳累，病情加重，脚肿延至膝盖，不时呕血还坚持抗洪救灾。滔天洪灾泛滥的消息迅速传到京城，发行量很大、知名度极高的《申报》专门做了记载："丁抚军政体违和，不能出署已盈月，一闻警报，力疾而起，登南门城，督视救护灾黎。并分赈各事，兼代筹居之所者，凡四日不回宪署……"洪水退后，他强支病体，和督臣、司道等人积极商讨善后，大力组织救济，帮助灾民重建家园，以工代赈，兴修水利，加强抵御水灾的能力。

七月，丁日昌因为足疾加剧，上奏朝廷，请假回故乡疗养，翌年四月获准。离开福州时，众多百姓不忍与之分离，高呼："留中丞，活百姓。"

仲秋，福州长门遭遇强风侵袭，郑春发忍不住感慨："这几年，百姓生活得水深火热，囊中羞涩，我本有心出来做点事，看来时机不凑巧啊。"

叶倚榕沉稳地说："灾荒之年，安稳为要。再等等看，总要时机成熟，才能旗开得胜！"

三

一等就是六年。

六年里，尽管在按察司衙门做得有滋有味，郑春发也得到来往官员的一致称赞，但对他来说，总觉得是在"为别人做嫁衣裳"，隐约有些失落。自己空有一身好本事，却才高运蹇，只能窝在这衙门里，不得自由施展。

衙门做菜，管事的多。尤其是管家、长随、师爷等诸多人掣肘，有时并非全靠厨艺，数不清的人情世故掺在了里面。

这天买菜，郑春发觉得不太新鲜，刚告诉菜农："我们是伺候官老爷的，有一点不新鲜都不行，这次先不收了。"

菜农便说："管家老爷吩咐的，要不要问问他？"

这样一说，郑春发从他的眼神里已经看出来，他一定是买通了管家，只好勉为其难地收下。

为了这一件小事，管家下午单独问郑春发："郑师傅，你要是觉得菜不新鲜，你就自己找卖家，我可承担不起买了烂菜的罪名。"郑春发连连解释，赔了不是才勉强过关。

坊间流传一句话："厨子不偷，五谷不收。"说的是，厨师或多或少会拿厨房的东西。他们自有办法让主家看不出，比如"西汁虾仁"，本来一道菜里有四十颗虾仁，但厨师为了偷拿，就会用心摆放或者添加些摆件衬托，碟子里只放三十五颗，端上桌去，主家也看不出来，剩下的虾仁就被厨师偷拿回了家。

这样的事已是惯例，管家、长随心知肚明，他们每月都收了厨师的孝敬钱，自然不愿捅透这层窗户纸。

郑春发师徒俩，一来觉得挣的薪酬足够，二来也觉得这种偷盗行为可耻，就不肯拿，这样反而打破了以往的习惯，导致有的原材料剩下，少买了送货人的货；或者每次盘子里都堆得满满的，反而浪费了。管家和长随少不了就借题发挥，为了消除误会，郑春发师徒俩也要专门拿出些银钱来孝敬管家和长随。

种种行为，捆绑着手脚，可为了糊口，又不得不屈居屋檐下，郑春发心里存着几分委屈。

可说来说去，在按察司当衙厨，总是一件光彩的事，若是与人倾诉，少不了让人家觉得自己矫情，真正是有苦难言。

就在郑春发郁闷之时，听到了一个消息，让他喜不自胜。

　　光绪十年（1884）一开春，双门楼前的"三友斋"在寻找合作伙伴。郑春发闻听，双手一拍，兴奋地说："机会来了。"

　　三友斋在园春馆开业一年后成立，一共三位股东，北门外梅柳村的张亨发、安民巷的陈姓富商、福州府衙门的绍兴师爷。这家店当年开业后，仗着资金雄厚，又有绍兴师爷在衙门的关系，曾经一度影响了园春馆的生意，幸好叶倚榕用菜品质量、留客点心等招数，用心经营，才立于不败之地。按说，三友斋有这样的黄金组合，即使市场再不景气，也不至于混到另外招股的地步。

　　郑春发打听后得知，绍兴师爷年老，叶落归根，要回老家。走之前，还撤走了股金。这样一来，客人大大减少，偏偏近几年又新兴起"广裕楼""广宜楼""广升楼""广福楼""广陆楼"等众多装修豪华、菜肴丰富、可娱乐可休闲的好去处，一时，三友斋门前车马稀，生意惨淡。

　　郑春发入了股，招牌不变，依旧是三友斋。

　　三人中，郑春发年富力强，脑子活络，又有衙门的关系，而且还是极好的厨师，样样具备，便做了首席管理人员。

　　出于感恩，也为了稳妥，他请来师父叶倚榕做参谋，毕竟师父有着多年经营园春馆的经验。

　　开饭馆，客源自然摆在第一位。郑春发联系上布政司、按察司、粮道和盐道这四司道的关系，承担衙门里官员伙食和官场宴会这些包厨服务。这些衙门也乐于包出去做。

　　郑春发深谙人情关系之道，找到衙门的管家和长随，送上一些肥皂、麻绳等日用品，甚至他们家里用的老鼠药、除蟑螂粉等也都从饭馆里支取。到了逢年过节还要孝敬礼品，时令水果更是必不可少。

　　这样一来，这些官府里管事的人，成了三友斋的"说客"，劝说官员同意外包。郑春发经营的三友斋菜品丰富、质量上乘，包厨自然会得到官员的肯定，让这些人面子上有光。而衙门里的厨师，也乐于和郑春发配合，他们反正做多少活儿，一样的薪资，见三友斋承揽了包厨业务，省得他们动手，也就积极给予帮忙，从中还能赚些小钱弥补家用，何乐而不为？

　　叶倚榕见郑春发雄心勃勃要做大三友斋，怕他急于求成，走偏了路子，这天，就把他约到三友斋的后院书房，语重心长地说："你是要做大事的，我看出来了，比当年三友斋和园春馆合起来的生意还大，这是大好事。"

　　"总要师父帮衬，我才敢放手去做。"

　　"不过，你马上就到而立之年，父母也不在，我这当师父的，不能眼看着你只顾忙事业，不顾成家，今年，一定要把这件事先办妥当。"

　　"不急，三友斋千头万绪，哪顾得上这些，再等等。"郑春发憨厚地笑一笑。

　　"这事不麻烦你，我来操办，你只管忙酒楼的事。"

　　"那就有劳师父费心。"

　　叶倚榕又问："那两个股东，会不会插手？"

　　"他们才懒得管事，现在只想着年终拿红利，伸手拿现钱最省心。"

　　"这是最好的合作关系，他们不参与或者少参与，咱们就能放手干。"

　　"我们诚心待人，这个底线一定要坚守的。"郑春发诚恳地表态。

叶倚榕见他做事胸有成竹，格外慰藉，忍不住还是想叮嘱几句："你觉得，这酒楼经营，最主要靠什么？"

"当然是菜品质量，还有诚信经营，总不外乎这两件。"

叶倚榕点点头，说："要想在饮食界站住脚，做好'特''质''变'三个字，就可以保持长盛不衰。特，当然就是突出菜馆的特色。质嘛，保证菜肴的质量。变，注意菜式不断变化，才能留住老顾客，吸引新客人。"

"师父一席话，胜读十年书。这一段我忙晕头了，您老一定多把关。"对于酒楼来说，一个过硬的大厨固然重要，像叶倚榕这样既是大厨又经营过饭馆的人，可是无价之宝，必得尊重、珍惜。

"这做人做事，逃不过一个'熬'，所以，我们师徒就从'熬'开始，让三友斋熬出别样的洞天来，在福州城内，成为响当当的牌子。"叶倚榕仿佛又回到了当初开园春馆的岁月，精气神抖擞。

"确实如此，我们去江浙一带，看看那些百年老店，哪个不是熬过来的。"郑春发信心满满地答。

师徒俩经过认真研判，一致做出决定，从"汤"上出特色，在汤的质量和变化上作文章。他们深知，闽菜大多数菜都离不开汤，熬汤也是熬事业，熬人，熬境界，熬品牌。

郑春发当即定下三友斋的铁规：凡是需要加水烹制的菜肴，都必须用有滋有味的"高汤"来代替，绝不以次充好，永不以"白水"糊弄客人。"高汤"是将鸡骨、鸭骨、猪腿骨或猪其他部位的大骨混合在一起，用大火熬数小时，汤呈白色。

郑春发交代伙计们："糊弄客人就是砸牌子，糊弄客人就是糊弄自己。这并不是说菜里不能加白水，是三友斋要'以汤代水'，做到'无汤不行'。"

一个小伙计嘟嘟囔囔地说："都这样做，不赔死才怪。"

郑春发怒斥道："不要蚊子叫，有话大声说。"

伙计觉得自己有理："别人能加水，为何我们不能？东家，你是开饭馆，不是搞慈善。"

股东张亨发也颇有微词："名贵的菜用高汤，一般的没必要吧？"

郑春发斩钉截铁："这样做，成本会相对增加，但这样做是值得的，只有吸引住长期的客人，让客人有味蕾记忆，才会非来三友斋不可。"

张亨发说："那就依郑东家的，毕竟他是最懂行的。"

"上汤必须用无病优质的老母鸡、牛肉和猪里脊，任何时候都不能投机取巧，每斤原料加水三斤放于蒸笼中蒸三个时辰，汤要熬出精髓来，这是三友斋的灵魂汤。"

张亨发瞪了瞪眼睛，欲言又止。

为了熬好"茸汤"，郑春发可谓用心良苦。他耐心地将鸡脯肉剁成茸，加入鸡血捏成团，放入上汤内，微火慢熬。一团团鸡茸，施展法力，将上汤中的残渣吸附，汤汁顿时清澈如水，又晶莹透亮。用这种汤制作的"鸡汤氽海蚌"和"鸡汤鱼翅"，鲜美可口，味纯而不寡淡。

"奶汤"常用大鱼头或整尾鱼大火熬制，汤呈白色。若汤色不够白，则另起热锅，倒入少量麻油，加入花椒，将奶汤冲入，盖上锅盖继续烧几分钟，可增白色，这一道工序称作"吊汤"，也叫"吊白"。在加花椒的同时，还可加葱白、姜片以去腥味。奶汤多用于扒烧、奶汤制品，如"奶汤草脯"等菜肴。

如此用心制汤，使得同样的菜肴，三友斋比别家成本无形中增高了。但郑春发却坚持这一原则，毫不动摇，为的是确保菜品质量独领风骚。

三友斋原来的两位股东本来想着坚持不下去了，现在看到三友斋迅速崛起，欣慰不已，自然觉得郑春发是最佳人选，彻底将店交给郑春发管理，乐得做个现成财东，坐享红利，这也让郑春发登上了施展拳脚、一展抱负的广阔舞台。

就在郑春发醉心三友斋，誓要成为福州饮食业翘楚时，福州却再燃战火。

法国派遣将军孤拔率军舰八艘、水雷艇二艘，军人千人以"游览"为名硬闯入福州马尾军港，停泊在罗星塔附近，伺机攻击清军军舰。法国人放出"烟雾弹"迷惑清廷："彼若不动，我亦不发。"两国交战，洋人船坚炮利，负责指挥的官员张佩纶、何如璋、穆图善等胆怯，趁机下令："无旨不得先行开炮，必待敌船开火，始准还击，违者虽胜犹斩。"

士兵虽然多有愤慨，但囿于将帅如此下令，只能将一腔怒火憋在心头。

如此作为，贻误战机。七月初三，法舰首先发起进攻。黑洞洞的炮筒发射出罪恶的炮弹，在中国军舰上炸开了花，将士们一边捂着血淋淋的伤口，一边紧急抢救被炸毁的炮台。

有的没有打中船身的炮弹，在水里溅起两米多高的浪花，四溅的江水无情地浇在船员们的身上，很多人被巨大的水浪冲击得七倒八歪。

将士们仓皇应战，奔跑着、咆哮着喊："打，给我狠狠地打，这些洋鬼子，毫无信誉！"

"弟兄们，血战到底，誓死保卫战舰！"

被炸的丢了胳膊、掉了腿脚的士兵们惨叫着、挣扎着爬起来，要以最后的倔强将炮弹射向敌舰；船长急忙扯开嗓子喊叫着："起锚，快点起锚，我们不能守在原地挨打！"船舱内有的士兵正在熟睡，突然被震得耳朵嗡嗡作响，来不及穿戴整齐就提起刀跑向自己的岗位；有两个胆小的士兵见突然遭遇如此危险，攀着船栏杆正欲跳下江，被把总看到了，将一个一刀砍了头，骂道："窝囊废，要死一起死，你这怕死鬼来当什么兵。"另一个"扑通"跪在地上，不住求饶。把总踢了他一脚："滚回你的位置，死守！"一队士兵跑过来，把总立刻和大家冲向船舷边，紧张地望着远处的法国军舰，那边的炮弹呼啸着砸过来，"通"的一声，十几个士兵当即毙命……

福建水师的战舰，有两艘还没来得及顺利起锚，已经被法舰沉重的炮弹击沉。泛黄的江水被血水染成浑浊不堪，江面上漂浮着断腿、断胳膊；福建水师的汽笛声一声紧似一声，招呼着还有战斗力的战舰；没有被击沉的福建水师官兵看到这两艘船的惨状，拼了命地往炮筒里填装炮弹，有的赤着上身，拍着胸脯歇斯底里地喊："朝爷爷这边打，龟孙子！"一发发带着满腔仇恨的炮弹，射向法国军舰。看到法国军舰被击中，官兵们发出震耳欲聋的呐喊声……

但悲剧还是不可避免。由于法军是主动发起进攻，福建水师毫无准备，尽管官兵们对法国军舰展开了英勇还击，然而，由于仓促应战，装备落后，火力处于劣势，始终是被法舰猛烈的炮火压制着打。

海战进行了不到三十分钟，福建水师兵舰十一艘（扬武、济安、飞云、福星、福胜、建胜、振威、永保、琛航九舰被击毁，另有伏波、艺新两舰自沉）以及运输船多艘沉没，壮烈殉国的官兵达到七百六十人，福建水师几乎全军覆没，左宗棠和沈葆桢等呕心沥血创建的中国第一支海军就这样毁灭。

闽江呜咽，江水号啕。

数公里的江面上，到处都是福建水师官兵的尸体和一息尚存的挣扎者。血红的江水滔滔向东流去，愤怒地翻滚起一阵阵浪花，想努力冲刷掉这耻辱，可越是用力翻滚，将士们的尸体就被冲得重重抛向岸边的石头上，碰得"砰砰"响。

榕城上空，一时阴霾密布，乌云占据了苍穹，露出狰狞的面目。

偷袭取胜的法国军队，洋洋得意地露出侵略者的嘴脸，趁机摧毁了马尾造船厂和两岸的炮台。

一遇战争，引发哄抬物价、盗抢行为，百姓们为躲避战乱，纷纷出逃，生活受到严重干扰。酒楼自然也不例外，人们不再娱乐享受，三友斋索性关门数日。游行的人们一起抗议，强烈要求国家对敌宣战，以振国威。一浪高过一浪的呐喊声，震彻榕城。

叶元泰等书生最为愤慨，走在队伍前列，他们的领头人是福州府闽县人林纾。林纾和好友林松祁相拥号哭，义愤填膺。

迫于广大民众的压力，七月初六，清政府向法国宣战。

福州民众连日抗议不绝，林纾等人更将这场败仗引为奇耻大辱。

林纾，1852 年生于闽县，1882 年考中举人，自幼家贫，但他却饱读诗书，学识渊博，怀揣忧国忧民之志。这一次眼看法国人在家门口如此猖狂，而清政府官员却如此懦弱，誓要将这些腐朽官员拉下马。

当此危急关头，清廷派钦差大臣左宗棠到福州督办军务，林纾和他的好友周长庚（字荇仲，侯官人）议定，借左宗棠骑马出巡时拦马告状。林纾的亲友知情后，纷纷劝二人三思慎行，毕竟张佩纶等人权势熏天，若告不倒对方，反会惹祸上身。林纾与周长庚却毫不退缩，彼此立下誓言：如果状告不成被治罪，死在监狱也心甘。

一日，左宗棠骑马出巡，林纾和周长庚瞅准时机，冲至马前，强递状纸，冒死呼吁，请求查办谎报军情、推卸责任的船务大臣何如璋等人。左宗棠接下状纸，同时也十分欣赏两位青年的爱国壮举，毕竟，福建水师全军覆灭，左宗棠比他们更心疼。不久，张佩纶、何如璋被革职戍边。

得知这一喜讯，郑春发在三友斋门口放鞭炮庆祝。叶倚榕借此人人高兴的好时机，向郑春发提出年前成婚的建议。

郑春发本还想推辞，奈何师父主意已定，只好顺从，于年前迎娶了福清人林氏。

请媒人、递婚书、赤绳系足、下聘、回聘、送奁单、筛四眼、迎奁、安床、试妆、上轿、迎亲、合欢酒等礼俗一项也没有省略，全由叶倚榕操办，按照传统按部就班进行。

拜堂时，厅堂前露天处摆放了供桌，桌上两边是烛台，上插大红蜡烛。中间放香炉，粗香烟气缭绕，袅袅而上升，像青色的丝带向空中飘荡。桌上有两只白糖做的小公鸡、五种干果，一个柳条筐子里装一把筷子、一面小铜镜、一把剪刀、一把尺子、一个装着厘戥的匣子。桌上还放有两个高脚杯用数尺长的红线系在一起，里面是兑了蜂蜜的酒，供新夫妇对饮仪式用。

由于郑春发父母早亡，两人拜了天地、祖宗牌位后，他请叶倚榕坐在主位上，行"拜高堂"礼。这一刻，郑春发夫妇拜得虔诚，叶倚榕感动得喜极而泣。

三友斋生意如日中天，幼年失怙、青年失恃的郑春发，也再次感受到了家庭的温馨，迎来了生活的春天。

四

三友斋在郑春发手中重焕光彩，业务也逐步扩大，拓展了一些外包生意，到士绅或者勋贵家中承办酒席。

由于郑春发戴着一顶"衙厨"的帽子，请他制作宴席的也觉得他懂规矩，自然要比那些从未接触衙门的厨师做得味道更纯正，也更懂得其中的门道。

郑春发一到主顾家中，根据地位、财富或者官职高低就知道该推荐哪些菜品，这样就省去了很多步骤。如遇到主顾囊中羞涩，但为了装门面，他就需要推荐些名头大、有面子的名菜，尽量做得精致，但可省钱；如遇财大气粗、一掷千金的主顾，就要做那些平日不常见、极其奢华的菜品，甚至推销反季节蔬菜，以满足主顾虚荣心理；如遇常见的朋友小聚的宴席，就变着花样做些平日里最拿手的菜，虽然客人都吃过这些菜，可郑春发因用心烹调，就让客人格外赞叹，普通菜吃出了别样滋味，显出主人招待的良苦用心。

每次，他不是为挣钱而挣钱，总是不断变换花样，来满足各类顾客所需。

光绪十一年（1885），三友斋接到一桩包席生意，地点在螺洲集镇。主顾是福州籍名臣陈宝琛。

郑春发一听这位主顾，决定亲自前往，让叶倚榕留在三友斋坐镇，继续营业。

陈宝琛是应台湾省巡抚刘铭传之邀赴台后返回福州，这时他已经被革职居家赋闲。

陈宝琛，字敬嘉，原字长庵，改字伯潜，号弢庵、陶庵。道光二十八年（1848）夏生于闽县螺洲，他的曾祖父陈若霖官至刑部尚书。陈若霖之后，家族五代中皆有进士、举人，仅明清两代，陈家中进士二十一名，中举人一百一十名。显赫的家族被冠以"螺洲陈"尊称。同治七年（1868），陈宝琛中进士，选翰林院庶吉士，授编修。陈宝琛兄弟六人，他的胞弟陈宝瑨和陈宝璐亦中进士，另三个胞弟陈宝琦、陈宝瑄、陈宝璜等亦皆是举人，时称"六子科甲"，显耀榕垣。

陈宝琛极有个性和血性。

光绪四年（1878），清廷派完颜崇厚出使俄国。崇厚贪生怕死，擅自签订不平等条约，陈宝琛失声痛哭，指出国家不能失去主权，坚决主张"诛崇厚，毁俄约"。后，沙俄侵占新疆伊犁九城，陈宝琛力主收复。

在他任武英殿提调官期间，慈禧身边的太监与清宫午门护军争殴，慈禧偏袒肇事的太监，下旨严惩守职的护军，时称"庚辰午门案"。陈宝琛据理力谏，使慈禧收回成命，此举让他名动朝野。

法国侵犯中国属国越南，任内阁学士兼礼部侍郎的陈宝琛力荐唐炯、徐延旭担任军职。

正是这次推荐，让陈宝琛惹下祸端。法国发动马江海战后，张佩纶被流放，陈宝琛也因推荐唐炯、徐延旭受到牵连，被降五级处分，落寞返回螺洲老家。

38 岁的陈宝琛虽有报国志，但仕途失意，不得不蛰居桑梓，闭门读书、赋诗、写字。他修葺了先祖的赐书楼，修建"沧趣楼"。任鳌峰书院山长，以大量培养人才、推广教育为目标，倡导设立东文学堂、师范学堂、政法学堂、商业学堂。

郑春发率伙计一登上螺洲，由衷感慨："真不愧是八闽首县古集镇，大家叫它'小福州'，名不虚传。"

螺洲是南台岛西南边螺女江中的一块江洲，四面环水，东北面与南台岛隔一条小江，一篙可渡。洲上西南面沿江形成三座村落：店前、吴厝和洲尾。

陈宝琛居住在店前村，进村映入眼帘便是陈氏宗祠，众多牌匾、楹联极为显赫，郑春发匆匆一瞥，看见了"刑部尚书""内阁学士"等字样，李鸿章、左宗棠、张之洞等显贵的题词十分醒目。

郑春发寻思着，如此股肱之臣，虽说名义上是普通百姓，毕竟是朝中享用过珍馐美馔的，京城口味最为熟悉。但京城此时怕正是他的痛点，定是"城门鱼殃"，也讨厌京城风味，不妨寻些家乡情怀，正好讨巧他寂寥的心境。郑春发并不了解陈宝琛，心中无底，见天色尚早，便决定到街巷里走一走，感受一下螺洲的风情，好"对症下菜碟"。

来到螺洲的商业街——仓里巷，只见西南端从码头向东北延伸约有百米，中段又分出一条约五十米的横巷，形成丁字街市。街道两旁商铺鳞次栉比：经营南北京果的宝兴号、万金号、泰丰号；鲜、咸鱼货和海贝摊的细命、玉润号；专卖螺女江淡水鱼虾的水产店；猪、牛、羊肉铺；前店后坊的福来轩炊切，出售自制的切面、光饼、葱肉饼、征东饼、寿饼、福清饼和荷叶包；仁寿、平安、元春、仁寿三、开銮好几个药店；镶牙拔齿的牙医、草药摊点、绸布店、光福小苏广、小杂货、陶瓷、服装、鞋帽、香烛纸箔店、金银首饰、竹器、木器店和成衣铺、缝制、补锅、箍桶、补碗担店……一时让郑春发眼花缭乱，心中已有了大概，便急忙赶回陈家，决心就以福州特色小吃为主，为陈宝琛布置一场"福州风味小吃"为主的宴席，唤起他少年时期的味蕾，也让客人感受闽菜韵味。

这顿席，主菜并不新奇，是"醉糟鸡""荔枝肉""鸡汤氽西施舌""龙凤汤""全节瓜"等风味闽菜。小吃则最为精致，分别有"扁肉燕""八宝芋泥""蒜蓉拌鱼唇""桔红糕""嘉草仙草冻""东壁龙珠"等。汤鲜味美，刳花神工，宾主尺颊生香。

这一次宴席，陈宝琛很满意，多给了郑春发三两银子，连连夸赞三友斋"做菜用心，颇解吾意"。郑春发也深知，三友斋服务过陈宝琛这样的官员，本身就是一块金字招牌，之后，便每逢节日为陈宝琛送来一些时令小吃，让他时时记得三友斋，挂念三友斋。

回程中，郑春发走到江边，见还有些时间，就慢悠悠地沿岸边行走。

站在烟台对岸远眺，他不禁心潮澎湃，感念起往日岁月来。

记得刚来福州城时，他见什么都是新鲜的，恳求着恩山带他到这里来，看洋人，看样式各异的建筑，看雄浑奔流的江水，看来往穿梭的船只，也看穿着时髦的男女……他最喜欢这样看似眼中无物，实则充满激情。一望无际的视野，让他涌动出要大干一番事业的雄心。

此刻，看着十来艘大船，前后排开，船上挂着龙旗，甲板上站着的船员们个个挺拔，这条船和那条船上的人互相吆喝着，老远就能听到他们爽朗的笑声。

　　每艘船吃水都很深，浩浩荡荡向东而去。看到如此庞大的阵容，郑春发想起了自己出海捕鱼时的场景，感同身受，不禁自言自语地问出了声："运这么多货，这是要出远海吧？"

　　身边的伙计是南台人，当即伶俐地答："这是去台湾的大船。"

　　"哦？都是些什么？"

　　"这可就多了，你瞧，最前头的那船，都是些木材，这可都是名贵的木材。后面那两三条船上，当然是茶叶、油、纸等大物料了。"

　　"那边和福州城不是一样的气候吗？何必来这边运？"郑春发有些疑惑地问。

　　"具体我也不清楚，总是听人说，好东西缺少的很，这边运过去的东西，像笋、米、糖、布纱、京果、国药，什么都有，什么都挣钱。"伙计说。

　　"哦？这倒是个大买卖。这一年行船不少吧？"

　　"我听依伯、依叔们讲，这边运货过去的大船，都停靠在基隆和淡水港，每年都在一百五到两百只。只要你来这边，总能见到，三两天一次，一次好多一同出发。"

　　郑春发不禁感慨地说："一年要组织这么多货，可是够会馆他们忙的。"

　　伙计说："他们人多，挣钱也多，谁还嫌生意忙。"

　　他们说的会馆，是福建各县和外省商人，在福州城内建立的行业组织。光南台，就建有二十六座各县会馆。会馆比商帮又正规些，管理也更为规范。简单地说，商帮聚集的是本行业的商户，会馆笼络的则是一个县或者一个地区的各行业的商户。

　　最初成立会馆，是为了维护本县商户的利益，也能有效地规避内部的恶性竞争，增强外部竞争力。平常商户，一般有事先联系本行业的商帮。仅上下杭就有茶、油、纸、木、笋、米、糖、布纱、钱、船、百货、京果、国药、颜料等商帮，福州商帮最多时达二百多个。

会馆负责为本县的商户撑腰，当然也会与别县的会馆交涉。郑春发心里就想着：将来我三友斋，也要进会馆，不但要进去，还要努力做个掌舵人，那才是我的性格。

当然，这只是心里的想法，不能说出来。目前还不成熟，说出来就是狂妄，大家会耻笑的。

可他又忍不住，指着前方的大船对伙计豪气地说："我们也要有这样的胸怀，驾驶大船出海，到远海去！"

伙计正年轻，迷惑地歪着头问："东家，我们不是开菜馆的吗？东家也要购买大船？"

郑春发哈哈大笑："你不懂！"

伙计挠着头皮，边走边嘟囔："当个东家真不容易，费脑子，我可没有这弯弯绕。"

当你志存高远时，总会遇到该遇到的人。

没过几年，郑春发结识了一位美食家，从此与他结下了不解之缘，此人也成为他一生最重要的贵人。

这个人名叫周莲。

缘起时，周莲正在三友斋用餐，吃的是"芙蓉响螺片"，这道菜周莲吃了一半，便提出要见厨师。

郑春发在后厨得讯后，当即来到前厅，问道："客官可是觉得哪里味道不对吗？"

周莲身材较胖，面庞也圆乎乎的，他夹起盘子里的响螺片，问：

"这是今天的还是昨天的？"

"自然是今天的，三友斋不敢糊弄客官。怎么？您感觉不鲜？"郑春发好奇地问。

周莲却摇摇头："螺片是新鲜的，那这'白芙蓉'呢？"

他说的"白芙蓉"，是在制作这道菜时，由四个鸭蛋清加上汤，精盐拌匀，放入蒸屉内中火蒸五分钟，雅称"白芙蓉"。

郑春发听到他这样问，暗叫一声，知道遇上行家了，当即拿起一双筷子，夹起一片"白芙蓉"放到嘴里慢慢咀嚼，仔细感受，并无不妥，忽然怀疑此人是故意捣乱，拱手作揖问道："此物并无不妥，何意？"

"这是哪里的鸭蛋？"

"仓山农户送来的，我亲自挑选过的。"郑春发听此人越问越离谱，更加笃定遇到不良人了。

"好好，那我就清楚了。"周莲往椅背上一靠，乐呵呵地看着郑春发，一副胸有成竹的样子。

话说到这里，郑春发不清楚对方的底细，看此人穿戴和语气，又不像赖账的客人，更加疑惑，只好温和地赔礼："敢问客官尊姓大名，若是这道菜有何不妥，敬请指教。"

"鄙人周莲，兴泉永道而来。"

郑春发长期与衙门打交道，恍惚中觉得这个名字熟悉，不敢确定："莫非是……"

同桌一直默默不说话的客人说："正是道台老爷。"

郑春发听闻，忙再次行礼，恭敬地说："周老爷不满意，小的让人再上一盘。只是不知，欠缺在哪里？"

周莲摇头晃脑地活动了两下脖子，用手捏着后颈，说："长期呆坐，这脖子硬成了石块。"

郑春发没有搭话，知他卖过关子后就会切入正题。

果然，周莲见郑春发缄默不语，呷一口茶，缓缓说道："那就是绍酒放多了，四钱？五钱？"

这样一说，郑春发脑子"嗡"地有些发晕，方才在后厨，他用勺子从坛子里舀绍兴黄酒时，稍不留神，和一个伙计搭了一句话，感觉舀多了一点，本来这道菜应该放绍酒三钱，不想放成了五钱，没想到这一点点微妙差距，竟然被周莲品尝了出来，当即对他肃然起敬，知道碰上了美食家，连声致歉，承诺赔偿一桌酒席。

"这倒不必，如此一来，我周大少岂不成了蹭吃喝的痞子。"

"可这，小店总要表示才好。毕竟，没让周老爷吃好。"郑春发愈加觉得惭愧，当厨师这么久以来，第一次遇到如此"挑剔"的客人，虽说有些面子上挂不住，可同时也深感荣幸，觉得遇到懂行的人了，竟露出几分激动。

周莲平生最爱美食，虽是道台，每到一处，却好轻车简从，搜寻美味。这次带着长随在三友斋用了几个菜，越吃越满意，就有意仔细品咂其中的微妙变化，不想却见郑春发如此重视，知此人定是挚爱厨艺。因此就约定，待他到福州府办完差，三友斋打烊后，再与郑春发详聊。

晚上，郑春发早早就备下上佳的大红袍，静静等待着周莲到来。不知怎么地，对于这次见面，竟然十分期待，心里咚咚直跳。

周莲踏着月色而来，两人坐在院子里，石桌上放着茶，备了几份精致的点心。

郑春发拨茶、注水、出汤，一气呵成，自然流畅，盖碗起落宛如行云流水。周莲端起杯子细细地闻，感到香味淳厚而不失风韵，令人神清气爽。他啜了一口，茶里有青苔味混合着棕叶香，韵味悠长，一口入喉，茶汤滑过，喉底回甘，味醇益清。赞道："好茶，这就是大红袍独特、引人入胜的气息吧。果然，其名显赫，其质非凡，岩骨花香，喝一口，仿佛置身于那峭壁悬崖之上，与云雾共舞，与日月同辉。"

郑春发由衷地佩服："大人是行家。"

周莲谦虚地摆摆手，道："行家称不上，平日好这一口罢了。"两人以茶代酒，碰了碰杯子，瞬间拉近了距离。

从大红袍聊开去，清爽的夜风下，越聊越投机，越聊越深入，大有"子期遇伯牙，千古传知音"的快意。

周莲，字子迪，祖籍贵州，生于道光二十八年（1848），比郑春发大八岁，此时已四十八岁，刚刚于本年（1895）调来福建兴泉永道（治所在厦门）担任道台。

"家父早年任江苏如皋知县，我自小就举家定居如皋城内集贤里，在县衙读书，如皋人都唤我'周大少'。我生在贵州，长在江苏，两个伯父一个在河南，一个在云南，这两个地方我也住过。走遍多地，我最关心两件事——交朋友，品美食。"

"看出来了，您可不是一般的食客，今天一点点瑕疵就被您察觉，我真是汗颜。"郑春发谦逊地说。

"说到交朋友，我还真是得给你细说一二。"

"洗耳恭听。"

"我这个官职，就是一番奇遇得来的。我从小就在县衙里长大，看过很多人经过很多事后，明白一个道理：在官场上，多结交权贵朋友，比自己有什么本事更实用。"

郑春发听他如此说，自然要抬举一番："大人您，凭的是自己好学问，像我们这普通人，能结交到您这样的贵人，就是天大的福气。"

周莲摇摇头，面带微笑地说："我的本事吗，真不大。读书资质平平，拼尽全力，也就是个贡生。还是在云南当知府的五伯父剿匪有功，有了举荐资格，他推举了我，让我前往北京，等候朝廷安排。嘿嘿，就是在这等待的日子里，我有天到大街上溜达，路过一大户人家，眼瞧着高门深院，忍不住探望。你猜猜，这是谁的院子？"

"我哪猜得到？京城里的事，我两眼一抹黑。"

"巧了。这大户人家是恭亲王奕䜣的府邸。若是往常，恭亲王府定是人头攒动、车水马龙，哪有我的机会。你猜怎么的？他那时候得罪了慈禧太后，正受冷落，多数人都躲着怕惹事。我这时候出现，就钻了个空档，赶紧递上名帖，嘿嘿，还真说上话了，一来二去，竟然有些知心了。"

"恭亲王是觉得，您是专程去拜访他的？"

周莲竖起拇指："还真叫你说对了。你这识人心的本事不一般呀！"

"人在落难时，最能看清人心，他是觉得您不惧危险，敢于前来，才珍惜和您的友谊。"

"之后两年，我虽然顺利入仕，但做的都是苦差事，在浙江修海堤当监工，在福建漳龙道奔忙，今年忽然接到京城的调令，改任兴泉永道道台，可见朝廷恩赐。后来，我通过朝中关系打听，才得知是恭亲王做了军机处领班，正是他老人家举荐的我。"

"来，为大人敬茶。"郑春发端起茶杯递给周莲，以示祝贺。周莲接过，两人同饮。

"我这人，最爱广交朋友，今日看你也是投缘，就唠叨这许多，来日，再叙。"

"感激不尽。"郑春发起身，再次作揖。

"莫要这样生疏，我这人不喜欢这类繁文缛节，以后你我在一起，自在些。"

过后几日，周莲又来了，还带来一个朋友，一说身份，吓出郑春发一身冷汗。

"罗大龙，来自厦门的侠客。"周莲一本正经地介绍。

罗大龙身材和郑春发差不多，都不是很高，但浑身腱子肉，一看就是习武之人，听周莲如此介绍，涨红了脸低声地解释："原是个粗人，当海盗的，如今是周大人手下小卒。"

"哈哈，不是说好要吓一吓郑东家的吗？"周莲大笑起来。

郑春发也跟着笑起来，拉着罗大龙的手说："日后常来，用到兄长的地方还多着呢。"

罗大龙双手抱拳，粗着嗓子说："好说，若有驱使，万死不辞。"

郑春发一边引着众人往雅间去，一边问周莲："大人，前几日，武夷山有朋友带了几种茶送给我，请问喝大红袍还是正山小种？"

周莲笑呵呵地说："你要问问大龙。"

罗大龙急忙摇手："你给我喝什么都行，我尝不出区别。"

周莲说："这两种茶都是武夷山名茶。尽管它们都来自云雾缭绕的武夷仙境，都蕴含着天地的精魄，饱含着自然的恩泽，但区别可大了，哈哈哈。"

罗大龙瞪大眼睛，啧啧称赞："瞧瞧，看周大人的学问，文绉绉的，什么云、什么雾、什么仙境，我这粗人一句也听不懂。"

进得雅间，众人坐下。郑春发笑眯眯地泡着茶："我斗胆在周大人面前班门弄斧，先说这江氏正山小种，罗兄请看，其色如琥珀，香若兰桂，味醇而甘，细品之下，仿佛能听见武夷山涧溪流的潺潺与松涛的低吟。"

罗大龙举起茶杯，一饮而尽，学着郑春发咂咂嘴："我什么也喝不出来，只是觉得有点甜甜的，好喝，好茶。"

听了这话，周莲捏起右手手指敲了敲桌子，说："大龙这话说得像是偈语，没错，茶无贵贱、适口为珍，自己觉得好喝的即是好茶。"

三人品着茶，说说笑笑，才得知，周莲和罗大龙有一番传奇逸事。

周莲任职兴泉永道后，就着手打击厦门周边海域的海盗，罗大龙名声最盛，水上功夫了得，性格又桀骜不驯，之前官府几次追剿，均无功而返。周莲乘一叶扁舟，孤身去见罗大龙，从洋人谈到民情，从酒食谈到人生，从秦汉谈到明清，从男人谈到女人，罗大龙听得入脑入心，认定了周莲这个知己，诚心归顺，遂成周莲手下得力干将。

此后，周莲成为三友斋的常客，与郑春发探讨闽菜饮食文化时，还不忘为三友斋推荐四方客源。

光绪二十二年（1896）春，一天早上，三友斋刚开门，罗大龙一脚踏进来，拉住郑春发就急急忙忙往外走，什么也不说。郑春发心里忐忑，不知他葫芦里卖的什么药，联想起他以前是海盗，竟生出一丝恐惧，虽然心里打鼓，也只好随着他走。

走到三坊七巷南头，拐了个弯，只见安泰古桥畔，周莲笑眯眯地等在那里，郑春发才长长地吁了一口气，拍着胸脯说："这罗兄，吓人得很。"

罗大龙憨厚地笑笑，不答，悄然站在周莲身边。

周莲说："春发，走，尝尝这家手艺。"

三人来到一个楼前，"安泰楼"三个大字，熠熠生辉。

"你直接告诉我，我就来了，何必弄如此玄虚。"郑春发说。

东家见到郑春发和周莲，谦恭而热情地连忙来招呼，将三人迎进大堂，找个雅间坐下，才去布菜。

周莲这才说起，这个安泰楼刚开业，不知从何处听说他爱美食，非要请他来品尝一番。

"我自然不能独享，非邀请春发一道，才吃得有滋味。"

郑春发知道这是周莲抬举自己，同时也明摆着要送郑春发一个人情——来安泰楼只是走过场，他的心还在三友斋。

郑春发知道周莲是怕自己多心，愈加珍惜两人的感情，这顿酒喝得就格外酣畅。

期间，安泰楼东家进来寒暄几次，挨个敬酒，奉上了酒楼最拿手的白炒虾球、蒜酱鱼唇、糟羊肉、蛏干羊肚几道菜，一个劲儿地请各位多提宝贵建议。

东家当然知道自己的斤两，目前自然不敢和三友斋较量，讨好地说："小店没什么特色，我就想着弄些风味小吃，反正三友斋是不屑于这些小生意的，郑兄一定高抬贵手，赏兄弟一口饭吃。"

郑春发知道自己今日不便表态，就只是客气地谦虚，他让周莲来调节其中的关系，这样一来，安泰楼东家自然会感激周莲。

光绪二十四年（1898）八月，周莲突然接到京城的升迁令，让他到直隶省担任按察使，由于时间匆忙，厦门距离福州又远，甚至没有来得及和郑春发告别，就匆匆而别。郑春发得到消息，既为周莲的升迁感到高兴，也为这么一位知音远走而遗憾。

周莲早和他说过，人生就是一场场折柳送别。如水的时光静静流淌，经过一个个渡口，有人登船而来，有人离船而去。在每一个渡口，因了不同的机缘，不同的职守，大家各奔前路，各有归舟。人生枝头，纵有万般不舍，终须作别那依依的杨柳。

周莲走后，罗大龙来过几次，郑春发一直防着他。

自从上次周莲介绍罗大龙是海盗后，郑春发就托吴成仔细打听此人的底细，想着吴成是开钱庄的，见的人多。

吴成又托了一位厦门商人，号称对罗大龙知根知底，便一起到了三友斋，当面告诉郑春发。

来人称，自己做茶叶生意，罗大龙曾经抢过他的一船茶叶。他绘声绘色地说，罗大龙曾经在船上，一刀砍下过船主的头，拎起来血淋淋的人头扔进海里喂鱼；还说罗大龙强抢了一个客商的女儿当夫人，姑娘死活不从，罗大龙便让姑娘砍下了三个指头才肯放走；过往船只提起罗大龙，心里恨得牙根痒痒，曾联合多个船家雇人去和罗大龙斗，反而激起他肆意的掠夺……

来人看起来是个厚嘴唇，一脸老实相，郑春发也就信了他。

郑春发见他提供了这么多有用的信息，过意不去，便要给他银两。来人说："我就是做茶叶生意的，郑东家酒楼也要用茶叶，生意人，头回生二回熟，你就给我一个机会，多用我的茶叶好了。"

郑春发念在此人是吴成的朋友，自然就深信不疑，因此定下了三十两银子的茶叶，为表诚意，提前就付了款。吴成也乐得做个中间人，既为郑春发打探到了消息，还帮成了一笔生意，十分满意。

岂料，此人走后，竟多日不见踪迹，到最后郑春发才醒悟过来，上当了。吴成听说后，告知郑春发，此人底细他并不清楚，只是来这里兑换铜钱，偶然问起罗大龙的事。得知骗了郑春发的钱，也懊悔不已。

郑春发自认倒霉，但他想到此人说的罗大龙的事也许不假，心里想着，虽说现在罗大龙已金盆洗手，可毕竟有这些残暴往事，就对他生出几分厌恶。

因此，郑春发就处处防着他，又见他说话粗声大气，生怕给三友斋闯下什么祸来。

有一次，还真就出事了。

来三友斋就餐的两个地痞，为了吃霸王餐，借机挑衅，扇了店伙计两个耳光，罗大龙见状，怒从心头起，迅速出手将一个地痞击倒在地，随后抬起脚，狠狠地将他踩在脚下。另一个见势不妙，正要跑，罗大龙"啪"地将一个盘子在桌上砸碎，拿起锋利的碎片，"嗖"地扔过去，正中逃跑地痞的耳朵，此人捂着耳朵杀猪般号叫，罗大龙几步走上前去，拾起地上血肉模糊的耳朵，利落地扔出去，一只黑狗见了，叼着跑远了，罗大龙哈哈大笑……

郑春发认为，做生意以和为贵，尽管三友斋不断受人欺压，也总是隐忍不发，见此情景，生怕惹来官司，忍不住埋怨："这是酒楼，不能见血的。"

罗大龙一听，恼怒地说："活该你被人欺负，下次最好让人砸了你的店，杀了你这不知好歹的人。"

郑春发也赌气地说："还没有轮到你来教训我。"

"老子懒得搭理你，要不是周大人安排让照顾你，我才懒得做这恶人。"说完扬长而去。

郑春发愣住，这才知道周莲走时竟交代了罗大龙，让他保护三友斋。心里感激周莲，也对罗大龙有了敬意，觉得此人还算有情有义。周莲已经不在福建，他却还能遵从嘱托，足见是个可以托付的人。

改天，郑春发就专门宴请罗大龙，不想此人却很有脾气，干脆不来。

郑春发只好亲自去请，可罗大龙依旧不给面子，陷入了僵局。郑春发就存下心，想着等机会再改善一下与罗大龙的关系。

第五章　羽翼丰

一

事情兜兜转转，离开福建仅仅四个月，十二月初七，周莲由直隶按察使改授福建按察使。

履新见过闽浙总督、福建布政使等同僚，周莲就迫不及待地来到三友斋，还未踏入门，就高声叫道："春发，周某人又回来了！"

郑春发迎上前，欢欢喜喜地将他接入后院，摆上一张桌，精心炮制了几道闽菜，倒了一盏米酒招待。

"说起来就分别了四个月，兄台煮得这手好菜，可把我馋坏了。"周莲夹起一口菜就往嘴里塞，边咀嚼边夸，"我看呀，在京城，也难找像你这么好手艺的大厨了。"

郑春发恭恭敬敬站在旁边，不时夹个菜、倒个酒，看到周按察使津津有味、大快朵颐，还不停地赞道："这道荔枝肉酸甜可口，肉质酥软嫩滑、入口即化，妙、妙、妙……"郑春发心里热乎乎的，人生在世，聚离寻常，悲喜寻常，厨师的生命里都有几道美味可口的佳肴，摆在时间的桌上，等待命运眷顾，等候知音重逢，他几次忍住没有落下泪来。

周莲见他如此动情，也颇为感动，招呼他："春发，来，别拘谨，坐下，你我二人痛快灌两盅。"郑春发推辞不过，歪着身子坐下，端起酒盏，一饮而尽。霎时，从心里到身上都暖烘烘的。

周莲今天无比开心："我倒想起一个笑话。"

郑春发举起酒盏碰了碰："周大人，不妨说来听听。"

周莲道："乾隆帝年间随园主人袁枚袁子才喜食青蛙，但不肯去皮。一日，厨子疏忽，剥去蛙皮，将纯蛙肉端上。袁子才见盘中只有雪白的蛙腿，怒喝一声'棉袄呢？怎将青蛙的棉袄脱去了？笨厨子不晓事，鲜味大减矣'。"说罢，两人齐声哈哈大笑起来，旁边站立的几个跑堂的也笑得前仰后合，郑春发感到前所未有的畅快、愉悦。

两人谈论起各地饮食文化来，常常昼夜不分，不论个酣畅淋漓不罢休，可交流日久，都觉得，两人所学所知所会，只在已有的珍馐之内。民以食为天，餐馆以菜为基。菜品优劣是餐馆经营的依赖，生意兴隆与否，菜品能否别出心裁、独树一帜是关键。但究竟要如何才能破局，却又很茫然没个方向。

转折发生在一次宴请上。

光绪二十八年（1902），督办福建官银局的福建按察使杨文鼎，在家中宴请福建布政使周莲。两年前（1900）的闰八月初三日，周莲已由三品的福建按察使升迁为二品的福建布政使。

官银局是新成立的。此前，广东等省参照洋人的方法已开始制币，而朝廷却暂无规范，因此各省也允许商人、民间铸造，社会上铜圆、银圆品种和版别冗杂，难以统一，正常的流通与使用，麻烦不断。福州就有光绪十六年（1890）孙葆缙等人在苍霞洲建造的制币厂。

光绪二十二年（1896）福建接到户部咨文："不管金银铜何项钱币，统由官办，禁绝商人附搭股本，更禁绝自行铸造，行闽遵循。"时任闽浙总督边宝泉接旨后，不敢怠慢，急令孙葆缙等"该商停铸，改归官制，以收利权"。

光绪二十六年（1900）闰八月，闽浙总督许应骙奏请清政府赞同铸造银币，并决定委派藩司（布政使）张曾敭、盐法道杨文鼎督办局务，就官督绅办银圆旧局基础之上，正式设立福建官办银圆局，续铸银圆并开铸铜圆。

十月初五，皇上朱批："著照所请，户部知道。钦此。"

官银局据此将孙葆缙等人的制币厂于光绪二十八年（1902）全部移归官营，改名为福建官银局。

这时，官员们办公、生活多是前衙后家。周莲按时赴约来到按察司衙门后院杨文鼎家中。杨文鼎宴请周莲，也是商议官银局的衙门公务。

成立官银局时，总督许应骙委派布政使和盐法道一同督办。那时布政使还是张曾敭，之后周莲接任布政使，杨文鼎也于前一年（1901）九月从盐法道升任按察使。由于总督许应骙赏识杨文鼎，在其升任福建按察使后，仍让其兼各局总办等九职。因此，官银局遂成周莲和杨文鼎共同督办。

杨文鼎宴请周莲，说是公务，可这是家宴，图的就是亲切，为表诚意，杨文鼎让其妻亲自下厨，烹制一道名为"福寿全"的菜肴，神秘地笑称："吃了福寿全，保你福寿双全，一顺百顺。"

周莲乐呵呵地回道："兄台知我贪嘴，便来故弄玄虚，哄我高兴。"他本以为，这只不过是杨文鼎为了拉拢他而卖弄关子，因此并未在意。

孰料，其妻端上一坛子后，一揭开盖子，缕缕馨香顿时袅袅升起，那香气如丝，缠绵缱绻，鲜美甘醇，直入心肺，馋得周莲禁不住叫出声来："好一个福寿全，香溢肺腑。"

"多谢夸奖，来，尝尝这汤的味道怎么样。"说着话，杨文鼎给周莲盛了一碗汤，递到了周莲的手里。

周莲双手接过汤碗，捏着汤勺，一口一口喝了下去。

"嗯，这汤美味无比，闻所未见……"素爱美食的周莲尝过"福寿全"后，忍不住请教制作方法，始知是将鸡、鸭、肉和几种海产一并盛入绍兴酒坛内煨制而成。

宴毕，周莲掩饰不住激动，当即来到三友斋，将此享用珍馐的雅事分享给郑春发，让他改日可去请教、品尝，极为慎重地说："从事某艺日久，须有压得住的独技。譬如你，就需要有几道菜，甚至一道就足矣。这道菜你完全可以改良一下，使之成为三友斋招牌菜。"

"容我思忖一二。确实，自从那次外出游历后，我也一直在想这个问题。酒楼遍地都是，为什么客人们非要来三友斋？这就一定需要一个站得住脚的理由，这理由，不是靠拉拢客人，不是仅仅靠走关系维持。要有别人没有的菜，要让客人吃了流连忘返的菜。以菜留客，以味拿人，才是真谛。可要怎么做呢？"

"大融合才能有大突破，大包容才能有大境界。"周莲淡淡地道。

郑春发沉思片刻，喃喃自语："京菜的'厚'，沪菜的'博'，苏杭菜的'广'，都可以借鉴、采纳、吸收。我游历回闽，光想着排除干扰，保持本真，坚守闽菜根本，以为这就是'见山是山'，现在想想，唯有大突破才是大挺立，以一菜为基，融众菜之粹，又何尝不是'见山是山'？"

见他渐入佳境，周莲一言不发，颔首静静地看着。

郑春发想到了什么，倏地喊道："他山之石，可以攻玉；我山之石，本为灵玉！"随后，他去了按察司衙门，专门请教"福寿全"做法。

郑春发不分昼夜，钻进后院，架起柴灶，如神农尝百草，逐样选择、试验、熬煮、品鉴、增加、删减……将多种方法反复锤炼，力求能找到最佳的时间点、结合点，一点一点敲定，之后不断调整方向。他熏得面目发黑，熬得两腮收缩，困得眼窝凹陷，丝毫不在意，如痴如醉，疯疯癫癫。

这天，一向沉稳的叶倚榕走得满头大汗，来告诉他："你知道吗？陈小牛现在广源兴当厨师。"

本以为郑春发听后要吃一惊，可不料竟不为所动。叶倚榕就有些气恼，说："你看看你这副样子，陈小牛……"他气得一脚踢翻了地上的竹筐子，筐子一下飞到锅台上，差点被火苗点燃，郑春发跳起来，捡起筐子，呆呆地望着师父，木木地没有回过神："什么？"

叶倚榕焦急地来告诉郑春发，是希望他有所提防，不想郑春发听他说完，也仅是不冷不热地说："天要下雨，随他去吧。"

叶倚榕喟叹一声，摇着头边走边说："钻研这个菜，你是魔怔了，三友斋和广源兴的结难解了。"

郑春发不为所动，一心钻研福寿全创新改良。叶倚榕开始不理解，后来见郑春发痴迷钻研，就留心关注，得知详情后，他也认真想了想，而后回到房中，翻开秘籍，沉思、回味，结合自己的做菜心得，反复揣摩，也在思考如何将各地菜肴的精髓融合在闽菜中，既有大的突破，又不失闽菜精髓。反复斟酌后，这才与郑春发联手，探讨、驳斥、试验、冲突，最后达成一致。

"师父，这道菜是您的心血，您来推向全城。"

"错了，无论你现在的身份、地位、实力，都在师父之上，这道菜以你为主，由你推出，正当其时。"

"师父谦逊，是爱护弟子。"

"前三十年看父敬子，后三十年看子敬父。你我虽非亲父子，情同父子，道理是一样的。还是由你推广，力度和尺度都是最恰当的。"

半个月后，反复品尝觉得成熟了，郑春发这才请来周莲，拿出了这道菜。

此菜在原来福寿全的基础上，对用料进行改革，增加了海鲜类，减少了畜禽类，让这道菜的闽菜元素更加突出，滋味更为清、甜、香、脆、醇。

原来的福寿全菜肴中，因杨文鼎老家是江苏籍，所用酒坛装的是"绍兴老酒"。郑春发初煨汤时，用的是上佳的"福建老酒"，这酒曾被苏轼盛赞过："去年举君苜蓿盘，夜倾闽酒赤如丹。"可反复用过后，总觉得不如杨文鼎夫人煨汤的滋味，遂果断选用绍兴老酒，一时汤味淋漓，香气久而不散。

其后，他多次揣测，又经叶倚榕点拨，方知其中奥妙：绍兴老酒与福建老酒虽同属于黄酒类，但黄酒按含糖度又分为干黄、半干、半甜、甜黄四类。绍兴老酒属半干型，福建老酒属半甜型。福建老酒含糖量大，菜肴烹调熟后加适量，确会增甜挥香，但它与菜肴同处高温中，久则变酸变涩。绍兴老酒与菜肴一同密封于坛内高温蒸煮，其"老酒香"反而更加浓郁。因此，掐准了这一道关，福寿全必须用绍兴老酒，一是香，二是汤汁久煨不酸。

这道菜，着力的核心在"汤"。

汤是闽菜的魂魄，更是三友斋的绝唱，郑春发熬汤过程中，不得其味时懊恼狂躁，拿捏分寸时又狂笑出声，舞之蹈之，几近癫狂，半月身子骨熬瘦了十多斤。

在师父的激励下，郑春发用尽毕生所学，每道工序完成后，虔诚如品酒大师，用开水冲烫汤匙，后舀起半匙，先闻其味，再观其色，才尝其味。舌尖先点触汤汁，用心感悟，再思索先前滋味，进行比较，之后再次用舌轻碰，在口内搅动，令唇齿沾汤，闭目品咂。

郑春发端上这道菜，周莲安静地坐在桌旁，满心期待着。

这是一个高高的绍兴酒坛，一俟拿开盖子，顿时，浓郁的香味弥漫了院落，周莲纵情地吮吸着扑鼻的香，微微闭眼，用手掌扇着风往鼻腔里送，陶醉得神魂颠倒，连声呼叫："好、好、好，莫说这是三友斋的招牌菜，就是闽菜之王，也非它莫属。"

郑春发感动地滚落热泪，急切地劝："您还是动动筷子，再说话不迟。"

此时，坛子里的诸多菜已倒入一个大盆内，浓稠的汤汁里金黄的海鲜透亮，周莲迫不及待地夹起一块鱼唇，慢慢抿着嘴，以舌头贯通神经，用心感受："嗯，好！绍兴酒让汤醇香绕舌，桂皮、茴香、老姜、八角的滋味混合在一起，每一口菜都带着炭火的温度。整道菜质地软嫩，浓郁荤香，营养丰富，汤浓色褐，厚而不腻，尤其是诸多香气混合，果然是人间珍品。依我看，这道菜，不久就会震动福州城！震动福建！"

郑春发方才还有些忐忑，此时见周莲不住夸赞，欣慰地问："果真到了您说的这地步？"

"快说说，这个坛子里，都还有什么，你是怎么做得如此珍馐的？"

郑春发知道周莲懂行，诠释得特别细致："先说这坛子总成，什么原料如何添加。这个酒坛先加清水一斤，放在温火上烧热，而后倒去热水；坛底放一个小竹算，先倒入煮过的鸡、鸭、羊肘、猪蹄尖、猪肚、鸭肫，然后把鱼翅、火腿、干贝、鲍鱼用纱布包裹，放进坛中，纱布包上面排上花冬菇、冬笋、白萝卜球，再倒下粘汁；坛口用荷叶盖上，加盖一个小碗；最后将坛子放在木炭炉上，用小火煨一个时辰后启盖，迅速将刺参、蹄筋、鱼唇、鳊肚放入坛中，再次封好坛口，煨半个时辰取出。"

"嚯！仅这成品就要一个半时辰？"周莲惊讶地问。

"这道菜，每一味菜都要事先烹煮，总算下来，六七个时辰不止。"

"这才堪称大菜！"周莲竖起拇指。

"您也看到了，上菜时，坛中菜肴先倒入大盆，鸽蛋搁于其上。这边上摆放的梭衣一碟、油辣芥一碟、火腿拌芽心一碟、冬菇炒豆苗一碟和点心、银丝卷、芝麻烧饼，虽都是配菜，却能弥补这道菜肉多素少的瑕疵，还能调节个人口味。"

"再详细说说，具体如何做的，我看你忙活了这半个多月，人都瘦脱相了。"

"大人要听，我把这原料一一细细说来。"郑春发此时恢复了神采，扳着指头唱歌一样，有缓有急地逐一说起，"水发鱼翅一斤，水发鱼唇五两，水发刺参五两，鳊肚二两五钱，净肥母鸡一只二斤五两，金钱鲍六头，水发猪蹄筋五两，猪蹄尖二斤，猪肚大只一个，净肥鸭一只二斤五两，羊肘二斤，净鸭肫十二个，净火腿腱肉三两，鸽蛋十二个，净冬笋一斤，水发花冬菇四两，白萝卜三斤，炊发干贝二两五钱，上等酱油二两五钱，冰糖一两五钱，绍酒五斤，葱白段二两五钱，猪肥膘一两九钱，骨汤二斤，熟猪油二斤，桂皮二钱、生姜片一两五钱、八角一粒……仅作料重十八斤八两。"

"非常人可为，亦必得有非常人之志才可成就！受鄙人一礼！"周莲恭恭敬敬地行了个作揖礼。

郑春发急忙回礼，连连致歉："这可使不得，周大人如此，折煞我了。"

"当得起，当得起！有此菜支撑，三友斋屹立不倒。"

"言重了！"郑春发忙谦逊地行礼。

郑春发言犹未尽，微闭双眼，将这道菜的准备工作娓娓道来。

水发鱼翅洗净去沙后，剔整排置竹箅上，放进开水锅中加葱六钱、姜三钱、绍酒二两，煮十分钟去腥，拣去姜、葱，汁弃之不用；箅拿出放碗内，排上猪肥膘肉在鱼翅上，调入绍酒一两，放笼屉中蒸一个时辰取出，拣去肥膘肉留作他用，滗去汁不用；鱼切成二寸长、一寸五分宽的块放开水锅中，加葱六钱、绍酒二两、姜三钱，煮十分钟再去腥，拣去姜、葱，滗去汁不用。

金钱鲍以每个三钱重为最佳，放笼蒸烂取出，洗净，每个片成二片，剞上十字花刀，装入小盆中，调入骨汤五两、绍酒三钱，放笼屉蒸三十分钟取出，汁不用；鸽蛋洗净，装在碗中，加清水一两，放笼屉中蒸三十分钟，捞起放在清水中浸二十分钟去蛋壳，用酱油少许染色。

周莲吃惊地说："要准备这么久，以后客人来了，怕不能随时点到这道菜。"

郑春发点点头，说："熬不够这么长时间，做出来就是哄人的，像未熟透的果子，滋味大不一样。大人，莫慌，再听我细说。"

他讲起这些，活脱脱像个长途跋涉的苦行僧，在诉说修行的过程。

将净鸡、鸭去头、颈、脚和内脏；猪蹄尖剔去蹄壳，拔净夹杂毛，洗净；羊肘刮洗干净。以上四料各切十二块，鸭肫全粒切开、去肫膜洗净，一并放进开水锅中氽一下，减除血水捞起。猪肚洗净，先用沸水氽二次，减除浊味，再切成十二块，放进煮开的五两骨汤锅中，加绍酒一两七钱氽后捞起，汤汁不用。

将水发的刺参洗净每只切片；猪蹄筋洗净切成长二寸的段；花冬菇（需是冬末春初所产的香菇，面有菊花纹为佳）洗净去蒂；净火腿腱肉加清水三两，放进笼屉蒸三十分钟取出（汁不用），连皮切三分厚的片；冬笋放开水锅中氽熟捞起，每条冬笋直切成四块，用刀轻轻拍扁；白萝卜去皮，切成直径八分的圆球形，每粒重约一两；炒锅置旺火上，下熟猪油烧到七成热，鸽蛋下锅炸二分钟捞起；将萝卜球、冬笋一并下锅炸二分钟滗去油，加骨汤五钱、酱油一两煨烂捞起，装碗待用。

炒锅放旺火上，下熟猪油烧到八成热时，将鱼肚下锅炸至镐肚能折断时捞起，滗去油，用水浸发透，切成长一寸五分、宽八分的块；锅中留余油一两，用旺火烧到七成热，下葱七钱、姜九钱，炒出香味，倒入鸡、鸭、羊肘、猪蹄尖、鸭肫、猪肚炒几下，调入酱油一两五钱、冰糖、绍酒四斤三两、骨汤一斤、八角、桂皮，翻炒后加盖煮二十分钟，拣去葱、姜，起锅装在小盆中，粘汁留用。

听他讲罢，周莲沉默许久，意味深长地说："时间可以沉淀一切滋养，使浮华褪去。当然，时间也可以瞬间凝聚精华，或许，你来日会烹调出另一味用时最短的珍馐美馔。"

郑春发没有回答，此时他完全进入了虚空的境界，物我两忘，透过榕树枝叶，仰望天宇，愈发觉得天空深邃寥廓，鼻子一时发酸……

这种种滋味，饱含着他从厨三十余年的心血，看似熬制菜肴，更是熬他的人生，是他人生阅历和学识的积淀，他把春秋、昼夜都融入其中，把对人生的思考泅入菜品中，让人生百味渗透在一次次的腌制和熬制中，炊烟袅袅升腾着希望，滚烫的液体冲击着海鲜，泛起"咕嘟咕嘟"的热泡，氤氲的蒸汽环绕着坛子周壁，让陶土的大地之朴与海洋生物讲述起缠绵、隽永的故事，每一勺的浓汤里，都浸润着菜品的秉性和嬗变。

此菜在三友斋推出后，一直名为"福寿全"，寓意"福寿双全"，虽然也有美好希冀，但周莲总觉得不够雅致。

周莲虽然谦虚地说自己读书资质平平，但其实他最喜风雅，一直在苦寻雅趣。一日，周莲组织几位高官显贵和文人墨客聚在三友斋，享用福寿全。当郑春发将坛子捧出，揭开荷叶的瞬间，一时芬芳四溢，满室生香，一儒生情不自禁，脱口吟道："坛启荤香飘四邻，佛闻弃禅跳墙来。"众人齐声喝彩，拍手称绝，周莲当场拍板：

"神来之笔，天赐菜名，就称'佛跳墙'。"

"佛跳墙"不胫而走，三友斋盛名远扬。郑春发借此良机，不断悉心改进，在主菜之外，另加酱酥核桃仁、糖醋萝卜丝、麦花鲍鱼脯、淡糟香螺片、贝汁鱿鱼卷、香糟酿肥鸡、火腿拌芽心、冬菇炒豆苗八碟小菜，银丝卷、芝麻烧饼两道点心，冰糖燕菜汤一盅甜食和应时鲜果等，组成"佛跳墙席"，迅速风靡闽菜界，一时世人皆以尝过"闽菜之王"为荣。

二

"佛跳墙"远近驰名，三友斋过硬的菜品吸引了源源不断的客人。福州城的民众和南来北往的过客，每天在三友斋前排起了长龙，从早上八九点钟开门营业到晚上十点左右打烊，店内高朋满座。

跑堂的伙伴招呼声此起彼伏："您来了""您这边坐""您慢走""下次再来"。

"红烧干贝、南煎肝、油爆海螺、红糟鲢鱼各一盘。"

"烧酒一壶四两，外加福建老酒一壶。"

"伙计，上一坛佛跳墙。"

但见他们穿梭在人群中，上菜时端汤平稳、有序不乱，端茶斟酒及时利落，菜价口算准确无错，压桌撤席安全迅速……

忙里抽闲，郑春发托周莲相邀，将罗大龙请来，算作赔罪。郑春发知道，周莲好多事情不便出面的，还需要罗大龙出面摆平。罗大龙虽然粗鲁，其为人直爽，也适合交友。

有周莲做东，罗大龙脾气再凶，也不得不来。人是来了，可一直耷拉着脸，半点不笑。

郑春发知道他心里有怨气，乐意让他赚足面子："罗兄，都是我不好，让你受委屈了。"

"我就是个海盗，是个坏人，你也打听过了。"

"你怎么知道我打听过？"郑春发蹊跷地问。

罗大龙冷冷一笑："我连这都不知道，十几年海盗王不白当了？不是跟你吹，若不是周大人招抚了我，就你郑东家，我一夜之间就能让你倾家荡产，信不信？"

周莲见火药味如此浓重，当即打圆场制止道："说的这是什么话？如今你也是官府的人了，老是改不掉过去的习气。"

罗大龙涨红了脸，低头嘟囔着说："大人教训的是。"便不再言语，沉着脸，摆弄着手里的一块玉佩。

郑春发此时也被怼得有些生气，心想：我好心请你，你却要端我的老巢。这人真是不知好歹。

场面一时有些冷落，气氛尴尬。

见郑春发闷闷不乐，罗大龙忽然哈哈大笑起来："郑东家，看来你是不信，我让你看看。"

说着话，他三两下卷起上衣，裸露出上身：只见从肩膀到腹部，一条疙疙瘩瘩的伤疤像一条蜈蚣趴在身上。

他又伸出手来——右手无名指只有半截！

郑春发尚在惊讶，罗大龙说："这个，是洋人的枪打的，差点透心凉，见了阎王爷！嘿嘿，爷命大的很！"见周莲不发话，罗大龙忙边穿衣裳边说："总是我命中注定要遇见周大人，这才有了安生日子过。"

郑春发看了他的伤，心中敬佩他是条汉子，这时听他如此说，急忙也转了话题，感激地说："周大人走后，还真是多亏罗兄处处照顾。"

郑春发这句话本是假客气，为的是给周莲面子，其实他内心里还是不太认同罗大龙给三友斋撑了门面。

不料，罗大龙听罢，以为郑春发是真心感激，忍不住夸耀："你看到的都是表面，不知道的还多着呢。那天晚上，那个喝醉了酒的客人，拿刀捅伤了伙计，准备逃窜，还不是我派弟兄们抓住的？"

郑春发惊愕地盯着他，前一段一天晚上，确实有个客人吃过饭后，非要菜钱减半，和店内伙计推搡之间，竟然用随身带的刀具捅伤了伙计，当时自己还庆幸官府里的兵丁及时赶到，抓住了此人，原来都是罗大龙背后支持，可他却施恩不求回报，闭口不言。郑春发心中顿时充满感激之情，愈加惭愧，觉得罗大龙此人真是无比仗义，此人非交下不可，遂端起酒真诚道歉。

罗大龙见状，又有周莲从中周旋，三个人这才坐下喝酒。

罗大龙说起，当初当了海盗，也是逼不得已。他本是老实的农民，被歹人欺压，妻离子散，又兼朝廷逼迫，税务繁重，心中就种下了万千仇恨，从此不再信任任何人，一怒之下，落草为寇。

即使当了海盗，他也还是心怀善念。可一次次，别的海盗嫌他抢了生意，双方几次发生火拼，将他砍得遍体鳞伤，这才逼迫得他心狠手辣，从此变得心硬如铁，不惧生死，带着一帮弟兄，硬是闯出了一条血路，坐稳了厦门海盗第一把交椅。

听他讲完，周莲捋着八字胡须，笑眯眯地说："我看中的人，不会错。你们这也是不打不相识，来来来，举杯，一酒泯恩仇。"

靠各路朋友支持，生意越来越兴隆，郑春发踌躇满志，计划将隔壁的几间房子也买下来，扩大三友斋规模。可是，张陈两位股东却略有微词，他们担心，三友斋此时虽看似红红火火，但经营酒楼，毕竟不是什么独门生意，还是稳扎稳打为最好。

两位股东这摇摆不定的态度，让郑春发十分心焦。眼看着提出扩大的建议已经过去两个月，他们仍举棋不定，不免有些恼火。

郑春发想着以和为贵，又商讨了几次，不料三人之间的分歧越来越大，回回商议都不欢而散。

面对分歧，两位股东也看清了，目前只能让郑春发全盘接手，如若不然，三友斋只怕会在互相掣肘中影响经营。一则他们多年放手，菜品把控全是郑春发和叶倚榕，二来大多数客源都是郑春发在维系。为避免将来闹翻，保住利益不受损，二人决定撤股退出，由郑春发独自接管。

光绪三十年（1904），郑春发四十九岁，眼看就是大衍之年，他觉得再不趁着这几年做点事，只怕转眼就老了、干不动了，于是果断接下了三友斋。

独资经营，周莲认为："现在已经不是三个股东了，还叫三友斋就不恰当，倒不如改个更雅致的名字。"

"请周大人赐个名字。"

周莲思考了几日，说："新的酒楼，应该显示出聚集在此的多是贤士，也要带有此处有美酒佳肴的况味。我揣摩几日，拟就'聚春茶园'四个字，你觉得……"

郑春发一听，拍手叫好："好，这样的名字，有档次，就它了。"

周莲好雅事，想着为"聚春茶园"撰个楹联，也是自己对郑春发的祝福，便与学识渊博的书法家甘联灏商榷，撰就一副贴合的楹联：

　　聚多冠盖
　　春满壶觞

此联一出，众人都觉得绝妙无比。

冠盖，本意是指官员穿戴的服饰和乘坐的车辆，多借指官吏。聚春茶园里，不但有布政使周莲、按察使杨文鼎，还曾接待过闽浙总督许应骙等人，称"冠盖"，可谓恰当。"春满壶觞"则更为文雅，"春"在唐人时多指酒，一下就凸显出酒香满楼的意蕴，观此联，就仿佛看到了食客们如沐春风，举壶对酌的欢畅场景。

最妙之处在于，楹联前两个字，正好冠以"聚、春"两字，嵌字联丝毫不生硬。

不久，此联即刻在木匾上，悬于酒楼门柱上。门头的牌匾"聚春茶园"，周莲亲笔挥毫。一省主政大员的墨宝，自然是金字招牌，聚春茶园很快一座难求。

叶倚榕看到郑春发如此作为，也深感慰藉。这天傍晚，他将郑春发约至书房，拿出一个精心保护的本子，坐下，说："你师爷的这本秘籍，多少人梦寐以求，日夜盘算。你也知道，为了它，有人几次要置我们于死地，还好……"他有些伤感，擦着模糊的双眼，一字一顿地说，"是时候喽，今天，我把它交给你。"

郑春发闻听，大吃一惊，忙推辞："师父，万万使不得，还是您老存着吧。"

"怎么？你倒不稀罕了？"

叶倚榕一声质问，郑春发愣住了，他出于真心，觉得此物珍贵，理应由师父保存，谁知师父误会，倒好像自己不屑，急忙解释："徒弟再浮躁，也不敢对你们几代人的心血亵渎，只是觉得如此珍宝，我怕承受不起。"

"有什么承受不起？我看，你若难担此任，谁能？"叶倚榕从来说话都是平淡冲和，这时提高了声音，递过去，"听师父的！接着。"

郑春发双手掌心向上，举到齐胸，双手如捧圭臬，虔诚地承诺："弟子一定以命守护。"

"你打开，我来和你说。"

郑春发打开秘籍，上面记载的都是菜肴精髓，哪道菜作料几分几钱、火候什么程度、原料必须用哪个地方等，都有详细标注。郑春发心中震动，确知这是无价之宝，凝结着几代人的心血，中间几处还添了叶倚榕的笔迹。

叶倚榕见郑春发望着自己，便说："这些，师父平日也都教过给你。怕自己忘了，就写在上面。你记住，这秘籍，除了能让店里的菜更可口，多赚钱，更是一种传承。自古厨师不受重视，官家和文人很少做记录，可我们身在这一行，我们不能自己看轻自己。没有人做，我们就自己做，一定要把这个世世代代传下去……"

"你看这里……"叶倚榕翻开前面几张"师训"后，指着一张，说："其实，说来说去，精华就在这儿。"

郑春发看到两个硕大的字——"真""熬"。

"所谓真，就是要用真材实料，每一种食材都要新鲜的，绝不能贪小便宜、投机取巧。做人更要处处讲求，待人真，处事真，价格真。"

"人的味觉最灵敏，再好的手艺，没有用真的材料，食客就会离店而去，再也不会回头。"

郑春发连连点头。

"这个熬，说的是，做厨师，要熬到人菜合一，菜的品质就是厨师的品格。一道菜，你要炒得不急不躁，一百次永远当成第一次做！"

郑春发再次点头："徒弟记下了，师父放心。不过，我觉得，还要加上一个字——广。"

"说来听听。"叶倚榕鼓励地盯着郑春发。

"开门做生意，后厨掌锅灶，总脱不开一个'广'。做生意要广开财路，广交朋友，当厨师更要广开思路，集思广益。老话说，读万卷书不如行万里路，行万里路不如名师指路。师父带着我去京沪苏杭游历，可谓受用一生。闽菜要发展，要多多吸收其他门类，才能有所创新，有所变通。"

"好啊，你有这样的胸襟，一定能超过我，做出更多属于你的'烧南北'"。叶倚榕心情愉悦，开心得笑容满面。

郑春发一脸惊讶，问："烧南北？师父，是什么功夫，有写在这秘籍上吗？"他边问边去翻秘籍。

叶倚榕见状，畅快地"哈哈哈……"笑着，高兴地拍了拍大腿："你呀，就是实诚。烧南北是河北张家口的一道菜，有'美肴佳馔一盘，江南塞北二味'的说法，选用了塞北口蘑和江南竹笋，是南北地方最精华的'鲜'味食材，你刚刚说到广、说到吸收，我就想起了它。听说，还是老佛爷赐的菜名。"

郑春发点了点头："明白了，两种极鲜的食材，跨越万水千山相逢，其实也是南北方饮食文化的交融。师父放心，徒弟定会在这一方天地，用心做出属于聚春茶园的'烧南北'。"说完，师徒二人一齐笑出了声。

告辞师父，郑春发小心翼翼地抱着秘籍，乐呵呵地回到安民巷的家中，偷偷藏在暗处。梦中，师爷石宝忠笑呵呵……

郑春发独资经营聚春茶园不久，便着手把店内环境和厅堂格局重新做了布局，新近又开辟了茶室。布置妥当这一日，秋高气爽，郑春发便下帖子请周莲大人上午过来品茶。

估摸着大人快到了，郑春发站在门口张望。聚春茶园位于东街口，地理位置好，挨着它的是各式店铺，有剃头店，一早就有客人上门排队等候；有篾竹店，专门做竹篮子、淘米箩、簸箕、竹椅等竹器；有铁匠铺，铺内有一只大炉灶，一只打铁的铁墩，炉灶旁接着一个风箱……人来人往十分热闹。

不时有人经过身边，热情地和郑春发打着招呼："郑老板，些加（闽方言，指吃早饭）了吗？"郑春发笑眯眯地回应："快些打（闽方言，指吃午饭）了。"

只见一顶软轿颤悠悠地往聚春茶园而来，郑春发喜滋滋地迎上前去，眼里是抑制不住的欢喜。周莲掀起轿帘，看到郑春发，便吩咐轿夫停了。郑春发紧走几步，上前，拱拱手："大人，莫慌，请到店内再下。"

郑春发将大门右侧杂物全部清理，宾客们乘坐轿子前来，可直入店内。周莲赞道："这样好，以后遇到下雨天，鞋子都不会湿，更不会让人看到，非议周某人一天到晚往聚春茶园而去。"说完，两人相视会心一笑。

前行十多步，便是一天井，它是一宅之要，用来承接天降的雨水与财气：晴天阳光照进，即是"洒金"；雨天雨丝飘进，即是"流银"。此时，正有阳光流泻而下，照在天井之中鱼池上，几条五彩金鱼摇头摆尾、上下翻飞，吐着气泡，更显得神采活泼。池中堆着假山，底下铺满青草，石上雕刻有"得其所哉"几个大字。

周莲的心情也如洒下的阳光般明媚："春发，春秋时子产这四个字你选得甚好，你这一改，颇有几分陶渊明所说'吾亦爱吾庐'的境界。"

郑春发拱拱手："岂敢、岂敢。大人才高八斗，引经据典，春发佩服至极。"

里面共有"五厅一堂"。天井左手边，是个大礼堂，场地开阔，装修华丽，主要用于举办婚礼、寿宴；右手边，则有内、外两个花厅两个雅间。内花厅门口，悬挂着"山珍重北地，海味称南天"的楹联。

郑春发一边介绍，一边陪着周莲徐徐往前走。二人穿过天井，越过一道拱门，更是别有一番天地。

此处是一个小天井，正中间长着一棵玉兰，阳光透过碧绿宽大的叶子，洒下一方斑驳的影子。

天井左侧是洋花厅，陈设最为讲究。郑春发说："将来，大人和您的宾客莅临小店，就在这用餐。"

周莲闻言，并不走进厅内，环顾一圈：厅中仿照衙署客厅的样式，陈设古韵十足的红木、紫檀木桌椅：中央有一张大圆桌，平时多蒙红布，若遇白事则换成白布。圆桌不远，放了特制的一张小方桌，专供宴前、席后，客人搓麻将消遣。厅两边各列四张紫檀木镶螺钿"公座椅"，比太师椅略矮。两张公座椅中间放了茶几，上置锡制、莲花状杯座和茶杯，以备即席礼俗之需。厅内还有两张无靠背的红木四方"马腹椅"，为略低一级人员或陪宾坐；座位后的小横案上，放置"帽筒"数个，专供安官帽；洋花厅四角，悬有明角宫灯，灯光打开，流光溢彩，煞是耀眼。

"大人请看，在厅内一角，专门辟有浴室，供餐毕沐浴。"生怕周莲没注意到，郑春发恨不得把布设的点点滴滴全告诉他。

"浴汤呢？你自己烧？"

"雇人从'聚仙泉'和'福龙泉'澡堂肩挑双桶，运送而来。"

天井右侧，并列有东花厅和西花厅。厅内，均四壁悬挂名人书画，座次陈列鼎彝文物和鲜花、盆景，备有古琴、围棋、象棋，文房四宝。郑春发提到根据不同顾客的不同待遇："花厅内因人而异，所用宴具等次不一。上等宴席用银制器皿，配以象牙筷，次则锡制，再次为瓷制。"

一路走来，但见窗明几净，一桌一椅一草一木一碗一筷，均独具匠心。周莲欣赏地看了看郑春发，由衷地说："春发，你可谓'直缘多艺用心劳，心路玲珑格调高'。"郑春发内心有几分满足，又有些不好意思，回道："春发惶恐。这点微末本事，在大人面前，不值一提。"

周莲戏谑地一笑："怎么不值，依我看，你这钱花得值，你这一改，怕是多少人要抢着来些博恩（福州方言，指吃饭）了。"郑春发忍不住，笑出声："大人，这句福州话说得地道。"周莲摆摆手："欸，我只会这一句。你看你，为了聚春茶园，你费了多少心思？"旋即，玩笑地："你下帖子让我来品茶，怎么？反悔了，舍不得拿出来？"

郑春发哈哈笑着，急忙带着周莲往茶室走去。

到了门口，郑春发站定，推开门，身子微微前倾，恭敬地说："大人，里边请。"

周莲颔首，进得门来，愣了愣，随后大笑起来："好你个郑春发，拐着弯诓我的字。"

但见正对门的影壁上，挂着一幅四尺对开的中堂，用漂亮的行书写着元稹的一首诗：

> 茶。
> 香叶，嫩芽。
> 慕诗客，爱僧家。
> 碾雕白玉，罗织红纱。
> 铫煎黄蕊色，碗转曲尘花。
> 夜后邀陪明月，晨前命对朝霞。
> 洗尽古今人不倦，将知醉后岂堪夸。

这是郑春发前段时间去求周莲的墨宝，说是喜欢这首诗。周莲不疑有他，便写了交给郑春发。此时见了，不免自谦道："周某的字挂在此处，要让来往的客人贻笑大方。"

郑春发拉出椅子，请周莲坐下："大人此言差矣。元稹这首诗涵盖了茶的品质、功效，饮茶的意境，烹茶、赏茶的过程，是茶诗中难得的精品。而大人的书法散淡、冲和，有着钟繇、颜真卿的神韵，细品之下，又兼王羲之、王献之父子飘逸而秀美的遗风。"

　　见周莲含笑不语望着自己，郑春发诚恳地指了指靠墙博古架上摆放的一溜茶罐："再说了，大人懂茶，走南闯北，喝的茶远超过我这里的，每一种茶你都能说出它的精妙之处。您说说看，您写的书法，用在这茶室里，迎接文人雅士，是不是相得益彰，让我这个小店蓬荜生辉？"

　　"你瞧瞧，真不愧是生意人，说什么都有道理。尘世之中，人心疲惫。喝过酒、吃过饭，来此饮茶，饮一杯好茶，小憩片刻，也算是难得的清福吧。"周莲的目光在博古架上来回徘徊，很是羡慕："自古酒茶不分家，你又卖酒菜又设饮茶，食客酒酣之际，再酌上杯好茶，茶解酒醉，酒助茶劲，真是一日无酒身心软，三盏毫茗快活仙。"

　　架子上摆放着福建各处的名茶，每个茶罐外贴着红纸写的标签：大红袍、正山小种、茉莉花、铁观音、漳平水仙、永春佛手、白毫银针、白芽奇兰……看到这许多好茶，尚未喝在嘴里，周莲已感到口齿生津，迫不及待吩咐郑春发："我看，你这里武夷山岩茶四大名丛都有，快快把大红袍、铁罗汉、白鸡冠、水金龟一一泡了，今天，就让你破费一番，省不下银子啰。"

　　"大人尽管放开喝，生意不是靠省，而是靠赚来的。"郑春发说着话，手上却不停，小泥炉煮水，洗杯。取出今年和往年的铁罗汉各一半，冲水，出汤，分杯。白瓷骨杯细腻精致，褐色的茶汤在洁白的茶杯里，升腾着袅袅的淡淡白烟。

　　见周莲盯着自己手上的功夫，郑春发说："我也是现学现卖。当年的铁罗汉香气清而长，但水稍微顺滑些，没有风骨，就像毛头小伙，青涩稚纯；而陈年的铁罗汉香气淡了，芬芳少了，可水却厚了，韵也更浓，犹如老者，历经世事，洞若观火。因此，铁罗汉最好的喝法，是新旧茶拼配着喝。去掉年轻时的清纯，减去年长时的老辣，两下折中，便是清雅、沉郁、浓厚，香久益清、味久益醇。大人品品，看是不是这个味？"

周莲缓缓端起茶杯，颔首闻香，慢慢小啜一口，微微皱鼻，轻眯双眼，此时，这半日之闲，直可抵往日尘梦。那些世间的寒霜风雪、人生的得失沉浮，都慢慢融化在这氤氲的馥郁茶香中。

翌年，为突出菜馆特色，招徕更多食客，广开财路，郑春发将"茶"字去掉，聚春茶园改名"聚春园"。这一次，周莲亲笔手书"聚春园"正门牌匾，并题写"聚多冠盖，春满壶觞"这副楹联。福建布政使亲赐墨宝，使得聚春园再度名冠榕城。在这副楹联的旁边，郑春发又挂上"承办满汉筵席，精制嘉湖细点"的招牌，大张旗鼓，广而告之。

"佛跳墙"面世后，这一年多时间里，福州城内有的酒楼争相模仿，相继推出佛跳墙，有的饭馆的定价还低于聚春园，但用料以次充好，影响到了佛跳墙、甚至是闽菜的口碑，更影响到了福州城内各酒楼之间的关系，出现了一些相互攻讦的风言风语。

郑春发向周莲表达了心中的担忧，如果大家诋毁妒恨，相互拆台，福州城的酒楼必深陷泥泞；而相互扶持，彼此成就，大家都能赚到钱。

周莲道："春发所言极是，所谓'合作如兰，扬扬其香；采而佩之，共赢四方'是也。"欣然同意在光绪三十一年（1905）中秋这天，组织一次闽菜切磋，将福州城内二十位有名气的厨师汇聚一起，展示厨艺，相互交流。请十五位名流士绅、行会领袖、官府显臣担任评判，对改良闽菜有贡献、传承闽菜有功德的酒楼厨师要进行嘉奖。

离离暑云散，袅袅凉风起。秋风疏朗，山河已秋。这日，阳光若隐若现，微风凉爽舒适，蓝得澄澈，白得轻盈的云天之下，洁白的茉莉、粉红的海棠、金黄的丹桂、紫艳的三角梅，一簇簇、一丛丛竞相开放，花香四溢，弥漫在福州城内，迎接着一场重要比赛。

为了这首次盛会，由福州府衙门出面组织，聚春园、广裕楼、四海春等几家出资，专门在南门城附近一片开阔地的南北两侧建了二十个炉灶，每侧十口大锅一字排开，颇为壮观，东侧搭了一个一尺高的木台，上面摆放着四张长条桌子，木台一侧挑着一张大的蓝布，蓝布后是十五把太师椅，椅子前面五张小方桌，用脱胎漆盘装了各式各样的水果：甘甜滋补的龙眼，清火去燥的秋梨，软滑温润的香蕉，生津养肺的柑橘，爽口酸甜的菠萝，香脆圆润的柿子，金黄清香的柚子……

福州城的百姓听说有热闹可看，呼朋唤友而来，一大早就将此地围得里三层外三层，你推我挤，延颈踮脚，朝里张望。有的人挤不进去，便爬到开阔地尽头的榕树上远眺，尽管也看不真切，总好过在人群外围看人头。

一时，观者如云，挤挤攘攘，人声鼎沸，人们聚在一起议论着这场比赛。

"今天可开眼了，城内拔尖的酒楼都派大厨来了。聚春园、广裕楼、调仙馆、迎宾楼、广宜楼、别有天、义兴楼、四海春几家东家亲自上阵。"

"是呀。你听说了吗？郑东家的师父今天也要到这里给他助阵。"有人在卖弄着自己消息灵通。

听者嘲笑他："你说的是叶老东家呀？这还用你听说，你瞅瞅，北面灶台尽头，那张椅子上坐的就是他。"

"嚯，老爷子身体可真硬朗。他是评判吗？"

"郑东家不是要参加比赛？叶老爷子就没机会当评判啰。设这条标准，为的是防止徇私舞弊，专给自己人说好。今天，他应该就是来撑撑场子，啧、啧、啧，看看人家聚春园这排面。"叶倚榕年龄大了，平时难得出门，此时看到他，大家在意外之余，也感到聚春园志在必得的气势。

这时，有一队亲兵鱼贯而入，每人挑着两只木桶，扁担上下晃悠着，见自己在众人瞩目中，亲兵们傲慢地不断叫着："闪开、闪开，别挡了道。"

"那一桶桶装的是什么？急死人了，什么也看不着。树上那个依弟（闽方言，指弟弟），你快看看。"

"我瞅瞅，太远了，看不清。等等，我问问前面的人。传过话来了，有的是水，有的是食材，有的是调料，有的是盘子，一会儿比赛用。"

"你看不见，还爬那么高，真没用，不如换我上去？"

"这块风水宝地，先到先得，谁叫你早上太阳晒屁股了，还要搂着你婆娘睡觉，嘿嘿嘿。"

"你这小崽子，给我下来，看我不打死你……"

"别挤别挤，你赶去投胎呀……"

"我身上的两文钱不见了，哪个该死的贼偷走了……"

人们正在兴高采烈、闹哄哄之际，一个亲兵拎了一面大锣出来，跨到东侧的木台子上。左手抓住大铜锣挂绳，右手抡起锣槌，"哐、哐、哐"敲了三下，声音震耳欲聋，挤到最前面的几个小孩子伸出双手捂住了自己的耳朵。

锣声余音未了，亲兵高喊一声："肃——静——"刚才还沸反盈天的场地瞬间安静了下来，空气仿佛凝固了一般。

福州知府严良勋已年过花甲，仍脚步稳健，一步一步登上木台。在福州期间，他缉盗贼、弭械斗，功绩斐然，令人望而生畏。人们感受到威严的气势，都屏住了呼吸，瞪圆了眼睛，望着他。

在台上站定，严良勋宣布比赛规则，为使在场众人听得清楚，他每说一句，亲兵在旁用尽全力吼出去：比赛共分为主题菜、指定菜、自选特色菜三轮，每家酒楼允许一位厨师、一位伙计参加，每道菜将由十五位评判从刀工火候、口感口味、色泽形态等方面考量高下，三轮过后排名第一者获胜，由周莲周大人授予其"闽菜第一手"的称号。当然，为避免有的酒楼老板错了主意，事先行贿拉拢评判，在厨师们操作期间，这十五位评判需坐在木台后的太师椅上等候。

"老夫乃缉盗之人，哪个厨师若有宵小行径，莫怪老夫无情——咳、咳、咳"，亲兵太过用力，把自己的嗓子喊哑了，逗得底下的人们快活得捧腹大笑。严良勋也笑着接过锣槌，用力敲了一下，比赛就开始了。

第一轮，每位厨师可选一条草鱼，用现场的食材搭配，烹饪出"龙腾闽江"的意思。

高手云集的比赛战味浓厚，二十位伙计迅速点燃炉灶，厨师们使出自己的看家本领，提刀去鳞、切菜雕刻、下锅炖蒸、翻炒油炸……

菜刀与案板的撞击声、勺子和铁锅的碰撞声、食材与沸油的翻炒声不绝于耳，厨师们或颠锅，或翻炒，或提味，互不相让、你追我赶、有条不紊地操作，透过炉灶冒出来的青烟，锅里腾起的阵阵油烟，厨师们出色的基本功、娴熟的动作引来人们阵阵叫好。

"快看，南面从右数过来第三个炉灶把鱼炸好了，伙计端着盘子去接了。这个动作可真快。"

"依我看，收拾鱼鳞最快的是北面从左往右数的第二个炉灶，我才眨了三次眼，他就刮好了。"

"能到这里来比赛的，个个都有绝活。南面中间那个厨师，拿着黄瓜在雕什么？是一条龙，他在雕一条龙。"

"哈哈，你看北面最末那人，慌得鱼都抓不住，掉地上了。看样子，这一轮，他没戏了。"

这种从未有过的场面，每个人都觉得眼睛不够用，来回逡巡着，生怕漏了一个精彩的瞬间。

人们的议论声像是浪潮，一浪高过一浪，"嗡嗡嗡"地在耳边响着。郑春发丝毫不受影响，偶尔朝师父方向看一眼，今天，好几家酒楼都请了老东家、老师傅来坐镇。这么大的场面，师父只要坐在那儿，自己就气定神闲，稳如泰山。瞥见妻子林氏拉着儿子钦渚端着茶给师父送去，他收回目光，专注手上，一刀一铲间，普通的食材变成了精致的艺术品。

待最末一位厨师举手示意，菜已做好。先前挑桶的那队亲兵走了过来，拿出标着编号的红纸粘在盘底，记下每盘菜所取名字，端起二十盘鱼送到木台长桌上。

十五位评判起身，转过蓝布，来到台上。他们手里捏着早上发的十五枚竹签，每轮可取出五枚，放置在自己认为居于前五位的菜肴旁边。

只见二十个盘里的鱼，盘盘不同，每道菜就像一幅画一样，一条条"龙"在盘中活灵活现：有"盘龙双鱼"，有"龙腾四海"，有"龙飞凤舞"，有"盘虬卧龙"，有"双龙出海"，有"一登龙门"……厨师们大显身手，用鱼、用马铃薯、用黄瓜、用胡萝卜、用鸽子蛋、用豆腐等现场提供的食材，做出龙的不同形状。每一道鱼摆盘精巧、构想奇妙、色泽鲜亮，搭配上寓意美好的菜名，让评判们忍不住拿起筷子细细品尝滋味，而后给心目中最好的五盘菜一一放下竹签。

就在大家以为比赛难度将要升级时，谁也想不到，第二轮居然比的是炒南煎肝。

"这也太儿戏了。""比什么呀？我家婆娘都会炒。""没意思、没意思，官府办这样的比赛，怕不是变相敛财？"围观人群嗤之以鼻。

听着人们不靠谱的猜测，郑春发心里想："出题此人是高手呀，这道菜的水准确实能评判出大厨的技艺。猪肝虽普通，但大厨却能让它经过火候、刀功、调味的完美搭配，化普通为神奇，成为人间美味。"

郑春发扫了一眼隔壁炉灶，那是四海春的东家王明军，原先的东家王世统年迈，此时和叶倚榕坐在一起观赛。王明军是个急性子，但见他手起刀落，案板上"咚咚咚"几声已将猪肝切好，麻利地用刀一抄放入盘中。

郑春发微微一笑，猪肝并不像百姓说的切得越薄越好，太薄的话就会煎得干了影响口感；同时，为了协调猪肝片的大小一致，最后两刀要改为特别的横刀。高手对决，只在毫厘之间，王东家这样切，这道菜一开始就输了。

今天跟着来的伙计已在店里好久，与郑春发的配合很是默契，郑春发给了他一个眼神，伙计点点头，明白该是他配合掌握火候了。

制作南煎肝时，如要保持猪肝的鲜润口感，火候的把控就很重要，增一分即老，减一分就生。拍上淀粉的时间要控制在油锅温度刚好的时候，此时下锅，猪肝不会炸得老，而是外层表皮刚酥脆，内里达到八分熟，再靠余温继续变熟，这样的口感才是极致。

"我看，郑东家的动作慢，显然不擅长这道菜，恐怕要输了。他是当了东家，许久不炒菜，生疏了。"有人一直盯着郑春发观察，眼见他比王明军落后，好为人师地说出自己的判断。

"谁输谁赢，关我们老百姓什么事？我们看个热闹得了。"

"怎么没有关系？谁输了，就说明这家饭馆不行，以后我要请客，就去赢的那家吃。"

郑春发已将洋葱切碎、青椒切丝、胡萝卜切成薄片，老酒、酱油、糖、蒜末搅拌均匀。起好油锅，先下洋葱爆香，下青椒、胡萝卜翻炒，倒入猪肝、调味汁、米醋，快速炒匀，一道热气腾腾的南煎肝出锅、装盘。一套动作行云流水，叶倚榕看得频频点头，心里想：这道菜，春发稳了。

评判们回到蓝布后坐下，忍不住分享自己的感受。张举人沉浸在刚才尝到的滋味中："你们有没有注意到，第二张桌子第三盘，入口先是煎过后的酥脆，透过甜中带酸的表层浇汁，就尝到猪肝嫩滑的内在。"

醋行孙老大出声附和："对，就是那盘，鲜嫩粉润、香醇浓郁，融合了闽菜的鲜甜和香润，真是人间至味。你们说，是不是因为用了我们的醋，才这么出彩？哈哈哈……”

张举人自恃念过几年书，思索片刻，道：“依我看，不仅你做的醋好，福州什么都好，可谓是好山好水好食材，美食美景美味来。”

此时，只听得幕布后方亲兵的声音再次响起，进入第三轮比拼。由二十位厨师准备各自酒楼的招牌菜。

一周前，参赛的酒楼就得到了通知，因此大家早早就筹备下了。从层峦叠翠中采撷的珍稀山珍，到浩瀚海洋中捕捞的鲜美海味，早已在亲兵挑进场的水桶中等候多时。有的菜来不及当天炖煮，也都提前做好了准备。

灶台下再次火起烟升、案板上菜刀翻飞、油锅里热力四射，从洗菜切菜到生火起灶，从颠锅烹饪到挥勺羹汤，炒、焖、烧、炖、蒸，手腕轻扬、锅铲舞动、油花四溅、灶台上热火朝天，每一道步骤厨师们都游刃有余。一个时辰后，一道道美味佳肴被端上了长桌，香味扑鼻，让人垂涎欲滴。

评判们得令出场，走到台上。但见桌上摆着二十盘菜，其中有三坛佛跳墙，其余是耳熟能详的闽菜：鸡汤氽海蚌、肉米鱼唇、醉糟鸡、淡糟香螺片、荔枝肉、炸熘全节瓜、灵芝恋玉蝉、竹香南日鲍、鸡茸金丝笋、葱烧酥鲫、甜酸竹节肉、爆炒双脆、鱼丸、肉燕，以及太极芋泥、八宝红蟳饭。

这下大家可傻眼了，孙老大朝稳坐在台下的周莲、严良勋等人嚷嚷：“这可怎么评？这些菜品种不一样，口感不一样。”

严良勋接过话：“不是有一样的吗？”

严大人不怒自威，平常大家就很怵他，孙老大吓得一激灵，话都说不完整："那、那、那，我们先评一评佛跳墙。"

严良勋强调："只评佛跳墙。"

评判们轮番到三坛佛跳墙旁，各自取来三个小碗、分别装上、细细品尝。孙老大闭着眼，用心体会，想："左边这坛味道纯正些，有浓郁的鲜香、丰富的层次。"于是，将竹签投了下去。

张举人生怕被严良勋训斥，急忙跟上，嘴里念念有词："都说汤是佛跳墙的精华，用猪腿骨、鸡骨、鸭骨交替熬煮五个多时辰才能完成，过滤出食材后，剩下的汤颜色非常清亮。左边这坛，我既喝出肉的浓香，又尝到海鲜的鲜味。且投它一签。"

也有评判低声嘟嘟囔囔："其他的菜和佛跳墙相比，就是小巫见大巫，无法评出高下。只评佛跳墙，对其他酒楼未免不公平了些吧。"但知府大人发话，他们也只能将意见吞到肚里去，暗自腹诽。

眼见十五位评判投好竹签，亲兵迅速计好数，交给严良勋。严大人恭敬地转交给周莲。

周莲当仁不让，站起身，朗声道："比赛已经结束，前两轮较量中聚春园所获竹签十六枚，广裕楼六枚、调仙馆三枚、四海春二枚、别有天二枚、义兴楼一枚。"

在场响起一片赞叹声，立刻有人骄傲地宣布："我早就看出来，郑东家是业界翘楚。"

"算了吧，你刚才还说广裕楼张志宏会胜出。见风使舵，就你转得快。"这人说的张志宏，是广裕楼原东家张荫朗的儿子，现在的东家。

周莲待大家激动的情绪平静些，继续说："第三轮聚春园获得了十枚竹签。当然，这轮为什么只评佛跳墙？尽管闽菜品种众多，各有特色，别具风味，但那些菜肴无论是在用料、功夫、时间等方面，均无法与佛跳墙相提并论。"

见大家都安静地听着，他顿了顿，接着道："用同样的菜已决出厨艺的高低，现推举郑春发为'闽菜第一手'，大家可赞同？"

张志宏首先响应："广裕楼没话说，便是佛跳墙一道菜，足以支撑闽菜半壁江山。"

四海春的王明军也朗声赞同："大格局才撑得起大菜，郑东家称第一，我想大家都服气。郑东家，你可不能光自己发财，也带一带我们，一同赏饭吃。"

迎宾楼的厨师趁机说："是啊，我们推举你当行会会长，也让我们喝点汤。"

几个老板也高声喊道："聚春园当之无愧！我们心服口服。"

见到这种场景，周莲欣慰地微笑："我和严大人都不是福州人，不会在此长住。但各位厨师，你们大部分都是本地人，都要在这方土地上谋生计、做生意。民以食为天，商以信为本。大家的眼光要放长远，不要只图一时之利，以次充好，低价竞争，杀鸡取卵，砸了闽菜的招牌。"

郑春发深受感动，转着圈行礼，诚恳地说："郑某人本一介农夫，能有此雕虫小技，全赖众人抬举，聚春园绝不会抢大家的生意，我们各自安好，一同发展，才是福州的幸事。"

"郑东家好气魄！"

"这样的活动多举办，互相交流，才能振兴闽菜。"

也有人开始担忧："如今，西餐也进来了，洋人们吃的那冷饭冷羹，我是看不懂。"

"那冒泡的汽酒，喝起来像馊了一样。"

"叫张东家说说，啤酒有什么好？"

张明军亮起大嗓门："好不好，我们说了不算。德国的啤酒，不仅洋人爱喝，就是朝廷官员们，也多爱喝几口呢。您说是吗，周老爷？"

周莲呵呵笑几声："洋人的东西，也不都是坏的，啤酒这东西，我喝过几次，还是喝不惯，差不多就是泔水味，可架不住有人愿意喝，我建议大家多买些，做生意嘛，有来有往才好。我们福建的茶叶，洋人不是抢着往他们国家运吗？"

"社会乱了，不能叫洋人来啊。"

"您可要为我们做主，不能叫洋人胡乱来，搅了我们的生意。"

周莲见大家越说越乱，转移话题说："其他的事，日后再论。得遇今日难得的盛会，这么多珍馐美馔。和严大人商量过，重阳节快到了，第一轮、第二轮的菜送给福州城内八十岁以上的老人。第三轮的菜，我也有私心，哈哈，舍不得错过，今天是中秋，就与各位评判、大厨过个节。大家再不动手，只怕都凉了。"

众人齐声喝彩，纷纷举箸，品尝起别家的拿手名菜，他们可不想错过这难得的机会。

三

聚春园成了闽菜的代名词，外地来福州的客人，若是没有到聚春园享用过饭菜，就会觉得没有享用到正宗的闽菜。

郑春发有了如此舞台，如鱼得水，忙得不可开交。偶尔闲下来，看着六岁的儿子郑钦渚在院子里跑来跑去，忍不住就会回想起早逝的父母，心里泛起阵阵酸楚，若是父母健在，此时正是安享天伦之乐的幸福时光。

每念及此，他就更加用心照顾师父，吩咐妻子林氏："前几年，师母去了，看着师父总是一个人孤独坐着，怪可怜，你得空就常去陪陪他。老人家就是我们的亲人。"

林氏向来对郑春发言听计从："不用你交代。"

"读书这事，就让钦渚跟着鹏程学吧，毕竟乾正大哥今年六十四岁了，眼睛早花了，别老去麻烦他。"

叶元泰成婚后，一直没有子嗣，十多年后才有了儿子叶鹏程。鹏程这时也二十四岁，早已是秀才，正在准备乡试。

郑春发和林氏是接手三友斋那一年成的婚。他经营酒楼上顺风顺水，名声也越来越大，可偏偏子嗣不顺，为此没少让妻子去寻老中医。有人开始说三道四，说郑春发命里无子，林氏是不会下蛋的母鸡，又说他家祖上男丁不旺，让林氏苦恼不已。郑春发安慰她，不要相信这些闲言碎语，但听得多了，他暗地担忧。

终于，结婚十六年后，林氏诞下一子，让郑春发喜不自胜，在酒楼里连请三天，不收来宾分文。

老来得子，郑春发对儿子自然十分疼爱，每天晚上不论回家多晚，必去看看孩子。有时候亲孩子脸蛋把郑钦渚从梦中惊醒，父子俩一起欢笑。林氏生怕他弄疼了孩子，总是笑着提醒他要轻手轻脚。

郑春发琢磨着，一定要让儿子将来多读书，考取个功名，光宗耀祖。周莲听他说过几次，就帮忙举荐，给郑春发捐了个"六品顶戴"，好为他儿子铺点路。

经营酒楼多年，在饭桌上见过形形色色的人，郑春发觉得一个人的餐桌礼仪很重要。《礼记》里提到："夫礼之初，始诸饮食。"中国人的礼仪，始于餐桌上的规矩。吃顿饭的功夫，就能看清对方有没有教养、懂不懂礼节。他要让郑钦渚从小就站有站相、坐有坐相、吃有吃相，便按《礼记·曲礼》记载的饮食规矩，列了十几条请叶鹏程用毛笔写好，贴在餐桌旁，日日传授郑钦渚。

郑春发一家三口，回福清老家祭奠了父母，告慰列祖列宗，郑家如今也是"官宦之家"了。此行带了一车的用品，准备多住上几日。

第二日，郑春发还在睡梦中，就听得门外有叽叽喳喳的交谈声。

"我告诉你，春发是我看着长大的，他在我家不知吃过多少饭。"

"哦，这话骗鬼去吧。你自己都穷得揭不开锅，还能接济春发？不像我，我是春发表二姑亲侄子的三舅，亲着呢。"

"说这话也不害臊，这都拐了几个弯了。我是他的发小，从小一起玩。他发达了，可不能把我忘了。"

"嘘——我家春发是贵人，要睡好，你们这些穷鬼，都小点声，别吵着他。"

"你谁呀？谁家裤子破了洞，把你露出来了。"

听得外面越说越不像话，郑春发起床、穿好衣服、拉开门闩，见院子里站了十几位乡民。天色还早，蒙蒙亮，他也看不清都是谁。

这些人朝郑春发讨好地献媚，掰扯关系，拐弯哭穷，诉说生活的艰难。郑春发何等聪明的人，当然知道他们的意思。这是把自己当成了免费的财神，虽然张口是借钱，他知道这钱定然有去无回。于是他点点头，把众人请进屋，叫林氏烧上水、倒茶，耐心听大家诉苦，给他们每人包个红包，暂时支走。

消息不胫而走，从早到晚，也不知有多少人流水似的登门。

身上带来的铜钱已散光，茶叶也喝光。夜里八九点了，还有人在门外张望。郑春发拱拱手："众位乡亲，幼子要休息了，请诸位明日再叙。"众人这才陆续散去。郑春发进屋，对林氏说："快收拾好东西，回城。"

林氏不解："钦渚睡了，要走也要天亮啊，何必黑天半夜地走。"

"路上我再跟你解释，快走。"

他们抱起熟睡中的儿子，吹熄了灯，搬出包袱，坐上马车，匆匆离开了福清。

路上，郑春发悄声说："再不走，恐怕明天来'借'钱的人更多，如果没有拿到钱，我们就会落下为富不仁的恶名。好事不出门，坏事传千里。到时传到福州，就影响聚春园的生意了。"

林氏钦佩地看一眼丈夫，还是他想得周到，把头靠在郑春发的肩上，一摇一晃，很快就合上眼打着盹。

郑春发忙碌完这些事情，事无巨细，一心扑在店里。

聚春园的餐具，和别家并无二致，酒席盛菜都是杂乱地用大盘小碟，无法显示出聚春园特色来，郑春发就跑了一趟福州城的瓷器店，订制了大、中、小三种白瓷盖碗。

他定制的盖碗颇具特色：白底、青花、细瓷；上有盖、下有托盘；有大中小三种——小盖直径五寸、中盖直径七寸、大盖直径九寸。

如此一来，菜端上来，由于盖了盖子，侍者未揭盖子前，客人就不知是什么菜，无形中平添了几分神秘，也能保温。这种新颖样式推出，即赢得食客青睐，一餐饭菜点八盖、十二盖均为常事，有讲究的甚至每餐点十六盖、二十四盖，也不鲜见。

郑春发为吸引爱娱乐的顾客，订制了几副麻将牌。将一般麻将牌的红"中"、绿"发"，四张蓝色的"东西南北"风，八张"琴棋书画、松竹梅菊"或"渔樵耕读、春夏秋冬"的"花牌"都进行了革新。这副牌里，红绿字是"三"和"友"，寓意聚春园前身是"三友斋"。四张蓝牌是"聚春茶园"，八张花牌是"京广烧烤、华筵酒席"。独树一帜，格外吸引客人。

叶倚榕越来越呈现出老态，郑春发专门派一个伙计照料，得空了自己也来陪老人家聊聊天。听他讲石宝忠的故事，讲妙月的荔枝宴，讲园春馆的事。看着师父苍老的面容，郑春发不禁想起最初在福清南门见师父时，自己正在卖鱼，那时候才十二岁，懵懵懂懂。这辈子如果不是有缘结识师父，只怕如今还在农田里忙活呢。这世间，人与人的相遇，或许真的就是注定的。要不然，为何那么多卖鱼的，偏偏师父就选中了自己呢？

郑春发知道，师父到了八十多岁，在世的时间越来越少，老人家不看重那些名利富贵，偏偏喜欢陪他多走走，陪他多说说话，这就是最大的孝敬。

这天，郑春发陪着师父，来到官办的"福龙泉"高档汤堂里泡温泉。

郑春发不在聚春园陪师父泡温泉，主要是怕店内客人多，迎来送往，影响师父情绪。

福龙泉在鼓楼汤门外后井，温泉是地下自然涌上来的磺汤，被城内人称为"金汤境"。分个人池和普通池，两种加起来共有三百多个座位。依郑春发此时的身份地位，自然要泡雅间个人池，可叶倚榕却还是老习惯，喜欢大池子里的热闹，郑春发就顺着他。

　　叶倚榕在福州城待了五十余年，隔三岔五总要泡泡澡。老福州人有"洗瘾汤"的习惯，无论刮风下雨，很多有"老汤瘾"的人仍要坚持到澡堂泡澡。有的人还认准了某一家，即使自己搬家了，还得绕远路来老地方泡。

　　福州城的汤池老店，一般都有三四口不同温度的池子，池子间互相有孔道相通，用来调节温度。第一口池子是预热池，温度最低，大多为泡汤新手或者老弱病残待的地方。但即使是这样的池子，也总有人"晕汤"，这是因脑供血不畅所致；第二口池子，温度适中，老汤客一来，直接绕过第一个池子，肩上搭条毛巾，脚拖着木屐，钻入第二口池子里预热，但这时，他们这些"老汤瘾"们其实在"守二望三"；不一会儿，"老汤瘾"们觉得身体适应了，就会啜着嘴，紧夹双腿，试试探探，慢慢挪到第三口烫池子里，而后一动不动，闭着眼享受。这时，周围的人都鸦雀无声，紧盯着池子里的人。大抵一两分钟后，汤水里的人便会从池子里爬上来，全身酥软地瘫坐在池边的石条上，大口呼着气，全身通红，活像虾烫熟剥了一层皮；有时，熟悉的人会互相怂恿，受挑逗的人便慢慢爬到隔壁称之为"汤头"的第四口池子。于是众人皆喝彩叫好，投过去钦佩的目光。

　　老汤客们把这里当成了无话不谈的"私人会所"。

　　汤客刘头枕着池边，咧开嘴指着一个年轻汤客："你这还没下去就上来，真是典型的'一枝花'（又称捞化，指像福州兴化粉一样，在汤里一淖即起锅）。"

　　年轻汤客一脸懵。

　　汤客张一脸络腮胡，大声嚷嚷着："人家怕是抓紧泡一泡，要到怡红楼里找一枝花姑娘，舒坦舒坦呢。"

聚春园

年轻汤客红着脸分辩："不要乱讲，传出去闹笑话。"

"看看，年轻人脸红的，比胯下的那物件还红呢。"众人哄堂大笑，汤客张摩挲着胡须，哼哼起了小曲。

说话间，叶倚榕从池子里出来了，嘴里念叨着："老了老了，只能享受这'二度梅'，耍不起了。""二度梅"是说，泡了一阵后，回到躺椅上喝了一杯茶，而后眯上一觉或闲侃一会儿，再度下池泡，这时体力恢复，往往比第一泡还舒坦。

汤客张最爱玩笑，逮着谁都爱调侃几句："叶老东家，一大把年纪了，你再梅开二度，娶个小珠娘，只怕身体吃不消啊！"众人又是一阵笑。

叶倚榕平日最是严肃，沉着脸说："你这没大没小的，胡说什么。"

汤客刘急忙打圆场："莫要乱讲，当着郑东家的面，怎么开他师父的玩笑。"

"要得耍笑，不分老少。郑东家，你说是吧？"

郑春发也知道这种场合不能扫了兴，就转过了话题："只怕你张先生潇洒，早已享受过'三进山城''四进宫'，说不定，'五魁首'也是有的。美娇娘虽快乐，可千万注意身体啊！"

一人叫嚷道："老张天天弯着腰，像个虾米，只怕早就没有腰子了。"大家一起哄笑，说说笑笑间，郑春发已经扶着师父稳稳坐到躺椅上。

这些资深老汤客，他们闲来无事时，专爱泡在汤水里，"三进山城""四进宫""五魁首"，就是说他们几番进出，互相攀比，惬意享受。每日总有几个人，以"今日最胜"为荣。

300

更有一种资深瘾汤者，人称"二黑将军"，即早晨天不亮进澡堂，晚上天黑了才回家。

福州鼓楼的汤池店，承载着老福州人的情愫和韵味。叶倚榕这些老汤客，肩上搭条兴化巾，脚上趿双木屐，踢踏着地面，"泅汤"数遍，大汗淋淋之余，边饮着茉莉花茶，边海阔天空地神侃，挏着富含硫黄的温泉水，闻着老虎灶烧的煤烟味，伴着消毒池里的漂白粉味，间歇还有澡堂独有的汗臭味弥漫，自在神仙一般。

郑春发不厌其烦地陪着师父，仔仔细细地泡透了，又不慌不忙地做了擦背、修脚、搬驾（闽方言，指按摩。含敬意，即搬动贵客大驾），磨蹭到傍晚，才随着叶倚榕慢悠悠地走回聚春园，用过晚餐。

陪着叶倚榕用餐时，他又回忆起闽浙总督许应骙在聚春园就餐时的那一场风光事。

"此味只应天上有，人间能得几回尝。"叶倚榕陶醉地吟诵着，充满了自豪，"这是制台大人的原话吧？"

"是的。他那次品尝佛跳墙后，十分满意，一直夸赞聚春园。"

"春发，师父早就看出来你有想法，不同一般。可如今聚春园日日接待高官大吏，是断然没有想过的，师父想都不敢想。"

"这一切，还不都是您调教得好了。"

叶倚榕忽然叹了一口气，说："可我这心里，总是慌慌的，不踏实。"

郑春发感到奇怪："我们生意好，这是再好不过的事情，师父为何反倒叹气？"

"这……我也不知道该从何说起，怕扫了你的兴。"叶倚榕揉一揉太阳穴，不等徒弟回答，就接着说，"官场险恶，我们虽然不是做官，可你瞧瞧，现在你也是六品顶戴了。瞧着如此威风，就怕引起那心术不正之人的妒忌、使坏。"

"不怕，行得端走得正，歪风邪气，奈何不了我们。"郑春发豪放地答。

叶倚榕支支吾吾地说："这话说出来，不好听……可若是不吐出来，我在心里又憋得难受。你如今鸿运当头，我说败兴话，怕你心里不舒服。"

"我们师徒，情如父子，还有什么话不能说的，师父，您尽管说，我都听着呢。"

"老话说，水满则溢，月满则亏，我这老头子就是提醒你，莫要与官府的人打交道太深，这……"

"我知道师父的好意，留心就是。"

见郑春发似乎并不在意，叶倚榕就忍不住了，说："早年间，老人们传说，康熙皇上在位时，江南织造的曹寅，如何如何了得，是康熙帝的大红人，可最后，竟然落得抄家的下场。还有，就说现在吧，徽商胡雪岩，都说他是红顶商人，怎么样？还不是也落得家破人亡。他都和朝廷做生意了，也没有保住性命。"

郑春发听到此处，不由得心中凛然："师父提醒的是，断不能做乐极生悲的事。我们就安生做生意，少插手官府的事。"

"说的是嘛。你经营这聚春园这么大生意，还每天红红火火，这可不是一般人能做到的。师父打心眼里为你高兴，就怕树大招风，你要是有什么闪失，我将来升了天，如何跟你父母交代？"

听到此处，郑春发将师父枯瘦的双手紧紧握在手中："您老放心，我一定谨记在心，做事留分寸，如履薄冰，老老实实做生意，绝不做虚的、空的、玄乎的事！不但我要保住郑家，还要把您叶家也一并看好，您老尽管放宽心。"

世事无常，转过年三月份，叶倚榕去世了。

郑春发虽然知道这是迟早的事，当这一天真的来临时，还是觉得如同抽去了主心骨一样。

预感到自己大限将至，叶倚榕让郑春发带着厚礼，将朱少阳请到了面前。

"这么多年，有些事就算了吧。"叶倚榕见了这位师兄，总觉得好像有亏欠一般。

朱少阳轻咳两声，见叶倚榕奄奄一息，释怀了不少，嘴上却一点也不饶人："老东西，你还给我送礼呀？是知道自己错了，赔礼道歉的吧？"

听师兄如此说，叶倚榕悠悠地说："这世上的事，何必非要分个谁错谁对、谁输谁赢呢？打断骨头连着筋，还不都是一个师父教出的徒弟？最后不都是埋入黄土的一堆骨头呀？"

"你说得轻巧，如今你徒弟风光，自然说这高调的话。"

"师兄，人活一世，什么都是虚的，唯有这命，是自己的。瞧你嗓门还这么大，我就放心了。"

"你没死，我可舍不得走，撑着，我要赢过你，让你先走。"朱少阳嬉皮笑脸地说。

"叫你这么一说，我还得多活几天，也让你再撑几年，活过一百岁，成一个老妖精。"

两个老人，像小孩一样，拌着嘴，互相奚落着，在早春阳光下，两人躺在藤椅上，慢慢摇动着，仿佛时光也凝固了。

往事已成云烟，一阵风过，大榕树哗啦作响，树影婆娑，每一声都是叹息。

叶倚榕去世十天后，朱少阳也走了。

去世前，躺在床上，朱少阳回忆起和师父、师弟的恩恩怨怨，自言自语："师父，我要去见你了。这一生，我让你们逼成了这样。有几次，我也想放过你们，可你们想过放过我吗？我一辈子，不爱女人、不爱钱，唯一爱的就是厨艺，我要是得到了秘籍，那我就是闽菜第一手！是你们毁了这一切！"

"唉，我要让所有闽菜的厨师都把我供起来，你们两个都不行，心慈手软，成不了大事！男人要做大事，心一定要狠。无毒不丈夫，无毒不丈夫，我无非是想做点大事。人这一辈子，哪个不是争争斗斗，谁不想占高枝儿？做人上人！"

念叨着，念叨着，他带着仇恨，带着遗憾，闭上了眼睛。

叶倚榕的葬礼，在福清老家进行，图的是落叶归根。

郑春发对叶倚榕始终执以父礼，他以孝子的身份披麻戴孝，和叶元泰一同料理后事，入厅、报丧、守灵、入棺等。入棺之前，等叶倚榕的家族血亲，向遗体告别后盖棺，抬置椅上，谓之"上马"，并焚化纸人纸马，送亡魂离家。郑春发为此办了十桌"上马祭"。

给叶倚榕"做七"必不可少。人亡后，每七天就要"祭"，称"做七"，死亡后第七天，称"头七"，由孝男请道士搭坛诵经，拨锣鼓和钟罄，向城隍爷报亡，一直要做七七四十九天，称为"断七"。郑春发在断七时赶回福清，送叶倚榕灵柩上山。

办完葬礼，郑春发浑身散了架一样，歇了两天，心中感觉空落落的。从十二岁跟着师父学艺到现在，已是三十八年，回想这漫长的时光，他和师父形影不离。学艺时，师父既有毫不留情的责骂，也有关爱有加的时刻，他在情感上已十分依赖师父。师父的性格温和，总是对他很慈爱，循循善诱，让他一步步成长为聚春园的东家。如果没有师父，就没有他的今天。如今，这精神上的大树忽然倒了，对郑春发来说，无疑是连根拔起了他的眷恋。或许，从此后，他再也没有谁可以依靠了。

这两天里，郑春发浑浑噩噩，精神萎靡，就连最疼爱的儿子钦渚到他身边来，他也是有一搭没一搭地敷衍。

还是妻子林氏唤醒了他："师父要是看到你这副模样，只怕会更加伤心的，你可不能作践自己了。"

郑春发到镜子前照了照自己，披头散发，一条辫子松散得像个肮脏的马尾巴，不成样子，猛然醒悟："不行，聚春园几十号人等着我呢。"洗漱了一把，急急忙忙赶往聚春园。

坐下来静静地想一想，这段时间为了安葬师父，聚春园的事顾不上，他告诫自己，必须打起精神来，不能让生意受了损失。

想来想去，他决定在聚春园举办书画展，吸引文人雅士都来这里，扩大影响。可找谁能带动呢？周莲？他一省的布政使，每天忙不完的公事，显然没这空闲来操办此事，最多就是开幕时来露个脸。那，还能找谁更合适呢？这个人既要有影响力，又要有足够的闲余时间。思忖许久，猛然想到一个人——陈宝琛！

对，就是他！

陈家是书香世家，他祖父做过刑部尚书，是福州人的骄傲，陈家牵头，没有人敢不服。虽说现在陈宝琛赋闲在家，可毕竟曾是当朝的内阁学士、礼部侍郎，如今又在福州大力举办学堂，学生众多，找他来撑场子，最合适不过。

邀请陈宝琛，郑春发多少有些底气。这几年来，他一直保持着和陈家的联系，从未间断。逢年过节，总要送些合适的礼物和美味，且从未提过任何要求，这次如果真诚邀约，自忖问题应该不大。

但是，郑春发又想，他自然不能说让陈宝琛这个曾经的朝中勋贵来主持书画展，那就是对人家的不尊重。为了筹划书画展，可以先邀请陈宝琛来聚春园"指导"，若是他能留下墨宝，书画展就成了一多半，举办展览就顺理成章了。

陈宝琛接到郑春发的邀请，果然很给面子。

这天傍晚，陈宝琛坐着郑春发雇的轿子，只身来到聚春园。

郑春发将他引到幽静的二道门内的里花厅，把其他人都屏退，自己陪着陈宝琛。

陈宝琛坐在聚春园花厅里，想起自己一腔报国志，如今却委屈地不得不赋闲在家，心中郁闷，不觉走出花厅来到天井，抬头望见皎洁的皓月，颇多感触，回到花厅，与郑春发饮着"竹叶青"酒，醉意蒙眬中，信手拈得一妙联：

半夜丝桐弹霁月
一樽竹叶醉清风

这副楹联，明面上看，仅为借景抒情，其实大有深意。既有不可言说的忧愤，亦深藏多种意蕴，其中饱含着对朝廷"清风""霁月"的期冀与几多惆怅。有了陈宝琛作联撑门面，书画展很快顺利举办。

这次举办书画展的所有作品，均为聚春园出资，由福州城著名的"米家船"装裱店装裱。

米家船裱褙店是资深老店，创办于同治四年（1865），位于三坊七巷内，四十年的老店。创始人叫林金师，最初在福州西河开裱褙店，后迁到城内南后街。小店很长时间并无名号，但林家的装裱手艺超群，不少人慕名而来。

一日，举人、书法家何振岱前来装裱书画，见林掌柜手艺好、品德高，生意虽然好，但却寂寂无闻，于是就想锦上添花。

他对林金师说："今日，我送东家一份大礼，定会让贵宝地日进斗金。"

林金师平日里对何振岱本就十分尊敬，听他如此说，当即恭敬地敬茶："洗耳恭听，恳求先生赐教。"

何振岱稳稳接过茶杯，呷一口茶，缓缓讲了一个故事。

他说，书画家米芾，与蔡襄、苏轼、黄庭坚合称"北宋四大家"，其水墨点染的山水画自成一格，他的儿子米友仁继承了他的墨戏之法。为深入创作，米芾、米友仁父子经常携带文房四宝，游览名山大川，进行采风写生。船上生活虽然潇洒，但临江气候潮湿，所以，每到一个码头，米友仁就把自己的书画作品挂在船头，一边晾晒，一边展示，因此便得了"米家书画满河滩"的美称。

"我给你的宝，就是送你一个店名——米家船。"何振岱笑眯眯地问，"可满意？"

"好好，有了先生这样抬举，只怕别人花费千金也买不来呢。"林金师也是人精，见此良机，急忙铺好纸、备好墨、举起笔，笑脸吟吟地看着何振岱。

何振岱趁着雅兴，"刷刷刷"一挥而就。

"米家船"牌匾挂出后，立刻在三坊七巷引起了不小的轰动，文人墨客们不仅送来字画，甚至还到店内现场吟诗作画，一时马车、轿子不断，倒成了一道风景。

米家船装裱字画，不仅选材优质，技艺精湛，宣纸、面料、轴条都是专门定做的。接到聚春园的字画装裱业务，林金师自然不敢怠慢，躬身站在那张磨得溜光的楠木桌前，不敢歇息片刻，尽心尽责按期完成这批装裱业务。

为办好这次书画展，郑春发可谓呕心沥血，收集和购买了蔡世远、郑光策、陈寿祺、王仁堪等人几幅珍品；又托人邀请福州籍在外的官员和书画家吴鲁、林纾等人赐墨宝；还将何振岱、周愈、顾钧等福州名人的墨宝、篆刻也都重金求来。其余即为福建名书画家和福州城的儒生们的作品。

这样高规格的展览，陈宝琛当然极力推荐，活动成为闽菜切磋大赛后的又一场盛事，吸引了众多百姓前来观赏。美食美味与翰墨书香交织，聚春园里整日欢声笑语不断，再度名动榕城。

期间，却发生了一件不快的事。由于书画展部分作品太过招眼，吸引了梁上君子侧目，店里的伙计们白天忙碌一天，晚上有些疲惫，就在展览即将结束的前夜，被盗贼抓住空挡，盗去三幅。郑春发不敢懈怠，急忙报官立案，官府的人来到现场认真勘察，也逮捕了一些惯犯，但都没有找到失窃的物品。

无奈之下，郑春发只好自己先垫资赔偿了书画家，故去的书画家就赔偿了他的家人。一次书画展虽然结束，却留下这么个糟心的结尾，郑春发却只能打碎牙往肚子里咽。幸好他看得开，破财就当免灾。

借着书画展的热度，聚春园顺势将酒楼"搬"到了全福州城——施行"出杠"。

这种"杠"，是特制的送餐工具，为圆形食盒。食盒中间，有圆孔，可容木杠穿过。凡有顾客要求上门办餐的，提前按照菜单将原料洗净、切好，装入盘中，一盘盘放于圆食盒内，叫伙计或挑或抬，厨师亲到客人家中现场烹调。

若是客人只是定制了几味熟菜，则在店中加工好装盘，放入桶盘（一种长方形木质盘子，四周有挡边）内送货上门。由于木盘保温，即使在冬天，菜肴送到客人家中时，依旧保持着温度。

这种"出杠"一经推出，就受到很多人的青睐，满足了不同人物的需求。譬如衙门现任官员有时不便外出饮宴，退居林下的显宦欲在家中宴客，富商为避喧哗要在私宅聚友商谈等，均可呼聚春园"出杠"。

陈宝琛居家时，虽然螺洲距离聚春园二十多公里，聚春园也常出杠到陈家。

出杠的适时推出，等于将聚春园推广到了整个福州城，再也不仅限于"到店就餐"，东家除付筵席费用外，仅需另付少量彩钱，方便的同时实现双赢，很快，出杠业务在聚春园的营业中渐渐占有较大比重。

在出杠的基础上，聚春园又推出"一品锅"外卖。锅，是锡制的扁圆形盛器。锅，有四格、八格、十格等不同规格，每格可盛一道菜，多是全鸡、全鸭、鲍鱼、刺参之类的佳肴，成为馈赠亲友、孝敬尊长的上佳礼品。送礼者提前预订好菜肴品种和数量，约定送货地址、时间，届时由店内伙计抬着送去，受馈者自行加热调味。"一品钻"是对"出杠"的补充，体现的是"预制"和"馈赠"，使得美食也成为联络感情的纽带，聚春园也因渠道畅通、业务多而广，俘获人心。

四

聚春园在推行"出杠"和"一品钻"后不久，发现这两项业务留住的一直是散客，为了吸引更多长期客户，又独创性地发行了"席票"。

席票是一种礼券性质的有价证券，不记名。分为"满汉全席票""鱼翅席票""燕窝席票"和"鱼唇席票"四种。票面金额不同，购买者可以根据需要自行决定，既可自己使用，也可馈赠亲友。时间不限，可随时到店使用。而且，为了照顾客人，既可一次性用完也可分多次使用。若票面价格高，不能一次使用完的，客人每次消费后由店家在券面减去消费金额，支用完毕店家收回席票并注销。

这种席票，显示出郑春发的精明睿智，这等于撑开了一个大口袋，让众多客人往口袋里扔银子。

由于购买时客人已经预付费，聚春园很快就积累起大量的资金，平时周转用不完，就存入吴成的钱庄。更兼席票无记名，就为朋友间互相联络感情提供了方便，客人还可将席票转赠给亲朋好友，这在官场中十分流行。

官员若遇到升、调、召见、赴部述职，同僚和亲朋均要饯行，短时间内无法答应所有宴请者，或行期紧迫，无法接受宴请。这时，就会赠送席票，既表达了礼节，又不影响行程。

渐渐地，聚春园的席票，已经不限于福州市面，亦时见于京、津、沪、穗各地。一票售出，有的辗转数年才来使用。

有一次，布政使周莲当着郑春发的面，将整箱席票烧毁，以表示对聚春园的无私支持。这让郑春发对周莲愈加敬重，两人已成为一生难以分开的挚友。

就在聚春园欣欣向荣的时候，出事了。

这天中午，聚春园刚刚结束忙碌的午餐，伙计们收拾完餐具，大家正要歇口气，到双杭"黄家"出杠的店伙计"阿黑"脚步踉跄地跑到郑春发面前，满头大汗禀报："东家，我们去的这家出大事了。"

郑春发意识到问题的严重性，一把拉住阿黑，急问："不要慌，慢慢说。"

"我回来时，家中的老人已经不行了，有个孩子昏迷……"

"东主怎么说？"

"我们的厨师还扣押在那里，说要报官。"

郑春发一听，脑子里"嗡"的一声，但他很快就冷静下来，略一思忖，吩咐道："你去喊账房先生来。"

账房很快赶到，郑春发交代："你速带银两去黄家，需要多少，由人家说了算，这时不要计较。"

账房先生扭头就走，郑春发又对阿黑说："快去再喊一个人，你去请方树桐医生，要快！另一人去请陆大钟医生，这时候，多个医生就多一分保险。"

郑春发此时心急如焚，安排完他们，他当即赶往布政司衙门，去见周莲。见了周莲，说明情况，两人定下策略：因不了解详情，目前先要调查清楚根源。因怕对方先告官，周莲派两个把总先赶往双杭，让郑春发在家等消息。

周莲说："你先不必惊慌，兵来将挡，水来土掩。"

郑春发忧心地说："只怕是有人使坏。"

"你是说有人故意作祟？"

"聚春园用的食材都是最新鲜的，怎么可能吃死人？这几年，聚春园太遭人嫉妒，难保是暗地里有人要往死里整咱们啊！"

"你确定饭菜没问题？"周莲问。

"多少年了，大人要相信聚春园。况且厨师是多年的老师傅，断不会出问题。"

周莲脸色一变，眼神犀利地望着郑春发，冷冷地说："既有人捣乱，只怕对方已经做了准备。不过你放心，作恶者总要露出蛛丝马迹。"

有了周莲的安慰，郑春发让自己平静下来。当不好的事情发生时，常常会面临三个选择：你可以让这件事限制你，也可以让它摧毁你，当然，更可以让它磨炼你。

郑春发所担心的，无非是聚春园名誉受到损失。可一想到自己身无分文来到福州城时，为何毫无畏惧，还不是因为无所牵挂。大不了回到福清乡下种地。

这时，他想到了师父的提醒，或许，这就是聚春园躲不开的一场劫难，坦然接受吧。

郑春发去了黄家，和他们一起面对，积极治疗患者。所幸少年在昏昏沉沉、腹泻三天后，挺了过来。老人家已是疲弱游丝，危在旦夕。黄家在三天时间内，看到郑春发衣不解带，既出银子，又忙前忙后诚心解决问题，也就没有过多地责怪他。

调查很快有了结果，和阿黑一起负责"出杠"的另外一个伙计，受人指示，在路上偷偷往一坛佛跳墙里放了泻药。黄家重礼节，舀了一大碗先给老人家吃，老人家看孙子在旁，舀了一勺给孙子。怎料还没等大家上桌，老人家已经倒下了。他本就年岁已高，常年有病，最终没能挺过去。孙子吃得少，抢回一条命来。

幕后主使，竟然是陈小牛。

人命关天，陈小牛、下药的伙计被官府抓捕入狱，广源兴因牵涉其中，被查封。

三个月后，陈小牛将要被斩首示众，郑春发亲自下厨，做了几个菜，用盒子装了，去探监。

陈小牛瘦骨嶙峋，手脚戴着镣铐，脖子上套着枷锁，靠在湿滑的墙上，身上宽大的囚衣左一块右一块满是污秽的血渍，那是被严刑拷打留下的痕迹。一张原本圆润的脸现在跟骷髅差不多，嗓子里不时发出声音，一会是喘气声，一会是野兽般的低吼。见了郑春发，努力而徒劳地挺直背，瘆人一笑，喃喃地说："我败了，我败了，这是我的命。"

"自作孽不可活！"郑春发厌恶地说。

"我要死了，对不起叶师父，也对不起朱师父。"人之将死，其言也善。陈小牛感叹人生仿佛一场梦，自己多年来的努力，全都化为了泡影。

"如果当时师父没有收留你，就好了。你这个白眼狼，你做了多少坏事。"

"都是朱师父指使，但也不能全怪他。也怨我自己，罪孽深重，害了叶师父，也害了广源兴。"

"他们都教我手艺，朱师父还让我赢钱，让我快活。"陈小牛想起从前在赌场逍遥快活，朱师父真聪明，有他在，自己就经常赢钱。他让自己去偷叶师父的秘籍，自己找了几次，也没找到，念着叶师父的好，没脸继续待在叶家。朱师父这一生都在和叶师父较劲，收留了自己，发誓要教出比郑春发更好的徒弟，自己的厨艺是有长进，可是自己这一生也从朱师父那里接过了恨。天天恨着郑春发、恨着聚春园，这种恨是毒蛇，咬伤了别人也咬伤了自己。

"我这一生，却也毁在了朱师父，不，是朱少阳手中……如果，当初我好好地跟着叶师父，也不至于到今天……"

郑春发虽恨透和他作对了一辈子的陈小牛，见他奄奄一息的样子，从食盒中取出酒菜，透过栏杆，递给陈小牛："这些都过去了，你自作自受。念在师兄弟一场，你喝了这碗酒，吃了这些菜，都是你往日爱吃的，吃饱喝足，明天好上路。"

陈小牛瞪大了眼睛，看着郑春发。郑春发耐心地解释："放心，没有毒，你明天就要被砍头了，我毒死你，太不划算了。"

狱卒进得牢房，打开陈小牛的枷锁。陈小牛眼角滚出一滴泪，颤抖着手，接过酒，喝了。

嚼着最爱的荔枝肉，陈小牛赞道："你的手艺还是在我之上。切在里脊肉的十字花刀炉火纯青，糖醋调得刚刚好，外焦里嫩的火候刚刚好，绝了。"

听到这些话，郑春发有点恍惚，想：陈小牛和朱少阳是一对痴人，走火入魔了，有这股劲，放在厨艺上多好，偏偏要用来害人。

　　见郑春发沉默，陈小牛比画了一下，示意他靠近些。郑春发不知他葫芦里卖的什么药，坐着不动。陈小牛艰难地坐在地下往前挪动着屁股："郑春发，我告诉你，杜儒生说元泰偷了珍本，那是假的；你被偷的书画，是下药的那个伙计干的，我把书画卖到台湾去了……"

　　这些，尽管在意料之中，听到陈小牛亲口说出来，郑春发还是感到无比嫌恶。不等他吃完，站起身，快步离开这个令他感到窒息的牢房。

　　坐在聚春园的后院里，望着摇摇摆摆的榕树枝叶，恩山把总一肚子的气："你呀，就是心太软，要是叫我知道这事，瞧我不带着弟兄们抄了他家。"

　　郑春发宽厚地笑笑："说来说去，他虽不是善人，好歹也跟着我师父学过徒，我总觉得人还没坏透，不想却做出如此龌龊的事来。"

　　"对付恶人，还得用恶招。他也就是瞅准你是大善人心肠，好欺负，才敢这么做。"

　　郑春发不想再提这个糟心的人，转了个话题："这是二十两席票，恩兄拿着。"

　　恩山接过，尴尬地抿着厚嘴唇说："真是不好意思，老来你这里揩油。"

　　"我们又不是三天两日的兄弟，不必客气。"

　　"要不是钱粮拖欠，我也不至于如此拮据。你瞧瞧现在过的什么日子，真是窝囊透顶了。"恩山发牢骚地说。

　　"朝廷许是也有难处吧。"

　　"我呸！旗营官兵的钱粮，都叫'领催'（清朝八旗军下级军官，满语'拨什库'的汉语意译）那帮兔崽子贪污了。这官兵的钱粮，本该到福建省布政司领现银，可各旗的佐领们拿到银锭、元宝后，都偷偷去钱庄换成了碎银和大洋、铜圆、铜钱。郑兄，你能猜到这中间的关窍吗？"

郑春发眯起眼睛，笑嘻嘻地说："水过地皮湿，银钱过一道关就会盘剥一层。"

恩山双手拱拳："还是郑兄明白人情世故。其实也不光这些'领催'们贪污，藩台署的天平一斜，早就提前剥削了一层，到将军署右司天平上又剥削去第二层，钱庄里的老板们，再动一动手脚，剥去第三层，协领衙门负责的'领催'，是最后一层。"

"这样克扣官兵，谁还有心打仗，怪不得总是输给洋人。"

"谁说不是呢。弟兄们拼死拼活，结果吃不饱穿不暖，从咸丰年间起，这战祸就没断过，物价不断上涨，可朝廷又不许旗营官兵自谋生活，还取消了冬衣、瓦片、房银这些津贴，可怜的官兵不得不靠典当衣物、值钱的物件过日子。"

郑春发一直以为恩山是个好吃之人，说的话多是夸大之词，主要是为了多来聚春园吃喝，结果听到如此惨况，大吃一惊："当真连肚子都填不饱？"

"瞧你说的,好像我骗你一样。你不知道，给弟兄们发放的米粮，福州省库拨给，右司造花名册，送粮道门，旗营官兵每人米票一张，每月初三日持票到西仓去领米。你绝不会想到，这原是浦城顶好的红米，可是管米的粮道老爷们，也是黑了心，事前将好米换成泥土、细砂、稻谷掺和的脏米，就这还不给够数量。旗民的日子苦啊！"

郑春发第一次听到旗民生活竟如此悲惨，不由得感慨："原先

316

总认为，朝廷是满人的，你们要好过汉人，不想无论汉人、满人，天下的百姓是一样的苦。"

"天下乌鸦一般黑。"恩山夹起一口菜放入口中，"也就是咱俩有缘，你还常常照顾我，隔三岔五能改善改善伙食。"

郑春发往日总以为恩山爱吹牛、好虚荣，此时才知他也是打肿脸充胖子，看来日子过得确实不容易。两人说起生活的苦难，不由得多饮了几杯。

恩山喝多了酒，便说起他浪漫又心酸的往事。

年轻在京城时，他和一个富户的小姐好上了。那时他还只是个旗人身份，虽说有朝廷每月发放的生活费，但年轻人手大，往往几天就花光，自然没有彩礼给丈人。富家小姐吴腊梅是个烈性子，瞒着父母，和恩山私奔到了直隶省保定。

"那段日子，租房子住，真是苦了腊梅了。"恩山说着，苦笑着摇头，"万般无奈，托人跑关系，当了兵，才转到这福州来。"

郑春发解劝地说："要不是这腊梅，你还在京城当公子哥呢吧？"

"贫贱夫妻百事哀。人啊，真是一刻也离不开钱。"

"那腊梅……"郑春发不知该如何开口。

"你说，我俩生死一路，从保定到福建，这中间受了多少罪，吃了多少苦，眼看来到福州城，我也渐渐好起来了……你看看，这可不是我空口白牙说的……"恩山捋起衣袖，胳膊上，有一个 X 形状的伤口，"这是我对天发誓时，亲手用刀割的。我发誓，一辈子永不负腊梅！"

郑春发虽然和恩山交往过甚，但平时很少去他家中，也从没有问过他妻子的事，现在听得心潮澎湃，敬佩地说："原来还有这般共患难的感情。"

他刚说完，恩山竟将酒杯赌气扔得远远的，咬着牙说："女人啊，都是嫌贫爱富，没一个有良心。靠不住，一点也靠不住！"说完，自己猛地抓起酒壶，仰脖子灌了一大口，自责地不住捶打胸口："还是怨我，没钱的男人还叫男人吗？窝囊废！猪狗不如。"恩山揪着自己的头发，一下一下，一时竟泪水涟涟，哭得像个孩子。

郑春发从没想到，看起来彪悍粗鲁的恩山竟有这么脆弱的一面。此时，他不知该如何劝说这个伤心的男人，只是默不作声地拍拍恩山的后背。

恩山哭累了，才说起原委，吴腊梅和他在福州过了半年多，由于家中贫困，她渐渐厌倦了这种朝不保夕的日子，偶然认识了一位台湾富商，铁了心要跟他走。恩山气不过，将富商打伤，被关进了牢里。吴腊梅还算有心，她请富商买通官府，释放了恩山。

恩山回到家中，吴腊梅已经收拾好衣物，幽幽地说："你是个好人，可这样的苦日子我一天也过不下去了。"说罢，给恩山留下二百两银子，随富商乘船，朝着海峡对岸而去。

恩山絮絮叨叨地："总有一天，我会开着大船去接她的。郑兄，你信吗？"

"我信！"郑春发心里发酸，抬头看着天空，愈发能体会到普通人家生活的不易……

这天，郑春发来到福州城东郊的乡下，碰到一个熟人。她是姜氏，以前郑春发入股三友斋后，她常去厨房挑泔水，因此相熟。聚春园生意好时，也曾让姜氏在店里做杂工，她勤快踏实、办事灵活，很受大家喜欢。前年，她惦记农村的田地，回了老家。

郑春发见到姜氏，在路边卖菜，关切地问："大姐您现在都在家？"

姜氏说："是郑东家，当初您可没少帮我，要不是那些年您给口饭吃，只怕现在早没我们娘俩儿了。"

郑春发说："举手之劳，谁见了都会帮忙的。现如今忙什么呢？"

"做点针线，卖点菜。别的也干不了。"

郑春发又问："最近可有什么打算？"

"我一个女人家，还能有什么打算，唯有靠儿子了。"

"你儿子多大了？"郑春发就想着见见他儿子，看能不能帮忙。

"二十四岁了。今天下田去了，改天东家您给他找点事做，让我们娘俩维持过日子。"

"好，改天你让他来聚春园，我看看再说。"

回程中，遇到个箍桶的师傅，挑着装着竹篾的工具桶，边走边喊："箍——桶……"响亮的嗓子传出去很远。

郑春发看到这个老行当，觉得十分亲切，就故意问道："都能箍什么桶？"

师傅见有人问话，停下来，热情地答："粪桶水桶和面桶，还有脚桶和吊桶，马桶钩桶全能修，请问东家修哪个？"

郑春发一看，哈哈笑着说："走，随我回城里，保你修个三五天闲不着。"

师傅还在迟疑，跟随的伙计阿黑急忙说："这是聚春园的东家，还怕诓骗了你不成？"

师傅一听有大生意，急忙挑起担子，乐呵呵地说："走，跟着东家吃席去！"一副滑稽样，逗得郑春发等人都笑了。

回到聚春园，郑春发让阿黑领着箍桶师傅去找总管，他自顾忙去。

没想到，第三天，姜氏就找到聚春园，一见郑春发，"扑通"跪下，泪水涟涟地恳求："郑东家，救救我儿吧……"

郑春发见状，忙扶起她，问："这是怎么了？你先起来，慢慢说清楚。"

姜氏起身，坐好，擦一擦鼻涕和泪水，说："前几天，我儿邓响云听亲戚说，出洋能挣大钱，几年后回来就是个富翁。昨天，他瞒着我和村里几个年轻人偷偷去了洋人那里，还让人送回来一袋银圆，说是洋人给的，听说人到福州了。孩子从小没了爸，我不稀罕他成为富翁，若是这一去，从此不得相见，我可如何跟他死去的阿爸交代啊……"

郑春发一听，当即问："哪个洋人？"

"说是叫……苏玛托……"

"坏了！"郑春发双掌一击，"孩子要遭罪了。"

姜氏一脸懵："怎么了？"

"他是被当作'猪仔'卖了。"

"啊！"姜氏吓得瘫软在地，又哭喊起来。

郑春发说："不要哭了，我问你，孩子送回来多少钱？"

"五十个银圆，在这里，我带着。"

郑春发当即喊来阿黑："你带上五十个银圆，再向账房多支三十个银圆。速速去找恩山把总，让他带你，今晚务必到苍霞洲的耶稣圣心堂找洋主教，帮忙赎回邓响云。"

姜氏这时利索起来，朝着郑春发行个大礼，急忙跟着阿黑去了。

郑春发说的"猪仔"，是洋人贩卖华工的民间叫法，洋人称"契约华工"，实际上就是贩卖奴隶。在福州的洋行，都设有华工拘留所，叫作"猪仔馆"，也叫作"咕叽行"（"苦力"的讹音），这些猪仔馆高墙铁栅，雇用大批流氓打手，监视华工。

这些中国青壮年被骗时，承诺他们到国外能享受优渥的工作条件和高额的薪酬，然后送到船上，运往国外。载华工的贸易船，叫作"浮动地狱"。可怜的中国民工们，很多在途中就病死、饿死、被打死、被抛在荒岛上。还有不堪忍受酷刑投海自杀的，不计其数。

一份华工诉苦录，记录了当时的惨状：

被害人漳州府人吴越

　　年四十八岁，打鱼为业，有一天往姑母家里，回来时，路上遇见一个人，约我到厦门米铺去做工。一到厦门，就被锁在屋子里一个月，咸丰三年（1853）开船，从船上投水死的有二十余人。到夏湾拿（今译哈瓦那，古巴首都），卖于糖寮，每月四元。糖寮人受不得苦，寻死的很多，做满八年。又强我再立合同，每月八元。

郑春发知道这件事，还是从罗大龙那儿听说的。西班牙传教士苏玛托之前就做过这样的勾当。郑春发心里清楚，罗大龙虽然没有明说，很可能当年做海盗时，也给洋人当过打手。

郑春发清楚，洋人之所以敢明目张胆做这种事，就是因为清政府睁只眼闭只眼，才让他们有恃无恐。所以，这事不能找官府，郑春发就没有求周莲，而是让恩山去办这事，一来他见过世面，二来又是满人军官，洋人总要忌惮一些。还有一层，恩山样貌魁梧，满脸胡须，一副"恶人"样子。洋人经常和福州人发生摩擦，所以洋人也是本着能不惹事就息事宁人，且有洋主教帮忙协调，此次恩山还拿足了赎金，料不是大问题。

果然，凌晨时分，邓响云被赎回。郑春发见此人样貌憨厚，是诚实的农家子弟，就留下他，在店里做了个学徒，还在"小龙湫"巷为母子租了一间屋子，让他们做安身之处。

郑春发有自己的打算，邓响云老实巴交，这种人可靠，他想培养邓响云做自己的亲随。但凡事皆要立规矩，三十个银圆不是小数目，算是向聚春园借的，也为了让邓响云长长记性，由姜氏在借据上画押。约定，邓响云在聚春园所得，照常发薪金，什么时候交完这三十个银圆，什么时候撕掉借据。

每天，邓响云便和其他新进的学徒前往聚春园。郑春发定下规矩，凡是有能力、够资格的厨师，都有带徒弟的义务。聚春园菜肴的制作，要求要严，色、香、味、形都要好。一茬接着一茬，带徒弟需形成传统，这样才能做出正宗的闽菜。邓响云由郑春发亲自带，其他的学徒由后厨厨师一对一传教。

邓响云等人从天蒙蒙亮到半夜三更，整天剔葱洗菜、宰鸡杀鸭、去鳞剖腹、拔毛刮皮、洗碗扫地等等，样样都做。好在徒弟们大部分是贫苦家庭出身，从小勤劳肯干，不怕苦、不怕累。特别是邓响云，遇事非常认真、用心，不久，他就从繁杂琐碎的活中学到了许多本领，慢慢地可以辨别鱼、肉类的新鲜程度，懂得各种原辅料的产地、季节、质量、价格哪里便宜，并一一记在心上。

郑春发从邓响云身上看到了自己的影子，很是赏识。邓响云把自己郑春发的话奉为圭臬，凡事必以师父意见为主。这日，郑春发走到后厨，来到正在洗碗的邓响云身边："响云，你事事都听师父的，这固然好，但是，你以后当厨师，做菜要向前走，要传承也要创新。"

见邓响云似懂非懂地望着自己，郑春发补充道："我们要做到，传承不守旧，创新不忘本，让每道菜的色、香、味、形有着自己独特的风格。"

邓响云恍然大悟："师父，我懂了。将来我要成为名厨高师，不仅要宁静守常，在明火油烟的三尺灶台旁，学会烹炸氽溜糟蒸煨，守好师父几代人创下的聚春园。还要巧思奇想，博采众长，创造新的品种，发扬光大闽菜的传统，巩固扩大闽菜的阵地。"

郑春发听了，庆幸自己没有看走眼，禁不住喜形于色，连声夸赞："好、好、好。"一边笑眯眯地抬脚走了。

六月初，周莲在聚春园和郑春发辞行："这月十四，我就任期满要回京等候新职务了，福州这地方，气候好，人也和善，还真有些舍不得。"

郑春发说："大人就不要走了，在此养老。"

周莲忍不住慨叹一声："人在官场，身不由己。福州再好，无法久留。这会儿真是羡慕你，来去自由，又财运亨通。"

"还真是，我光想着留大人，您还有更高的位置等着呢。"郑春发意识到刚才那句挽留的话不太合适，毕竟高官升迁是一辈子的荣耀，就急忙道歉地补充道。

"这官当多大是个头，我也没怎么在意。你是不懂，现在朝中，太监李莲英擅权，这人心狠，安徽巡抚一职，就索银5万两。别省的巡抚听说有索银三十万两。我哪有这闲钱送给他。"

郑春发一听，忙低声说："大人，我遇到您，是这辈子的福分，如果有需要，我多少帮些忙，表表心意。"

他这样一说，周莲虽然感动，却又十分尴尬："你瞧瞧，好像我跟郑东家说话是来索贿呢。"

郑春发忙说："您说到哪里去了，这是我应该做的。"

周莲摇着头说："如今，政局紊乱，国事危殆，我也无心在这官场混，到了京城再说吧。"

他把话说到这里，郑春发也深有感触："周大人，这世道我真有些看不懂。处处都在吃、拿、卡、要，当官的都在想办法捞钱，下级送给上级，地方送给京官，难道朝廷就不知道吗？便是我们这聚春园，表面上在福州城吃得开。但是，逢年过节送孝敬钱不说，平日里这个讹一顿，那个揪几把。有时候我真是厌烦了，不想给，可仔细一想，个个都能卡着我的脖子，随便一掐，我就喘不过来气，只能委曲求全，忍气吞声。也不光是我，看看城里哪一行，不都是如此？您说说，长此下去，能行吗？"

周莲无限感慨："春发，你能看到这一步，想得这么深，不简单。这社会，人有三六九等，骄奢淫逸者自诩尊贵，全然不顾民众死活，只管勒索享受。底层百姓，为了活命，只能选择俯首听命，卑躬屈膝地活着。世道艰难呀。"

几日后，周莲恋恋不舍地离开了福州，回到京城，没有给李莲英行贿，终日挥毫自娱。

不久，聚春园迎来一场热闹的庆功宴，主角是福州石匠蒋仁文，他雕刻的镂花石鼓和圆桌，在颐和园全国工艺大赛中获得青石雕刻冠军，福州的士绅们连续办了三天宴席庆祝。

第三天晚上，送走宾客，清扫干净，关上店门，郑春发把邓响云叫到身边，取出一封信，微微一笑："响云，你可愿随师父到厦门去历练历练？"

邓响云有些丈二和尚摸不着头脑，"师父让我去哪我就去哪。但是，我们在福州干得好好的，为什么要到厦门去？"

"美国人派了一支大白舰队，听说有一万余人，全世界游了一圈，最后一站马上到厦门，皇上要招待他们。"郑春发朝邓响云挥了挥手中的信函，"闽浙总督府让聚春园组织一百名福州厨师去做菜。"

邓响云生性老实，用疑惑的眼神看着郑春发："一百人怎么做得了一万多人的菜？"

郑春发笑笑："你这孩子，美国人到厦门，不仅仅是福建的事情，这是显示大清国威的时机，朝廷提前几个月就做了周密筹划和安排，还从北京、上海召集了各大菜系六百多名厨师。"

"我的老天，这么大的阵仗。师父，我们什么时候走？"邓响云毕竟年轻，对师父描绘的盛况心向往之，恨不能插上翅膀，立刻就飞到厦门去。

郑春发嘿嘿笑着："别急，我们要准备准备，要让闽菜以及聚春园，在美国人面前长长脸。"

次日，郑春发自去联系了福州厨业行会众人。大家心里清楚，这次前去厦门，不但责任重大，实际还是闽菜与不同菜系高手的"过招"，可不能在福建的地界给闽菜丢脸。不到两日，一百位福州厨师就集结完毕：聚春园二十位，广裕楼、调仙馆、迎宾楼、广宜楼、别有天、义兴楼、四海春等酒楼共派出八十位。

郑春发沉稳谨慎，此次出行，既复保证菜品质量，还要考虑到福州同行人员的秩序、安全，特意带上了罗大龙及几个兄弟一路随行。

清政府对这次接待极为重视。九月，光绪皇帝降旨，派军机大臣毓朗、外务部右侍郎梁敦彦前去厦门坐镇，闽浙总督松寿去协调照料，广东水师提督萨镇冰率舰迎候。

十月中旬，清政府已专门在磐石炮台西边的海滩修建了临时码头，架起一座直达陆地的木桥，自码头到迎宾地点南普陀寺口修筑了一条短程马路。凡有碍观瞻的招牌和路牌已统统拆掉，各家各户门面粉饰一新，特意安装的五千盏电灯流光溢彩，刚采购的绚丽多姿的花卉、挺拔的绿植点缀在各个角落，厦门仿佛穿上了一袭华丽的盛装。

街道干净整洁，车水马龙，人山人海。傍晚，郑春发一行的船靠在码头，从福州带来的几百箱各式各样、琳琅满目的食材流水似的运往宴会厅。穿行在熙来攘往的人流中，邓响云东张西望，只觉得周遭繁星闪烁，如梦如幻，心想：这是人间烟火，也是盛世华彩，处处透着皇家庆典的盛大隆重。

宴会厅建在演武厅广场，能容纳三千人同时赴宴。门口搭建起一座有如宫殿一般的彩楼，两边悬挂着清朝的龙旗和美国的星条旗，正中高高挂着一块欢迎牌"WELCOME"（欢迎）。周围呈环形建了十几座馆舍和牌楼。到处张灯结彩，到处人声鼎沸，到处鼓乐齐鸣，真是金碧辉煌，璀璨夺目，热闹非凡。

郑春发给福州来的一行人分工妥当，领着聚春园的二十位厨师，在划定的区域收拾锅灶、碗碟、食材等等事物，锅碗瓢勺的碰击声、众人交流的欢笑声，此起彼伏，不绝于耳。

"哪位是郑老板？"一句中气十足的声音在喧闹中传来，只见一位身着棉麻棕色短打褐衣的男子正左顾右盼，五十岁上下，头发花白，双眼炯炯有神，面色红润，身材略微肥胖，见郑春发站起身，男子微笑着向他走过来。郑春发一时有些恍惚：怎么这么像上海"有洞天"的谢老板？旋即摇摇头，迎上前去，热情地问："我是郑春发，敢问先生是……"

男子紧紧握住郑春发的双手，"发哥，我是'有洞天'的'小青浦'，你忘了？"

一声"发哥"，让郑春发猛然回到了在上海学艺的日子，他抽出双手亲昵地捶了捶小青浦，拉过两条椅子相向坐下："我都认不出你来了。你几时到的？"

"我们三十多年不见，我老了。我前天就和上海的厨师们乘一条船到了，听说您今天到，我赶紧跑过来看看你这个小赤佬。"话音刚落，二人忍不住哈哈大笑起来，都想起了三十年前初相遇的旧时光。郑春发想，从前有艰辛，有磨难，也有收获、有成长，其实人生遇到的所有挫折，都是来成就自己的。

美国人还未抵达厦门，二人多年未见，当晚便促膝长谈。谢老板在前两年过世了，有洞天由小青浦经营，时局不稳，现在生意也不太好。

"老百姓的生活苦呀，发哥，你说上头会不知道么？为了接待这拨美国人，那银子花得跟流水似的。明日，你且去宴会厅看看，啤酒堆得像小山一样。"

"难说。我们当厨师的，只要做好菜，让美国人吃得开心，不要让朝廷丢了颜面、各菜系砸了招牌方为本分。"

"发哥说得对，做好本分就行。我看到彩楼的额上有'中外提福'四个字，希望平安无事吧。"

十月三十日，美国海军的路易斯安娜号、威斯康星号、弗吉尼亚号、俄亥俄号、密苏里号、伊利诺斯号、肯塔基号、奇尔沙治号八艘战列舰抵达厦门，美国舰队鸣放礼炮后，舰队官兵排着队陆续登上码头。

海军提督萨镇冰率海圻、海容、海筹、海琛四艘巡洋舰，驱逐舰飞鹰号，训练舰通济号，炮舰福安号、元凯号及海关巡洋舰并征号、海关海底电缆铺设船福州号编队出港迎接。厦门学校的学生们沿途列队欢迎，高喊着："欢迎、欢迎、热烈欢迎！Welcome！"一边敲锣打鼓，热闹非凡，仪式隆重，盛况空前。

炉火争锋、锅勺翻飞，厨师们使出浑身解数，煎、炸、蒸、炒、煮、焗、烩，多样烹饪方式齐上阵；斩、劈、切、片、剁、拍、雕，十八般武艺齐登场。一道道色香味意俱全的美食香气四溢、令人垂涎。

聚春园的每日菜单，由郑春发亲自拟定。三十日晚，负责区域宴请了舰队官员六百余人，推出的即要展现闽菜精髓，又要区别于别的菜系，选用的多是海鲜为主：一品官燕、蟹黄鱼翅、香蛋鱼卷、干炸生蚝、蘑菇冬笋、水晶虾球、嫩炸肫肝、火腿烧鸡、局酿蟹盖、挂炉烤鸭、鸡茸菜花、李府杂碎、茶点和煎饺。至于鸡汤氽海蚌、佛跳墙，仅供应舰长等高级军官。

一道鸡汤氽海蚌，用海贝壳作汤碗和碗盖，仿佛听得到涛声和海韵。打开碗盖，是一汪清清亮亮的汤，汤里有一片片软嘟嘟的海蚌肉。喝一口汤，有鸡的醇香，再一细品，还有海鲜的口味；在似有似无之间，令人神入佳境，妙韵无穷。

压轴的闽菜之王佛跳墙，更别有一种韵味，装在一口大大的、密封的、古拙瓷罐酒坛里。打开盖子，顿时一股醇香扑鼻而来，一块块山珍海味浸泡在浓浓的、富有光泽的汤中。吃一口珍品，香粹滑嫩，味中有味；喝一口汤，醇和适口，无油腻之感。舰长们纷纷伸出拇指，赞叹："Oh my God！ It's delicious."（我的天啊！真是美味。）

次日，聚春园区域被美国官兵围得水泄不通，罗大龙与兄弟们左支右绌维持秩序。长期居住在鼓浪屿的美国牧师毕腓力对罗大龙说："这支舰队经常访问全球其他地方，舰上的官兵一般都会把上岸的机会让给别人，但是，在厦门就没有人想错过上岸的机会。中国菜实在太好吃了！"

罗大龙听到赞扬，乐得心花怒放："好吃就好，好吃就好。大家排好队，慢慢来，每个人都有份。"

十一月四日晚，是最后一场盛宴，宴请的是美提督及其兵弁、各国官商来宾。由于人数众多，且各国宾客都有，要制作简便，所以选用了几道冻品、烧烤：青脚鱼汤、酱三文鱼、生蚝面、烩牛柳、鹅肝冻、路笋冻、烧羊鞍、烧大鹅、焓火腿、俄式生菜、什锦布丁、生果、咖啡、芝士。

吃过饭，随着一声震耳欲聋的炮响，第一朵烟花在厦门夜空中绽放。那一刻，仿佛时间都凝固了，所有人的目光都被那绚烂的光芒所吸引，这是厦门有史以来最大规模的放烟花活动。各式各样的烟花接连不断地在空中绽放，火树银花，玉壶光转，散出满天霞彩，五彩斑斓的光芒让美国官兵惊叹不已，陶醉在这美妙的视觉盛宴中。

郑春发仰着头，看着明灭不断的烟火，心想：朝廷要的面子和里子，全都有了。

第六章　宴四海

一

苍苍鼓山，泱泱闽水。闽江总长近三千公里，环山而下的河流，从武夷山一路浩荡而来，奔腾流入东海，万古不息。闽江水赋予了福建人民丰富的山珍海味物产。江水汩汩流淌，江面上千帆竞发，马尾港中，一船船食材源源不断地运抵而来。

郑春发听说过一句话：浅海滩涂螺蚌蛏蛤，大江河湾鳞甲水族，山坳林间麂鹿獐兔，山地平原四时瓜果。闽地有着丰饶与隽永的山地，宽广与深邃的海洋，故有食材供他制作像佛跳墙般这许多独特的菜品。他感慨，这就是闽菜的特色，内含博大的胸怀与拼搏的韧劲，既留得住世代传承的福建佳肴，又容得下漂洋过海的外来风味，还可加上他对外地京沪苏杭菜的理解。

从古至今，闽地上的人们对食物缓慢而执着的探索，仿佛车轮在悠长的时光里转动，一点一点凝聚智慧、一代一代传承更替，造就了满汉席这样精彩纷呈的美食荟萃。对于师父留下的秘籍，郑春发感到震惊，前人的创造力与想象力，真不可思议。一方水土养一方人，身在这片土地，他更感到庆幸。

闽菜经过千年传承，从当初的南越风味，经历唐宋时期的不断改良，特别注重刀工精妙、入趣于味，形成了以汤菜居多、一汤十变，烹调细腻、雅致大方的四大特点。闽菜以福州菜为正宗，辐射周边，呈伞形四方传播，又不断聚拢，最终汇合到一起。

闽东和闽北的特色，主要讲究清鲜淡雅，偏于酸甜，讲究调汤，善用红糟为佐料；而闽南厦门、晋江、尤溪等地的菜，则讲究鲜醇香嫩，注重调味，善用香辣，在使用沙茶、芥末、橘汁等方面有独到之处；闽西菜荤香和醇，偏于咸辣，常取山珍野味为原料，有浓厚的山乡色彩。

到聚春园用餐的客人来自天南海北，为了照顾到八闽大地的食客。郑春发兼收并蓄，在原来基础上，将64道满汉席增加至108道，为高官或巨绅举办大型宴请活动提供了更多的选择。这道改良过的"闽菜版"满汉席，饱含了他数十年的心血。

改良过程中，郑春发越来越深刻地意识到，聚春园再强大，终究是闽菜家族中的一员。而闽菜要担得起"八大菜系"之一的荣誉，尚须不断创新。

老话讲："一座小酒楼，品味大社会。"面对百人百味百种心态，每个客人均有自己的诉求，他们人人有挑剔的权利，很多时候，正是客人的不断"挑刺"，才会促使饮食业提升标准，不断创新。这是一种反向的督促，甚至有时是阵痛后的蝶变。

每一次创新，虽是尺寸之间的微调，却常是搭建饮食大厦必不可少的栋梁。饮食业的创新，应该是全方位的，包括审美、典故、雅事等。

郑春发悟到这些，在为菜品起名时，他就吸收了杭菜雅致的特色，用词锤炼，赋予寓意，让食客在享受美食时精神也极为熨帖：竹荪抱瑶柱——一个"抱"字，情绵意浓；玉簪贵妃（鸡）——以诗入菜，雅致雍容。

在色彩讲究上，四个主食包含四种颜色：珍珠白米饭、荷叶黑米粥、八珍黄焖面、芦笋红豆粉——白、黑、黄、红，食客不但满足味蕾需求，视觉上还颇为滋润。

在选用看果时，也极其考究，要求必须是天宝香蕉、莱阳玉梨、承德樱桃、永春雪柑。

细微之处不含糊，豪华自然更用心。这份菜单中，将满席的海八珍、水八珍禽八珍、草八珍、烧烤，全部囊括。

虽然努力构建出闽菜满汉席，但郑春发却有意不将闽菜中的佛跳墙、荔枝肉加入其中，以求"闽菜是闽菜，满汉席是满汉席"，不让闽菜埋没在满汉席中，也不让满汉席将闽菜精髓全囊括。

满汉席虽然阵容大而全，而聚春园在单菜品上，也极为精致，譬如"鸡汤氽海蚌"，郑春发就把对时间的把控运用到了巅峰。

那是仲春时节，周莲大人还在福州。

阳光之下，万物都在疯狂生长。一场连绵细雨过后，绿色的枝芽就不断冒了出来，刹那之间福州城就像画笔涂抹过一般，铺天盖地的绿，被风雨淋湿的花初吐芬芳，在春风中摇曳，独自向着绿的深处延伸，看得人满心欢喜。

一日早晨，郑春发派人请周莲前来聚春园。

周莲一到，心领神会，催着郑春发："定是又有大馔。"

"今早长乐那边送了几只新鲜的漳港蚌来，想着请大人尝鲜。"

"哦，是'西施舌'？这可难得，带我瞧瞧。"周莲好奇地跟

聚春园

在郑春发身后，到了厨房，看着桌上陈列的盆里，装着十来个漳港海蚌，蚌壳呈三角，壳表光洁，个头大，顶部淡紫色，其余部分有的米黄色、有的灰白色。淡黄色的蚌体仿佛还在呼吸，蚌体尖尖的"舌尖"不断伸缩。

周莲竟有些乐不可支："这般搔首弄姿，煞是轻盈动人。我记得宋时王十朋《梅溪集》有诗：'博物延陵有令孙，不因官冷作儒酸。珍庖自有西施舌，风味堪倍北海尊。'今日，周某有口福了。"

郑春发道："大人，您瞧好。"

他捞出一只半手掌大小的海蚌，沿蚌壳的缝剖开，挖出蚌肉，片成两片，洗净后盛于漏勺内，放入沸水锅中，口中念念有词："一、二、三、四、五，得了。"将蚌肉捞出，装在碗中。

周莲戏谑地问："你在作什么法？"

郑春发一边笑着回道："大人见笑，我这个是让'西施舌'保持鲜嫩的法术。氽海蚌肉，时间需控制，不足则软，过分则老。"一边从锅里舀了一勺汤往碗里倒上，双手端了放在案板上，搬过一条凳子示意周莲坐下。

周莲与郑春发交情甚厚，到聚春园来，一向如同在自家宅院。他顺势坐下，闻了闻："这是鸡汤。"

郑春发击掌："正是，这是老母鸡，宰好后在沸水中清捞，除去浮污，再加上清水用旺火蒸多时，去肉留汤，滤去杂质和浮油备用。"

周莲捏起汤勺，舀起一片蚌肉，送入口中。细品片刻，连声赞道："确实似有一舌尖在嘴里滑来滑去，清甜、质嫩、味鲜、肉脆，妙呀。栎园先生〔周亮工（1612—1672），原名亮，字元亮，号栎

334

园，祥符（今河南开封祥符区）人。清代官员、文学家、篆刻家、书画鉴藏家〕曾言'闽中海错，西施舌当列为神品'，今日之见，诚不欺我。"

郑春发一脸喜色，恭敬地朝周莲作揖行礼，周莲站起身，扶起郑春发，诧异地问："春发，这是为何？"

郑春发凝重地说："周大人曾说过，时间可以沉淀一切滋养，使浮华褪去，譬如佛跳墙，需要二十多种食材、三十多种调料，烹制的食材分层装坛；用荷叶密封坛口，加盖后先旺火烧沸，再微火煨三个时辰左右，就要慢慢熬制。"

"大人还说，时间也可以瞬间凝聚精华，就像这道鸡汤汆海蚌，果不其然，汆的过程讲究的就是一个快字。"

周莲仰头大笑："春发，我讲的是人生，你把人生的道理放在做菜上，用心琢磨，岂有不成功之理？"

旁边跑堂的伙计抢过话，说："可不是吗？周大人说的任何话，我们东家都放在心上，时刻琢磨。他还说，厨师就是医生，就是那个什么水、什么火的……"

周莲忍不住，边笑边说："'作厨如作医，吾以一心诊百物之宜，而谨审其水火之齐，则万口之甘如一口。'袁子才在《厨者王小余》中所说，是这个吧。"

伙计连连点头："对、对、对，就是这个。我没念过书，听东家说过多次，总也记不住。"说完，低下头，羞赧地躲到人群后头去了。

郑春发环视一圈，语重心长地说："当厨子就像当大夫，行医要明药理，我们这一行要想做得一手好菜，则需知食材、明水火、懂人心。才能众口如同一口。怪不得那王小余还说，'能大而不能小者，气粗也。能啬而不能华者，才弱也。且味固不在大小华啬间也，能者一芹一菹皆珍怪，不能则黄雀鲊三温无益也。'你听听，多么精妙的话语，一个好厨子做的芹菜绝对胜过坏厨子做的熊掌！"

"比如，有的食客要养生，我们可推荐清蒸鱼；有的食客一家子来要热闹，我们可上传统的红烧肉；有的食客嘴刁，次次要尝新品，这不，我们把茶和菜品结合起来，有了茉莉虾仁。"

郑春发话音刚落，周莲将面前的空碗往前推了推："这道鸡汤汆海蚌，真是人间绝味。我可听说了，你们还专为外国人制作了西餐？叫个什么料理。春发，这道菜你迟迟不让我尝尝，这可不地道呵。"

郑春发忙不迭地叫："快，赶快给周大人上料理。"

这时，听得门外传来"呜哩哇啦"的声音，一个腿脚快的伙计已经跑进来，说："东家，快去看看吧，这个洋人我们也不知道是什么官，指名道姓要见您。"

郑春发忙和周莲致歉，走到门口。

只见两个长袍的轿夫，抬着一顶轿椅，此时虽然停在原地，两个还不住地抖动着竹竿，端坐在轿椅上的洋人戴着礼帽、穿着西服，手里拿着一把伞，不住地轻轻敲打着黑漆的皮鞋，身子随着竹竿抖动，享受着这股颤悠劲儿，陶醉地不肯下地。

郑春发认得此人，是英国商人约翰，平日里主营武夷山大红袍茶叶。此时见他不肯下轿椅，定是想赚个面子，急忙满面春风地迎接上去，一把扶住竹竿，说："约翰先生，这是哪股风把你给吹来了？"

"当然是你聚春园的……舌头。"约翰操着生硬的汉语说道。

"舌头？"郑春发也愣住了，一时不知他所指何物。

"美人……舌头……"约翰吐出自己的舌头，不住地指点着，双手比画着缠绕着，在自己头上转了一圈又一圈。

郑春发虽然还没弄懂什么意思，顺势说："你下来说。"

约翰摆摆手，两个轿夫急忙放下轿椅，约翰稳稳地走下来，有些焦急地说："美女，女神……四大美人，西施……"

郑春发懂了，哈哈大笑，学着他的样子，半结巴地说："西施，美女舌头……约翰先生来亲嘴来了！不对，你们叫……尅死……"

"对，kiss，郑老板，你也会说英语了！"

两人相偕，快步走入店内大厅坐下。

郑春发随即吩咐后厨，给约翰准备鸡汤氽海蚌。

等到坐下来，郑春发问起约翰今日行程。

约翰身边陪同的翻译派上了用场，约翰说一句，他翻译一句。今日，约翰到金山塔寺逛了逛。它建在江中礁岩上，已有七八百年的历史，是十分罕见的水中寺庙。限于地形，寺院没有巍峨的殿阁和巨大的佛像，但却小巧玲珑，情趣盎然，独具一格。见过如此精致的艺术品，约翰心情愉悦，便计划在江边就餐。不想途中遇到两个装扮精致的福州女子，一路追随，竟然到了东大街。

郑春发听罢，笑着对约翰说："在我们中国，你这属于是'好色之徒'。"

翻译一说，约翰忽然严肃起来，摇着头说："不，不，你们中国有句话叫——爱美之心，人皆有之，我是追求美。"

"那怎么拐到了聚春园？"郑春发问。

翻译笑答："美女回家了，约翰先生突然想起聚春园有'西施舌'，就……追过来了。"

约翰补充说："这叫，看着美人吃饭。"

"秀色可餐！"郑春发说。

"对，秀色可餐！"约翰连连夸赞，"郑老板，也是一个'好色之徒'。"

本来气氛挺融洽，旁边坐着的一位穿宽袖、对襟绸马褂，戴一顶瓜皮帽的茶商扫了这边一眼，冷冷地说："崇洋媚外，郑东家，注意点形象。"

郑春发一见，忙移步过去致歉说："霍兄，你看不惯，也忍一忍，我这也是无奈。开门做生意，接待四方客，多体谅。"

霍茶商鄙夷地说："这些洋鬼子克扣茶商多少钱？你都想不到。"

郑春发不想陷入其中，低声劝说了几句，让他消消气，便过来引着约翰等人进入雅间，避免节外生枝。

时间一长，聚春园以食材为重、火候为精、用心为要烹饪出的美味佳肴已声名远播，其蕴含着的深厚"内功"征服了客人，而不是用简单的"花拳绣腿"赢得喝彩，食客们渐渐把聚春园的菜称为"功夫菜"。郑春发更是丝毫不敢懈怠，对传统闽菜中大家熟知的菜品也进行了革新。

且说醉糟鸡，本是广为福州民众喜爱的菜肴，过春节时家家户户必定会上这道菜。郑春发想改良的核心就在这，他认为，聚春园尽管是高档菜馆，但也不能拒绝普通大众，做生意，只有各类客人都接纳，才会广聚人脉，财通四海。但是，来聚春园吃这道菜，如果还和在家里滋味一样，客人又何必来这里呢？他了解到大家做这道菜时，是把鸡和红糟和在一起或煮、或炖、或蒸，成菜后虽也能香气扑鼻，但汤汁混浊，"糟糠"混合在菜品中，使菜失去了光华。

而聚春园怎么办呢？首先，把糟剁得非常仔细，而后上笼屉蒸透，将熟透的糟取出与鸡汤融合，用净纱布过滤，这样一来，糟汁变得清澈透明，同时还保留了糟的精华。之后，用糟汁与白酒腌制嫩鸡，整道菜突出一个"醉"字，使"醉糟鸡"名副其实。同时，不含杂糟，色泽淡红，鸡肉香嫩，皮骨酥脆，味道醇香浑厚，食之不腻。许多外出归乡的游子品尝到这道菜，忍不住由衷赞叹："只闻糟香不见糟，闻到糟香思故乡。"

对名贵菜"软蟳粥"的改良可谓是"解放双手"的过程。

蟳系闽菜中的名贵原料，包括梅蟳、虎蟳、菜蟳、红蟳多种，以红蟳为贵。红蟳，也称"红膏蟳"，学名"锯缘青蟹"，因其身披青色甲壳，壳的边缘有锯齿状的缺刻而得名。它有两把铁钳似的大螯足，故又有"铁甲将军"之称。每年中秋至重阳间，其体内膏满如脂、肉厚如玉，称为"菊花蟹"。宋代诗人黄庭坚有诗赞曰："一腹金相玉质，两螯明月秋江。"贾宝玉形容吃蟹状有"泼醋擂姜兴欲狂"和"指上沾腥洗尚香"的感慨。蟳肉营养丰富、味美鲜嫩，作为节庆迎宾飨客的佐酒佳肴，堪称海鲜珍馐。

但就是如此珍馐，食用时，那些高官巨贾们也不得不"泼醋擂姜"，虽然吃得兴趣盎然，却也有次次"指上沾腥"的烦恼。人人虽觉得不方便，但总觉得历来如此，只好无奈接受。

郑春发就在这个苦恼上下了功夫，把提前剔好的蟳肉与浸透的糯米、高汤"三合一"，放微火上慢煲，使蟳的鲜味与汤的荤味融于粥中，盛在玲珑小碗内，撒上剁碎的蟳膏，热气腾腾、香味氤氲、质地幼嫩、入口即化。

如此一来，食客们无须自己动手烦劳，即可品尝美味蟳肉，当然个个欢欣。

满汉席豪华奢侈，但聚春园将佛跳墙不再当成一道菜，而是推出"席文化"，除了佛跳墙席之外，还将高档菜做成系列，有燕窝席、鱼翅席、鱼唇席等。每桌席以一菜为引领，围绕这道菜，组成一道席，由于燕窝、鱼翅等高档原材料为"席名"，无形中提高了"席"的价值地位，使筵席凸显高档次。比如，完整的"燕窝席"菜单里，燕窝之外，则有：

十二盖碗：酥核桃仁、醉元糟鸡、西汁七星片、鸡油炊科菇、香油虾扇、三鲜锅巴、白炒田蛙片、鸡茸金丝笋、醉萝卜蜇、葱白炒鸡片、青炒香螺片、芽心爆鳝片。

四大拼菜：鸡汤燕菜、糟汁氽海蚌、油纸包鸡、清蒸全根白菜。

四样点心：黄梨冻、火腿饼、芝麻糍、四方饺。

甜汤：即位杏仁白木耳。

水果：大柑。

这种"席"菜中，包含了许多单品，这些单品的推出，也是为了适应各种需求。如"鸡茸金丝笋"，就是地道的"雅菜"，其精湛技艺、文雅名称、精良制作，可为文人雅士饮酒赋诗提供"素材"和灵感。这道菜的品相很重要，因郑春发了解儒雅人士最讲究"眼缘"，所以格外注重外表的美。先把冬笋切成一寸五分长的段，把段切成纸一般的薄片，把片再切成头发粗细的"金丝"，而后把这些"金丝"用上汤煨制入味，再与鸡茸、蛋液适当搭配，用急火快炒，使其紧密相依、相黏成糊，饱含厨师的火候功力。这道素雅的菜，润爽唇齿、留香喉舌，常令风流倜傥的骚人墨客们不忍下箸，感叹美食之绝、庖厨之精。

郑春发出身寒门，始终为"民众菜"保有一席之位，这是一种坚守，更是一种情结。平常百姓迫于生活制作的腊肉、熏鹅、腌菜等，聚春园也都应有尽有。他还专门保持了当初师父叶倚榕制作的"光饼"，就是为了让普通百姓都能吃得起。

这个光饼，据传为名将戚继光两次入闽抗倭所创。明朝嘉靖年间，福建沿海倭寇猖獗，不断挑起战事，戚继光奉旨领兵入闽抗倭，百姓们夹道欢迎，争相犒劳，但戚家军军纪严明，从不轻易收百姓物品。福清县的百姓们为表诚意，就制作了一种中间带孔的饼，串起来，挂到戚家军将士的脖子上。戚继光将军看到百姓如此爱戴，怕辜负了大家的一片心意，就命将士们接受了。消息传到福州城，百姓纷纷效仿，制作出体积比福清饼小一圈、更便于携带的饼，用细麻绳从中穿过，馈赠给戚家军。这种饼色如蛋黄，状如馒头，麦香味十足，咸香可口。戚继光见确实便于携带，就令火头军如法制作。抗倭胜利后，人们为纪念戚继光将军，称小饼为"光饼"，称大饼为"征东饼"。

因光饼制作简单，携带方便，不但为平民百姓喜爱，远赴京城科考的举子们也常备用，作为干粮。时日渐长，"吃了多少光饼"竟然演变成衡量举子们用功程度的代名词。

二

风云突变。

甲午战争后，帝国主义掀起了瓜分中国的狂潮，中华民族危在旦夕。以孙中山为杰出代表的有志之士，成立中国同盟会，先后发动了推翻腐朽的清朝统治的潮州黄冈起义、惠州七女湖起义、防城起义、镇南关起义、钦廉上思起义、河口起义，但这些起义均因各种因素而失败。

宣统三年（1911），孙中山领导举行广州起义。

起义前夕，已经悄悄有福建人在联络。聚春园虽然没有参与，但却暗中资助这些革命者，希望他们能给百姓们带来一个生活安宁的环境。不料还是走漏了风声，聚春园被当局者限令停业整顿，郑春发被抓。

几十号人一时茫然无措。

恩山听到消息，第一时间找到罗大龙，商量营救办法。吴成这一次表现得非常慷慨："找人的事，我帮不上忙，这样，你们负责疏通关系，无论如何要把郑东家救出来，钱由我出。"

罗大龙说："可恶的官老爷们，也不看看到什么时候了，就不想想自己的退路，只管替朝廷卖命。"

"我本不该说这话，大清国呀，真是危险了，乱糟糟的，也不管百姓死活。真想也去闹一闹革命。"

"当务之急，是要找到合适的人，把春发尽快救出来。"吴成说。

"放心，我从保甲局走关系，我这就去找彭总。"罗大龙打了包票。

众人揪心地等了四五天，给衙门里送了礼。平日里这些衙门也没少拿聚春园的好处，郑春发在监牢里倒没有受什么苦。官员们也都是例行公事，见好就收，让保甲局总办彭寿松做了担保，将郑春发释放出来，聚春园得以再次营业。

有了这一次教训，再支持这些人时，郑春发就格外保密。

参加广州起义的有福建籍百余人。攻打两广总督署时，两广总督张鸣岐逃往水师提督衙门，革命军放火焚烧了督署衙门，冲杀出来时正遇水师提督李准的亲兵大队，福建人林文听说李部内有同志，便上前大声高呼："不用打！不用打！"话未讲完，却被敌人一枪击中，当场牺牲。

这次起义，除黄兴一部及顺德会党按期发难外，其余各路均未行动。起义不幸失败后，中国同盟会会员潘达微先生不顾清朝当局禁令，以《平民日报》记者的公开身份，组织了一百多收尸人，把散落并已腐烂的七十二位烈士的遗骨收殓，安葬于广州郊外的红花岗，并将"红花岗"改为"黄花岗"，称"黄花岗七十二烈士"。

广州起义失败的消息传到福州，坐在聚春园内的罗大龙义愤填膺，气得攥起拳头，将桌子砸得咚咚响："'福建十杰'死得冤啊！想我闽地，从来都是英雄辈出，如今却惨死他乡，怎么能出了这口恶气！"他说的"福建十杰"，是在这次广州起义中牺牲的十位福建籍英雄：林文、方声洞、林觉民、林尹民、陈与燊、陈可钧、陈更新、冯超骧、刘元栋和刘六符。

郑春发叹一声气，说："何止他们，福建参加起义的百余人，死难者听说就有四十八人。这些人真是大英雄。可你说，自己的命都不要了，这革命者究竟为了什么？"

"为了什么我也不大说得清楚，可有一点我清楚，这些人称得上是真正的豪杰，这国家大事我虽然看不懂，可这些人做的事，我实在佩服。"罗大龙说。

"叫我说，这朝廷也真是该换换了，物价天天涨，钱庄都活不下去了，这不，同光、恒生、厚余、永昇这个月都关门了。"吴成搓着常拿在手里的铜钱伤感地说。

郑春发瞧着他俩情绪低落，就出个主意："咱们再凑点钱给这些死难家属，能帮就帮点吧。"

吴成说："我赞成，多少是我们的一点心意。"

罗大龙一抱拳："钱我虽然出不上力，我替这些英雄豪杰谢谢你们两位东家。"

郑春发说："我们也就只能尽这点绵薄之力了。还是盼着不打仗的好，都平平安安的，老百姓才能活下去。"

吴成赞许地说："就是，福州城要是也乱起来，生意就真做不下去了。"

"但愿聚春园能平平安安，不再出事。"

"你们也别泄气，不论到什么时候，人总是要吃饭的，也总是要用钱的，二位也不要太悲观。"罗大龙劝说道。

正说话间，恩山走了进来，见他们说得热闹，也凑过来说："大家都安生些吧，这世道不太平了。"

"你倒说说，朝廷会不会乱？"罗大龙毫无顾忌地问。

"悬！我瞧着这闹革命的人，个个都不要命。"恩山卷一卷马蹄袖，说，"不过这话就咱们私下里说说，可不敢传出去。"

"怕个甚，到处都在传，谁还背着谁呀。"罗大龙说。

"我跟郑东家和你们不一样。"恩山朝着郑春发抬抬下巴。

"我这算什么呀，倒是你，不知道用不用上战场？"郑春发问。

"你好歹还是六品顶戴呢，不敢乱说的。"恩山提醒道。

"也就是我们几个人说说，怕啥，谁还举报咱去？"罗大龙说。

吴成见状，忙和稀泥："不提这些了，好好喝酒，这日子我是看透了，今朝有酒今朝醉。"

郑春发接过话茬："聚春园的生意，还要仰仗大家。"

"哈哈，靠我们几个，你非赔钱不可，我们都是天天蹭吃蹭喝。"罗大龙哈哈大笑。

恩山望着郑春发大大咧咧地说："郑东家家大业大，我们才几张嘴。"

郑春发急忙说："兄弟们能来聚春园，是我的福气。不过有件事，你还得和彭总办说一说，保甲局的弟兄们吃喝归吃喝，别老是喝醉酒砸东西。这桌椅，换了好几次了。"

罗大龙一听，大包大揽地说："杀鸡焉用牛刀，这小事不用彭总办出面，我找个机会敲打敲打那几个家伙。"

"不是说不让兄弟们来吃喝啊，可别整误会了。"郑春发又担心地解释。

"他们白吃白喝还有理了？"罗大龙眼珠子一瞪，夹起一块肉塞进嘴里。

"我是生意人，不想惹事，不比老弟您。"

"好好，听你的，我拿捏分寸。"

他们提到的事，是福建保甲局有一帮人，平日里总来聚春园吃吃喝喝。郑春发开酒楼，总少不了有人闹事，保甲局负责缉捕等事，他平日里要仰仗保甲局撑腰，容忍着一帮人白吃白喝。最近世道不太平，有几个办事人员来到聚春园，喝醉了就酗酒闹事，反而成了祸害。

周莲离任时，摸着罗大龙的个性，将他安排进保甲局。保甲局的总办名叫彭寿松，也是位豪爽之士，与罗大龙相熟。郑春发这才托罗大龙说情，让彭寿松管一管这些人。

这彭寿松还真照顾面子，经他调教后，聚春园果真消停了一段，郑春发对彭寿松心存感激，想着借机酬谢。不想，机会很快便来了。

一天夜里，子夜时分，郑春发在安民巷家中刚刚躺下，突然听到一阵急促的敲门声，狐疑地打开门一看，竟是彭寿松，他一进门就低声说："走，到你书房，我有要事。"

郑春发来到书房，点上灯，才看到彭寿松神色慌张，戴了一顶遮沿帽，就急忙问："何事？大人如此打扮？"

"你没听说？街上可是贴着我的画像呢。"

郑春发这才醒悟，压低声音问："哦！前两天听他们说，我还说他们搞错了，原来是真的！大人怎么了？"

"告诉你也无妨，我是同盟会的人，朝廷派人四处逮我呢。"

"我能帮上什么忙？"

"不瞒你，我马上就要出城，可我一点盘缠都没有。"

"你稍等，我去去就来。"说完，郑春发就返回卧室，拿出银圆，折回书房，递给彭寿松，"这是一百银圆，要是不够，改天我再给你筹。家里实在没有多存。"

"兄弟啊，你这可是帮了大忙。你记着，很快革命军就会打过来。"

彭寿松说完，将银圆藏在口袋里，又裹得严严实实抬脚就走，临到门口，他拉住郑春发的手："兄弟，这一别，不知何日再相见。如今，这城里，我就辞别了你一个。"

郑春发一听，急忙说："请放心，你我的情分，天高地厚，大人只管放心去做大事，我绝不会透露半点风声。"

关上街门，郑春发靠在门板上，才发现，自己的衣服已湿透了。心中忐忑：革命者真不易啊！

这一年的形势几天就变个样。秋末时，武昌起义爆发，全国形势急变，福建也不例外。

11月8日，福州城内的枪声和喊声响了一夜，郑春发也一夜没合眼。聚春园和总督署距离很近，听到革命军和衙门亲兵的厮杀声，心中起伏不定。黎明时分，激战了一晚上的双方分出了胜负，革命者欢呼雀跃，大声呼叫着"总督已死，革命胜利"的口号，队伍雄赳赳地在大街上奔走。

郑春发嘱咐伙计们，悄无声息地依旧打开了聚春园的门，正常营业。

听中午吃饭的客人们七嘴八舌地说，闽浙总督松寿清晨在府邸吞金自杀了，福州将军也被击毙。郑春发心里"咯噔"一声：大清朝就这么完了？

改天换地的消息一个接着一个，不几日，福建成立军政府，罗大龙笑嘻嘻地奔进聚春园，高声叫着："郑兄，拿好酒来！"

郑春发将他引到花厅，急促地问："看你高兴的样，肯定是有好消息！"

"你知道吗，军政府里，谁是参事会会长？"

"这我哪猜得到？"

"彭寿松！"

郑春发一听，扭头就朝门外打招呼："快来人，上好的福建老

347

酒，抱两坛来！"

郑春发此时觉得，送别彭寿松的夜晚，虽无月光，却照亮了前程。

他想着：军政府成立了，彭寿松任职参事会会长，聚春园自然少不了业务。

果然，彭寿松之后调任福建政务院院长、福建都督府总参议长兼福建警察总监，统辖防卫军，握全省军政大权，为感激郑春发的资助，对聚春园特殊关照，让官场宴会都在聚春园举办，并叮嘱都督府副官处，凡在聚春园宴会的账目必须当日算清，不得拖欠或折扣。

本来城内一乱，郑春发时有担忧，怕聚春园生意受影响，没想到军政府成立后，反而风生水起，生意比之前还好，自然十分高兴，就多给厨师和伙计们加了薪，让大家跟着沾沾喜气。

喜事一桩接着一桩，很快，江苏传来消息，周莲被公推为如皋临时军政总司令。郑春发当即写信祝贺，并专门派人送去礼物，邀请这个远方的挚友寻合适的时间到聚春园再相聚。

福建军政府很多宴请在聚春园举行，聚春园名声大噪，也赢得越来越多名流的青睐。1912 年 4 月，孙中山辞去临时大总统之后，以私人名义来闽访问，闽都督府派政务院院长彭寿松前往南京，陪其来闽，都督孙道仁亲往马尾迎接。

孙中山的随行人员有福建人黄乃裳和秘书宋霭龄等四十多人。在都督府内，"二妙轩"照相馆为大家拍了合影，孙中山着西装，孙道仁军服佩刀，黄乃裳则是长袍马褂，一袭中式装扮。

20 日，孙中山出都督府后，要到贡院埕的省谘议局访问。从圣庙路乘轿出南大街，福州城的百姓分列两旁，热情鼓掌。孙中山下轿步行，向百姓招手。至贡院前时，轿夫忽然健步如飞，快速越过"登瀛桥"直奔贡院，这是"跳龙门"礼节，表达对孙中山的崇敬。

孙中山在贡院内的福建谘议局和大家亲切交谈，发表演讲，这时，郑春发已经在和后勤人员商议为他办宴的事。

"聚春园都准备好了，只等吩咐。"郑春发胸有成竹地说。

后勤人员踌躇许久，斟酌再三，认为孙中山一向崇尚节俭，不会和清廷官员一样奢侈浪费，而且，在贡院演讲后，不宜再移到聚春园就餐，于是就做出决定，现场办宴，简约为主，要突出闽地特色。

郑春发随即询问随行人员孙中山先生的习惯，得知他吃酒后有吃饭的习惯，于是就特意准备了俗称"草包饭"的主食。

这是一种"席草"包裹做成的米饭。这种席草，是闽西山区土生土长的带有香气的草，常用来编织凉席，细又长。做饭时，先用席草编成草袋子，装上适量大米，扎紧口，放进锅里用清水煮熟。煮饭时，草袋随之膨胀。米饭在烹熟的过程中，充分吸收了草的清香，煮成的米饭完全还原了大自然的味道，极具食欲。米饭的软硬程度，可通过调节草袋口的高低来控制。这种清香可口、毫无污染、绿色环保的米饭，看似简单，却保留了食物的精髓，属"大道至简"的做法，也符合孙中山一贯提倡的"天下为公""大同世界"思想，后勤人员一致认同。

就在大家做好了菜，孙中山已经开始上桌就餐，所有人都认为"万事俱备"时，郑春发忽然一拍脑门："坏了！"

众人大惊，都不解地望着他。

"没有汤！"

这一说，大家顿时都愣住了——闽菜最讲究汤，汤是闽菜的灵

349

魂，如果没有汤，孙中山认识的闽菜就会索然无味。

怎么办？

虽然贡院距离聚春园不远，但此时进进出出，若是从聚春园端来现成的汤，容易冷不说，还会让看到的人以为是"准备不足，慌乱所至"，郑春发迅速看了一遍厨房，看到还有备用的猪血未用，灵机一动，指挥厨师们将猪血切块，配以胡椒、醋，再放入葱米和麻油，煮成了一盆滚热的汤。

这道汤端上桌，郑春发和厨师们捏着一把汗，生怕孙中山嫌弃"汤太简单"。没想到，孙中山喝了一口后，细细一品，竟连连夸赞："好汤！好汤！"郑春发和厨师们这才长长吁了一口气。

很快，这道汤成为美谈，在榕城广为流传，聚春园迅速推出，并为它命名"中山汤"。之后，喝"中山汤"成为福州民众时髦的事，各大菜馆纷纷效仿并加以改进，将已煮熟的兴化粉或切面，放入沸汤捞一下，把中山汤泼在上面，称为"猪血化"或"猪血面"。

聚春园生意红火，罗大龙和恩山、吴成等这些常客们来得更勤了，但却各有心事。

中华民国已经于1912年元旦正式成立，取代了清廷，恩山是满族人，以前的那种骄傲顿时消失得无影无踪，整天长吁短叹，感慨自己生错了时候："正黄旗怎么了？不一样没了？"

罗大龙却正是如鱼得水，心情自然十分地好，摸着扎手的寸头说："叫我说，还是现在好，以前整天脑后甩个长辫子，跟马尾巴差不多，这多好，洗脸的功夫把头也洗了。"

恩山哭丧着脸，轻轻拍打着面颊："对不起老祖宗啊。"

"你快消停吧，叫政府的人听见了，不定怎么处理你呢。叫我说，你也该想开了，虽说你是满族人，可你瞧瞧之前朝廷怎么对待你们的？吃不饱，饷银还一层层剥皮，不论哪个衙门，让人饿着肚子打仗，总说不过去呀。"吴成规劝道。

"我这把年纪了，估计要老死在这福州城喽。罗队长你倒说说，这国民政府会不会和我们清算账？"

"恩兄，你就别担心了，政府里忙得很，哪有时间理会你这闲事。不过我倒提醒你，出去了别老是还摆出满族正黄旗的臭架子，小心那些别有用心的人拿你说事。"

听罗大龙这么一说，恩山端起酒杯，一口饮尽："说来说去，就是要夹起尾巴做人呗。"

郑春发说："人在世上，哪个还不是整天如履薄冰，这世道，一时也看不清楚，叫我说，我们老百姓，就安安稳稳做生意，盼着没有战事就好。"

"你听说了吗？严复到京城，听说成了北京大学的校长了。"罗大龙忽然插一句。

恩山有了话题："瞧瞧，我就说，有本事的人总有用武之地的，朝廷虽然没有了，严复却当校长了。对了，郑老弟，你还记得当初我们到船厂看军舰吗？那时候，你还年轻得很，马尾的港口那真是威风啊……"

郑春发感慨地回忆："怎么不记得？那时，多亏了你恩兄领路，要不然哪能看到'万年清'大军舰，啊呀，那真是气派啊。我们当时只是远远看着，心里就汹涌澎湃，那时候真是想着……唉，不说了，最终还是败给了洋鬼子，窝囊。现在看来，'万年清'名字多响亮，那是同治八年（1869）吧？可怎么样，这才过了四十多年，看来啊，谁也不会万万年。人这一辈子，也就不到一百年，还是静心做好自己的事就行。"

"是啊，我们一帮人，也就你郑东家，生意做得越来越大，顺风顺水。"吴成羡慕地说。

"你吴掌柜守着大堆的银圆，倒也哭上穷了。"恩山玩弄着鼻烟壶，讽刺地笑着说。

"勉强糊口。如今这钱庄，哪个挣钱？"

恩山喝着喝着渐渐高了，捂着脸半天不吭声。罗大龙和吴成见状，也都缄默不语。其实这几个人在一起聚多了，他们都知道，瞧着这个汉子五大三粗，可他心里藏着的事最多。

果然，恩山沉默了一阵子，忽然唉声叹气地说："这男人啊，没有个好老婆看着家，一辈子别想安生。"

郑春发急忙吩咐伙计给他端来醒酒汤，可恩山却不肯喝，一个劲儿捶打着胸口说："我的病，在这里，什么醒酒汤，也好不了。"

罗大龙也劝说他不必伤感。

恩山说："一个腊梅伤透了我的心还不够吗？老天爷为什么要三番五次折磨我？"

三个人都不说话了，虽然他们时常在一起，但平时并没有多交流家庭，还真不太了解恩山的家事。

恩山慢悠悠地说："不嫌兄弟们笑话，我这个人，真是没有女人缘。"

郑春发就劝说："现在不是好好的嘛。老想以前那些伤心事干什么？"

"你不知道，那个吴腊梅之后，我还遇到过一个女人。"恩山说，那是个青楼女子。

女子本来家庭富裕，家在浙江绍兴。她父亲因病去世后，女人就和母亲来福州投奔远房亲戚。之前，父亲曾救过这家主人的命，想着怎么也会帮助她们母女渡过难关。哪想这家亲戚是个势利眼，母女住了一段时日，亲戚开始嫌弃她们，不断找碴打鸡骂狗，指桑骂槐地说一些难听的话。

母亲连气带病，不久便离开人世。

一来二去，借了这家亲戚不少钱，正当姑娘发愁之际，亲戚告诉她，给她找了好人家出嫁。信以为真的女子上了轿，才知道被卖给了妓院。可已经无家可归，只能整日以泪洗面。

"我那段日子，寂寞无聊，去消遣正好遇到了她。两个人对着花灯，倾诉心事，才知道她的这些往事。我就决定想办法借钱，帮她赎身。"

郑春发插一句话："怪不得那一段你借钱还挺急的。"

恩山揪着自己的头发，忽然呜咽起来："我哪里有钱？一拖三个月，等我凑够钱，匆匆赶到时，她已病故了。"

三个人一阵唏嘘。

"她是疼死的，心疼死的。或许她以为我也是无情无义的人，心灰意冷，郁郁寡欢，才得病气死的。都怨我啊！"

"唉，这就是她的命，也怨不得你。想开点。"吴成说。

恩山已经趴在桌上，手里不住地捻着一串佛珠。

郑春发举起酒杯，说："不说这些了，说点高兴的，跟各位透个信啊，犬子钦渚下个月要订婚了。"

"祝贺,祝贺,我们可少不了喝一顿你郑东家的福建老酒。"罗大龙说。

"这是天大的喜事,我反正没事干,从明天开始就守在聚春园了,跑跑下手,我总有用。"恩山涨红了脸叫嚷着。

吴成也说:"时间真快,再过个三两年,郑兄就当爷爷了!来,举起杯,我们一起贺喜郑财东。"

四个人敞开了心怀,又多灌了几杯……

第二天清晨,郑春发从安民巷家中步行往聚春园走,走到杨桥巷口"万兴桶石店"门口,看到一个大男人牵着一个小女孩正好走出来,都是这一片的住户,郑春发急忙打招呼:"谢校长,这是带着小婉莹去哪里?"

"郑东家,正好,我们一道,就到你的聚春园吃一口去。你看看,非缠着要叫给她做扁肉燕,一大早,家里哪能做得来这个,吃个现成的吧。"

郑春发弯下腰,看看谢葆璋的女儿谢婉莹,和气地说:"你吃过后可要打高分啊。"

谢婉莹抬起面庞,问她父亲:"上一次是在四海春吃的扁肉燕,聚春园的可有他家好吃?"

"你这孩子,哪有当着东家面说这话的。"谢葆璋急忙制止。

"我也是和郑伯开玩笑的。聚春园的味道,自然是极好的。"

郑春发和谢葆璋相视一笑,三人相偕朝聚春园走去。

谢葆璋住的这个大院,原是黄花岗七十二烈士之一的林觉民家的住宅,林家出事后,怕受株连,遂卖了房屋,避居乡下。谢葆璋的父亲谢銮恩买下了这个院子。

谢葆璋是海军军官出身，女儿谢婉莹出生后七个月就全家去了上海，之后因工作调动，到了烟台。他曾参加过甲午战争，抗击过日本侵略军，后在烟台创办海军学校并出任校长。谢葆璋对清政府的腐朽统治不满，怒而辞职，带着家人回到福州。

郑春发早年曾十分仰慕军舰，知道谢葆璋是军舰上的军官，因此平日里极其敬重，此时当然热情地欢迎他们到聚春园就餐。

边走边聊，得知，吃过饭，谢葆璋就要送女儿到福州女子师范学校预科班就读，郑春发钦佩地说："也就你们这有眼光的人能做到，让女孩子出去读书。"

谢葆璋说："这不难，你郑东家有姑娘的话，不妨也送去读书，现在是民主国家，讲究男女平等。"

谢婉莹此时十三岁，正是"初生牛犊"，急忙接口道："我可是凭自己的成绩考上的，不是依爸帮忙啊。"

郑春发和谢葆璋齐声说："知道知道。"

到了聚春园，郑春发将让伙计端出扁肉燕，瞧着谢婉莹吃得津津有味，谢葆璋说："你帮了我一个大忙啊，要是今天吃不到这个，只怕上学也不开心呢。"

谢婉莹吃罢，擦着嘴说："父亲，莫要小看女儿，我不是讲究吃喝，是肚子不争气。"

谢葆璋用过餐后，要算账，郑春发推让着不收，最终还是没有推掉，谢葆璋按照规矩认真付了钱。

郑春发看着父女俩离开，不由得感慨：有多少官府里的人，恨不得每日里来蹭吃喝，哪有几个像他这样认真。

不久，谢葆璋去北京国民政府出任海军部军学司长，谢婉莹也随父迁居北京。临走前，聚春园真诚邀请父女俩光顾，留下了在福州的美食记忆。

很快，郑春发为儿子郑钦渚举行订婚礼，女方是叶鹏程的妻妹。叶鹏程和郑钦渚成了连襟。郑春发觉得，叶家和郑家就是一个大家庭，便极力促成这桩婚事。他和叶元泰情如兄弟，两个儿子成了连襟，自然就亲上加亲。

订婚的下午，郑春发带着儿子，到师父叶倚榕的坟墓上磕了头，他单独和师父说了好久的体己话，将这许多年掏心窝的话都和师父说了个够。他感觉师父就坐在对面，听他一句一句唠叨。

坟头上的松树枝叶，摇摇晃晃，似乎听懂了他的倾诉……

三

中华民国四年（1915）仲夏，一日傍晚，吴成、恩山、罗大龙等几人相聚在聚春园，店内人声鼎沸，交谈声、报菜声、劝酒声……此起彼伏。伙计迎上前来，见是几位熟客，忙寻了一处靠墙的桌子请几人落座。罗大龙熟稔地点了糟鱼、南煎肝、炯豆腐、白炒鲜竹蛏、蒜蓉蕹菜（蕹菜，又名空心菜）、卤花生米、海蛎发菜汤。他要了一壶以红糟酿成的甜酒，给每人倒上一碗，但见酒的颜色，红得像桃花水汁，尚有未滤净的点滴糟滓浮在面上，喝一口香醇甘美、齿颊留香……待伙计上好菜，几人边喝边聊，天南海北、东拉西扯，相谈甚欢。

郑春发见是他们几位，便走过来，坐下，敬了一圈酒。几人题话一转，提到了聚春园的前身"三友斋"，大家掐指算一算，三个月后，正是五十周年，就商议着要如何好好庆祝一番。

"一家酒楼，办了五十年，还这么兴旺，小弟真是佩服郑财东的才能。"吴成赞叹地说。

"你的店不也三十年了？做生意，你可一点也不差，大家都赞你是滴水不漏。"郑春发举了举酒盏，表示敬意。

"我那叫什么生意，出出进进，左手倒右手，也就沾点荤腥味。"吴成笑嘻嘻地轻摇着扇子。

"常言道'无商不奸'，奸商奸商，手上沾的都是我们的血汗，哈哈。"罗大龙指着吴成开玩笑。

郑春发笑嘻嘻地摇了摇头，说："你这是一根篙竿压倒一船人。"

恩山喝得满脸通红，大咧咧地说："聚春园是要贺一贺，场面上的事就我来布置。"

"哪敢劳驾您。我想着，如今这世面一天一变样，还是稳当点好。"郑春发另有考虑。

吴成将手中的折扇"啪"地一合："别扯远了，还是要好好筹划一下，庆祝庆祝。"

罗大龙激动地站起身来，双手比画着说："那广裕楼，几次三番找理由庆贺，聚春园现在可是比它厉害多了。"

"不比这些，好好做生意就行。"郑春发说。

恩山玩弄着手上的扳指，说："郑财东，你不能辜负了大家的一片好心。"

郑春发见状，妥协道："好吧，既然大家都说要庆贺，那就简单办一办。"

大家立时各抒己见，七嘴八舌，纷纷出主意。

其实，在郑春发心中，本不愿意搞这些花架子。1912年元旦，南京临时政府宣布国号为"中华民国"时曾宣言："民国者，民之国也，为民而设，由民而治也。"他们将人民写进国号，想给百姓生的希望，但这仅仅是一场美好的梦而已。朝代更替、蝼蚁翻覆，底层百姓的命运在时代的浪潮裹挟下仍颠沛流离，看不见希望。

眼见如今时局动荡，普通人生活困顿、日子过得很艰难。郑春发怕这时搞活动，引起客人们的反感，大家都朝不保夕，聚春园却铺张浪费，容易失去人心、也容易招来嫉恨。可又见这些朋友如此热心，心中也难免有些动摇，就暂时应承了他们。

还未等到庆贺，却传来一个对聚春园不利的消息——在南台新开了一家菜馆，名叫"聚福居"，人头攒动，日日爆满，客人们成群结队，在菜馆外排起长龙。

虽然这聚福居与聚春园相距较远，也抢不了聚春园的生意，但却抢去了风头，一时福州城内的食客们以到聚福居订到餐为荣。

郑春发派人打听老板的根底，得到的消息，老板只是个普通的厨师，大名林少红，排行老三，人称"林三"。林三不过二十出头，细瘦身材，个头不高，说话快言快语，很精明的样子。

是个晚辈，郑春发想着，新开的酒店、菜馆总是会吸引一些客人，等热闹一阵子，新鲜劲过去，自然就会冷落下来。但万万没想到的是，聚福居竟然连续火爆了三个多月，依然日日门庭若市，这下激起了郑春发的好奇心。

聚春园的生意虽然一如往昔，郑春发也不是个小肚鸡肠的人，做事一向讲原则，向来不愿争强好胜，更不想和同行成为冤家，可这件事放在心里，却成了一个谜团。

总要找到原因，这是关键。

郑春发想到了罗大龙，把他请来，商议："聚福居开张也有一段日子了，凭空红得这种样子，你知道是什么道理吗？"

"我去过几次，不过是平常几道菜，没什么稀奇。但是吃过后总感觉欲罢不能、惦记得很，过几天不去，就心里痒痒。"罗大龙实话实说。

"可是味道完全不同于闽菜？"郑春发想着兴许是别的菜系，口味新鲜。

"没有没有，就是荔枝肉、醉糟鸡这些闽菜。"

"这就奇怪，可是与聚春园的味道大有不同？"

"我也说不好。怎么说呢，聚春园的菜，味道正宗，滋味饱满。这聚福居的菜，你说神奇吧，平平无奇，你说味道呢？总觉得带有一丝引诱，品起来……这样说吧，聚春园是正房，聚福居是小妾！"

他如此一说，竟然把郑春发逗乐了："哪有你这样比喻酒菜的。"

罗大龙尴尬地笑着说："我是个粗人，实在想不出什么比方，我说的是实情。"

"还劳你费心，去查一查他们的底细。"

"嗨！郑兄，你也不用太操心，他们闹热不了几天。"

郑春发整一整长衫衣领，说："我不是嫉妒，也不是要整垮它，就是觉得，我做菜几十年，还没有见过如此蹊跷的事，菜是普通菜，却能这么长久闹热，其中一定有缘由，要弄清楚才踏实。若人家真是后生可畏，大有长处，学一学也是应该的。"

罗大龙不屑一顾地说："这成何体统，郑兄是六品衔厨，又随名师学艺，给他林三一百个胆子，也不敢说让您跟他学。"

郑春发苦笑着解释："怎么就跟你说不明白，我不是要跟他学艺，就是心中纳闷，需要你掀开一条缝，透点光亮。想着还是你有手段，能挖一挖这林三的来头。"

"这没问题，你早说啊，不就是偷偷看他作什么妖吗？"

郑春发闻听，忍不住将喝到口中的一口茶喷出来："和你说话非要这样挑透了才过瘾！"

"就是嘛，直来直去多省事，何必弯弯绕。"

就在这时候，李厚基要为其母亲办一场寿宴，找到了聚春园。

李厚基是福建护军使，督理福建军务，独揽福建军权。这样显赫的人物，要聚春园承办寿宴，自然是活广告。

聚春园派出大批人马到督军府，料理酒宴。盛大的宴席进行了八天。各路宾客络绎不绝，前来为督军的母亲祝寿，这种难得的联络感情的机会，谁也不肯错过。

聚春园的厨师们可忙坏了，每天总有二十多桌。各类菜品，不能像一般家宴那样多桌重复，厨师和伙计们费尽了心思，既要保证菜品质量，又要不断变换样式，还要制作迅速，这对供应、烹调、传菜、协调等诸多环节都是极大的考验，幸好聚春园这样的场面应付过多次，才有条不紊。

李厚基为了显示其孝心，博取"孝子"美名，决定全城布施，这项活动也托聚春园代办。这是一项浩大的工程，按照李厚基的吩咐，要给全城乞丐每人发毫洋一角、菜一碗。

聚春园平日里也举行过布施活动，都没有这次力度大。活动现场，聚春园组织账房负责登记银钱发放，以便向督军府有交代，又要承担烦琐的发放，还要有人负责打菜，一个个忙得如蚂蚁般穿梭往来，幸好有督军府的人员协助维持秩序才未出现哄抢。

福州城内外的乞丐们闻知此事，一传十、十传百，纷纷蜂拥而至。他们倒也十分懂得拍马屁，领到银钱和饭菜后，人人大声呼叫"谢谢督军"，街头巷尾的"赞美"声不绝于耳，此落彼起。这些当然是预先演习好的，要有带头的乞丐负责"领喊"。不想，其中有些乞丐，错误理解了意图，时不时也喊几声"谢谢聚春园"，现场闹得纷纷攘攘，大家也就哈哈一笑。

这次的盛大宴会，让聚春园的声誉再上一层楼，算是把聚福居的势头压了压。人们还是相信老品牌，短时间内，不时有客人预定聚春园上门操办酒席。

这一来，本计划好的五十年店庆，节奏就打乱了。大量的客人和订单让聚春园厨师和伙计们忙得连轴转，根本抽不出来时间做别的。

郑春发本来也无心店庆，正好以这个理由为托词，和几个朋友解释，推掉客户不合适。大家见聚春园生意红火，自然也高兴，就没有再催促。

过了十多天，罗大龙一直没有来聚春园，郑春发忍不住就给已在缉捕局任职的罗大龙打电话。可打电话时，却只有"吱吱"的电流声，接不通，郑春发便打发伙计去请电话局的人员来修。

自从接通电话后，在聚春园宴请的客人感觉方便多了，聚春园的电话为宴请的客人免费提供，当然，仅限于在雅间消费的客人。

聚春园安装电话，还是叶鹏程提出来的。他们这些读书的人，这几年不断受到新学潮的影响，接受新事物很快，他开始提出来时，郑春发想不通："就福州城这么大，店里伙计多的是，再说了，当面传话，还带着人情味。"

叶鹏程用书卷成听筒状，放在耳边："依叔，装电话也是一种装修，代表着聚春园的档次。你看三坊七巷里那些人，林长民、林觉民、严复，朱紫坊的萨镇冰，哪个家里没有电话？"

"人家都是出过洋的，时髦一点是为了装门面，再说了，总觉得那电话冷冰冰的。"

"这是一种地位，是科学，你要相信，现今已是民国了，在新社会总要接受新事物。"

"我还不是老古董，这福州城的新玩意，哪些不是聚春园先有的？我只是觉得用处不大。你说是种地位，那就装一部吧，反正也不省这点钱。"

聚春园接通的福州城内的电话网，早在光绪三十二年（1906）就建成，最初是福州洋务局和福州财政局筹建官商合办，称"福建电话公司"，交换所设在茶亭。两年后，交换所迁到城内学院前，在下杭街三通桥设分交换所。到了民国元年（1912），该公司因经营不善，卖给了刘健庵兄弟，转为民营"福建电话股份有限公司"。

修电话的人迟迟不来，却来了接电灯的人。这一次接电灯，郑春发再也不用叶鹏程催促，他已经从电话上感受到了科学的好处，就主动联系在台江新港的"福州电气公司"，电气公司是民营的，在原"耀华电灯公司"基础上建立。郑春发做事，只要想通了，就不惜代价，当年接通电灯时，福州城内仅有 575 户，聚春园即为之一。

电灯已经接通了两三年，最开初接通的仅是前台和洋花厅，这一次是要把西花厅、东花厅等几个厅都装上电灯。"新港发电所"的人员办事十分迅速，接通仅仅花费了一天时间。夜晚来临，聚春园花灯璀璨，郑春发心里想：这就等于是五十周年店庆了。

左等右等，没有等到修电话的人，郑春发派伙计阿黑去请罗大龙。

阿黑急匆匆出门而去，三拐两拐，已经看到缉捕局大门，刚要穿过街进去，忽然听到有个人急急地喊"阿黑弟"，他定睛一看：一位头上缠着头巾的中年汉子，挑着一副担子，担子两头挑着两个筐子，筐子里是满满的萝卜、白菜等。他焦急地摆着手，朝阿黑走来。还有一位同行者，也挑着一副担子，两个筐子却捂得严严实实，看不出是什么东西。

阿黑一看是本家堂哥，就热情地招呼："你怎么来了？"

堂哥只顾着往这边赶，不想正巧一辆黑色汽车快速驶过来，一个急刹车，堂哥吓得跌坐在车头前，扔了扁担，蔬菜也散落一地。

阿黑忙过去扶起堂哥，一看，腿上已经磕碰出了血，堂哥局促地用裤腿擦了擦血，但眼神却恐惧地盯着汽车。

果然，司机打开车门已经走下车，骂骂咧咧地说："不要命的贱东西，活腻歪了？"

堂哥点头哈腰地一个劲儿道歉："实在对不起，走得匆忙。"

司机走过来，踩住了一个萝卜，差点滑到，气得一脚踢飞："烂货，烂命，你知道我车上坐的是谁吗？刚才吓得小姐差点帽子掉了，你赔得起吗？"

阿黑毕竟见过些世面："怎么地？你撞了人，还有理了？"

"你又是哪个乡巴佬？这里有你放屁的份？"

"我是聚春园的伙计，你不说个好歹……"

不等阿黑说完，司机哈哈大笑："这年月，一个小杂毛伙计，也敢上街管事了？我让你看看，你能管过少……"

说着话，司机走过来，踩住堂哥的赤脚，死劲儿踩了几下，又抬腿朝着堂哥肚子踢了两脚，这才拍打着裤腿说："你倒是管啊？乡巴佬……"

阿黑气愤地正要理论，听得车内一个女子叫道："还走不走了？这么臭的味道，都飘进车里了。"

司机三五下将蔬菜和筐子踢开，不屑地驱赶："滚开，快滚开，耽误了议员家小姐去赏花，只怕你们的脑袋要搬家。"

阿黑气得七窍生烟，刚要张口，却被堂哥一把拉住，躲在旁边，汽车"滴滴"两声，扬长而去。

阿黑朝着汽车"呸"吐了一口痰："狗东西。"

堂哥腿上的血已经流了一地，阿黑急忙用肩上搭着的毛巾使劲缠着伤口处："走，快跟我去聚春园。"

同行者已经慌乱地将散落的蔬菜收拾起来，胆怯地站在旁边，不知所措。

阿黑一看，两个大男人，都赤着脚，忍不住问："你们这是去……"

"我的两筐菜，阿红的一挑担山药，就是要找你，给托人卖了。"

阿黑一听，心中悲凉。从南城门郊外的家到这里，少说也有十多里，两个大男人，就为了这么微薄的收入，还无辜受了这样的侮辱。他们或许想着有个兄弟在城里，殊不知，他也只是个酒楼的普通伙计，哪有什么大路子？

阿黑往回走了两步，想起正事，吩咐堂哥他们稍微等候，他到缉捕局里请了罗大龙，这才陪着堂哥两个人回到了聚春园。

阿黑找到管内账的账房，说了情况，账房见蔬菜不好、山药也一般，可听闻了他们的遭遇，便勉强收下。

阿黑要管饭，两个男人死活不肯，手里各自捏着不到一元钱，生怕让阿黑破费了，还不上这个人情。

罗大龙进来后，一屁股坐到椅子上，只管喝茶，并不言语。

郑春发此时已六十岁，见他不声不响，只管闷头喝茶，一杯接着一杯，仿佛在喝酒，抚平内心的情绪。便也不说话，在桌子另一侧拉过椅子坐下。

郑春发陪着喝了两杯茶，见罗大龙并无开口的迹象，就慢慢起身，准备一会再过来。罗大龙抬起头，问道："东家，就这么干喝啊。"说完瞧着郑春发，不经意间眼神转了一个圈。

郑春发恍然大悟，忙吩咐阿黑去布菜。

"早有结果了。"罗大龙低声说。

郑春发问："那为何……"

说完这句，罗大龙左右指了指偌大的厅堂，这里人来人往，郑春发起身和罗大龙来到后院。

"你想都不敢想，那林三真不是个东西。"罗大龙气愤地说。

"他用了什么手段？"

"大烟壳。"

这样一说，郑春发"哦"了一声，顿感深恶痛绝，不知不觉抬高了声音："这家伙，敢如此行事，这是要将榕城厨师的名声都丢尽了啊！"

罗大龙提醒："你小声点。"

郑春发不以为然："怕什么！做亏心事的是他。"

罗大龙双手靠拢，比画一下："人是已经逮起来了，可……"

郑春发又是一声"哦"，这才低声问："一个人？"

罗大龙点点头。

郑春发忽然不解地看着罗大龙，说："你也不是这样的脾气啊，怎么这件事如此小心。莫非是其中还有什么蹊跷？"

罗大龙淡淡一笑："老兄，你是当局者迷啊。"

郑春发略一沉吟，蓦地明白了罗大龙的一片好心，当即端起酒杯，道歉地说："冒昧了，真是老糊涂了，多亏兄弟保护，来，敬您一杯。"

罗大龙这才哈哈大笑，碰一下酒杯一饮而尽。

意识到罗大龙之所以十多天不来聚春园，是为了避嫌，怕有人传出"逮林三是聚春园的主意"，因此才有意不来走动，心中便十分温暖，对这个仗义的朋友心生敬意。

郑春发为人聪明，口才又好，一旦理解了意思，便"夸大战果"："兄弟你一说，我想了想，还真是多亏你在保护聚春园。功德有三：一来若是大家传出来是聚春园调查林三，不论真假，都会对我造成伤害。所谓树大招风，聚春园本来就遭人嫉妒，有人趁机传出风言风语，极为不利；二则无论大小，都是开菜馆的，对同行下毒手，逮入监牢，这是一辈子的死仇，你自然不会让我埋下这个祸端；第三，老话说'君子难遇，小人难缠'，秦桧还有三个朋友，林三既然敢这么做，保不齐还有什么下三烂的朋友，若是心怀仇恨，对我和聚春园下毒手，那就更是得不偿失了。"

罗大龙一听，摆着手说："我倒没有想到这么多，就是想着保护兄长你和聚春园，叫你这么一说，倒成了大事情了。"

郑春发愈发感慨："想不到平日里看你是行伍粗人，却如此心细。聚春园若是就此无端惹下祸害，恐怕我都不知道毛病出在哪里。这时候想起来，我师父和师伯纠纠缠缠的恩怨，真是后怕……"

"不怕贼偷，就怕贼惦记。这件事说到底，你是为大家好，缉捕局也是为大家好，这个人情还是让缉捕局落下的好，你就当作不知，也不多说话。"

郑春发喝了半肚子酒，才悠悠地说："这生意越做越大，我也越来越胆小。整天是如履薄冰，三个月前大家说庆祝的话，我内心不愿意的，人老了，胆子也小了。最近我老是想起师父叮嘱我的话，'树大招风风撼树，人为名高名丧人'，师父在世时就提醒我，胡雪岩怎么样？生意做到了朝廷，最后还不是一败涂地，所以啊，我还是稳当点好……"

"郑兄，有些事，我本不想说，如今这世道的黑暗、残酷，你想也想不到。说实话，要不是为了保护聚春园和你，我早就杀了林三。就怕，杀了林三，还有他的小喽啰，最后吃亏的还是聚春园。"

郑春发听得愣住了。

罗大龙已是半醉，接着酒劲儿，说了几件惊心动魄的事。

他说："如今这时期，比较起清朝那时候，官员的贪污腐败、欺压平民、男盗女娼，简直是越来越严重。那些在革命前连一个小钱都没有的穷官吏，很快就成了富翁。他们在福州城里建起了漂亮的楼房，用轿车送子女上学已是司空见惯。我听说，好多生活优裕的官僚还嫌在福州娱乐生活死气沉沉，定期到广州、厦门去享受。"

郑春发虽然也知道官府腐败，可这样的事情却闻所未闻，听得吃惊："他们闹革命，就是为了自己享受？"

"你不知道，在他们这些人眼里，杀人、绑架，就是平常事，很多人别看现在人五人六，其实原先就是地痞流氓。"

他说起，一个叫高正义的人，如今是陆军少尉，暴躁刁蛮，年轻时就经常与人发生打斗，但是杀人放火的事情他还不敢做。推翻清朝发起革命运动后，他借机假革命之名，偷了十支枪，落草为寇，干起打家劫舍的生意。

这样一个人，却是所谓的"孝子"，对他母亲的话言听计从。而他的母亲，却是一个非常贪婪和野蛮的女人。在她眼里，只要能够赚到钱，用什么方式都行。她支持自己的儿子去抢劫，更支持他们去盗墓。不仅如此，抢来的财物都要先给她看，等她选好了之后才能分给手下们。

他动不动就烧百姓的房子，敲诈勒索村民，谁若是胆敢反抗，就死在他的枪下。

他投靠军阀只不过是为了能够更好地鱼肉百姓。之前他是土匪名不正言不顺，收编之后却可以大摇大摆地扛着枪去挨家挨户搜刮钱财。

他曾经绑架了一个孩子，向父母要价五百块银圆。但父母好不容易凑够钱了，却只能见到孩子的尸体。

"我就亲眼见过，就是这个丧心病狂的高正义和几个当兵的，残忍地把六七个革命青年学生割去耳鼻，然后用刺刀戳死。"罗大龙说到这里，气得咬牙切齿，"当年，老子当海盗时可没有这么凶残地鱼肉百姓。你知道吗？现在的官府里，只要送钱，什么钱都敢接。那些交不起赋税的老百姓，监狱里多的是，有的被抓到后用铁线串足，三五人为一组，捆绑一起，让人和他家中要钱，不给钱的，单人则装入麻袋，投入海中。海面上天天都有死尸浮出……"

罗大龙还在叙述这些戕害百姓的罪行，郑春发已经听得心惊肉跳，感觉嗓子眼里有一股血涌动着，他努力憋着，生怕吐出来。

也因为罗大龙说过这些话，郑春发做事，越来越小心翼翼，生怕遭人嫉妒，万一招惹上这些吃人不吐骨头的兵痞或者官匪，只怕惹来一场大灾难。

可再怎么低调，生活总要继续。

转眼间，中华民国六年（1917）夏，郑钦渚订婚两年后，父亲郑春发为他举办了婚礼。

但是，这一年有喜也有忧。年终时，叶元泰也走到了生命的终点，虽已是七十七岁高寿，可他的离世，让郑春发好像浑身散了架一样，两三个月没有缓过劲来，神情恍惚。

林三使用罂粟壳做菜的行径，终究还是引发了闽菜行业的震动，食客们人人自危，饮食业受到巨大冲击，诸多食馆生意萧条。危急关头，广裕楼、聚春园等牵头，福州城内的大小菜馆老板们聚在一起声讨，行业协会向全城发出承诺：若有以损害客人健康为代价的恶劣行为，世代逐出庖厨行。

这些举动，渐渐扭转了局面，福州城的饮食业重获新生。

尽管郑春发因为叶元泰的去世而心情不佳、情绪低迷，但聚春园名声在外，大型活动依旧少不了。

1918 年 11 月，第一次世界大战结束，中国作为战胜国，自然要庆祝来之不易的胜利。政府在南公园举行庆祝大会，友好国家领事馆的高级官员和其眷属，特邀的国际友人和家属，南京政府在榕官员、福建三军将领、各民主党派等人士纷聚南公园，人潮涌动，水泄不通。

南公园内长湖蜿蜒，假山、亭台、回廊、曲榭美不胜收，桑柘馆、荔枝亭、藤花轩、藕池、望海楼等诸胜，更是引人注目，人们纷纷驻足停留，欢畅热议。

此处原为清靖南王耿继茂家族的花园府邸，撤"三藩"收归官府后，闽浙总督左宗棠在园内的主建筑设"桑棉局"，后改作"农桑局"，提倡发展桑棉纺织业，民国初年又改名"桑柘馆"。光绪年间，王凯泰督闽令修复花园，并广植梅花，改名为"绘春园"。民国四年（1915）辟为公园，因它位于当时福州城的南部，故称为"城南公园"，人多称"南公园"。辟为公园后不久，为纪念辛亥革命闽籍死难烈士，经林森先生提议，在公园中建造了忠烈祠。

郑春发提前接到了闽侯县（民国时，闽县、侯官县合为闽侯县）县长娄启铨的通知，要聚春园在南公园内设立临时餐厅和流动点，以方便中外人士就近用餐，也让大量游园百姓有个饮食、休息的地方。

提前三天，郑春发就让厨师和伙计们前来观察地形，选定办宴场地。

他们选了公园内现有的"望海楼""藤花轩"等亭台楼阁作为固定场所，感觉到场地太少，又专门搭建了几个大棚临时营业。考虑到人手不足，郑春发发出"江湖帖"，邀请之前受聚春园培养、已到各菜馆就任的厨师们"紧急支援"，共同完成这一次大型宴会。

尽管做了这么多准备，也预料到了各种状况，由于人数太多，总还是免不了顾此失彼：有的客人忘记了结账，白吃了酒菜；有的客人挤不到桌前，大喊小叫；有的客人不等菜熟，抢过去就吃；有的客人激情亢奋，摔坏了杯盘；有的客人敞怀豪饮，烂醉如泥……伙计们忙得焦头烂额，依旧无法兼顾。聚春园虽然备足了原料，酒菜品种也繁多，可一场宴会下来，最后一算账，却连原料钱都没有收回来。

账房先生回到聚春园，支支吾吾不敢和郑春发交账。郑春发早已目睹了现状，心中有数，淡然一笑地劝解大家："虽然聚春园赔了买卖，可却聚了人气。阖城欢庆大事用我聚春园，这就够了！"

<h1 style="text-align:center">四</h1>

闽菜的代表菜，多以选料精细、操作严谨、调味清鲜、色泽美观而著称，烹调上擅长炒、熘、炖、蒸、煨，口味上偏甜、淡、酸。尤其是制汤最为考究，可谓"一汤独步江湖"。

一代代福州厨师，创出诸多名牌菜肴和风味小吃，聚春园的佛跳墙、"观我颐"的猪油糕、"永和"的鱼丸、"龙岭王"的炒粉等，一度成为福州城的集体味蕾记忆。

每每看到这些饮食繁荣盛况，郑春发就格外欣喜，他骄傲地和邓响云解释："这真要归功于五口通商，让福州成了东南方商贾云集的重要商埠。如今，福州与厦门、汕头、广东这些内外贸易港口互通来往，来的中外人士日趋增多，当然就激发了福州的饮食文化，才有这传承中不断融合、创新、吸收、演变，形成了五种趋向。响云，你要仔细了解、好好揣摩。"

邓响云诚恳地听着，问道："师父说的是哪五种？"

郑春发说："茶、海鲜、药膳、洋菜，还有工业制品。"

说到茶，邓响云不难理解。茶确实是福州、厦门人推门生活的首要之事。"有其癖者不能自已，甚有士子终岁课读，所入不足以供茶费"。啫茶成瘾者众多,自然而然催生了茶馆。商贾谈生意,友朋畅怀聊,皆爱在氤氲着袅袅茶香的气氛中。茶馆有单独经营的,也有兼营酒菜的。

郑春发稳稳地洗着工夫茶,说:"茶叙,如今已经刻在福州人骨子里了,也影响了很多外地客人。可是,闽菜里,最重要的还是海鲜。像厦门、汕头这些东南靠海的地方,盛产的鱼、虾,总能极快地送到福州来。正是有了这种类繁多、品质优良的海鲜如潮涌来,才让闽菜熠熠生辉。有了这些海鲜垫底,咱们这些闽菜厨师,做起菜来才更有底气,不但能让福州人的胃丰富,也让越来越多的外地客人一饮三叹,感慨美味啊。"

说到药膳,郑春发结合传承史,娓娓道来。

药食同源,早在宋元时期,福州人即有认识。至清末民国初年,闽菜在继承传统药膳技艺的同时,发掘潜力,依时令变化,顺应四时,烹制出色、香、味、形俱全的调理食补佳肴。在制作菜肴时,"香药入馔"也进行了增补,让传统的"医食同源"不但可提高菜品的保健功能,还祛除了闽地肉类、海鲜等荤菜的腥膻之气,对一些腊味起到抑菌防腐功效。

"这第四种趋向,还与五口通商连着。这些黄头发、蓝眼睛的洋人、洋商、洋传教士们远离自己的国家,来我们这里,无非是看到了潜在的财富。他们登上口岸,进入福州城中,真是一道怪异的风景。你瞧瞧他们,穿西服、吃西餐、住洋房,烟台山那些大使馆里,进进出出,还真是给我们开了眼。可这毕竟不是他们的国家,刚开始我们看不惯,可慢慢地,他们的风格与我们的习俗碰撞、融合,潜移默化中,也开始影响福州人了。大家最开始是抵制他们的,这几年来，人们慢慢转变了观念，'用洋产品并非支持洋人'。我们很多客人，不再只爱米饭，也开始喜欢糖、洋烟、洋酒。我们做酒楼生意的，当然要留心这些变化，不能落在后面啊。"

听到这里，在边上坐着的郑钦渚忽然插嘴道："我知道阿爸说的第五种是什么。"

"你哪里懂这些，乱插嘴。"郑春发斥责道。平日里，他总是黑着脸，不苟言笑。

郑钦渚见今日父亲神色和善，揣摩不会挨训，便硬挤出几句话，要显示聪明："您说的，一定是罐头。我猜得对不对？"

郑春发一时愣住了，没想到平日里对饮食一窍不通的儿子，竟然会联想到此处，颇为欣慰，点点头说："碰巧被你猜到，不算什么本事。"转过头对邓响云说："这罐头啊，是出洋的闽籍人不断回流带回来的，他们是觉得在外发了财，想着反哺家乡，就投资建了些机械食品加工厂，生产罐头。这罐头现在看来虽还很小众，可我们做酒楼生意的，总要目光放长远一些，有些客人就喜欢这个味道，适当添加在桌面上，也是应该的。"

"就怕十三行不同意。"邓响云嗫嚅着说。

"一帮老旧古董，当然会制造麻烦的，不过也别怕，不还有我嘛。"

邓响云提到的十三行，属于大行业协会，是福州菜馆、饭店、猴店、糍粿店等渐渐细分形成的组织。这些行会，最初自发形成的，后来渐渐各有行规，各自定有本行酬神、议事、学徒出师、升级等庆典活动的具体日期。行与行之间，亦另有约定，形成公约。厨师不得随便跳槽、改行，如必得改行需征得两行同意并交纳相应行费才可。行与行之间对经营的菜肴也做了相应的规定，尤其是各行的主营产品，他行不得私自经营。

十三行虽然看似是松散的组织，却遵循"以德为先，各存生路"的公平竞争原则，妥善合理分配资源，深为饮食界认可。

但也有个问题，十三行里能说上话的，都是各酒楼、菜馆的东家，经营多年生意，各有绝招，又各有坚持，经验多是优点也是缺点，因此开会形成个决议，总是十分困难，要辩论很久。一旦要改变什么，十三行总会寻找各种理由反驳。这些老东家像酸腐的儒生，执拗而顽固，因此邓响云才有些担心。还有一层是心照不宣的事情，行业协会说是为大家服务，其实暗中都在较劲儿，维护各自利益的手段也层出不穷。有时候大家就盼着你出点事，好让行业协会出面替你摆平。所以，邓响云怕罐头出现在餐桌上，引起不必要的嫉妒，反而不好。

"十三行里，南台的联益行，思想比较超前，他们接受新事物最快，今天的新菜明天就能上桌。"郑春发双手捋着头发，似沉思，更是佩服，"这些东家看似不坚持面子，还真最有面子。"

郑钦渚乐呵呵地说："掌柜都年轻嘛。"

郑春发和邓响云吃惊地看着郑钦渚，刮目相看，他竟看得如此通透。郑钦渚嘟囔道："谁不知道啊，我说了实话而已。"

这"联益行"，是以烹调"汉洋菜"为特色的"台益行会"。五口通商后，受外来文化影响，洋菜馆（西餐）和中西结合菜肴逐渐发展，丁香、胡椒、沙茶酱、咖喱粉、砂仁等外国香药被引入菜肴，番茄牛尾汤、吉列虾、什锦安列蛋、咖喱牛扒不再鲜见。这些不是纯粹的西餐馆，是改良版的西餐馆。较著名的有：南台的"嘉宾""西来洋菜馆",法大旅馆的"法大洋菜馆""西宴台""浣花庄""青年会",城里的"河上酒家",仓山的"快活林"等。

而聚春园所在的行会,是"广协行会",以经营福州正宗精制闽菜为主。主营名贵菜肴,客户以显贵为主。多名气较大,装修豪华,兼以粤菜为辅,著名菜馆有鼓楼的"聚春园"、南台的"广裕楼""新东南""广升楼"等。

"我们广协行,大多在南台。浩浩闽江,让经营茶叶、木材的广东商人嗅到了商机,也把广东人的胃带过来了。'融山海、擅治汤、茶入筵'的闽菜精髓,加上广味,福建加广东,大融合大促进,好啊!"

邓响云说:"这样一比较,双兴行、六合行、松荫行还算是传统行会吧?"

"虽说是传统,如今也都在革新,这年月,不变就等于灭亡,其实哪家行会怎么样,哪家高档?还不都是根据店东能力、财力和人脉区分。"

"双兴行会"是菜馆兼饭店的"二合一"型馆子。由于功能多样,小炒、盘菜为主,主食供应米饭,家常特色,多吸引中小阶层的商人、乡绅等。较著名的有南台的"乐新楼""聚英楼""华英楼"等。

"六合行会",业内称为"汉菜",以经营饭菜点为主、兼售茶点。经营方式更加灵活,不但提供传统菜肴,还提供了小吃和茶点,客人既可在店享用,又能外带回家。较著名的有南街的"南轩"、妙巷的"别有天"、庆香居、三山座(东亚饭店)等。这类馆子功能齐全,食客众多,服务对象以官场、商务为主。南轩则为这方面的代表,店面有两层,一楼是大堂、散席,二楼则是包厢雅座。装修气派，经营规模较大。别有天则别具特色，酒楼内兼营戏园，"以戏带宴"，让客人边宴请边看戏，服务对象同样以官场和商场为主。

以主营"饭菜点"为特色的"松荫行会"。档次略逊于六合行。经营范围广，宴席、点菜、套餐、面点均可，讲究经济实用的回头客较多。双门前的"四海春"、定远桥的"小有天"及"可然亭""福人颐"，三坊七巷边的"安泰楼"，都是这一行典范。

"十三行，人数众多，卧虎藏龙，就是那些猴店、家厨行会，别看都是很普通的小吃，也都吸引了不少老客人啊。"郑春发告诫邓响云，不可小看任何一个同行。

"猴店行会"是比较常见的店铺，可城内可乡下，一般称为这类店铺最讲究实用，饭菜以量大为主，菜肴以传统菜为主，也可临时听客人召唤，单独加菜。著名的有西门的"南星"、津门的"亦兰亭"等。

"糍粿行会"分为"城庆安组"和"台庆安组"。这样的店铺主营闽地各类米浆、面、米制作的锅边、蛎饼、绿豆粿、煎饼、粥等特色小吃，较著名的有南台的"三成协"和城内的"西信义"等。

"家厨行会"也分"城一组"和"台一组"。主要经营方式是上门为民众操办婚、丧宴席，一般提前预加工为半成品，至东家处现场烹调。较为著名的有"狮仔仔"等。

"佳点行会"也叫"汤点店"或"担板店"。经营元宵、汤丸、千页糕、扁肉燕、什锦面、烧卖、线面等各种小吃点心品种和水鸭母、牛肉等炖罐类，著名的有南街的"味和""美和雅"，台江的"三成炳"等。

"牛肉炒行会"专营牛肉类菜点。较著名的有南洋"楼小楼""胜利"等。

"福泉行会"经营煮粉干、面条等。较著名的有台江的"一品居""第一楼""乐天"等。

郑春发趁着今天的兴致，连续讲透了十三行，见邓响云听得津津有味，心中高兴，生怕错过，又补充说："南门兜的'菜心香'素菜馆、'西湖公园'素菜馆，也是很有特色的。当然，最好的素菜馆，还在华林寺。寺院里，最初的那块牌匾'越山吉祥禅院'，是宋高宗赵构御赐墨宝。这寺很灵验呢，大殿古老的粗木横梁，应该是南方少有的古物。寺院香火旺盛，施主自然就多，素菜也才繁荣起来。这些食材主要来自附近菜园自产，不足时也购买城里的蔬菜。像羊月沉江、丝雨孤云、雪峡银浪、白壁青云这些雅致的素菜，谁听了名字不想尝几口？"

两人又聊了几句，邓响云就忙去了。

这时，郑春发扭头看看儿子，想起刚才他说了几句饮食见解，忽然间有了新想法："阿荣，有没有想过接替为父的担子？"郑钦渚小名郑荣。老来得子，父母都十分疼爱，常称呼其小名。

郑春发此时已过六十岁，免不了想传承的事。

郑钦渚少年时，郑春发不希望孩子继续菜馆生意，一直让他追随叶元泰和叶鹏程读书，希望能够光耀门庭。可随着清朝灭亡，民国成立，科举废除，而且儿子已经成婚，该给他压些担子了。

郑钦渚摇摇头："依爸，您不是希望我求取功名吗？怎么突然问这个？"

"你看现在这世道，乱纷纷我也看不清，今天东家明天西家，若是求个安稳，倒不如守着聚春园，也是一种出路。"他想着，即使不一世从厨，将来当聚春园东家，总要是内行才行。退一步想，万一功名不成，尚有选择余地。

"如果依爸要我继承衣钵，我就只好听您的。"郑钦渚从小就听话，不想违背父亲意愿。

郑春发便让儿子从厨房开始，即使将来继承家业，当个少东家，也得练好基本功，凡事心中有数，将来才能处变不惊、从容应对、游刃有余。他想起师父教授自己厨艺的往事，便教儿子从学徒开始，日日严格地训练刀工。郑钦渚也不愿辜负父亲的期望，起早摸黑，比别人付出加倍的努力，"咚咚咚、嚓嚓嚓……"各种切菜的声音反复、交替地响起在厨房里，不绝如缕。

后厨那么多厨师和伙计，见少东家如此吃苦，纷纷求情，可郑春发不听求情还好，愈听求情愈加觉得自己的调教是正确的，反而更为严厉。

看着儿子烟熏火燎，每日脏兮兮，满手遍布口子，母亲林氏看不下去了，找到丈夫，理论起来："你这是要了荣儿的命，他自小身体弱，你又不是不知道，生活又不是过不下去，你怎么会如此狠心。"

"我是为他好，将来他是要掌管聚春园的，若是不懂行，只怕厨子联合伙计，会架空他。"

"你弄了一辈子油盐酱醋，长衫上都是荤腥味，还没有吃够苦啊？聚春园、聚春园，表面瞧着风光体面，痞子今天讹一讹，明天当官的压一压，陪酒吐了一次又一次，还要整天操心这些账房、伙计、厨子们杂七杂八的事，你是越忙越上瘾了？这伺候人的差事，你还计划着传给儿孙，何时是个头啊。"林氏说着动了感情，忍不住鼻子发酸，抽噎起来。

"叫你一说，这聚春园倒成了害人窝。"郑春发气恼地说，"你知道多少人惦记我们的生意？头发长见识短。"

"我不管这么多，反正不让荣儿再受这二茬罪，他还是读书的好。"

"读书，读书，你以为我不想他读书啊。可你瞧这世道，读了书又如何？还不是无用武之地。"

林氏忽然止住哭，认真地劝："你认识军政府里的大官也不少，倒是给荣儿谋个一官半职呀。你忘记了吗？当初刚有了荣儿，你是怎么说的？这辈子再也不当叫人看不起的厨子了，一定要光宗耀祖，求个好前程。"

郑春发喟叹一声："这不是变了吗？你总不会也让荣儿整天去抛头露面，生死不顾吧。不是说那些革命的人不好，只是……那些人做的事，不是升斗小民能做成的。"

"你怎么就断定荣儿不行？"

"不是说他不行，我是揪心，我们就他一个独苗！"郑春发拉住妻子的手，摩挲着，"我当然希望他有出息，可接手聚春园，未必就是没出息啊，你还是放一放手，让他试试的好。"

妻子知道丈夫的脾气，只要是他决定的事，很难改变，只好退而求其次："那商量个法子，要荣儿真的做不下去，不愿意做，你不能逼迫他。"

"好，都依夫人。"

郑钦渚继续学厨，可有了这一层顾虑，郑春发生怕催得太急，让儿子讨厌了，也就放松了要求。

虽然学厨还没有起色，但郑钦渚却给父亲提出了一条很好的建议。他在聚春园各厅看见博古架上摆放着鼎彝和古琴等器物，就说："这些文物都是中华瑰宝，聚春园一味以弘扬饮食文化为本，说到底毕竟只是饮食行的事，若是能举办类似的传统物品展，把榕城的多种文化融合起来，聚文脉于此，这是大幸事啊。"

郑春发一听，顿时大感兴趣："你接着说说，如何办更符合儒生性格。"

郑钦渚边走边指着原有的器具说："若是能以鼎彝物品，举办个汤鼎、鎏镂、镬、釜、甗、鬲等这些文物展，显示出饮食文化的久远和深厚历史底蕴，就最好了。"

看到儿子有这般见识，郑春发心中欣慰："我看就以'广协行'名义组织，再联合一下别的行，不弄就不弄，弄就弄出大动静来。"

"还有东汉杨孚的《南裔异物志》、唐代刘恂撰的《岭表录异》、宋代蔡襄的《茶录》、明代周亮工的《闽小纪》、明代王世懋的《闽部疏》这些饮食、风土、人情文献也要有，才能镇得住场子。"

郑春发一听，沉吟起来："你说的这些都很好，依我看，这次可以办个'寿山石雕、脱胎漆器、软木画'福建三宝展。闽江之尾入海，纳百川，聚百福，钟灵琉秀之地，福州才能如此祥和安逸，匠人们也才能慢慢琢磨出一件又一件稀世瑰宝。届时，客人们观展之余，还可以点几个小菜、一壶小酒，品尝属于福州的味道。"

"还要弄些古琴现场演奏名曲，烘托气氛为好。"

郑春发做这些都擅长，点点头："这好办，到时候请闽派古琴演奏现场表演，再请《求是日报》《福建商业公报》《共和报》的记者们来捧场，多宣传宣传。"

"会不会太张扬了？"郑钦渚有些担心地问。

　　郑春发捋一捋胡须，豪气地摆摆手说："做这样的事，就是要大，就是要人多，才显出排场来。小家子气那不是聚春园的风格。"

　　"这要花不少钱吧？"

　　"你记住，该花的钱，一定不能省。举办这种活动，要的就是阵势大、名头响、来宾广，男人做事，格局最重要。"郑春发严肃地提醒，"不过，防盗一定要做好。"

　　"好，儿子一定日夜派人盯着，不叫出一点纰漏。"

　　经过一个多月的策划和筹办，聚春园顺利举办了这次"福建三宝展"，通过展示厚重的福建文化艺术产品，积累了众多的人脉。

　　连着举办了五天。在两个天井的空旷处，临时搭建了展台，现场流水般的人潮，伴随着闽派古琴悠扬、苍古的乐声，《鸥鹭忘机》《花好月圆》《流水》等曲目穿廊回转，直入心扉。镁光灯闪闪烁烁，阵阵掌声也让现场气氛一次次达到高潮。

第七章　生隐退

一

　　人生的聚散，好多时候总是猝不及防。

　　没有任何征兆，这天早上，聚春园一开门，跑进来一位自称旗下街的男人，悲伤地告诉郑春发，恩山走了！

　　郑春发听到消息，甚为吃惊，急问："什么时间走的？"

　　"应该是昨夜。"

　　"有没有留下什么话？"

　　"一句话都没说，早晨叫他起床，身子已经硬了。"

　　郑春发忙派伙计去把消息告诉吴成、罗大龙等人，自己先赶到了旗下街。旗下街的巷子曲曲折折，路两旁的红砖房斑斑驳驳，参差不齐，失去了往日旗人驻扎时的威严。走在街上，有的刚刚打开院门，穿着短袖在洗漱；几个老人坐在石凳子上，开始一天的等待；从院子里跑出来几只鸡鸭，被人踢一脚，乱飞起来……

　　郑春发边走还边想，恩山经历了两个女人的情感打击，如今有无妻子？如果没有，他的丧事由谁办理？尽管已经和恩山很熟悉，但他从来不提家里的事，郑春发等人就不好意思问，怕引起他伤心，更怕他理解为"揭伤疤"。

走到恩山家门口，听到院子里传来众人一阵紧似一阵、凄凉而悲伤的哭声，郑春发心中一阵酸楚，紧走两步，进入院中，见到了恩山的妻子，正跪在恩山灵前哀哀痛哭，便上前安慰她说："这是十个银圆，把大哥的事办风光，有不够之处，再和我说。"

恩山妻子止住哭声，感激地抽噎着说："多谢郑东家，你看看，这过了一辈子，家里一点值钱的也没攒下来，到死了还是穷得叮当响，给大家添麻烦。"

"大哥爱面子，一定要把场面办得体体面面的。"郑春发叮嘱道。

张罗灵堂的朋友惋惜地说："如今谁家的日子也不好过，只是，可惜……他是回不去了。"

郑春发就问："你们满人下葬，可是有什么特别的讲究？"

"穷人还讲究什么？像他这样死在外地，连祖坟都进不了。索性就按福州的规矩办吧。"

"规矩还是要有的。要是觉得有必要，就把遗体送回北方，一路开销，我来付，可行？"郑春发问。

恩山妻子打断了："这件事我做主，兄弟们也都在，送送就行了。运回去山高路远，可不是容易事。人已经走了，让魂灵安生吧，不折腾了。"

"好在，福州城外，也有咱旗里圈定的坟茔，就埋在那儿吧。反正，我们……将来也都是要埋在那儿的。"朋友感伤地叹着气。

"该请的道士还是要请，大哥是个爱热闹的人，黄泉路上不能太孤独。这样，我叫伙计们送些饭菜来，家里这几天的锅灶，就让聚春园厨师来布置，你们只管调度好就行。"

恩山妻子和朋友感激不尽地不断致谢，郑春发在灵堂前拜了拜恩山，见时候不早，就告辞而去。

郑春发这几天不断抽空就来，闲暇时，才听说，恩山的这个妻子，是别人的妻子，寄托在这里的。这女人的丈夫，也是个兵，喝醉酒砍死了人，被捕入狱。

入狱前，男人将妻子托付给恩山。

恩山独居，有人就传说，是恩山故意害了兄弟送入监狱，想霸占他的女人。

恩山有心撵走女人，可一看她孤苦无依的样子，又不忍心，就这么一直拖着。等来等去，男人死在狱中。

两人就这么相依为命，恩山却从此落下个骂名——抢了朋友的妻子。

恩山真是命苦，一个说说笑笑的人，竟然一辈子连个老婆都没有正经迎娶过，活得窝囊。

郑春发不由得感慨，两天前恩山还有说有笑，这忽然就不声不响地走了，人真是脆弱。想到这些，愈发感念起兄弟情谊来，心中堵得慌。

一回到聚春园，他就躲在后院静坐。

邓响云知道师父心里不舒服，默默送来一壶茶，悄无声息地退出去。

看着他的背影，郑春发又惆怅起来。

安排儿子郑钦渚学厨，经过一段时间观察，确实不是这块料，就决定放弃培养儿子。一开始，郑春发是不甘心的。这么大的产业，只有交给自己的儿子最放心。可妻子的阻拦、儿子的抵触，最终让他打消了这个念头，慢慢自我解劝：聚春园不是自己一个人的，三友斋原先也不是自己的，那些股东们，不也都撤出了吗？

看到恩山骤然离世，又看到踏踏实实的邓响云，心中豁然开朗：聚春园不是我郑家的，也不是我郑春发个人的，它是福州人的，是属于大家的！正是有了福州人的支持，有了周莲的扶植，有了众厨师和伙计的聚力，有了吴成、罗大龙等人的呵护，有了全城百姓的认可，才一步步走到今天。如果狭隘地看成个人的财产，真是害了聚春园，也会毁了这几十年的辛苦积淀。

他呷一口茶：人生起起落落，最多不过百年，何必小气地计较！当即做出决定——聚春园的传承，不该局限于小门小户，要放开心胸，找最合适的人来继承，这才是对聚春园最大的负责和尊重！

想透了，郑春发于是倾心培养邓响云。

这天，邓春发单独将邓响云叫到身边，对他说："你的性格稳，我心中有数。聚春园学徒，全要从头学起，谁也不能耍滑使奸。我送给你两个字，足够你一生用。"

"师父吩咐，徒弟牢记。"

"一个'守'，一个'传'。"

邓响云响亮地说："我记下了。"

"我也把话挑明了。论豁达，我师爷老人家最让人佩服，他威严、果断，制菜肴讲究大气磅礴；论格局，我师父更是首屈一指，不争不辩，坚守底线，潜心做事；论智慧，运筹调度，敢闯敢拼上，你比不上我。所以，你千万莫要耍小聪明、费小心思。你是个实在人，谨记这两点就能做好。'守'，就是要你坚守聚春园的汤，坚守聚春园的用人规矩，坚守目前的一切，可保成为百年老店。'传'，是要你放开心胸，以德为先，把聚春园的技艺传下去，把经营思路传下去，把好的传统传下去。做人不要小气、拘束，要学着做个亮堂的人，敢于做好带路人，不要甘心一辈子唯唯诺诺。"

邓响云听师父说得恳切，心中震动："弟子一定严格遵守师父教诲。"

"你是我要培养的，所以更严厉些，要吃得苦中苦，莫要受不了委屈。记住，今天的一切磨难，都是为你明日的成功做准备。"

"师父的恩情永生不忘，我娘天天念叨，在家里为您上香呢。"

"那倒不必，你有这个心就行了。"

郑春发决心将衣钵传给这个厚道的年轻人，慢慢让他学着接手一些事务。郑春发又帮着邓响云娶了媳妇，这样对待徒弟，一如当年叶倚榕对待他这个徒弟一样，非至亲胜亲人。

郑春发潜心培养邓响云之际，又抽出时间对聚春园进行布置。民国成立之后，新贵如云，交际场中常有携女眷同来赴宴者。为了更加适应客人的需要，着手将洋花厅和内花厅重作布置，所有内部陈设将过去的古风撤掉，改为仿西洋样式，墙壁上悬挂西洋油画，布局显得十分时尚。这时福建执政的是军阀李厚基，政府弥漫着一股奢靡之风，不但学西方，而且官员们极爱摆阔气，聚春园这样一改，倒十分符合他们的"胃口"，生意因此再度爆火。

可郑春发总觉得，时局动荡，诡谲变幻，暗潮翻涌，为了生意场面上虽要迎来送往，但总是刻意和政府里的官员们保持着一定的距离。

这天郑春发正在为邓响云讲授杭州菜和闽菜的区别，突然闯进来一个人，叫嚣着说："叫你们东家出来，老子要尝一尝佛跳墙。"

　　见此人身材虽不高，瘦瘦的，可却满脸横肉，一副凶神恶煞的样子，伙计急忙来请郑春发。

　　郑春发来到前厅，客气地说："先生要用佛跳墙，是给我们送生意，感激不尽。敢问尊姓大名？"

　　"你不认识我？我是林少红。"这人大大咧咧地坐在大厅的凳子上，瓮声瓮气地说。

　　郑春发正在疑惑，这名字听起来似乎耳熟，却一时想不起是谁。

　　跟随来人的小兄弟见状，嚣张地将左腿往凳子上一架，用食指敲着桌面咋呼道："林三爷的大名，你不会没有听说过吧？"

　　郑春发脑子"嗡"的一声，心中暗叫：这贼人是闹事来了！

　　稍一思忖他便镇定下来，冷静地问："原来是林三爷，阿黑，快给三爷备茶，叫厨房马上做准备，先给客人们上点心来。"

　　这林三不依不饶，"呸"地吐一口唾沫在郑春发面前："我不是要饭的，就吃佛跳墙。"

　　郑春发为难地说："这佛跳墙，做起来极为烦琐，需要提前预订，十几个小时……"

　　不等他说完，林三逼问道："这就是说，今天不给爷上菜了？"

　　"哪里，哪里，稍等，一定会上来的，只不过要等。"

　　边上的随从冷冷一笑，冲着林三哈哈狂笑："三爷，听见了吗？我们面子不够，人家不给上菜！"说完一脚踢翻了凳子，将桌上的茶壶和茶杯"咣当"扫到地下，碎了一地。

　　阿黑和众伙计见状，朝前一站，挡住郑春发，大声怒吼："也不照照镜子，敢来聚春园撒野。"

　　林三坐在凳子上一动不动，撩开上衣前襟，胸脯上露出一道一尺长的伤疤，他狞笑着问："这够不够资格？"

众人见状，一愣。

郑春发推开面前的伙计们，慢慢走到林三面前，淡淡地问："林三爷，想要怎样？"

"我要怎样？"林三鼻孔里"哼"了一声，"我要你聚春园通知十三行，给我公开道歉，承认你们诬陷了我，并给我重新开一个聚福居。"

郑春发闻听，压住怒火，追问一句："不答应呢？"

"那好，我住了三年五个月，你也进去三年。"

早已站在边上的叶鹏程蓦地大喊一声："好大的口气，缉捕局是你家开的？"

郑春发一见是叶鹏程，忙把他往边上推一推，生怕他惹上事，说："这事你别管，我来应付。"

叶鹏程虽是读书人，却是个烈性子，怒气冲冲地说："叔，不怕，邪不压正，这种地痞流氓，不能纵容。"

林三听到如此强硬的话，"噌"地站起来，一把揪住叶鹏程的衣领，狰狞地咬着牙："你是谁？敢管老子的事。"

"姓叶名鹏程，是郑东家侄子，这件事不但我要管，便是再有恶人，我也要管一管。社会风气就是被你们这等腌臜货玷污了。"

林三举手便要打，郑春发一递眼色，阿黑等三五个伙计急忙抱住林三和他的随从，厨师们闻声也拿着刀从后厨跑出来，双方就这么对峙了片刻，郑春发见状，递过软话道："林三爷，你我素无冤仇，当时聚福居的事，是行会做出的决定，不是聚春园一家要害你。"

林三见形势不妙，笑嘻嘻地说："都是一家人，小事情。走……"带着他的两个随从走出了聚春园。

郑春发抚摸叶鹏程的脖子，心疼地说："没事吧，你一个书生，怎能斗得过这种恶人。"

叶鹏程说："叔，你就是总当老好人，怕什么？我们走的是光明大道。"

郑春发把叶鹏程叫到后院，两人商议，这个林三不会善罢甘休的。可现在为难的是，彭寿松已经不再担任缉捕局局长，他此前因为在湖南会馆与人打架，被布政使参劾革职离开了福州。罗大龙又因年龄大，早已不在缉捕局任职。

郑春发虽然每天接待的官员很多，但他不想与官府接触太深，所以并无合适的人来妥处此事。

叶鹏程劝郑春发，不必着急，想那林三也不敢在聚春园公开闹事，等看看情况再从长计议。

三天过后，郑春发没有等来林三的纠缠，叶鹏程的妻儿却哭着来找郑春发，说缉捕局的人到家里捉拿叶鹏程，称他是革命党。其实这时候叶鹏程并没有参加革命党，只是平时爱看一些进步的杂志，爱接触一些思想超前的进步人士，并且十分赞同这些革命者，希望他们能还中国一个光明的未来。这时有两个革命人士被抓，收缴的杂志上有叶鹏程的签名，混乱时期，官员们为了争功劳，因此就认定他是革命党。

幸好叶鹏程回了福清老家，郑春发便急忙派阿黑和邓响云两人同去，给叶鹏程送去银圆，让他快到外地躲一躲。

不久，福州城里便贴出了缉拿叶鹏程的告示，郑春发看到后，心中惊惧：这一步棋好险！

郑春发连夜赶到福清县南门外的文兴里，送别叶鹏程。

看着眼前有些憔悴的年轻人，郑春发眼圈发红："都是叔叔连累了你，你父亲走时，我是答应过他的，这辈子一定照顾好咱们两家人，可如今你瞧瞧这叫什么事……唉……"

"叔莫要叹气。我早已看透这个腐朽的世道，这也算是个机会，趁机走出去闯一闯，热血青年，不能就这么困在家里。"

郑春发说："说来轻松，出门时时难，你平日里只管读书，哪里知道这世道的艰险。再说，你有什么打算吗？"

"我此去，一定要寻找救国良策。军阀混战，生灵涂炭，现在正是黎明前最黑暗的时刻，就是没有这场祸事，我也早打算出去长长见识。救国救亡，总要有些人付出的，'福建十杰'，就是我的楷模。"

郑春发见他说得慷慨，倒不像躲难，心中略有慰藉，说："好，既然你决心要出去闯荡，我们福建男儿自古就有三把刀闯天下的气概，只不过，这三把刀，你都没有……"

"怕什么，好男儿四海为家，我不会困住的。叔，家里的妻儿就托付给您受累照顾了。"说完，叶鹏程深深鞠躬。

"你这孩子，这是干什么！我们还分什么彼此。"郑春发激动地落下两行泪，摆摆手，扭回头大声说，"去吧，家里有我呢！闯就闯出个好歹来！"

叶鹏程一转身，趁着夜色，大踏步朝前走去……

送走叶鹏程，本以为林三会来不断骚扰，郑春发已经做好了准备，计划和他彻底摊牌，也让罗大龙打点了关系，就预备着对付林三。可左等右等，这家伙却像人间蒸发一样，好几天不露头，渐渐地，郑春发就放松了警惕，把精力都放在酒楼管理上来。

聚春园自郑春发接手以来，逐渐形成了一套独具特色、行之有效的管理制度。这日，郑春发把邓响云叫到身边，向他详细讲述。

"拿人事的分工管理来说，我随师父叶倚榕经营园春馆时，就耳濡目染，外出游历的四年，更是见识了上海等地餐馆的管理。经营酒楼，有三种岗位必不可少。"见邓响云听得仔细，郑春发也就说得详细。

"师父，哪三种？"

"首先，要有一位掌柜，这是最关键的。他要负责综合管理聚春园酒楼一切内外事务，在重要方向、经营方针、人员配置、改换装修、指挥员工、合理奖惩等方面，都有决策权。师父在聚春园这里，大家都听我的，但酒楼诸事繁多，不能只靠我一个人干，必须要有得力的副手。因此，有的决定，我有意让掌柜去颁布，帮助他树立威信。"郑春发看到邓响云在点头，接着说，"其次，要设三位账房先生。"

"账房要三个人呀？"邓响云有些吃惊。

郑春发笑笑："这也是关键岗位。"

邓响云跟着笑了："师父，聚春园每个岗位都关键。"

"那也是。"郑春发哈哈一笑："记住啰，内账一人，管理会计事务和库存物资，还要给他配上几名助手，分掌各项账簿、验收原料、佐料，上街收账；外账二人，要轮流掌管门市收入，当晚交账，由内账核收进账，并且要督促店堂布置、清扫等事项。"

不等邓响云回应，郑春发自顾自说下去。"这第三嘛，是跑堂，也就是堂倌。主管招待客人，是人数最多的一类。当年，我和师父到上海'有洞天'的第一天，遇到小青浦，我就想，若有一天自己办了酒楼，这样的堂倌是要换掉的。"

"是上次在厦门遇见的'小青浦'么？"邓响云很好奇，那么和气的一个人，从前是什么样子的呢？

"是的，后来，他变得可机灵了，谢老板很倚重他，舍不得换了。来者都是客，不能拜高踩低。我们的堂倌一定要讲究礼节礼貌，能留住每位进店的客人，也尽量让用过餐的客人成为回头客。我们要培训堂倌们，既熟知厨房的操作流程、菜肴制作常识，也要做到'望、闻、测、问'。"

邓响云听到这，开心地笑了起来："师父，您这是用中医诊脉的方法来管堂倌呀。"

"江湖之大，每个行业都有我们可学习借鉴之处。"郑春发脸上是谦容可掬的神情，"我们和中医有相似也有不同，比如，'望'是学会察言观色，'闻'即听话听音言，'测'要能揣摩心理，'问'则当好参谋、合理推荐。堂倌薪资较低，要靠小费弥补不足。机敏又勤快的，往往可以被分配到花厅和礼堂服务，这里小费相对较高，这就让堂倌能产生积极性，希望表现好些得到较快提升。"

二人边说边走，来到聚春园的后厨。尽管已入秋，滚滚热浪瞬间朝二人汹涌而来，就像进了太上老君的炼丹炉。因临近午餐，几处炉火已经烧旺，锅中的食材在高温下翻滚着。不太宽敞的厨房内，五位厨师正穿梭于灶炉和大案板间，切菜、配菜、炒菜、上菜……忙碌紧张又井井有条。

洗锅、倒油、下主料、添配菜……他们一手端着铁锅，一手用力翻炒，通红炙热的火焰不时从铁锅下窜出，厨师们的脸红润起来，额头渗出豆大的汗珠。在他们的精心烹制下，一道道色香味俱佳的佳肴应运而生。跑堂的小伙子们端着炒好的菜，又快又稳鱼贯前往厅、堂，为食客们带去味蕾上的极致享受。

见郑春发二人过来，厨师们在烟熏火燎中亲热地打着招呼："师父好""师父今天有空呵？""师父来尝尝我煮的怎么样？哈哈……"他们脸上洋溢着开心的笑容，双手在灶台上翻飞，火焰热油、锅铲菜刀、油烟噪声，交织出嘈杂的声响。

"走、走、走，我们不要打扰他们。"郑春发急忙拉着邓响去转身而去。"打仗拼后勤，餐饮靠厨房。厨师们的技术过不过硬，对聚春园的影响不言而喻。你记住，这一辈子，以什么样的态度面对命运，命运就会以怎样的态度回报你。这里的厨师，个个都坐过'七条椅'，千锤百炼，身怀绝技。"

砧板、企鼎、包担、跑堂、烧烤、甑鼎、出街统称饮食业的"七条椅"。有一句行话叫："坐过'七条椅'，不怕没饭吃。"

"响云，别怪师父严厉，你要知道，严师才能出高徒。眼光放长远些，你每一项都要比别人多付出几分努力，凡事都要做出表率。"七条椅是连贯的，相辅相成，循序渐进。如果没有扎实的基本功，很难在后续取得成就。

福州人喊"师父"，常称"司"，所以，每个工序又称"某司"。

"砧板司主掌刀工，店里所有的菜肴都由他们一手准备，学徒也必从这学起。我不管别的饭店如何，但是，你记住，聚春园的合格砧板司切成的原料要做到：厚薄整齐、大小均匀，符合规格，又顾及成本。"听师父说到这，邓响云低头悄悄看了看自己布满刀痕的左手。

"师父，我听说光绪年间举人王又点年老齿落，嗜啖牛肉，来聚春园就餐，必点'葱烧牛肉丝'。是因为我们的厨师能以横刀法将牛筋剔去，使它入口即化。"

郑春发骄傲地笑了笑："可不是么？有一位叫昆司的厨师，他能做到以手代秤，分毫不差。一次，他向徒弟示范，把螃蟹切成同样斤两的蟹片十三盘，每盘不但块数和重量一模一样，连叠在盘上的高低形状无不一致。"

邓响云听得神往，心想，这种神技，自己再怎么练，这辈子也达不到这种程度吧。

"企鼎司也叫'煮手'，重在火候。聚春园最讲究火候在时间的拿捏，必得达到'分秒必争'才好。让食材与时间互相渗透，相互溶解，达成默契，激发山珍海味的灵性。我们的菜偏甜、偏淡、偏酸为主，火候掌握得当，才能做到甜去腥膻、酸能爽口、淡可保鲜，甜而不腻、酸而不酷、淡而不薄。"

"专司点心制作的，称'包担'。点心可餐前也可餐后，可配主菜上席也可单独销售，讲究形状、馅料、口感、特色融为一体。聚春园点心分汤点和干点两大类，此外，还有面粉制的方圆、肉包。"邓响云想起了自己做燕丸、杏仁粉包羹、萝卜饼等点心的时候，看师父的动作漫不经心，自己却往往"一看就会，一做就废"。他不禁笑了笑，摇了摇头，还需要苦练。

"烧烤司主掌烧烤。彬司是聚春园烧烤名手，据说他的技艺由左宗棠府中家厨传授，其融合了塞外游牧民族烧烤技术之妙，后吸收满族及粤南烧烤技法之精华，形成自己的特色。特别是彬司的烤乳猪，堪称一绝，无出其右，吃到嘴里酥脆欲化。"

到了午饭时间，师父却在描述这道美味，邓响云肚子开始"咕噜咕噜"叫唤起来，他饿了，越发觉得，若能咬上一口彬司烤出的金黄一色的乳猪，该是多么美妙的享受。

郑春发瞄了他一眼，仿佛看透了他的心思。"你饿了。简单地说，'甑鼎'负责蒸饭、蒸菜，'碟仔司'负责小吃冷碟、花色拼盘制作，'出街司'主要是采购、收款及接洽出杠酒席。至于'学徒'自不必多说，一部分去堂倌，一部分在厨房做劈柴、宰杀、洗刷之类杂活。"

聚春园培养厨师，严格遵循七条椅的顺序，所有项目都学过、学精，才能"出师"。学徒未出师不能从厨，厨师无绝招不能主理厨务。所有人一视同仁，不得徇私舞弊。

邓响云的肚子又"咕噜咕噜"叫了两声，郑春发哈哈笑着，背过手，向前踱着步，大声说："走啰，吃饭去！"

二

罗大龙此时年迈，已不在缉捕局，现在是个闲老头，可毕竟他之前还有几个朋友在工作，他就常去缉捕局借口找朋友，说一些林三的事情。

冬日的一个夜晚，罗大龙从聚春园出来后，走到南街附近，突然从暗处窜出来两个年轻人，一下将他堵住。

罗大龙设法躲开，可两个年轻人一左一右将他夹在中间，罗大龙久经江湖，顿时明白这是故意和自己过不去，可他不想惹事，刚要开口搭话，不料两人却直接拔出刀，径直向他捅来。

尽管罗大龙有武艺在身，可此时已经年老，且毫无防备，仓促之间，他急忙用手臂隔挡，左右两臂顿时都中了刀。

他一看形势不对，两人不言不语，只管挥舞尖刀，再次双双刺过来。

罗大龙急忙朝边上跑，边跑边喊希望引起两人恐慌。可两个年轻人却丝毫不露胆怯，互相喊一声："朝胸口扎！"

罗大龙听到对话，忙退缩到一个墙角，希望靠着背后无人的优势，方便与他们周旋。

一个年轻人朝罗大龙腿部猛踢两脚，他顿时疼得龇牙咧嘴，问出了声："何方英雄，为何下此毒手？"

另一个年轻人则举着匕首，直直朝罗大龙面部刺来，他见状急忙歪过头去，用力过猛，匕首扎到墙上，掉下一块墙皮，年轻人手腕一转，改朝罗大龙脖子袭来。

罗大龙瞅准机会，朝着年轻人裆部踹了一脚，这人顿时疼得弯下腰。另一个却已经朝着罗大龙的腰部扎上一刀，一股鲜血立刻喷溅出来。此时弯腰的那人也站起身来，一抬脚猛踹在罗大龙胸口……

腰部受伤，双臂流血，又觉得胸口憋闷，罗大龙毕竟是硬汉，趁着倒下的瞬间，发出歇斯底里的一声高喊："杀人了！救命啊！"

南街上，听到呼喊的人纷纷朝这边聚拢。两个年轻人看此情形，快步窜入胡同内，一转眼没了踪影。

倒在血泊中的罗大龙见有人来了，用手捂着受伤的腹部，强忍着疼痛，艰难地对来人说："快去告诉聚春园……"说完便昏死过去。

郑春发等人赶到时，罗大龙已经浑身是血，昏迷不醒。郑春发急忙命伙计们将他抬往附近的教堂医院。经过半个多月的施救，总算是保住了性命，可昔日神采奕奕的罗大龙，干张半天嘴说不出话，一副痴痴呆呆模样，每天还要有人照顾。郑春发为他在聚春园附近租了宅子，又请了保姆。可看着他如此惨状，心中更加悲痛。

罗大龙虽然在缉捕局时也惹下了人，但时隔多年，恐怕早已没有了血海深仇。郑春发等猜测，一定是林三派人暗中所为，却苦于缺少证据，告官后也是毫无进展。

蹊跷的是，这林三从在聚春园闹过后，再也没有出现过，毫无踪迹。

常言道，福无双至，祸不单行。

吴成的恒运钱庄也因为物价上涨、挤兑风波，难以支撑，关门歇业了。吴成长吁短叹地陪着郑春发，感慨这人生的变幻莫测。郑春发却在这时，接到了江苏的一封信，拆开一看，愣怔了半天。

吴成见郑春发捏着信发呆，问："怎么了？"

郑春发将信递给吴成，悠悠地说："寒分起，黄叶落，莫非，我们都到了这个年岁？"

吴成看了看信，喟然叹息："唉，繁华落尽，世事无常。"

"谁会想到，周莲兄，那么热情开朗的一个人，也去了。"

"周莲在如皋去世，也算是寿终正寝，郑兄不必太过伤感。"

"这冬日万物萧条，莫非就是要人命的季节？"郑春发揉一揉鼻子，捏一捏额头，凄凉地说。

"郑兄，你可千万不敢气馁，如今聚春园正如日中天，不像我，成了孤家寡人。"

"你有什么打算？难道就甘心当个闲人？"郑春发瞧着吴成长长的胡须，头发也没有了往日的光泽，心中悲凉。平日里，吴成是最注重形象的，他常说，衣着就是商人的第二张脸，所以极其注重收拾。

"靠着还有几个小门面房，吃些租金，勉强度日呗，还能如何。"

"若不嫌弃，就来聚春园管管账房吧，我一个人也忙不过来，最近动不动就觉得身体乏累。只是不知你可肯屈就？"

"求之不得，我现在哪还有什么奢求。不过，我有一事不明，聚春园的事，何不交给贵公子？"

"荣儿啊，你又不是没见过，身体弱不禁风，尤其到了冬天，没日没夜咳嗽，有几次……唉，咳出了血……"郑春发右手捏住两个太阳穴，使劲儿地揉着，不住叹气。

"钦渚侄子的病，你要当回事，去给他瞧，不行，就看看教会医院的西医吧。"

"看过的，也是治不好。说是肺的毛病……你说说，老郑家这是招谁惹谁了，就不让消停。"

北风呼啸，榕树枝条东倒西歪，望着灰蒙蒙的天空，郑春发使劲裹了裹衣领，站起身来，说："走，我们老哥俩到三坊七巷转悠转悠，再去泡个汤泉洗涮洗涮晦气。"

穿着灰棉袍的吴成，慢慢起身，嘴里唠叨着："老了，真是老了……"

两人朝着街上慢悠悠地踱去，身后，"呜"地刮起一阵狂风，将墙角的树叶卷得越过墙头直朝空中飞去……

说话间，就来到春节。民国十年（1921）这个春节，虽然表面上热闹一如往常，可在这欢腾的气氛中，郑春发总感觉到隐隐的抑郁。

正月廿九的早晨，洗漱过后，郑春发站在安民巷自家院子里，望着天空发呆。

郑春发定居安民巷，也是看中三坊七巷这个崇文重教、人杰地灵的风水宝地，买了一座宅院，以图家道中兴。

林氏已经准备好早饭，说："今天喝'拗九粥'（又称'后九粥'，常于正月廿九食用），快趁热吃。"

郑春发一听，轻轻地"哦"了一声，说道："你吃吧，给荣儿两口子也送点，我去街上走走。对了，鹏程家几口子，务必要送，又是一年，也不知道鹏程侄子此刻在哪儿受磨难……"

"吃几口再去吧，这天寒地冻的。"

"我去邓家看看。"

出了院门，他就朝着聚春园对面的小龙湫巷邓响云的家中走去。

不时有熟识的人打招呼，郑春发一一笑着应答。

街上，孩子们还在零星地燃放着鞭炮，延续春节的快乐。郑春发看着他们，一下没有了烦恼，饶有兴趣地躲着鞭炮，还逗一逗他们。几个小孩戴着纸面具，疯狂地跑，一个不小心，撞到郑春发怀中，他笑呵呵地抓住孩子，说："逮住了，不准跑。"孩子挣扎着，叫着："等等我，爷爷放我……"这一天，本该晚上才放的"火炮柴"，被孩子们拖到街上，他们把盐撒到火炮柴上，立刻就"噼噼啪啪"地喷溅起火星。墙角处，两个孩子在烧纸糊的玩具。

慢悠悠行至南后街，这个昔日总督衙署等官府衙门集中的街道，像一根扁担，西边挑着"三坊"，东边挑着"七巷"，如今成了各种爱书、藏书、买书、卖书的人集聚的地方，旧书摊、旧书店、古书坊鳞次栉比。

郑春发闲来逛游，便沿着街铺看，经过醉经阁、聚成堂、六一居、观宜楼、藏经堂、带草堂这些古书坊，各家的掌柜都热情地和他打着招呼，呼唤他进来喝杯热茶，他无意停留，婉拒好意。

耕文堂的侯掌柜早早就站在门口，笑眯眯地拦住郑春发说："贵公子要的《书经集注》，我可是找到了明代建本，告诉他过两日来取。"郑春发乐呵呵地问："我若取走，可以吗？"侯掌柜满口应承："当然，我这就给你包起来。"郑春发连连摆手，说："跟你开玩笑，我这会儿是闲逛，你抽空送到聚春园，银钱我给你。"

米家船裱褙店的林掌柜提醒道："你总说装裱好的那副猛虎图要拿走，都半月多了，要不我这就派人送过去？"郑春发猛然惊醒："瞧我这记性，一会儿我就让伙计把钱送来，顺便拿走。"林掌柜尴尬地笑："郑东家，您这样一说，倒成了我催账。"郑春发微微颔首："应该的应该的，本来就是我疏忽……"

走到杨桥巷，想着还是春节期间，一大早不该有多少人，可没料到也是人头攒动。"万福来"皮箱店门口，几个妇人在挑拣皮箱，东家李誉骥亲自上阵，热情地做介绍："'十三家万只一宝'，你总是听说过吧？万家的皮箱质量没得说，我告诉你，选来选去，你还得要万家的。"一个瘦高个妇人偏偏高声说："十三家姓万的，不是还有一家'宝姓'吗？"

她这一说，李誉骥呵呵笑出声："妹子啊，可不敢乱说。人家不姓宝，姓陈，店铺叫'宝金号'。你要去叫人家'宝掌柜'，只怕不卖给你皮箱，还要啐你一口唾沫。"

一个胖乎乎的少女羞愧地说:"侬姆,叫你少说话,出丑了吧。"

瘦妇人倒不以为然,对着李誉骥说:"我便说,是他告诉我的,要怄气,也是怨恨他。"

李誉骥苦笑着说:"啊呀,这一大早,让我惹上麻烦了。不扯闲话了,我只告诉你,万福来的皮箱质轻皮韧,收藏丝绸类衣服久不变色,皮毛类衣物虫不蛀。"

胖姑娘撅起嘴说:"王婆卖瓜,自卖自夸。"

"姑娘,这还真不是吹,在福州,'礼饼花红朱漆全皮箱',你福州城里打听打听,万福来的名声可是响当当的头一号。"

"女儿,叫我说就这个红色的好,不挑了,你出阁是大事,不怕多花钱,娘总要让你称心如意。"

郑春发边走边听,感慨着母亲疼爱女儿的心。

转而折向东街口,这里的人稍微少一些,但店铺也都早早开了张。这条街布鞋店最多,"步武""新其昌""詹斗山"各家一溜排开,鼓楼附近的"长顺斋"布鞋店掌柜,大冬天手里也摇着一把折扇。

郑春发最喜欢这里的布鞋,对各家店的特色了然于心:步武家制作的鞋,多是布面和直贡呢面,鲤鱼掌厚底、老式圆口;新其昌的布鞋,款式最时髦、式样也最多;詹斗山却是制作皮洋靴的,给年轻人和商务东家们提供了方便;最知名的还数长顺斋,他们制作的千页底布鞋,防湿耐磨、冬暖夏凉,走路不打滑、轻巧且吸汗,穿多久都不脚臭……

东街除了布鞋店,最出名的就是"鸟店"。一到这些店铺门口,白鸽、画眉、白燕婉转啁啾,仿入林间。店铺为了多赚钱,后增加的洋狗、猴狲、花猫等宠物,供有钱人消遣。

临近街巷口，竹器店门口各种竹器堆成山，菜馆里已经飘出炊烟，戏台上还没有演员，三五个孩子正在舞台上蹦蹦跳跳，有模有样地咿咿呀呀地畅快学戏……

巷子口，一家正在办喜事，请的是"京鼓吹"班子，郑春发认识这家，是开绸缎庄的。本来像他这样的有钱人家，应该请十番伬、伬唱等大班子。但这家吝啬的很。

三个人的京鼓吹队伍，也吸引了二三十个邻居。一人吹嘀嗒（唢呐），一人打鼓，一人敲小钹。班子虽小，五脏俱全。吹的曲调，是福州民间传统曲牌。这种京鼓吹也常在花轿迎亲时演奏。新娘上轿、迎亲路上、花轿进门、拜堂、见厅等环节，京鼓吹嘹亮的声音伴着鞭炮声，热闹喜庆。福州民谣唱：

> 一粒橄榄扔过溪，
> 对面依妹是侬妻；
> 京鼓花轿便着了，
> 是哥没钱放礼（一直）挨。

迎宾的门口，宾客光临，京鼓吹"嘀嗒……咚咚……"地吹打起来，喜庆的气氛一浪高过一浪……

京鼓吹班子，也接丧事活儿。尽管现场看他们技艺娴熟，但却是被人看不起的低等从业者，福州俗语说"扛轿打京鼓，不是吃便是赌"。

来到聚春园门口，郑春发拐进了小龙湫巷。邓响云家街门开着，正好遇到邓响云，他惊讶地问："师父，这么早，您怎么来了？快，家里坐。"

"我来看看你妈。"

邓响云一回头就要高声叫母亲,郑春发压一压手势,示意不必打扰,自己走进院中。

姜氏原本就是聪慧的人,一有动静,她已知晓。郑春发刚站定,她已经招呼着推开屋门,说:"东家快请进屋,这寒天冷地的,别受了冻。"

"我还没那么娇气。你只管忙你的。"

姜氏常见郑春发,知他想安静,便不多言语,只管吩咐儿媳妇给东家端起一个木盘子,上面放了六个小碗,碗中是黑乎乎的"拗九粥"。这粥和平日常吃的白粥大不一样,是在糯米里添了红糖、干枣、花生、莲子、芋头等反复熬成的,既黏又稠,颜色发黑。

姜氏将三个小碗,配上筷子,虔诚地摆在屋里的祖宗牌位、供奉的灶神前的桌子上,默默诵念几句祈福的话,让"天神"听见却不让身边人听见——女人们做这种祷告,最会拿捏分寸。她身边的儿媳妇则有样学样,也闭着眼默默祷告。

来到院里,姜氏将另外三个小碗放在石桌上,点上香烛,双手合掌,眼睛微眯,仰起头望着天空,口里念念有词,大约也是祈祷福禄的话。

郑春发看着她忙碌,听着她"叽里咕噜"低声的祈祷,反而觉得此刻无比宁静。在这个普通的小院子里,一个俗气的妇女,履行着信仰的仪式;边上站着亲如儿子的徒弟,老实得犹如木桩,从不插话;天空苍苍茫茫,冷气直钻脖领;两只母鸡蜷缩在鸡窝门口,试试探探不肯出来;墙头上飘进来街上行人大声的话语……

郑春发来到屋内，热气腾腾的拗九粥已摆放好，小菜和点心齐备。城里的乡村——郑春发心里极为享受这难得的片刻惬意。在这种半隐居式的城里，有此"歇心"之处，恍如回到了福清南门附近的老家……

叫人不得安宁的是，最近福建的政府，走马灯似的轮换。

1922年，粤军将领许崇智入闽，驱逐走了李厚基。这个许崇智，少年时曾随任闽浙总督的其父许应骙生活在福州，这一次重回故地，颇为得意，傲慢得很。仗着年轻时对福州的熟悉，入城后不想着给民众谋福，整天莺歌燕舞，忙着召妓。他命副官将汽车开到田垱街，逐门点谱，最多时一次征集妓女二三十人，载着妓女的汽车呼啸着在城里穿行，惹得百姓纷纷侧目。

这些军阀们在衙署里大摆宴席，奢侈铺张，客人也多是他们的酒肉朋友，众人落座后，先阿谀奉承一番主人，随后就将妓女招呼入座，群魔乱舞，让女人们纵情唱曲，如此沉溺于酒色财气中，一直闹到深夜方休。住在附近的百姓们听着署衙里大呼小叫，心中自然升起对他们的憎恨。

许崇智靠着拥有军队保护，丝毫不顾忌，当夜常将妓女留在衙署中过夜，至天亮方才差副官将她们送回，一夜又一夜，过着纸醉金迷的日子，丝毫不管百姓疾苦。

许崇智是作战部队，自然不会长期留在福州。而此前曾任混成旅旅长、同样拥有军权的王永泉，却想着法要留在福州，他谄媚奉承段系军阀的智囊徐树铮，联手在福建组建"军政制置府"。为了达到自己执掌福建的目的，就极力拉拢这些政客们，采用了许崇智的办法，在福州府衙内，五日一小宴，十日一大宴，大汽车开到田挡街，副官带着持枪马弁，闯入各妓院，按名单呼人，待集中齐人员后统一上车，回到宴席上分配各桌陪酒。这些人形骸放浪，招致城内民众的唾弃。

聚春园距离这些府衙近，饭菜质量又好，当然少不了与这些人打交道，但郑春发告诫厨师和伙计，只负责做菜，包他们满意，绝不做伤天害理的事情。

有次王永泉到聚春园就餐，郑春发派邓响云服务他。邓响云认为，这个王永泉过去曾驻守山区，若是用海产品必定会俘获他的胃。请示师父郑春发同意后，将黄瓜鱼去鳞、鳃、内脏后洗净，在鱼身两侧每隔二厘米剞上斜刀，用干淀粉敷均鱼体，下油锅炸至色泽金黄，盛入大腰盘中，撒上胡椒粉，浇上用肥肉、冬笋、香菇、辣椒丝、葱段、番茄酱及酱油、白糖、醋、骨汤煮成的薄芡，淋芝麻油。这道"糖醋全折瓜"，深合王永泉胃口，大为称赞。后王永泉大力向部下推荐，"糖醋全折瓜"一时成抢手的菜肴，聚春园再度出彩。

李厚基失败撤出福州后，引发福州金融市场紊乱，郑春发作为十三行的主要人员，联合其他行业的商人们成立"金融维持会"，尽管想尽了办法，用了许多极致的手段，还聘请了吴成等专业财会人员，终究还是未能稳定金融市场，动荡了好久。聚春园受到这次金融混乱波及，损失不小。总算是家大业大，暂时没有出现亏空。

福州的形势再度发生改变。1922年5月4日，孙中山以陆海军大元帅名义下北伐令，将大本营移至韶关，兵分三路，开始北伐。

孙中山委派福州出身的林森回福建出任福建省省长。10月31日，福州召开福建各界公民大会，林森被推举为福建省省长。王永泉任闽军总司令，实行兵民分治。

林森上任后，廉洁奉公，勤勉施政，不建省长公馆，常轻车简从，深入民间。广招人才，励精图治。

不巧的是，就在林森就任前，北洋政府已任命萨镇冰为福建省省长。此时福州实际在北伐军控制下，萨镇冰无法就任。

局面十分尴尬：两个福州人，两个省长，两人又都颇有声望。

此时，手握军权的王永泉趁机排斥林森，怂恿福州所谓"公民团"掀起"倒林拥萨"风潮。重重阻力之下，林森自行辞职，结束了三个月风风雨雨的省长生涯，应老友林右篯之邀，到连江处草木葱茏、岩洞奇特、环境幽静的青芝山蛰居，意欲建一别墅，安度时光，托人买下山上一块杂地，立为"陶江界"。

萨镇冰从福州南台海军公所迁入城内省长公署，正式通电出任福建省省长。

虽然这场纷争让两个福州人有了"省长之争"，但两人并未结下个人恩怨，多年后，在任国府主席的林森回乡时，萨镇冰也极力欢迎，两人再度握手。修建林森纪念堂时，萨镇冰主持了开工庆典仪式。

纷纷扰扰中，1925年，聚春园迎来了开业六十周年。这一次，郑春发想起恩山、周莲故去，罗大龙病体难支，吴成落魄失意、叶鹏程出走未归等诸多心酸之事，又觉得自己已是七十岁老者，不免就想着借机庆祝一番，也让长久郁闷的心情得以舒朗。

聚春园甲子之庆，自然要举办得风风光光，轰轰烈烈。正式的庆典活动举行了半月，除隆重的庆贺仪式外，给予福州城民众最大的优惠是，半月期间，优惠大酬宾，聚春园所有菜肴全部打折扣，遍发全城的请柬，官绅富商、名流新贵，齐聚聚春园，每日里人山人海，熙熙攘攘人流不绝，聚春园迎来鼎盛时刻。

郑春发高兴地看着眼前的这一切，不由得想起了五十多年前，福清南门附近，与师父叶倚榕初次相见的场面，感怀不已，心中默念：师父，做成了！您要做大酒楼的夙愿，徒弟帮你圆了！

尤其出彩的是，叶鹏程的大儿子叶仲涛学习用功，诗词极佳，为了给这次庆贺添彩，受郑春发委托，作了一首《佛跳墙赋》，引起福州城里大儒们的一致赞赏：

> 东南邹鲁，文脉泱泱。闽越古韵，积厚流光。
> 山水形胜，物阜之邦。匠心独运，春发改良。
> 闽地翘楚，冠盖八方。美馔妙相，旷世无双。
> 金斋玉脍，域广料庞。奇珍异食，依序列章。
> 细火慢煨，老酒高汤。坛启荤香，三日绕梁。
> 巧夺天工，佛闻跳墙。软嫩柔润，韵味绵长。
> 厚而不腻，长幼咸赏。鲜而不俗，宠辱偕忘。
> 懿欤美哉，百骸俱畅。可择累黍，可供浩穰。
> 亦为华堂，亦为家常。酒旗飞扬，车马熙攘。
> 弦歌不辍，并蓄共襄。深研不止，世代永昌。

郑春发颇为欣慰，觉得辛苦半生，总算培养出了叶家的后起之秀，也对得起师父待自己如亲生的恩情。

三

郑春发身材中等，一双剑眉，性格活泛，方正脸庞，做事沉稳，交际八面玲珑，平日里笑呵呵的，聚春园的掌柜和伙计们也爱和他开个玩笑。可最近，郑春发却有些闷闷不乐。

他喜欢生意，按说开酒楼的，谁给生意就支持谁，才能赚钱。可福州城连续换军政府，让他有些怏怏不快。他极不喜欢这种奢侈腐败的官员们，而生意又要依赖一部分这样的人，因此就会内心纠结。这些人，蛮横起来，甚至会欺辱聚春园的人。

他略生厌倦，非厌倦生意，而是疲于应付这样的一些人——贪婪而骄奢的人。

如果说之前清朝官员们是讲排场，但多多少少还保留着几丝士大夫的面孔，有所忌惮。而如今军阀们的嘴脸，像野兽进村，典型的暴发户德性。

以前清朝多是"朝中同僚"的宴请，现在则完全是"胜者为王"的炫耀，扛起的旗帜都是为了人民幸福，可根本不把人民当成人民，而当成他们可以随意作践和蹂躏的对象，他们还以此为乐。

这就导致林三一样的道德败坏的人有了可乘之机，像藤壶一样吸附在健康的民众身上，嗜血嚼骨，无恶不作。

即使是聚春园这么大的酒楼，也少不了受这些人的窝囊气。

这一年的年关，郑春发让外账金先生和茶房领班阿黑到虎节路"饶公馆"去讨账——这是难讨的账——欠账人是海军部副官饶子和的叔父饶十。

平日里，饶十没少光顾，聚春园伙计们好生伺候，不敢怠慢，生怕惹下这"财神爷"。好多海军部的客人，大多是饶十介绍来的。

有了这个依仗，饶十便常常像半个主人似的，自己做主，让到聚春园宴请的海军部人员先记账。有此好事，当然人人夸赞他。聚春园的账房碍于面子，也为显示尊重他就答应到年底一起收取。一来二去，来此宴请的海军部官员们，即使身上带着现钱，也不肯主动结账，要不然显得没面子。

挨到年底了，不能不结算。金先生和阿黑来到饶公馆厅堂，见饶十正在掸拭古董，忙作揖行礼。饶十当然心中明白，为了赖账，便先发制人，故意厉声问道："二位干什么来了？"

金先生急忙恭敬地地上账单，饶十接过一看，当即就沉下脸来："大过年的，晦气！"一生气就把账单撕碎了。

阿黑和金先生哪里料到他会如此蛮横，想要伸手拦住已经来不及，金先生生气地质问："饶先生，怎么能这样？"

饶十怒气冲冲地甩脸子："老子吃你几顿饭，是看得起聚春园，不想你们如此不知好歹，滚！"

说话间，饶十举起鸡毛掸子就打在金先生身上，阿黑年轻，气不过，待要发作，听得饶十一声大喊："人都死哪儿去了，撵走这两个扫帚星。"

金先生见状，急忙拉起阿黑，灰头土脸地逃出了饶公馆。

回到聚春园，金先生将这一番遭遇转述给郑春发："都怪我们不小心，叫这不讲理的撕了账单，请东家责罚。"

阿黑还怒气难消："这个老家伙，明欺负人，师父，不行我们就告官，我就不信没个说理的地方。"

410

郑春发猛抽一口烟，安慰道："拿什么告官？账单都叫他撕碎了。也罢，总算你们没有吃亏，要是打了你们，我非找他要个说辞。"

金先生还是难掩愧疚："说来说去，我该防着他这一手的……"

"不必自责，凡事啊，人在做天在看。说来说去，我们还是地位低，受人欺负总是难免的。"

"师父，这口恶气我咽不下。"阿黑气恼地说。

"咽不下又能如何？自古以来，我们做厨子的，做的就是伺候人的活计，所以平日里我才常叫你们，抬起头来做人。人的面子都是自己挣的，大过年的，这不是个事，昂头挺胸，高高兴兴！"

阿黑挥舞拳头，猛地向下一砸："就当喂狗了！"

"你还不赶紧陪着金先生到屋里，去瞧瞧打出淤青没有。"

类似这样受欺负，一而再再而三发生。这也是郑春发心中的一个痛楚，尽管他努力让聚春园成为福州城内数一数二的酒楼，大家伙以在这儿工作为荣，可还是难以扭转社会上对厨师行业的轻视。他也深知，这种地位不平等，不是靠一两代人就能扭转。公平正义，要慢慢改变。将人划出三六九等，是社会毒瘤，终有一天会剜掉的，他期望这一天早日到来。

一波未平一波又起。

郑春发刚要坐下来平息一下，听得门口一声大喝："有出气的没有？怎么不见来迎迎爷。"

郑春发起身，刚要仔细看看这是哪个瘟神，林三已经来到天井旁，摇头晃脑地说："郑东家，年底了，也不给弟兄们发点赏钱？"

郑春发稳稳站定，冷冷地问："敢问你是春夏送了货，还是秋冬出了力？"

林三旁边的跟班狞笑着，抓起桌子上的筷子直朝鱼池里扔，嘴里骂道："老东西，给你脸了，敢这么跟三爷说话！你是活腻歪了！"

郑春发厉声回敬道："聚春园还轮不到你撒野，来人呀！"

众厨师和伙计们迅速围拢过来，将林三两个人团团围住，大家你一言我一语地喊着："师父，您说！""师父，发话吧。""东家，我们不能一直受人欺负了！"

林三眼见阵势不对，拱一拱手，说："郑东家，我来这里呢，是有消息要卖给你，可不是白收钱！"

"你能有什么消息？"

"当然是你感兴趣的。"

"师父，别听他胡说。"邓响云牢牢站在郑春发身前，保护着他。

郑春发举起烟袋锅，甩一甩布烟袋，不疾不徐地问："既然如此，你说来听听。"

"我要跟你一个人说。"林三扭动着脖子，故意卖关子。

"那请便，郑某没有闲时间听。"

林三将脸凑近郑春发，低声说："叶鹏程，听不听？不听我可走了啊。"

跟班也得意地晃着脑袋重复："不听我们可走了啊。"

郑春发一听，脑子里闪过一丝不祥，急忙说："好，我买！"

林三斜一斜眼，示意到屋里。

邓响云犹豫地劝："师父，别上当。"

郑春发高声对着众人说："都散了吧，没事，这是在聚春园，他不敢把我怎么样。"说完，自己先朝花厅走去，林三急忙跟进去……

看着林三从账房支走了五个银圆，郑春发一语未发，默默朝着安民巷家中走去。他感觉双腿沉重，浑身没有力气。

走到南后街口，郑春发情绪低落，正低头走路，忽听得一个女子叫："郑伯，今天怎么这么早回来？"

抬头一看，一个身材瘦弱、笑盈盈的女子站在一个挑担旁，正端着一碗豆干，吐着舌头。

郑春发忙支吾道："是侄女你呀？什么时间回来的，回来也不说来聚春园捧捧场。"

女子说："你的铺子太大，我吃不起哦！"

"你这大才女，想必家家酒楼都想请你，就怕你不肯赏光。"

"郑伯说笑了。"

"我说的可是真心话，在福州，谁不知道你黄英的大名。"

女子微微蹙眉，嗔怪地说："郑伯，我叫庐隐，跟你说过多少次了。"

郑春发尴尬地一笑："瞧我这记性，庐隐、庐隐，我还是读书少，莫怪阿伯老了。不过，我确是真心邀请，你来聚春园坐坐，弄些文字，赞美一下。"

庐隐爽快地答："后天中午，我一准到。"说完话，指了指摊子，"怎么样，要不要尝一尝这沙县豆干？"

"我可享用不起，瞧你龇牙咧嘴的样子。"

庐隐正端着一碟辣椒豆豉油，额头冒汗，挑起筷子："这大冷的天，来几口辣得够味的辣椒，浑身冒汗，是真舒服。"

摊主也热情地推销："正宗沙县豆干，新鲜、可口又健康，吃一口保您长寿又精神。"

"老人家，你这可选错人哦，这可是大名鼎鼎的聚春园大东家，珍馐美味都是他的当家手艺。"

摊主倒不怯场："各有风味嘛，大酒楼有大酒楼的好，我这沙县小吃，营养丰富，以食为药，去病还保健。"

郑春发本来心情郁闷，经过这会儿聊天，心情好了许多，不禁来了兴趣，说："好，听师傅的，给我也来一碟豆干。"

"要辣！一定要放辣才够味。"庐隐忙收拾着凳子。

"好，听你的，师傅，多放辣。"

两人坐下来，对着一张小方桌，用筷子夹起豆干，蘸着调料，送入口中咀嚼。刚一放进去，郑春发就忍不住咧嘴，用手扇风："啊呀，你害了老头子。"

庐隐笑着说："要的就是这个味道，您平日里光吃甜，也尝尝这人间的苦辣。"

郑春发再次夹起一块豆干，放入口中，细细咀嚼，虽然有辛辣的辣椒抢了味道，但豆干的大豆香，有一种植物的天然味道，反复咀嚼几口，越嚼越香。豆干吸足了汁水，香中裹咸，色泽金黄，外皮韧性十足，咬一口，内里的豆干嫩而不碎，汤汁浓郁，果然不俗，不知不觉多吃了几块。

摊主师傅看后，骄傲地说："没有骗你吧？在三明，在沙县，吃豆干是享受呢。不瞒您说，我们沙县的小吃，也蛮有年头呢。买腊鸭要买郑湖腊鸭，吃泥鳅粉干要吃南霞泥鳅粉干，高砂的腌咸菜味道好，富口的苦笋白又胖，大洛的苦菜，夏茂的芋包子和面条，个个都不输给福州城的名吃呢。"

庐隐和郑春发听这师傅如此介绍，相视一笑，心照不宣，不忍心打扰他的兴致，绝口不提聚春园的名气。

吃罢豆干，郑春发和庐隐相约有空时就到聚春园，便各自回了家。

刚一进门，就听到儿子沉重的咳嗽声，一声声扯着嗓子的咳嗽声，让郑春发愈加揪心。儿子的病越来越严重了，这种连续不断的咳嗽直击人心，听着他咳嗽出来还好点，最怕的就是明明听着一声嘶哑的咳嗽过后，却好似没了声息。郑春发就知道，此刻，儿子一定正趴在床边，大张着嘴，吐出一口浓稠的血水。边上，母亲林氏和妻子揉着眼泪汪汪地替他难受。

连续找了十多个名医，都不见效。郑春发也找了西医，效果也不大。中医说儿子得的是痨病，长期累积形成的病因，很难根治。

此时，郑春发心中燥热，没有言语就直接走进了书房，独自一个人坐下来沉思。

"叶鹏程加入了共产党"，这句话还一直在耳畔嗡嗡作响。他不敢相信，甚至怀疑这是林三捏造的谎言。可他又不得不信，叶鹏程走了六七年，丁点消息也没有。外面的世界那么乱，如果他不是命丧黄泉，就一定是做了大事。今日听闻林三说的这个消息，郑春发心乱如麻。

叶鹏程是师父的嫡孙，如今叶家的顶梁柱，虽说叶鹏程已经有了两个儿子，但若有什么闪失，可叫他如何向师父一家交代。

他宁愿相信这是假消息，可同时又盼望这是真消息。认为是假消息，叶鹏程就生死未卜。觉得是真消息，最起码证明叶鹏程还活着，可马上又为叶鹏程担惊受怕，怕他卷入革命纷争中，生死难保。

他默默点起一袋烟，狠狠地抽了两口，回想起刚才在花厅里，自己对林三说的话："我给你钱，是买你不传出去。"

林三说："封口费嘛，我知道。都是乡邻，我何必做恶人。"

郑春发当然不相信他，可也毫无办法，只好掩耳盗铃地收买林三，期望他良心发现。

"师父啊，这可叫我怎么办？"郑春发不禁喃喃自语。

"回来了，也不去看看荣儿，坐在这里想什么呢？"林氏推门而入。

郑春发吓得一个激灵："你怎么脚步这么轻？"

林氏愁恹恹地说："哪是我步子轻，是你想事太入迷了。什么事？让你连荣儿的病也不顾了。"

郑春发张一张嘴，刚要开口，忽然觉得此事应该保密，便掩饰地说："没什么，是菜馆里的事。"

"老爷，你瞒不住我，聚春园天大的事，会难住你？"

郑春发绵绵地一笑："凡事都逃不过夫人的法眼。"

"那……"

"是鹏程的事。"

"鹏程有消息了？回来了？"

郑春发摇摇头，叹息一声："听说在湖南，其他就不知道了。"

"谁说的？老爷何不派人去寻回来？"

郑春发心中有秘密，只能委婉地说："一个福州人，在长沙见过他，劝也劝不回，况且，谁知道回来还有没有事。唉，再说吧。荣儿的病比前两日好些没有？"

林氏掏出手绢，擦一擦眼窝："哪里会好，叫我瞧着，比前一段还厉害了些。"

郑春发颓然地往椅子后背一靠："夫人，你说，是不是我老郑家，男人命都不长？"

林氏一听，顿时嗔怪道："老爷无头无脑地说这晦气话，怎么命不长？你不是七十岁了吗？我还想着，今年好好给你做个寿诞呢。也许冲冲喜，荣儿也康复了呢。"

郑春发猛吸一口烟，吹出去："但愿吧。"说完也咳嗽了两声。

林氏急忙帮他捶了捶后背，体贴地说："你也少吸两口，对身体不好。"

"好，听你的。你忙去吧，我静一会。"

自从聚春园六十年庆典开始，连轴转了半个月，郑春发最近总是感觉体力不支，浑身疲累，这是从来没有过的现象。他心想，莫非真的是老了？看来，也该歇一歇了。

前几天，他已经把聚春园的日常事务都交给邓响云代理，想着要调整调整。

冬天的屋里，没有生火，冷清寂寥，郑春发孤独地坐着，愈发伤感起来，想着自己操劳半生，如今遭遇这诸多理不清的事，真有点力不从心了。

形势急转直下。

一个月后，郑钦渚再也无法支撑病体，来到生命的尽头。他拉住父亲的手，有气无力地说："父亲，我实在撑不住了，这个家，还要依靠你……操心……"

郑春发虽然感觉儿子的手冰凉冰凉，可还是宽慰他："荣儿，没事的，春暖花开了，病就好了。"

郑钦渚惨然地挤出些笑容："我来这世上，没有给家里……一点贡献……"

林氏急忙拦住："快别说话了，省省力气。"

郑钦渚重重地咳嗽了一阵子，林氏和郑钦渚妻子手忙脚乱地收拾一番。郑钦渚缓过劲儿来，再次招手，让母亲坐到床边，轻声地说："阿妈，不能照顾……您了……儿要去……了……"

"别说这糊涂话。"林氏双眼含泪，强忍着不让泪珠落下，为儿子盖了盖被子。

"我活这二十七岁，废物一个！"郑钦渚惭愧地哽咽着说出这句话，将头猛地扭向墙。

郑春发听后，如尖刀锥心，骂道："混账话，病能由着人？"

骂完了，听不见回声，林氏急忙弯下腰试探儿子鼻息，"咚"地往后一顿，一屁股坐到凳子上，扯着嗓子歇斯底里地喊叫起来："荣儿啊……你再睁眼看一样阿妈……荣儿啊，你怎么这么狠心……荣儿啊，哪怕再和娘说一句话，你这孩子啊……唉……你才二十七岁啊……"说完，突然伏在儿子身上，攥起拳头，一下一下砸在儿子腹部，号啕大哭，"你醒一醒，狠心的荣儿啊……你怎么舍得丢下一家人就这么走了啊！"

儿媳也是垂泪不止，伏在床边，一声声呼喊着丈夫……

郑春发老泪纵横，再也难以抑制情感，悲声大放："荣儿啊，是为父没有尽到责任，只顾着忙生意，耽误了你的病……"

哭累了，哭乏了，林氏擦着鼻涕眼泪，郑钦渚妻子搀扶着婆婆，移到外屋。郑春发脚步踉跄地走出屋子，仰头看着苍茫阴郁的天空，嘶哑地问一声："白发送黑发，这是为什么呀？老天，老天……"

安葬郑钦渚的过程，郑春发硬生生把内心里的翻江倒海表现得镇定自若，这是多年商海翻腾练就的淡定，可看着儿子棺木结结实实地埋入地下，他的心一阵一阵绞痛。

老来丧子的打击，他连续多日未出现在聚春园。

好几天夜里，一个人坐在书房里，静静地发呆。林氏怕他悲痛过度生出病来，为他熬了莲子汤，送到书房，看着他一口一口喝下去，她尽力挤出几分笑容来，生怕引发他伤心。

郑春发想起了自己年幼丧父，如今又老年丧子，人生的不幸都被他遇上了，回忆起母亲临终前，自己曾答应要为郑家撑起一片天，如今，天空塌了一个大窟窿，谁也补不上了。

他还有一个隐痛，却无法说出口，至今，儿媳也没有怀上一个子嗣，这就是断了后路，从此以后绝了郑家血脉的延续。遇到这种事，他扪心自问，自己和妻子，遇到孤寡贫困，总是想办法接济，也常到寺院里布施，此生未曾做过伤天害理的事情，为何老天要如此惩罚？

人遇到糟心事，总爱往坏处想。他开始相信这些玄之又玄、虚无缥缈的流言。他甚至有些恨自己。

郑春发捶打着自己的头，头疼欲裂。想想自己，从十二岁来到福州城，从来没有歇息过，一直是不知疲倦地奔波着，迷迷糊糊中，他趴在桌子上睡着了……

郑春发被梦惊醒了，愣怔在椅子上，望着黑洞洞的窗户，喃喃自语道："莫非，这一切都是命？"

郑春发起身，用火钳将木炭火挑一挑，让火燃烧的更旺盛些，然后泡了一壶茶，点了一袋烟，浓浓地吸了两口，踱到书架前，翻看起古籍，希望能寻得迷津之源。

吹去《吕氏春秋》上的浮尘，慢慢翻，待看到《吕氏春秋·不苟论·博志》中一句话：全则必缺，极则必反，盈则必亏。顿觉释然，连连点头，自言自语道："或许，一切都太顺了。"意犹未尽，再翻《道德经》，其中有言：物壮则老，是谓不道，不道早已。

郑春发反复念叨："物壮则老，物壮则老……是啊，凡事太盛，必然会衰败。及时止损……止损？"

他心中尚有迷惘。如何止损？如何停止？难道辛辛苦苦挣出来的聚春园，也要学园春馆？关门歇业？

不是的，一定不是的！

那会是什么呢？

如何才能避免接下来的灾祸呢？

郑春发吸了一袋烟，又添了一袋烟，边吸边思考：聚春园已经开业已六十年，整整一甲子，人常说，一甲子一轮回。要想让聚春园长盛不衰，就需要有个新的起点。自己一心只想着雄心勃勃地发扬光大，牢牢地攥住不肯放手，可不敢因为自己，再给聚春园招来半点不顺遂！

"罢罢罢……"他叹息连连，想起了三坊七巷里的诸多英杰，最终哪个不是带着遗憾走的？

这一场场灾祸，就是上苍在提醒我：与其守着不撒手，不如主动舍弃。有得有舍，方为大道！

"敢于撤退，才是最大的成功！"郑春发提起狼毫，一挥而就，酣畅地在徽宣上写下以上十一个字，浓浓地饮了一口茶，感觉这口茶，极其滋润，润到了心灵深处……

庐隐还真没有爽约，得空便来到聚春园。

郑春发安排，让人将佛跳墙和鸡汤氽海蚌布置起来，要好好请一请庐隐。

其实，在郑春发心里，对庐隐更多的并不是文学的敬畏，而是感念起她曲折的命运，想起了妙月。

庐隐是笔名，她本名黄淑仪，学名黄英，光绪二十四年（1898）出生在南后街。那时，郑春发接手了三友斋，正踌躇满志，热情地交际各类人物。庐隐的父亲黄宝瑛是湖南长沙县令。所以，很早就注意到了这个家庭。

庐隐出生那日，正碰上外祖母去世，其母亲就认为她命运不祥，迁怒之下，无心哺育，雇了一个祖籍乡下的奶妈抚养庐隐。父亲去世后，全家到北京投靠舅父。

庐隐考上北京女子师范学校预科班后，开始走上文学创作路。在茅盾、郑振铎文学名流的鼓励下，塑造了一批性格不同、遭遇各异的妇女形象，为千百年来受封建礼教束缚摧残的女性呐喊。二十四岁时，她和已有妻室的北大法科学士郭梦良结婚。可惜好景不长，丈夫郭梦良病逝，庐隐悲恸欲绝，怀抱不满周岁的女儿扶送郭梦良的灵柩，乘轮船回福州。郭家在福州城内东街开设前店后宅的纸行。郭梦良的发妻和郭母不断刁难庐隐，这段日子十分煎熬。

郑春发对她的遭遇十分同情，这次邀请庐隐来聚春园，名义上说："你的文笔好，吃我聚春园十顿饭，帮我写一写，我们就是大赚一笔。"而实际上，郑春发想通过这样的方式，既让庐隐能够吃得开心，还借机付润笔费，给她提供收入。

庐隐最爱郑春发做的荔枝肉："比荔枝香，没荔枝甜，最精妙的是，可以四季吃。"

郑春发乐呵呵地说："那你就常来吃。还是你这文人厉害，几个字就总结了这道菜。"

庐隐稳稳搛住色泽红润的荔枝肉，反复观察："唯一缺憾，就是少了绿叶。"

"这不是嘛。"郑春发指着盘子里的芫荽叶，"菜品配饰讲究'意到境到'，你很会想象的，这点当成绿叶，该不难吧。"

"哈哈，你叫我想象，这'西施舌'，莫非就是美女西施的口中物。"

"这蛮可以啊。"

"暴殄天物，这多残忍啊。那你郑先生，岂不成了水泊梁山的孙二娘？"

"呵呵，这样说，我老朽可承受不起。"郑春发连连致歉，"你可千万不敢这样写，坏了我聚春园的生意，你要赔偿的。"

"这一次回福州，感慨良多，自我三岁离开后，这是第一次回到故乡。故乡的人亲，故乡的饭菜更是勾住了我的魂。"庐隐安静下来，沉思起来。

郑春发悄悄退了出来，他知道，瞧着庐隐的神情，灵感或许要来了，生怕打扰她。

一边走，郑春发一边喟叹："妙月，又一个妙月……"

四

这天，郑春发收拾了一件崭新的大褂，刮了胡子，坐在聚春园的花厅内，单独和邓响云交谈。

听到师父说要全盘把聚春园交给自己，邓响云慌了，急忙推辞："师父，我可承受不起这么重的担子。"

郑春发慈爱地："这一段多亏你了，我只顾忙家里。"

"我知道您老心里悲苦，可也不能心灰意冷啊，聚春园还指望您掌舵呢。"

"天下是你们年轻人的。"

邓响云还是摇头："都是有您作后盾，我心中才不慌。若是全部给我经营，真不行。"

郑春发不再和他纠缠这些，问道："之前，我和你说的两个字，可还记得？"

"一个'守'，一个'传'，从不敢忘记。"

"这就好。"郑春发说着话，从怀中掏出一个笔记本，"大约，你也听说过这个秘籍。"

邓响云不知所措，愣愣地看着师父。

"今天一并交给你，望你好生钻研，将来也补充进一些内容。"

邓响云听罢，迟疑着问："这就是师爷留下的那本……"

郑春发点点头，停顿片刻，他神色凝重："为了这本秘籍，多少人丢了性命，又有多少人生死搏斗，为了得到它，朱少阳和你师爷，师兄弟间九死一生，你师爷舍命保护，朱少阳是狠毒绝招用遍……你掂量掂量，这本薄薄的册子，分量有多重。"

邓响云虽也断断续续听说过，但今日听师父详细说起这个本子的血泪史，顿时感觉这本子犹如一团火，若是拿不稳，只怕会灼伤自己。

郑春发翻到后几页，指着说："我呢，增加了佛跳墙，也对鸡汤氽海蚌等做法做了改良，你将来也要把它传下去的……"

"师父放心，我的性子你都知道，就是小命没了，也不叫这个秘籍有一点闪失。"

"响云啊，我老了，干不动了，今天把聚春园全盘交给你，你一定要尽全力，把它经营好。你这个人，哪里都好，就是太过老实，以后当了总掌柜，该责罚的一定要狠下心来，不能当老好人。当然，该奖赏的你倒不抠。这个外账房、内账房，有些比你年龄还大，这些老人，都是店里的宝，你要像待我一样尊敬他们。厨房里的人呢，大多是叔侄、舅舅外甥，一层套着一层的关系，看起来一个个人都是散的，你抓好大师傅，就抓对了。你要记住，盈利是聚春园的根本，但聚春园开门营业，不单纯是为了盈利，你身上，担着许许多多个家庭的生计，切莫张狂，切莫粗心。"

邓响云诚恳地说："师父，您再带一带我，我真的还不行。"

"你今年四十二岁了，属鸡，我记得清清楚楚，不小了，该挑担子了。"

"师父，您既然这么说，我有个请求，若是我做不好，您就换人，行不？"

郑春发突然沉下脸来："你什么都好，就是不自信，这一点不好。我当年入股三友斋时，才二十九岁。你从二十四岁来店里学徒，十八年了。人生能有多少十八年？我告诉你，既然你接下聚春园，没有人可以替你，必须把它经营好，要比我在的时候更好！"

邓响云见师父发了脾气，当即应承："好，都听师父的，一定把聚春园办好！只是，师父，您的股份……"

郑春发听他说出这句话，心中对他愈加肯定，说："这不慌，都是身外之物，你慢慢用，看情况再说……"想着再叮嘱几句，忽然又觉得自己太过啰唆，为了消除徒弟的顾虑，干脆地表态，"你放开手脚干，我绝不干扰。我也会跟那些老账房、老师傅们说一说。"

过了几天，寻个黄道吉日，邓响云在聚春园为师父举行了交接仪式，店里的师傅、伙计们都感到匪夷所思，简直不敢相信自己的耳朵。老东家说辞就辞了个干净，这是他们从来没有想过的事。在他们心里，郑春发和聚春园已经连在了一起，分不出彼此，现在忽然离去，像釜底抽薪。

对郑春发而言，卸去肩头的担子，觉得之前沉郁许久的心情一下轻松了很多，他乐呵呵地说："以后我来聚春园吃酒菜，可是要掏钱的！"在大家的笑声里，信步走出聚春园，没有回头望一眼……

忽然赋闲，他有了大把时间，走到澳桥上，生出了一个念头——听评话去！

坐黄包车来到上杭街狭狸巷，评话先生"科题仔"正在讲福州民间故事《贻顺哥烛蒂》，郑春发要了点心，找个位置坐下。

台上的这位评话先生，此时刚刚十九岁，名叫黄仲梅。出生在狭狸巷的评话世家。其父黄菊亭是评话"八部堂"之一，艺名"科题"，因此黄仲梅被人称为"科题仔"。

《贻顺哥烛蒂》是讽刺喜剧评话，讲的是清末福州南台石狮兜丝线店老板马贻顺吝啬成性，却又贪色，得知船工陈春生远航覆舟后，乘人之危，以放高利贷为名逼迫陈春生之妻春香改嫁给他。后陈春生返回，赎回其妻，马贻顺人财两空，最后仅得一截烛蒂（蜡烛头）。

郑春发坐下不久，科题仔正好讲到马贻顺贪恋春香美色这一段。科题仔挤眉弄眼，眼珠子上下左右乱转，加上俏皮、幽默的播讲，将马贻顺舍不得钱财又急于得到春香的神态演得活灵活现，赢得观众阵阵掌声。

科题仔最近说得较多的是热门评话《蔡松坡打倒袁世凯》。这样的评话针砭时弊，符合观众口味，深受观众喜爱。可今天郑春发来晚了，《蔡松坡打倒袁世凯》已说完。

科题仔一个人在台上，有节律地诵念，左手执钹，右手执箸，钹声清脆，余音悠长，说到关口处，醒木一拍，一段歇场。大家忙着说笑，科题仔则在台上将折扇、扳指、醒木、丝帕、竹箸、铙钹仔细地整理。

正是欢笑的时候，忽然听得一声高喊："先生，快快开场，等不及了。"

循着声音看，却是林三和两个跟随，郑春发顿时失去了兴趣，遂起身，走了出去。

一出门，拉他来的黄包车夫正好拉着一个客人到门口，热情地打着招呼："郑东家，这是听完了？要回去么？小的拉您。"

郑春发抬脚就上了黄包车，轻声地说："回三坊七巷。"

"得嘞，您老坐稳了。"黄包车夫撒开双腿，边跑边打着铃铛，嘴里念叨着，"让一让，让一让，兄台，这是水洼，您走边上……"

早晨下了一阵雨，此时石板路面上尚有些水渍。这黄包车夫话特别多，边走边说："我刚从河边拉客人来，一会一条、一会一条，洋人的大船开进来，装茶叶的大包，多得不得了……你说这西洋到咱们福州，得多少天啊，听说他们的船上，还能跳舞呢……"

郑春发难得有兴致，饶有兴趣地问："哦？什么舞蹈？"

"听说呀，是两个人抱在一起扭来扭去，脸贴着脸。"

郑春发一笑："你见过？"

"听别人说嘛，我哪里有福气见过。要见，也是老爷您这样有身份的人才能见。你说，这洋人咋那么不害臊？"

"这是人家的风俗。"

"呸！什么风俗，叫我说，是伤风败俗。这洋人们，蓝眼睛、红头发，跟个鬼一样。您说，他们也不是一个国家的，怎么风俗都一样？"

忽然驶过一辆轿车，黄包车夫站住脚，叮嘱道："让他先过，别溅到您老身上水了。"

郑春发见他是个话痨，就逗他："你这么细心，拉车很久了吧？叫什么？"

"我叫肖阿毛，是古田人。来城里有三年了，一帮兄弟做着做着都去码头扛大包了，他们做不惯这伺候人的活，就我稍微心细点，不愿意做那出死力气的活。"

"哦？听你说，这黄包车还蛮有技巧？"

"这可有讲究，要'一问、二看，转弯慢、提速快，双腿如风，眼观六路'。"

"你讲来听听。"

"一问是：上车要先问去哪里？几个人？等人不等？二看是说，看前面的路，看左右的人，不能追了前面的车，更不能光顾着跑捎带了行人，那样就赔钱了。转弯慢，就是说你跑得再快也要留心转弯，一个轮子离地了，最容易翻车。上车的贵客们，时间都宝贵，所以一坐车就要提速快，快步如风。"

忽然间，他不说话了，车速也慢了下来。路边行走着十几个扛枪的军人，推推搡搡，说说笑笑，脚上的帆布皮鞋，踩得地面咚咚响，两旁店铺人家，都惊恐地看着他们，生怕这些兵突然闯进自己的店铺。

六七个挑着担子的农妇，皮肤黝黑，头发花白，发髻上插着上、左、右三条雪亮的银簪子，青色的衣裤煞是抢眼。她们有的挑着菜筐，有的挑着水桶，还有的筐里装着新鲜的竹笋和蔬菜，站在墙边，瞪着惊恐的眼睛，等这帮军人先过去……

郑春发坐在车上，不经意间往四下一看，榕树枝叶翠绿，迎风招展，禁不住心想：春天何时来的？

这时，头发痒痒起来，他伸手往大褂口袋里一掏：坏了！牛角梳落在聚春园了。感慨着：真是老了，丢三落四的……

军人们走远了，肖阿毛才加快了速度，问："我们拐个弯，抄近路，躲开这帮军爷。"

郑春发摸着空空的口袋，说："去聚春园吧。"

"您老真是不肯闲啊，逛游也不忘生意。"

他这样一说，郑春发蓦地想起来，自己已经退出了，刚刚还对大家说，再也不来聚春园干扰了……这可不能让大家误会了，以为自己要"垂帘听政"。

"你这样，反正无事，你拐到茶亭去，我买个梳子。"

"得嘞，您老坐稳了。"

看着这个正值壮年的肖阿毛，浑身上下散发着使不完的劲儿，青春勃发的气息一下感染了他，想起自己当初刚来福州城时的光景，忍不住对这个年轻人生出好感："你方才还没说眼观六路呢。"

肖阿毛用毛巾擦一擦汗，扭回头尴尬地一笑："方才那些军爷，不就是吗？"

郑春发恍然大悟，连连点头，不觉沉思：这些兵痞看起来怕，其实那些军阀才最可怕。他们打着文明的旗号，却做着专制、蛮横的事情。真正的文明，不是没有穷人，而是没有特权。不是没有贫富差距，而是没有无法无天的人。那些军阀做的事，才真是无法无天。

想到这里，觉得肖阿毛很不容易，便问："长期包你这车多少钱？"

"东家，您不用长期包，那样多费钱。我只要每天早上到您府上问一问，出去了就坐，近处就散散步，多好。"

郑春发一听，愈发喜欢这个年轻人，身在苦海中，心有天地大！遂果断地说："不必为我省钱，先包你三个月的车。"

肖阿毛倏地停住车，扭回头，恭敬地弯下腰鞠躬："谢谢老东家，我保证您随时一出门就能看到车。"

茶亭是进出城的人都要经过的路，这时人群熙熙攘攘，店铺里也都人来人往。

到了茶亭，林阿毛将车停在了"润光厚"店铺前，问："您是进店看'童牛牌'，还是去'李厚记'买'航海牌'？"。

"就这就好。"

郑春发到润光厚店铺里，选了童牛牌角梳，出来仍旧坐他的车，吩咐："慢点走，看看这热闹。"

茶亭街确是名牌荟萃，手工业异彩纷呈："老天和"琴店里，琴声悠扬，慢了时光；"翰墨林"砚店里，几个长衫书生，正在讨论着诗句；"知者来"粉店内的馨香，直入游人心肺；"曾金利"

剪刀铺门口，掌柜的大声吆喝"剪刀全，镰刀快，谁不买谁后悔"……"一团轩""吉时有"等店铺的题匾，各有千秋，书法苍古。

到了安民巷家中，老远就见吴成站在家门口。郑春发一把拉他的手："怎么不进去？"

吴成："你不是不在家吗？"

见二人进屋，林氏赶紧吩咐保姆备下酒菜，热情地招呼："你们老哥俩喝几杯。"

"当然，难得吴老板来家，一醉方休。"

林氏白了他一眼："别听他的，吴兄弟，多说话，少喝酒，毕竟你们老了，身体受不了。他夜里，咳嗽得厉害。"

"嫂夫人的话，在理。"

两个老头，呵呵轻笑两声，看着林氏离开。

推杯换盏间，喝了个微醺。郑春发开口问："找我什么事？"

吴成抿了一口酒，羞赧地说："我对不住你啊，郑兄。"

"此话怎讲？"

"有件事在我心里，憋了多少年了，一直想跟你解释，一直没有机会，我怕再不说，这辈子就烂在肚子里了。"

郑春发眯着眼看着他，静静等待。

"还记得当年我邀请你师父到苍霞洲广裕楼的事吧？"

这一说，唤醒了郑春发遥远的回忆，他点点头，示意吴成继续说下去。

"我也是贪心，早知道朱少阳那么没有人性，真不该做他的说客，臊得慌啊，我竟然觍着脸，不顾羞臊，为了挣钱，让你和叶师父为难了。"

"嗨，各为其主，这有什么难为情的。"

吴成忽然嗫嚅起来，支支吾吾地说："也不尽然。"

"莫非还有什么？"

吴成猛然端起桌上的酒壶，一口干了，似乎下了很大的决心："罢罢罢，撕破这张老脸了。当年啊，我没有完成朱少阳的任务，自觉心里亏欠他，就给他出主意，让他……"

"怎样？"郑春发急不可耐，"让他怎么？"

"让他想个办法，从叶元泰身上做文章！"吴成说完，悔恨地拍着自己的脑袋，老泪纵横，"但我可没有让他栽赃元泰啊，那是他自己的鬼点子！"

"你个死老头，真够狠毒的。你走，快走，我不想再见你！"郑春发指着吴成，高声地叫嚷着。

林氏听到这边吵闹起来，急忙赶来，劝说道："老哥俩了，这是为了什么？跟个小孩儿一样。"

郑春发激动地站起身来，指着吴成，颤抖着手："他，你……"

见吴成愣在那里，林氏装腔作势地在郑春发身上砸了一拳："你老糊涂了，天大的仇，都黄土埋住脖子了，还计较个什么！"

郑春发一听，低头瞧着吴成正用袖子擦鼻涕，"扑哧"笑了："你呀，你不说，何来这顿骂！老兄弟，你说你，图的啥啊……"

吴成也破涕为笑："我不说，你想让我带到坟墓里啊，我可不做憋屈鬼！"

郑春发悠悠地说："都过去了……过去了……恩恩怨怨何时了？我看呀，死了就都结束了……"

清明节这天，郑春发一早就出门，往城东而去。

蒙蒙细雨斜斜飘洒着，万物仿佛都笼罩在悲伤之中。

郑春发脚步沉重，一步一步慢慢地走在山路上。

前方，是石宝忠、叶倚榕、叶元泰、郑钦渚的安息之地，也是郑春发内心深处永远的疼痛。每当走向这条路，内心不断涌起的回忆都化作心头刀割般的痛，那是他心底深深的怀念与不舍。

周围寂静无声，只有偶尔传来的风声，伴着洒在树叶上的雨声，轻轻拂过一座座土包，发出低沉的呜咽，像极了郑春发内心的哭泣。

蹲在师父叶倚榕的墓前，郑春发用袖子把墓碑擦拭得黑漆发亮。

郑春发戴着斗笠，林氏和儿媳被他打发去了郑钦渚坟前，他要一个人和师父待一会。他独自靠在墓碑前，身影在细雨中显得格外苍凉、孤独，脸上，分不清是雨水还是泪水。

雨间歇停了，郑春发点燃香，插在墓碑前正中香炉里，摆上肉、糕饼、水果。那双苍老的手，如同枯木般干瘪，手背上青筋突暴，布满老人斑。手中握着一壶酒，郑春发缓缓抬起手，将酒洒在墓碑前，酒水在青石板上形成一面镜子，映出他悲凄、沧桑的面容。

想他郑春发，曾创下聚春园，是人人敬仰、声震福州的名厨。但此刻，在叶倚榕的陵墓前，他只是一个失去亲人的老人，一个失去师父的徒弟，和师父在一起的时光永不能再来了。郑春发黯淡的眼神中不再有往日的意气和威严，而是掩饰不住的悲伤和落寞。

郑春发取出洋火，点燃了厚厚的香纸，纸堆冒起了浓浓的白烟，纸钱在火苗里跳跃着腾空而起，化为灰色的纸蛾，像蝴蝶一样在天空中飞舞。

他望着不断上升的纸灰，喃喃自语。人生在世，说长，悠悠数万日，似浩宇苍穹，遥遥无期，和师父相识的那一日，往后，仿佛有过不完的日子；说短，匆匆几十年，如白驹过隙，弹指一挥间，师父已归西，而自己踉跄着、磕碰着，很快也走到了今天。

郑春发想，生是死的序幕，死是生的尾声。生死既不由人选，生则乐生，死则乐死罢了。像师父一样勤勤恳恳、踏踏实实活过一生，能够寿终正寝，也是一种福报吧。

拜祭过众人，从山上下来，林氏和儿媳乘一辆车，郑春发坐到肖阿毛的黄包车上，他摆摆手："去聚仙泉。"

"聚仙泉"汤泉店内，也有评话先生。男室有男先生，女室有女先生。

郑春发洗去一身的疲惫，今日顾不上听评话，昏昏沉沉地在榻上睡着了。梦中，和师爷、师父团聚，却唯独找不到儿子的踪迹，他四处寻找，喊着"荣儿、荣儿"不停地找，叶元泰一下堵住去路，问道："鹏程呢？你把他弄丢了？"郑春发蓦地醒了，擦拭着额头的汗珠，不觉惆怅起来……

此后，郑春发每日必到汤泉店，成了一个忠实的瘾汤"二黑将军"——早晨天不亮进澡堂，晚上天黑了才回家。

有时天气晴朗，他也到西湖去转悠，与西湖八景邂逅。

遇"仙桥柳色"，最佳自是春夏。自城西门过迎仙桥，但见仙桥卧碧波，湖畔梅柳绿绿，柳碧绿，百花红，荷花馨；湖西荷亭后，循蟠蜒石矶登大梦山，怪石嶙峋，岩侧百年老松虬枝铁干，黛色藓皮，苍劲挺秀，逢大风起，风啸呼号如掀波澜，松涛声声，远近皆闻"大梦松声"。

登上背山面湖的古堞，危楼临波，俯身观澜，斜阳温润，直入心扉，便得"古堞斜阳"入胸襟，慨叹着"百尺高楼接女墙，犹传东越旧封疆；可怜霸业归何处，唯有寒鸦带夕阳"的遗憾，不免唏嘘连连。

要淋"湖心春雨"，先要立在西湖西北隅、谢坪屿与窑角屿之间湖心的小墩上，雨丝隔绝尘嚣，"亭中伫望，觉绕城诸山，溟蒙雨中，如泼墨画屏，诚湖心之胜概也"。

"水晶初月"尚可见，"荷亭晚唱"早不闻，"西禅晓钟"钟已远，"澄澜曙莺"犹有音……

第八章　难中存

一

　　1926年腊月中旬，从厦门驶来一艘"海康"船，抵达福州马尾码头，一群身着长衫的先生们，迎着扑面的寒风，稳健地走下板桥，从容踏上榕城大地。

　　这些知识分子，是在厦门大学国学院任教的顾颉刚教授、容肇祖和潘家洵一行。

　　顾颉刚生于光绪十九年（1893），此时刚三十岁出头，正值盛年，风华正茂。这一次来福州，搜集整理历史、民俗、歌谣、考察、购买书籍。

　　一到福州，顾颉刚就先到东街口拜访蔡元培、马叙伦。

　　一周前，蔡元培与马叙伦刚从宁波乘船渡海来到福州避难。顾颉刚从报纸上得知这个消息，趁着这次来福州，首先就拜会自己就读北京大学时的校长、恩师。中午，由在北伐军东路军总指挥部任职的王悟梅在聚春园设宴款待，佛跳墙自然是首选。

　　佛跳墙上桌，当盖子徐徐揭开，一缕浓郁的荤香袅袅在屋中回荡，众人都凝神细嗅，这缥缈的气味中，几缕香料的味道隐约其中。

蔡元培情不自禁地说："闽地有奇葩，最是佛跳墙。"

顾颉刚一听，眯着眼感叹："此间有珍馐，佛家跳墙来。"

王悟梅补充道："这道菜，原名福寿全，当时的布政使周莲邀众文人品尝，得一句'坛启荤香飘四邻，佛闻弃禅跳墙来'的诗句，才改名佛跳墙。"

"此诗好，道出了这道菜的精髓，可知荤香定不俗。"容肇祖由衷地竖起拇指。

顾颉刚说："中华美食里，蕴含着多种文化啊。"

蔡元培问："这道菜是聚春园首创？"

今日有贵客，邓响云在花厅一侧候着，见蔡元培发问，响亮地答："是我师父郑春发所创。"

蔡元培"哦"了一声，问："可有缘结识郑东主？"

邓响云说："师父前一段刚闲下来，要不我去请？"

"就住在三坊七巷，不远，快去请来。"王悟梅指挥道。

"不要惊扰老师傅了，我们就是个食客而已。"蔡元培恬淡地说。

"来，恩师动筷子，先尝一尝……"顾颉刚对着蔡元培示意。

邓响云识趣地退出了花厅，心中略有遗憾——这样的场面，师父若在，该有多好。

邓响云吩咐厨房，"灵芝恋玉蝉""荷包鱼翅""红糟醉香鸡"几道招牌菜定要上桌。几人对聚春园的美食啧啧称赞，商定第二天中午，依旧在聚春园就餐。

这一次是蔡元培、马叙伦的公宴，宴请的人数较多，规模很大，同席者达三十五人，在座均为学识渊博、举足轻重的人物，大家都很珍惜这次难得的机会，午饭从上午11点一直延续到下午2点半。

这餐虽然没有上满汉席，但聚春园的"鸡汤氽海蚌""鸡茸金丝笋""雪山潭虾""酥鲫""全节瓜"等名菜，赢得食客们对闽菜的一致赞誉。

午饭后，福建省政务委员会邀请顾颉刚到"福建法政专门学校"做了主题为"研究国学之方法"的演讲。晚上，政务委员会再次于聚春园设宴，招待顾颉刚、容肇祖、潘家洵等教授。

在福州的十多天时间里，顾颉刚等人先后进了南轩、别有天、亦兰居等闽菜馆，当然，马玉山、西来、法大等粤菜馆和西菜馆也留下了他们的足迹，众人还在西湖公园内，踯躅徘徊，欣赏美景。

此时，内战频繁，经济也继续滑坡，即使是聚春园这样的菜馆，也已经显露出端倪，座位不再爆满。这一次接待蔡元培、顾颉刚等人，对邓响云来说，借这批名人适时对外宣传宣传，也是一个让生意暂时回暖的良机。

动乱之时生意不好做，邓响云适时做出了一些调整。

随着郑春发的股金慢慢撤出，邓响云招募了店内的陈福和杨冠参股，聚春园再次恢复三股合营。三人各自分工，邓响云负责全面，杨冠负责外务，陈福负责店内事务和厨房。

邓响云经营和郑春发不同。郑春发是"独掌乾坤"的做法，所有的事情他都有自己的主张，性格坚毅、行事果断，常常一个人就能做出决断。邓响云性格憨厚，凡事以稳当、守业为主，遇事多和两位股东商量。

众人商议，在这动荡的岁月里，如果还一味做高档菜，就会造成客源不足。因此，就开辟了经济餐厅，将天井右侧的二层小楼，一层辟为经济小吃普通座，以售卖三味鸡、二味草、荤素烩等热菜为主，冷碟多为炸蹄、醉蟹、糟鳗、磨笋等"四碟仔"，备有普通人喝得起的花雕酒、绍兴老、五加皮等黄白酒以应小酌，还供应饭点；二层辟为小食部，也卖一般酒菜。

这样一来，收入不高的客人，也能到聚春园尝尝鲜。一时间聚春园人潮涌动，再次掀起一个高峰。来者都是客，聚春园并不以貌取人，不以财取人，坚持价低质高，薄利多销。

期间，邓响云到菜馆集中、人流密集的南台、仓山考察，见嘉宾、青年会和快活林这些馆餐都兼营或专营西餐，颇有人气，就从上海请来一位曾在洋人家中任过厨师的王先生，推出西餐供应，每份价格限定在一元至三元不等。

这一个小小的举动，迅速吸引了人流。之前，南台的嘉宾、西来洋等西餐价格颇高，即使是阔少、殷实人家的小姐，吃过几次后，也有些吃不消。

聚春园如此一来，能让客人花少量的钱享受到精美的西餐。特别是中下层年轻人，纷纷相邀结伴而来，聚春园在黄金就餐时间段甚至一座难求。

"我们还要想办法，再增加些引客的路数。"邓响云看着一拨一拨的人群，生出了锦上添花的念头。

陈福却另有见解："如今已经一下涌入这么多客人，是不是过一阵子再说？贪多嚼不烂。"

"我们应该趁热打铁。"邓响云说。

陈福分析给他听："以前，虽然是同样的营业额，可我们面对的是高层的客人居多，菜品以高档为主，服务的客人也相对少，这样更有精力服务好。如今每天这么多人，看起来闹热，可每桌消费有限，后厨就需不停地换菜，体力加大不说，若是有一两个人不满意，还容易引起别的人起哄。"

邓响云沉吟道："你说的不无道理，服务十个人和服务一百个人，确实经营策略上要改一改。这样，你把后厨做一下分工，西餐、普通菜都各成一个小组，这样互不干扰，经济餐、小食部也要单独制菜，好不好？"

陈福说："这样好，忙而不乱，我觉得可行，比先前'要忙都忙'更合理些。"

杨冠却有不同意见："你们分出来了，可我们采购的，还是没法区分啊，现在每天派出去的人，累得很，菜又多是普通菜，量大了就怕有人趁机掺假，增加压力。"

邓响云说："可以聘请一两家菜商，让他们专门负责给聚春园采购，价格适中就行。这样，买菜时先过他们这一道关，就省去了我们的麻烦。若是这些菜商供应出了问题，就取消合作。"

"你这个办法虽好，就怕价格要适当高一些，这些菜商总要赚一点好处才肯做。"

"钱是大家一起赚，好处自然要给他们。但是，我们是长期合作，量大、需求稳定，适当把价格压一压，他们会想通的。"

杨冠高兴地说："这样一来，我就不愁了。"

邓响云说："路子捋顺了，我们还要增加些业务，扩大影响，增加收入。"

为了吸引更多的客人，聚春园又适时推出了"和菜"业务。分为四个档次：最低档的有二都蚶、煎糟鳗、杂烩汤等，三道菜六角钱，以量大为主，足够三个人食用；略高一档的有荔枝肉、炒肝胗、生炊蟹、三仙燕和大杂烩，五味菜一元钱，可以满足五个人用餐，让一般人宴请朋友已经足够；再高一等的，八道菜、价格两元，适合十人以下请客聚餐；最高档的十道菜，可满足十二个人就餐，价格四元。"和菜"的推出，比经济餐又上了一个层次，让宴请朋友的普通人纷纷选择聚春园。

这时，邓响云也对菜品进行了一些改良。如，推出的"酥鲫"，一改以往做法。先前，福州厨师制鱼时，一般先下油锅炸酥，然后加上调料烹制。邓响云经过反复试验，以聚春园特有的"汤"文化浸润，将本地"白鲫"去鳞洗净后，用高汤与姜、葱、醋等佐料混合，以大火烧制，改用文火慢煮，直至汤汁收干。这样做出来的鱼，肉质柔嫩，骨酥可嚼，老少咸宜。

邓响云为了推出这些新改良的菜，新颖地推出"每周一菜"，吸引食客注意，勾起他们的好奇心，新菜总是一经推出，就被抢订一空。

这还不算。邓响云看到改良后的效果不错，索性放开手脚，在传统闽菜的基础上，吸收和借鉴各地菜品，丰富完善闽菜，在深度和广度上进行扩充、改良、融合。聚春园原先以佛跳墙和鸡汤汆海蚌为主打产品，此时，推出极具闽菜代表性的十八娘红荔枝肉、榕城南煎肝、淡糟香螺片、同安封肉、闽南姜母鸭、桂花蟹肉、沙茶狮子头、香蕉虾枣、竹香南日鲍、莆仙焖豆腐、原味河田鸡、客家生鱼片、大黄鱼吐银丝、春生堂酒焖老鹅、蜜汁建莲、武夷笋燕、蒜香海蛎煎和八闽一品鲜等二十几道菜。

在邓响云心中，虽然聚春园还是自己的酒楼，可他不囿于一家"秘制菜"的传统经营思路，放眼整个闽菜，他的理想是食客在聚春园一家就可以尝遍闽菜。

甫一听闻邓响云改了经济小吃座后，郑春发强忍着告诫自己，要沉住气。接着，又听说邓响云增加了多达二十几道菜后，顿时觉得这有些"玩火自焚"的况味，自己和师父等人苦心经营数十年，都不敢轻易挑起"闽菜大梁"，邓响云这真是不知天高地厚，一旦引起同行嫉妒、使绊子或者"菜多嚼不烂"，某一个菜失了水准，就会引起连锁反应……越想心中越发慌，当即坐上肖阿毛的黄包车，大手一挥："去聚春园！"

肖阿毛这一次没有说话，他从郑春发铁青的脸上，看出了深深的担忧和一些气恼。

车子在三坊七巷里穿行，两人都不说话，只有车轮碾压地面发出的"嗞嗞"声。肖阿毛没有说话，心里却泛起嘀咕：郑老爷气色不对，这时去聚春园，若是什么事气住了他，那就可惜了……

肖阿毛毕竟是个黄包车夫，不便多问，但存了心思，就故意慢腾腾地走，拖延时间，希望郑春发能想一想，改变主意。

走到南后街口，肖阿毛突然"啊呀"一声，车子也跟着颠簸了一下，在车上闭着眼睛想心事的郑春发惊得一愣，问："怎么了？"

"老爷，脚崴了。"肖阿毛一瘸一拐地向前走两步，可怜兮兮地望着郑春发。

郑春发一瞧他的表情，活像一只犯了错误、满脸无辜的猫，忍俊不禁："你今天怎么了？"

肖阿毛刚要搭话，却听得前方三步外传来一声喊："郑爷，你这一早去哪里？"

说话间，一个英俊的少年，十二三岁光景，穿一身黑色的立领学生装，精神抖擞地来到车前，歪着头看着郑春发。

这一问，郑春发刚说了"聚……"便改变了主意，反问道："武涛，你去哪里？"

叶武涛是叶鹏程的二儿子，这时正在福建私立育华中学就读，他平日里最是尚武，又极调皮，见郑春发问，就利落地回答："我去上学啊，今天可没有逃学。您呢，是又要去聚春园吧？"

这一下，郑春发愣住了，方才他说出一个"聚"字后已觉不妥，此时当然不肯承认，就随口说："我说去西湖转转呢。"

"你呀，一定不是去西湖，去西湖你该直直地走去，为啥往东街口而去？只怕是闲不住，想去聚春园。"

几句话，让郑春发感觉脸上略有些发烫，自己的心思竟然被这个少年看穿，不由得慨叹一声："老朽了，真是没用了，在小武涛面前也藏不住了。"边说边摇头，不觉有些酸楚——本来自己已经答应不再管聚春园的事情了，为何听到邓响云改良，却总想管一管？莫非，自己真要做个讨人嫌的管事佬？既然答应得好好的，为何会变卦？

越想越觉得自己纯粹是放不下架子，这一段硬憋着不去聚春园，其实心里还是不想撒手，看来，人手里一旦有权力，就总会依赖权力，以为只有自己才能掌控全局，殊不知，这是一种干涉，更是一种霸道。

他默默地挥挥手，辞别了叶武涛，让肖阿毛拉着车，慢悠悠地往回返。

"您不是退出股份了吗？"若是邓响云这样问自己一句，该如何回答？

闲下来的这段日子，他一直告诫自己：恬淡生活，泰然处之。可方才怎么就管不住自己了？

以往习惯了一呼百应，骤然闲下来，孤独、寂寞、冷清，一股脑袭来，自己还是有些不适应。郑春发坐在车上，不停地告诫自己：放手，就要真正、完全放开。是好是坏，是成是败，由邓响云这小子折腾去吧。

就在这段时间内，福州城内一时刮起了白色恐怖风暴，国民党右派于 1927 年 4 月 3 日在福州发动反革命政变，并迅速蔓延至全省各地，大肆逮捕和屠杀共产党人、国民党左派和革命群众，镇压工农运动。

前两年，叶鹏程还捎回来消息，这两年，全无半点音讯。全城刮起的这股风暴，让郑春发日日不得安宁，时刻担心叶鹏程的安危，每天都到叶家去看望叶鹏程的大儿子叶仲涛、二儿子叶武涛。

当前，叶家安危，是他最关心的事。

这日从城南归来，刚行至南后街口，遇到了林徽因夫妇祭祖归来，郑春发急忙下车，打着招呼："才女可要在老家多待一阵子。"

林徽因有意学着地道的福州话说："前日，我还到聚春园吃了佛跳墙，可惜没福气享用到先生您的手艺。"

郑春发听她说的福州话有些蹩脚，不禁笑着调侃："你说的是昨天吧？"

"哪里？是前天，不错的。"

梁思成感到奇怪："前天？那你怎么说昨日？"

林徽因不解释，继续和郑春发说："我知道的，先生莫要考验我，昨日，邓东家还说邀请我再去品尝鸡汤氽海蚌呢。"

郑春发微微颔首："想不到你离家这么久，又出国多年，福州话竟然还这么地道。"

"我前一段在福州师范学校和英华中学演讲，那可是普通话、英语和福州话掺和着，才有趣呢。"说完莞尔一笑。

郑春发由衷地敬佩："十来天前，我遇到你叔林天民，他说你设计了东街文艺剧场，可是真的？"

"自然是真的，这还有假？"

"老家虽是秋天，可你看，天气多好，又不冷，多住些日子，我亲自给你炒几个菜。"

梁思成拱拱手："老先生辛劳，那可消受不起。"

林徽因说："我们成婚不久，也还有很多事，说不定也要去我先生老家祭祖呢。"

"索性回福州教学，造福桑梓嘛。"郑春发说。

"已经定了，去东北。家乡事，日后再说吧。"

几个人边说边行，走到林徽因家胡同口，才分别。

又过了一段日子，陆陆续续地，郑春发听到了一些叶鹏程的消息。有人称，在连江、福安的游击队队伍里，见过叶鹏程。这支游击队，是在东川报国寺成立，东川村平畴沃野、阡陌纵横、村后及左右两侧又均为高山密林、羊肠小道，与莽莽苍苍的大山方圆数十里的长龙、文殊山区连成一片，退可守、进可攻，确为开展工农武装斗争的好地方。

郑春发听说叶鹏程在东川后，心中略感慰藉，近十年里，总是担惊受怕，生怕他出了凶险的事，那样就对不起师父和元泰兄长。但是，人老了总爱无端乱想，自从得知叶鹏程的信息后，郑春发一个人独坐时，嘴里常念叨着："你也四十多岁的人了，在外奔波，身体能受得了吗？鹏程，回家看看吧……"

他不断地呼唤并没有召唤回叶鹏程。带着无尽的遗憾，郑春发于 1930 年 1 月 24 日，闭上了眼，终年七十五岁。

福州餐饮界及十三行、广协行会、双兴行会、六合行会等为痛失如此一位饮食界翘楚而举行了隆重的追悼会，大家均认为，郑春发的贡献，不仅仅是让闽菜生辉，他的协调组织能力，博爱豁达的心胸，广交四海朋友的融通能力，讲求"人菜合一"的行业坚守，尊师爱徒，都是值得称颂的。他让厨师这个并不太被社会认可的角色赢得了社会的尊重。

葬礼期间，聚春园歇业，伙计、账房先生、厨师和供应原材料的商人，整日整日聚在郑春发家中，沉痛哀悼这位闽菜大师。邓响云依照师父给师爷祭奠的传统，守孝七天。

出殡那天，福州城下起了大雨，一整天下个不停。聚春园的大榕树下，雨水像泪珠滴落，似在向郑春发道别……

二

这几年，形势越来越乱。

由于日军出兵山东，福州城的百姓走上街头，发起抵制日货行动。这时，日军为了实现侵略目的，将军舰驶入福州马尾港，时局变得波谲云诡，令人更为不安。

过几个月，就有一支队伍开拔进福州城，一会儿是国民革命军，一会儿是新编军，百姓们无所适从。

社会动荡，物价不稳，受银价暴涨影响，福州城内的协源、恒余、开泰等几家惨淡经营的钱庄，新春、恒吉、宜和等布店，永利、福泰、永隆、正隆等木行，均难以渡过这关，宣告倒闭。仅有元昌、云昌两个百货店，亦在宣告整理，艰难维持。

进步的知识分子开始在福州城发行《社会评论》《第一燕》等刊物，青年们纷纷传阅。叶仲涛本来一直是安安稳稳地读书，时局动荡，读书人无安身立命之所，他一下变得茫然无措，不知该何去何从。他从小性格稳重，不愿意抛头露面，因此边读书边寻找机会。从前，郑春发每日都监督着弟兄俩的行踪，自从郑春发离世后，叶仲涛更为迷惘。此时，他从福建法政专门学校毕业后在家，整日无所事事。

邓响云见状，劝说他来聚春园学徒，维持家用。二十岁出头的叶仲涛就这样进入了聚春园。

叶武涛的性格和哥哥不同，他个性张扬，积极参加社会活动，常常往家里带各种进步书籍，惹来母亲和哥哥一顿呵斥，他不管不顾，依旧我行我素，吓得叶仲涛和母亲每日里担惊受怕，生怕他出点什么意外。

福州近郊，蒋介石派遣的陆军第 52 师刘和鼎部与卢兴邦部自 6 月起发生火并，枪炮声一直持续了五个月之久，百姓们吓得很少出门，整日胆战心惊，生怕惹祸上身。

年关时，南台万寿桥和江南桥，开始改建水泥路面，城内的百姓纷纷前来观看，略感到几分仍旧生活在太平中的安宁。

聚春园在这样的时局中，虽然还每天开门营业，生意却不如从前，也不再满座，有时中午和晚上还会空一半座位，看着萧条的景象，邓响云心忧如焚，坐卧不安，担心如何能维持下去。

"不行，我们也减员吧。"杨冠迟疑着说出了心里话。

“这绝对不行。兄弟们跟着多少年了，哪能遇到点困难就遣散他们。”陈福不赞同。

邓响云也说：“不到万不得已，不能走这一步。”

“可你瞧瞧，如今的形势，每天营业额一直在减，照这样下去，只怕维持半年都难。”杨冠摆出事实，“外面有些货，能赊欠的就先赊欠了，这可是聚春园从未有过的。货商催过几次，我都不好意思张口再用他们的货了。”

“你有难处，我知道，你多解释解释。”邓响云给两位续上茶，端着茶壶不放，继续说，“我正在想办法，你们俩也动动脑如何改善，总不能老这样等着拖着。”

“怎么改？”杨冠气咻咻地说。

“你这急脾气，一说就冒火，凡事总要多想想，总有办法的。”陈福劝道。

“我急？叫谁谁不急？一直这么松松垮垮的，心里窝着火，就这，我还是忍着呢。”杨冠急躁地拿起桌布的一角忽扇起来。

“大冬天的，你倒热起来了。”陈福顺手扒拉他一下，抢白道。

“我是扇扇晦气，聚春园里，总觉得有股邪气散不去。”

“什么邪气，我看是你的怒气。”陈福赌气地说。

“我什么怒气？还不是叫气晕了。”

“好了好了，你们不要吵了，凡事总有办法。千条万条，我说一条，绝不能把师父留给我们的摊子弄砸了。”

“对啊。邓老板说得有理，不能光乱着急，要想办法才对。”陈福附和着说。

杨冠冷冷一笑：“好，想办法。邓老板说得有理，我看陈老板说得也有道理，办法，办法？你们快想，想出来，我绝对不拦着。"

邓响云见二人争吵不休，也不急于拦着，他就是这样的性子。蓦地，他反问道："现在是几月？"

"几月？腊月，年终，正是结账的好时候。"杨冠苦笑着回答。

"腊月？现在是腊月……你们也想想，这时候什么宴请最多……"

"成婚的多。"杨冠翻了翻白眼。

邓响云眯着眼递给二人各一支"大炮台"纸烟："我就说嘛，总能想到办法的。"

陈福推开他，从口袋里掏出"哈德门"来："我还是抽我这个，对口味。"

邓响云摇着头自己点燃烟："你呀，是看不上我的烟。"

"大炮台有点冲，我还是习惯哈德门。"

杨冠高兴起来了："别说，这还真是个路子，咱们加大宣传力度，多争取几家办红事的，几个月收入应该没问题。"随即，他又有几分泄气："就是不知道，这兵荒马乱的，还有没有人家结得起婚。"

"世道再乱，还能挡住男大当婚、女大当嫁啊，瞧你，总是一副愁眉苦脸、天塌下来的样子。"陈福踌躇满志地说。

"这就给了我们思路，以后照着这个路子，冬天多为结婚服务，我们顺着节日来宣传，多做文章，准行。"邓响云说。

"是呢是呢，重阳节就宣传敬老，什么周岁宴、长寿宴、回门宴都可以宣传起来，这样就活了。"杨冠顺着话赞同。

三人定下了调子，开始筹备，趁着年前年后成亲的人家多，接一接结婚宴。

"我倒觉得，还是要想想办法，做些席票，发出去就不愁客人不来。"邓响云想起师父当年的办法。

"办法是好办法，就怕现在人心惶惶，谁还肯把钱提前买席票？"陈福有些顾虑。

邓响云充满信心地说："竖起闯王旗，不怕没兵将。我们可以换一种说法，就说是招募股东，这样总可以吸引些资金吧？"

杨冠又开始反对："股东？那样一来，我们岂不就吃亏了？"

邓响云解释："生意还是我们三个人的，就是找个合适的名目，像以往那样发些席票，提前锁定一些客人。"

三个人又仔细作了研究，敲定了每个季节宣传的主题，当务之急，还是让婚礼宴席成为目前增加收入的主要来源。

聚春园让伙计们探访亲朋好友中准备结婚的人家，上门宣传，在聚春园举办婚礼给予优惠。同时，聚春园也打扮得喜气盈盈，让准备办红事的客人感受到浓郁的气氛。

虽然大家都动了起来，但眼前的困难还是要解决。最近生意不好，后院养的五六头猪都快断顿了，邓响云的妻子这几天到猪圈转了好几圈，见猪越来越瘦，想着与其这样下去，还不如杀两头猪换点钱，给大家发工资。

这个想法一出口，邓响云当即反对："胡闹，你一个女人家，尽想馊主意。"

邓妻道："怎么不好？这几天大家都在到处奔忙，揽生意，一时半会，远水解不了近渴，你让大家饿着肚子跑生意啊。"

"聚春园什么难处没经过，这点小困难能克服过去。你知不知道，杀猪发工资，传出去，我的面子往哪搁？"

"面子，面子，你光知道面子，真是死要面子活受罪。这账房、厨师、伙计，你瞧着是一个人在店里，可哪一个背后不是一家人？你只想着你的面子，你想过他们的老婆、孩子在吃什么、喝什么吗？你想过大家背后会不会骂你吗？是你的面子重要还是大家的命重要？"

邓响云还在犹豫："没有你说得那么严重，大家都还有些积蓄的，往日聚春园的薪资也不少啊。"

邓妻红着眼圈说："不瞒你，家里……已经快断炊了……"

这是邓响云从没有想到的，他有钱了只顾往聚春园放，总以为家里有积蓄，够花，每月开了支也只管招待朋友，认为聚春园和自己家没有区分，没想到自己家，现在都拮据到了这个地步。这样一想，那些员工们……

"就按你说的办，都是自己兄弟，总不能叫大家饿着肚子。"

虽然只是杯水车薪，但这个举动，却温暖了人心，大家见邓老板如此仁厚，就更为卖力四处游说，加上聚春园本就具有知名度，时日不长，就吸引了不少人家来办婚宴。

邓响云还对部分菜品适当降价，吸引顾客。又鼓励伙计们，可从自己招揽来的生意中适当提成；下班后肯主动送小吃到客户家中的，给予奖励……

1932 年一开春，书法家朱棠溪来此举办婚礼。

朱棠溪，字郁庭，1904 年生于江苏南京一书香门第，自幼受父亲熏陶，极爱书法，十三岁时入商学堂，拜师学书，临摹古帖，对晋代陆机的《平复帖》、王羲之的《兰亭序》、唐代颜真卿的《多宝塔感应碑》等字帖多有研习。朱棠溪本就十分聪颖，悟性极高，又兼勤奋刻苦，很快就深谙书法意蕴精髓。十七岁时，他商学堂毕业后，由于其父去世，朱棠溪便前来福建宁德接替其父财务出纳员工作，十年时间里，坚持练习书法，勤耕不辍，很快就遐迩闻名。1931年初，朱棠溪被聘来到福州，担任教育厅财务出纳员，住进了鼓楼的"益香亭"宿舍。

二十八岁的朱棠溪长得一表人才，一米八的大高个，面庞白净，谈吐儒雅，很快就被福州城内诸多文人雅士关注。

住在他东边的邻居，吴宅少女吴秀华，刚刚二十出头，读书习文，善良娴静，琴棋书画均有涉猎，尤其钟爱书法。

身边不远住有朱棠溪这样的青年才俊，自然吸引了吴秀华的注意，抽时间她就来请教朱棠溪，接触日久，翰墨传情，"书圣"做媒，两人生出情愫，准备在聚春园举行成婚大典。

对此，邓响云极为重视。

从大堂到天井，用红绸、红纸布置得喜气洋洋。天井右边的花厅，摆放好宾客的椅子，左边的礼堂是婚礼大厅。正中，硕大的描金"囍"字贴在红色绸布上，灯光照射之下，熠熠生辉。

主幕布两边柱子上，挂着朱棠溪撰写的两副楹联：

> 毫端蕴秀临霜写，口角噙香对月吟。
> 芳龄永继，仙寿恒昌。

台前的方桌上，一对耀眼的红烛发出吉祥的红光；宣德炉袅袅升腾着氤氲的香烟，馨香溢满厅堂；唐代欧阳询的《九成宫醴泉铭》和晋代王珣的《伯远帖》等古籍拓本，是吴秀华前几天特意到南后街旧书市"耕文堂"书坊里花重金买来的，作为新婚赠物，祝福朱棠溪日后能成为书法大家……

整套的红木家具和紫檀木桌案上，整齐地摆放着新郎工作单位教育厅财会科的同仁们和新娘娘家馈赠的珍贵礼品。

宾朋落座，鞭炮声起，司仪上场，结婚仪式正式开场。

身材高大的朱棠溪，着一袭"五云楼"店订制的绸衣绸裤，足蹬"长顺斋"的布鞋，牵着端庄隽秀、白皙柔美、装扮时髦的大家闺秀吴秀华，缓步走上舞台，在司仪的引导下，合着众人热烈的掌声，履行着拜天地、拜父母、夫妻对拜等传统婚礼仪式。当新郎朱棠溪把南台"罗天宝"金铺的戒指亲热地戴到新娘吴秀华无名指上，吴秀华把精心准备的《伯远帖》和《九成宫醴泉铭》等书法拓本双手捧送给新郎时，大厅里掌声雷动，激动的祝福声一声高过一声。

宾客们手里拿着"赛园"的甜橄榄，咀嚼着"德余"的香瓜籽，仍陶醉在郎才女貌的温馨时刻中回味，堂倌们已经如长龙舞动般，一字排开，有序而繁忙地开始布菜。

聚春园的精品菜肴鸡汤氽海蚌、葱烧牛肉丝、酥鲫、荔枝肉、醉排骨、万寿扣肉、百合香螺片、翡翠珍珠鲍、油爆肚尖等吸引了宾客的眼球，色香味更是呼唤着人们的味蕾。盛宴开席，新郎新娘端着酒壶酒杯，在宾客陪同下，挨桌敬酒，现场人声鼎沸，祝福声和谈笑声沿着聚春园的角角落落，带着喜悦带着欢乐，一圈又一圈地传递……

朱棠溪夫妇挽着手，微笑着站在聚春园的大门口，向前来祝贺的宾朋拱手道别。

门口，那棵百年榕树，粗壮的枝干，枝枝向上，静静地挺立着，见证着这对新人的婚礼，也见证着这家闽菜馆的风霜雨雪。

邓响云站在树下，欣慰地看着，心想：时局再难，总会有办法挺过去的吧。

就听得大榕树后面有人轻声地叫："邓叔，邓叔……"

他扭头一看，叶武涛左顾右盼地朝他招手，心想着这个年轻人不知又搞什么鬼，笑着朝他走去。

"跟我来。"叶武涛不由分说地拉起邓响云，就往鼓楼街走去。

"你又闯什么祸了？"邓响云问道。

"别说话，有重要事。"

邓响云故意停住脚步，吓唬道："你要再不说，我就回去了啊。"

叶武涛踮起脚尖，凑近他耳朵，虽然是很低声的一句话，却让邓响云如闻霹雳："我父亲回来了。"

邓响云急忙四下里看看，问："在哪里？"

"我家。"

邓响云虽然是个脾气好的老实人，但却有股子担当，遇到这种危险事，他并没有慌张，当即果断地掏出钥匙，吩咐道："我这时候去你家，熟人太多，目标大。这是我师父家钥匙，傍晚时分，让你父亲乔装一番，到师父家书房等我，我一定来。"

一下午，邓响云指挥若定，将聚春园举办完婚礼的现场打扫得干干净净，布置好晚上的事情，这才让厨房做了几个酒菜，准备了两坛福建老酒，让得力的阿黑陪着他，来到安民巷中。

师父郑春发去世后，师母林氏一病不起，在床上挨了两个月后也离世了。这个院子就由邓响云照看着。

邓响云让阿黑把酒菜放到厅堂里，吩咐他回去，关上大门，端起酒菜，来到书房，悄悄拉亮电灯。昏黄的白炽灯光芒亮起，只见从角落里走出来一位，正是叶鹏程。

邓响云仔细瞧瞧，叶鹏程虽然精神尚好，但看得出明显的憔悴，头发花白，邓响云心疼地说："叶兄，快先垫一垫肚子。"

叶鹏程也不客气，拿起筷子、夹起菜，倒上酒，狼吞虎咽吃着。

见他如此模样，想想那些年在家时，聚春园正如日中天，叶家又有郑春发照料着，虽不是大富大贵，但也是殷食人家，不想如今却落魄至此，忍不住心酸地揉了揉鼻子。

端详灯下的叶鹏程，五十多岁，整日奔波，面庞早已不是往日的白皙书生样貌，晒得黝黑。穿一身粗布衣裳，肩头和胳膊肘处，都有补丁。

叶鹏程草草吃了饭，见邓响云还在看着自己，呵呵一笑："怎么？不认识了？"

"我记得，你比我大三岁，属马的，对吧？"邓响云说。

"对，你属鸡，刚来聚春园时，你瘦的那样子，可跟现在没法比。如今你也成老板了，吃胖了不少。"

"我是什么老板啊，就是个操心的命，眼看也就是知天命的年龄了。"

叶鹏程说："你现在正是干事业的好年龄，怎么听着唉声叹气，聚春园生意不好做？"

"这世道，能糊口就不错了，一摊子人……唉……不说我了，说说你吧。"

叶鹏程豪情满怀地说："你可不能早早地成为小老头，叫我看，我们正是壮年，还要奔腾千里，为民谋福才对。"

"我能有什么出息，还为民谋福，哼……"

"我跟你讲，现在这形势……"叶鹏程倒上茶，给邓响云讲起如何带领游击队战斗、打土豪、分田地，轰轰烈烈地闹革命。

叶鹏程热血沸腾，激情澎湃，眼神里熠熠生辉。邓响云第一次听到这样的事，他觉得又新奇又担忧。他无法一下子理解叶鹏程的世界，土豪是地主？地主的田都要分给穷人了？那自己的聚春园算是什么、将会怎样？这话放在心里，他没有说出口，也不想说出口，他不知道，叶鹏程会给他什么样的答案。

叶鹏程压低声音："在这个乱世，老百姓受压榨，受欺骗，甚至卖儿女为奴，对土豪劣绅有刻骨的仇恨。"

就在一个月前，叶鹏程带队伍到了闽西一个农村。村里有家磨坊，磨坊主叫叫潘憨憨，娶妻顾氏。潘家女儿长得漂亮，被当地郭财主觊觎，派人上门，丢下几块银圆，要纳为妾。潘家当然不肯，郭财主猖狂至极，白天抬着一顶小桥，明目张胆抢人，当天夜里便成亲，把潘家女儿糟蹋了。后半夜，潘家女儿乘郭财主熟睡，摸到后院投井自尽。第二天，潘憨憨得信上门哭闹，被郭家奴仆打了个半死，皮开肉绽，拉回家不到一天就断了气。潘家磨坊也被郭财主授意砸了个稀巴烂，顾氏告到县衙，天下乌鸦一般黑，县老爷跟财主沆瀣一气，申斥顾氏诬告，将她赶了出去，顾氏一气之下，当晚就吊死在郭家大门上……

"后来呢？就这么算了？"邓响云听得气愤，替潘家悲惨的命运感到难过，也痛恨郭财主的横行霸道，更对官府的不作为感到义愤填膺。

"老百姓任人压迫、欺辱、当牛做马，习惯了，都敢怒不敢言。"

见邓响云的脸上有不安、同情、愤怒的神色，叶鹏程比了个砍头的动作，"我们替他们做主。"

邓响云吓出了一身冷汗，这种刀尖舔血的生活，让他为叶鹏程担忧。同时，他也很迷茫，官僚和财主一步步把百姓逼上绝路，除了叶鹏程这种办法，不知还能怎么办。

"快了，很快了，很快就能让大家都过上好日子！"叶鹏程走到窗前，推开窗，一股凉气扑进来，顿时神清气爽。

叶鹏程说，过两天就要走，这次回来是有事情，这几天，要借用郑春发这个院子，用一用。

邓响云一直想问他是不是共产党，但终究还是没有问出口。他从叶鹏程的目光、言语中已经有了猜测。看着昔日的文弱书生如今成为革命志士，邓响云不知道该为他高兴还是要阻拦他。

邓响云将钥匙给了叶鹏程，嘱咐道："凡事多加小心。"

凛冽的寒风吹来，将两个人面庞冻得通红，叶鹏程伸出手握住邓响云，有力地握了握。

十天后，叶鹏程辞别了邓响云，再次踏上征程，朝着他心中的光明大道奔去。

叶鹏程走后，邓响云颇有些失落，而就在这段时间，聚春园又迎来了一位著名的"吃货"——郁达夫。

1936 年的 2 月，郁达夫应国民政府福建省主席陈仪之邀，出任福建省参议兼公报室主任，来到福州。

一踏上福州，郁达夫就想起六年前自广州乘船前往上海时，曾在马尾上岸，闽江岸边繁忙的商务景象，让他记忆犹新。那时，夜晚十二点，还在酒楼食蚝、饮福建自制黄酒的痛快酣畅，使他爱上

456

了这座榕城。

郁达夫办公的地点，距离聚春园不远，走几步就到。一来二去，和邓响云熟稔起来，他打趣说："福州城，就是一只龙虾嘛：两只大箝，是东面的于山，西面的乌山。而上跷的尾巴，正是上面有一座镇海楼的屏山；一道虾须直拖出去，是一直延伸到南台的那条大道。"

邓响云觉得他说得有趣，佩服道："有您这一描述，我眼前想着，也真有几分像呢。"

住了一个多月，正是蚌上市的丰收季，邓响云邀请郁达夫来聚春园享用鸡汤汆海蚌，也是郁达夫垂青的一道菜。

他毫不吝啬地夸赞："红烧白煮，吃尽了几百个蚌，总算也是此生的豪举。"

邓响云知道先生生性幽默，便调侃："听闻先生曾说，'西施舌'，最为一爱？"

郁达夫含笑地答："世间一切美好，总是难以忘怀。聚春园的'美丽之吻'。确为一绝，他人说笑，由他说去。"

"先生真是豁达，自在磊落。"

"可惜苏公不曾来闽海谪居，否则，阳羡之田，可以不买，苏氏子孙，或将永寓在三山二塔之下，也说不定。"郁达夫为苏轼感到遗憾，邓响云不禁笑出了声。

"前几天，我有几个朋友来，论起福州有什么好？我列出了个次序：第一山水，第二少女，第三饮食，第四气候。真是最适合饮食男女居住的城市。"

"我们在这里住久，可没有感觉到有什么特别，经先生一说，顿时觉出福州的好了。"邓响云慢腾腾地说。

"福州女子的美，比苏杭的女子也不差；而装饰的入时，身体的康健，比到苏州的小型女子，又强很多。"

郁达夫在省政府里办公，也关注着时事，日本人在东北三省恣意妄为，他极度愤慨，于山上的戚公祠落成后，他挥毫泼墨，写下了一曲《满江红·三百年来》：

> 三百年来，我华夏威风久歇。有几个，如公成就，丰功伟烈，拔剑光寒倭寇胆，拔云手指天心月。至于今，遗饼纪征东，民怀切。
>
> 会稽耻，终须雪。楚三户，教秦灭。愿英灵，永保金瓯无缺。台畔班师酣醉石，亭边思子悲啼血。向长空，洒泪酹千杯，蓬莱阙。

邓响云读到这首词时，内心激动，在屋里待不住，走出聚春园。

天上飘着绵绵细雨，微风一吹，顿起凉意。街上仍旧熙熙攘攘，路人的脚步仍旧匆匆。

邓响云眼前仿佛又浮现出叶鹏程那张目光坚定、正义凛然的脸庞，正用铿锵激昂的声音说："快了，很快就能让大家都过上好日子！"

天空阴沉下来，迷蒙之中，叶鹏程依然浓眉俊眼，目光如炬；依然挺拔伟岸，英武勃发；依然脚踏尘土，背负晴空……

三

风起云涌，日本丝毫不掩饰其野心，不断扩大对中国领土的侵略。

民国二十六年（1937）7月7日夜，日军借口士兵失踪，公开发动侵华战争。战争打响后，福建省政府主席陈仪畏缩在鼓岭，没有做出任何抵抗的指示。

福州城内的民众对日本的痛恨由来已久，早在1919年五四运动时期，为了抵抗日本帝国主义对我国的欺辱，就发起了抑制日货的热潮，持续游行多日。为纪念这次活动，民众在南公园建立国货陈列馆，在馆旁立一块刻有"请用国货"的石碑。

对于陈仪的不抵抗，民众义愤填膺，提出强烈抗议，迫于无奈，他不得不下令采取防御措施，在马江、闽安等处构筑掩体工事，征用民船运载沙石，在闽江口沉船堵塞航道，破坏沿海公路交通线。

面对如此严峻的战争形势，福州城的民众人心惶惶，大家虽不能判断何时日军会进攻福建，但心里都紧紧地绷着一根弦，生怕再遭涂炭。有些富商们，开始筹划着往山里的亲戚家躲藏，有的干脆借机离开福州逃往外地。福州城内，每天都有不断出逃的人，但这些大多是有钱有势的人家，普通百姓只能心怀恐惧，一天天饱受煎熬。

"聚春园的生意怕是保不住了。"杨冠又开始担心。

邓响云也有同感："长此下去，只怕是悬。"

陈福却说："我们都是生在福州长在福州的人，能去哪里？即便日军打过来，也走不脱啊，必须死守聚春园。"

"拿什么守？这几天你也看到了，客人少不说，就是周转资金，也挪不开了。"杨冠焦虑地说。

陈福总是很乐观："车到山前必有路，再等等看。"

邓响云笑了笑："我想到一个办法，只是觉得有些不妥，和你们商量商量，看看会不会影响咱聚春园。"

"快说来听听。"陈福、杨冠急切地催促。

"当年，陈宝琛父子在我们这里存了一笔款，总有十来万，是打算宴请、出杠时的开销费用。你们也知道，前年陈宝琛就去世了。他儿子到现在也杳无音讯、下落不明，我想着，我们可不可以暂时借用这笔款，渡过眼前的难关。"

陈福拍了拍桌子："还有十万呀，炮弹都炸到榕城了，哪有这么多顾虑，当然可以用。"

邓响云没有吭声，看着杨冠。

杨冠虽然脾气急，遇到这样的大事，不免迟疑："若是人家某一天回来讨要，那可怎么办？"

"怎么办？缓一缓嘛。特殊时期，特殊对待。"陈福斩钉截铁地说。

杨冠犹犹豫豫："我就怕毁了聚春园的牌子。"

邓响云沉思片刻，提出他的想法："这笔款子，陈家存在聚春园，无论如何是不能挪用。我有个折中的办法，先把这笔款转到我个人名下，然后由我借给聚春园暂渡难关。陈家人何时回来，我们就何时加上利息、全款返还，只不过，由我个人偿还，与聚春园无关。"

杨冠"啊"了一声，惊讶地说："邓老板，这样一来，万一还不上，你可就名声扫地了。"

邓响云豪气地说："为了聚春园，牺牲个人算什么！不怕，我这就打条子，手续先变更过来。"

陈福抽了一口哈德门，钦佩地说："邓老板，你这有风险，只怕到时候你会成了挪用公款的恶人。"

邓响云伸出手拍一拍陈福的肩膀："只要能保住聚春园，我邓响云死不足惜，何惧一个虚名。"

三人遂商定，若陈家真的返回福州来讨要存款，届时齐心协力筹款。

战场形势瞬息万变。

卢沟桥事变后，民国二十六年（1937）8月9日，日军侵入上海虹桥机场警戒线滋事，借此集中多艘战舰，派海军陆战队登陆，以强大武力震慑、要挟中国撤退驻沪保安队，中国驻军不为所动。日军长谷清师团便幻想着故技重施，于8月13日上午9时15分，集结驻沪陆军及海军陆战队约万余人，向驻沪保安队猛烈进攻。淞沪战事开启。中国军队第9集团军于次日完成围攻准备，15日拂晓，中国军队攻击据守上海市区的约1.5万日军，重点指向日海军陆战队主力所在的海军营房，因日海空军实力远超中国军队，导致中国军队损失惨重，多次攻击亦未能成功。这是抗日战争的首次大规模主力会战，中国军队虽然装备及人员数量都不及日军，但却顽强抗敌。激战进行了三个多月，双方动用兵力总人数超过一百万。

尽管日军气焰嚣张，装备精良，但中国军民不怕牺牲、拼死杀敌，坚决地打击了侵略者的气焰，彻底粉碎了日本三个月内灭亡中国的美梦。

捷报传来，福州全城沸腾，沿街处处燃放鞭炮庆祝，聚春园菜馆一连三天燃起数十挂鞭炮，升腾的浓烟一直弥漫到大厅内，全体人员热烈庆祝这难得的胜利。

硝烟还未散去，这天，聚春园门口停下一辆黑色轿车，从车上下来两个人。邓响云认识，走在前面的是福建省府委员兼财政厅厅长林知渊，此人毕业于日本士官学校，能说一口流利日语，常与日本领事馆的人同车出行，抗战爆发后，福州城内的人都对他十分反感。之前，日本未对中国开战时，林知渊也是聚春园的常客，邓响云因此熟悉。

这时，林知渊点头哈腰，后面跟着一位日本领事，快步朝聚春园大门口走来。走到门口，林知渊见大厅内烟雾弥漫，忍不住发牢骚地说："赶快清理清理，这样怎么让客人进去？"

邓响云尽管心里讨厌，但知道他们是来就餐，仍耐心解释："淞沪战役抗日取得胜利，全城都在庆祝，聚春园当然也要燃放鞭炮，扫一扫这晦气。"

"胡闹！可笑至极，国家大事，你们跟着瞎掺和什么，抓紧弄干净了，没看到有外宾吗？"

叶武涛也在聚春园，年轻气盛，他快步跑开，拿出一挂鞭炮，利落地点燃。林知渊陪着日本人正站在门口，炸飞的鞭炮朝着林知渊二人就飞过来，他急忙伸出胳膊拦住，用脚狠狠地踩灭鞭炮，破口大骂："你们还有没有王法了？小心我派人拆了你的菜馆！"

不骂还好，这一骂，激起众怒，聚春园的伙计们再也难以抑制愤怒的火焰，大声地叫着："炸死你这死汉奸，卖国贼！"

462

围观的百姓们见状，也迅速围拢过来，将林知渊和日本人围在中间，不知道谁一声高喊："打死这狗汉奸！"邓响云怕把事情闹大对聚春园不利，出面将二人推走，两人狼狈钻进轿车里，落荒而逃。

望着他们丧家犬一样逃跑，叶武涛追出去老远，朝着轿车的方向骂道："不得好死的狗腿子……"

叶仲涛跑上去，拉住弟弟，压着嗓子呵斥："你不要命了，父亲还没有消息，你又惹什么祸！"

"哥，不怕，我很快还要参军去，扛起枪，将这群王八蛋赶走。"

"你就省省心吧，你若再这样胡闹，我这就告诉依姆去。"

一听要告诉母亲，叶武涛停住了怒骂，低声地埋怨："你就是胆小，怕什么，好男儿不受这窝囊气。"

"你赶紧回家去，别在聚春园门前惹事。"

叶武涛听罢，不情愿地回答："好好好，我回家去，你告诉邓叔，若是他们来找聚春园的麻烦，就说跟聚春园无关，叫他们来找我。"

叶仲涛说："找你有什么用？好好好，就你英雄。"

望着弟弟朝着家中走去，他返回聚春园找到邓响云，替弟弟赔罪。

邓响云并没有责怪叶武涛的意思，反而称赞他是血性好男儿。在这全城反日的氛围中，很多人都想痛揍日本人，出一出胸中的恶气。

虽然这几天确实痛快，很快邓响云就再次泛起愁绪来，在这人人自危的关头，城内弥漫着恐惧的气息，谁还有心来聚春园就餐啊。即使手里有钱的殷实人家，这时候也在省着过日子，都想着万一战争来临，物价上涨，到那时候能不能吃饱还是个问题。

　　眼见聚春园的生意一日不如一日，邓响云考虑到，虽然聚春园眼下还能勉强支撑，局势艰难，只怕也支撑不了几年，就和股东们商议，将聚春园盘出去。

　　"往外撒风吧。"邓响云颓然地说。

　　"不再等等了？聚春园的牌子，要断在我们三人手中？"陈福忍不住劝一劝。

　　"我今年五十三岁了，你俩呢，也都差不多，到了这个年岁，禁不起折腾了。"邓响云低着头，唉声叹气地说。

　　杨冠有些伤感："要说，我们也尽力了。唉，但这心里总觉得对不起师父，犯了大错。"

　　"那就不盘，将来即使关门，也要我们自己关上门板，才是有始有终。"陈福扭着头，搓着双手，耿直地说。

　　邓响云抚了抚额头说："聚春园还没有到山穷水尽的地步，你们不要这么悲观，我只是想给它一个更好的选择，你们这样一来，倒好像明天就要关门。"

　　陈福顿时笑起来："就是呢，聚春园到了谁的手上，还要叫聚春园。我今天就把消息散播出去，总能找到好的买家。"

　　"没有好的买家，我们就继续经营。"邓响云安慰他们，"千难万难，我们也要保护好聚春园，这不光是我们这些人的，还是师父、师爷他们的心血，决不能草率处置了。"

　　消息散播出去没多久，就有好几拨人上门洽谈，其中不乏唯利是图的奸商，人品极差，全无口碑，如果盘给他们，不消多久，几代人数十年辛苦成就的聚春园，就会被他们搞得声名狼藉，这是邓响云最不愿意看到的。

也有南台的同行，奔着聚春园响亮的名头而来，可却限于资金不足，一个劲恳求邓响云降低价格。从经营上来说，邓响云十分乐意给他们，但极低的价格，连师傅和伙计的遣散费都不够，更别提其他，因此也没有答应。

事情就一拖再拖，近两年时间里，不断有人谈，也总是谈不拢。邓响云倒也不急，在他心里，存着许多的不舍，甚至有时候对着那些来交谈的人，说着说着就流露出感情，顾不上谈生意，而和同行们探讨起菜馆经营、菜肴制作、后厨管理等道道来，到最后，管了来人酒菜，互相唏嘘慨叹世道不太平，菜馆命运多舛，不知不觉喝高，又没有谈成。

这天，邓响云正在后厨照例巡检，无论时事如何，聚春园都要货真价实，大家每天要保持饱满的状态。伙计们虽然也多多少少听说了盘店的事，但见邓响云像没事人一样，也就打起精神来，为客人预备着酒菜。

叶仲涛三五步走到邓响云身边，带着几丝兴奋地说："师父，你快去看看谁来了。"

邓响云随着叶仲涛来到花厅，眼前一亮，惊叫道："金先生，怎么是你们？"

金先生愉悦地问："怎么，回家看看，不欢迎？"

"说哪里话，聚春园永远是你们的家，阿黑，快，备上好酒好茶，今日里非要醉一场不可。"邓响云吩咐道。

"别，我们是来谈正事的。"金先生说着话指了指椅子，让邓响云坐下来。

金先生名叫金未央，他和周围坐着的八九个人，都是在聚春园学厨走出去的。当年金未央还当过外账先生,后来他和这几个人,出洋谋生,各自去了日本、南洋等地,将闽菜带到了远方。

邓响云见了故交,自然倍感亲切:"怎么都回来了?外面的生意不顺?"

"这不是各地都在交战,哪里也不太平,只好回老家来。"

"千好万好,家里最好,福州虽然也不太平,但回来了,咱们抱成团,总是要好一些。"邓响云安慰道。

金未央将椅子往邓响云身边移一移,紧挨着邓响云,牢牢攥住他的手:"感谢邓师父惦念,弟兄们出门在外,无时不在记挂聚春园。大家回到福州,想着聚到一起,凑几个钱,开个菜馆,昨日到'南轩'菜馆本来要盘下它,听说,聚春园有意盘出,我们就赶紧过来了。这消息,可是真的?"

邓响云和这几个人,关系融洽,又都是聚春园的老厨师,互相熟悉,心里已经亲近了几分,一听他们要盘店,当即愉快地点点头:"两年前就有这个想法。"

坐在边上一直不出声的王祖官追问一句:"当真舍得盘出去?聚春园可是七十五年的老店了。"

邓响云双手一摊:"你们也看到了,不盘出去怎么办?"

金未央当即拍板:"那好说,到我们手里,还是聚春园的人,还有聚春园的魂。"

看到聚春园的这拨老厨师们,邓响云此时却转了念头,迟疑着问:"要不,我们来个折中的办法,你们参股进来,我们三个也不撤出,怎么样?"

说这话时,邓响云心里没底,生怕他们不答应。

不想，金未央和王祖官齐声叫好："那再好不过。"其他八人也纷纷点头。这样的合作方式，对双方都有好处，既能有资金注入、顺利做生意，又能照顾到聚春园几方老厨师的感情。

很快，大家坐在一起，商定了合同，邓响云、陈福、杨冠三人持以原有股份，不再追加资金，金未央、王祖官等十人各出资一份注入，聚春园资产分作十三股，十三人共有。同时约定，每月大米八包，将聚春园租给金未央等十人经营，租期十年，至1948年租期届满。

邓响云提出，非常时期，当有非常举措。聚春园不能还坚守着闽菜，因为战争人员调动的需要，来福州的军政各界人士走马灯换，各地人当然就带来各地不同的口味，所以，聚春园要吸收外省的名菜，不断扩充菜品种类，吸引更多的客源。其余的股东们，因出过洋，自然也将不少洋菜名品加入进来。

这本是救急的措施，不想在实践过程中，却带来了很多惊喜，闽菜在原有基础上，逐渐完善、充实、融合，变得更为丰富、饱满、兼容。

一晃三年过去，由于众多股东共同努力，聚春园总算能勉强维持，正常运转。

此时，日本人越发野心勃勃，意欲从海上进攻福建。得到消息后，二月间，福州开始疏散人口，聚春园刚刚有所好转的生意再次陷入危机。每日看着城内的民众忙着逃难，股东和伙计们心中开始动摇，但又不能扔下生意不管，只好走一步看一步。

民国三十年（1941）4月21日，日本侵略军进犯福州和闽侯县，在福州烧杀抢掠，制造了许多骇人听闻的暴行，给福州人民带来了深重灾难，全城陷入恐慌之中。尽管革命队伍始终没有放弃和日军对抗，但战争形势的紧迫，聚春园生意又变得萧条。

没有客人用餐，邓响云坚持去听黄仲梅的评话。黄仲梅在每一次开讲前，总会讲评时事，宣传抗日，广受听众欢迎，大家亲切地称为"科题仔讲报"。有时，黄仲梅一夜要赶三四场，每一场听众都在数百人以上，他不断点燃大家的抗战情绪，鼓励大家与日军抗争。

林三投靠了日本人，成为人人憎恨的汉奸，他多次到聚春园里闹事，吵着闹着要聚春园交出叶鹏程来，可每次都毫无收获，只好骂骂咧咧离去。

林三来得多了，众人也从他的口中得知，叶鹏程是共产党的游击队政委，正在东郊一带和日军作战，大家虽拿林三没有办法，却从心底里为叶鹏程高兴。叶武涛更是欢呼雀跃，不停地奔走联络青年，要给日本人制造麻烦。

由于中国军民的强烈抗击，日军最终于九月三日狼狈撤出福州城，阖城百姓欢呼，赶走了侵略者，聚春园再次燃放起一万响的鞭炮。

但是，日本帝国主义亡我之心不死，从民国三十一年（1942）一月起，他们派出飞机，对福州、闽侯、长乐、连江、建瓯、建阳、浦城、崇安、永安、长汀、漳平和晋江等所属县展开狂轰滥炸。

百姓们死的死、走的走、躲的躲，轰炸后的街上一片废墟，静悄悄的。大家都待在家里，关着门窗，心里害怕，不知道什么时候灾难会降临。

已是腊月，往年此时热热闹闹的聚春园空无一人，少数几位厨师和伙计们仍在店里等候着客人上门。时不时有防空警报响起，日本飞机飞到福州上空，扔下的炸弹有爆炸声响起，震耳欲聋，整座城市都在摇晃，仿佛随时要崩塌。飞机俯冲下来，飞行员狰狞的脸孔都能看得清楚，他们毫不留情地用机枪一顿扫射，屋顶的瓦片，聚春园门口的榕树叶被打得纷纷落下，店内厨师和伙计们躲在屋内，不敢走动一步，心中对日寇恶行义愤填膺。

此前，陈仪下令，将省政府及所属单位和中央驻闽各机构迁至闽西北。军政警特机关、学校、报社、工厂和公司纷纷内迁，省政府迁到永安，永安成为政治中心，南平是军事枢纽和工商业中心。

覆巢之下，安有完卵。绝不能让聚春园毁在日本人手里。全员同仇敌忾，出于爱国情怀，一致商定将聚春园大部分内迁往南平，成立分店。

金未央派出得力的何管事带人前往打探，勘察福延路沿线情况，选定南平分店地址。一个月过去了，三月里一天夜里，金未央内心焦躁，在家扒拉了几口饭，独自坐着闷头喝茶。

突然，传来轻轻的敲门声。金未央急忙起身，匆匆打开门，门外是何管事。

金未央高兴极了："回来了？进屋说。"

何管事进屋，看到桌上的茶，取过一个杯子，倒上，"咕噜咕噜"喝了几口，开口说："南平的店面已找好。就是路上不太平。"这次去南平，他和同伴出了福州城，还未到闽清，就遇到日本飞机扔炸弹，幸好他们二人机灵，躲得快，没被炸弹炸中。快到古田时，错过了时间，天快黑了，山上有土匪冲下来拦住行人抢劫。"土匪抢走了我们身上全部值钱的东西，捆住我二人手脚，正要往山上跑，金老板，你猜，怎么样？"

金未央自然猜不到，紧张得摇摇头。

"有几个游击队员来了，就听一阵炒豆子似的噼里啪啦的声音响过，土匪死的死，跑的跑。"想起当时的情景，何管事仍心有余悸。游击员解开他们手上的绳索，还问起他们是哪里来的，干什么的？"金老板，听说我们是聚春园的人，他们说，叶鹏程政委，已在一次阻击日军的战斗中不幸遇难。"

金未央大吃了一惊，林三去年还拿叶鹏程要挟聚春园，想不到叶鹏程早已为国捐躯。他想，究竟是什么力量，能让一个人用鲜血和生命抵抗日本鬼子的侵略呢？叶鹏程曾经和邓响云说过，要让所有的受苦人都过上好日子。"苟利国家生死以，岂因祸福避趋之"，在国家危难的时候，叶鹏程是英雄，站出来用生命诠释着这句话的灵魂，为守护家园、守护亲人而英勇战斗。放心吧，叶鹏程，你走了，还有游击队，别看日寇和林三之流现在闹得欢，相信总有一日血债血还、没有好下场，中国一定不会亡，大家都能过上好日子。

何管事见金未央出神，陪他默默坐了一会，说："他们说了，现在路上不太平，到时候他们会派人跟随的，要保护聚春园这样的老字号，这里有叶鹏程祖上的心血，老百姓需要你们。"

四月的一个清晨，按照商量的日子，聚春园大队人马上路了，前前后后的马车总有二三十辆，装得满满当当，四十余人肩上或背或挑或抬着轻一点的物品，浩浩荡荡的队伍朝着西门逶迤而去。

随金未央前往南平的，是大部分股东和厨师、伙计。王祖官带叶仲涛、叶武涛留下，以及两个学徒，以接待本就少得可怜的顾客。

厨师们将锅碗瓢盆等，大锅套小锅，大盆套小盆，一层一层套起来，能捆的就捆在一起，桌子翻过来叠在一起，椅子等想法摞起来捆绑好，一张张桌布叠好用大布单包住车，一箱箱的调料、干货、食物装得整整齐齐……

金未央与何管事走在前头引路。出了西门，走了两日，途经一个掩映在柑橘林中的小村庄叫朱北村，此处山高、路险、沟深。前方有人骑着快马，疾驰而来："何管事，今晚，请到半山的寺庙歇息一晚，明日稍晚些再走。"

金未央带领众人到了寺庙，已有一部分村民在此，还有几位游击队员。据说是日军以为游击队指挥机关和主力在朱北村，决定突袭，没想到情报已被游击队情报站侦悉，便布下"口袋"，只等他们来钻。

次日拂晓，日军大队长太原骑着一匹战马，挥动着闪亮的指挥刀，率领百余名日伪军抵达村口。早已埋伏在村口高地的游击战士将敌人放近，以密集弹雨射向日伪军，一排排愤怒的子弹倾射过去，太原被打中了大腿，人仰马翻，滚到地下。敌军遭到突然袭击，顿时大乱，一部分卧倒在田里、沟中顽抗，一部分仓皇逃往柑橘林。而后发动数次反攻，企图夺路逃命，但被游击队员一次又一次打退。

村民知道敌军被围，敲锣打鼓助威鼓劲，有的在铁桶里放鞭炮吓唬敌人，一时，聚春园一行人，只听得枪炮声、锣鼓声、鞭炮声、呐喊声，交织在一起，响彻山谷。

下午，日军出动步兵、骑兵前来救援，被围的日伪军在援军炮火的掩护下，扔下十余具尸体，抬着受伤的太原夺路奔逃。

金未央找到游击队长，说："游击队苦战一天了，聚春园别的本事没有，来的都是大厨，也带了一些食材，煮几个菜给大家尝尝，犒劳犒劳将士们。"

队长说:"金老板,我们有纪律,聚春园这个菜不能吃,吃了就犯错误啰。"

金未央想起了在福州时,见到的国民党、日本人、汉奸等一拨又一拨人的丑恶嘴脸,对眼前的游击队战士充满了敬佩。

为早点到南平,金未央带领大家重新踏上了前行的路。

走了十二天,终于望见南平。一直远远跟在队伍后面的游击队员跑上前,握着金未央的手,郑重其事地说:"就快进城了,我们就送到这里,等到把日本鬼子赶走的那一天,再到聚春园尝尝叶政委心心念念的佛跳墙。"说完,向聚春园的队伍敬了个礼,转身,大步流星地远去了。

寻了一个黄道吉日,聚春园南平分店终于开张营业……

翌年,福建省政府破获了同丰、祥丰、丰裕三家囤积粮食、操纵粮价案件,福州的米价从每担(160 斤)520 元降到 420 元,大家的恐慌情绪稍微缓解,聚春园也看到了希望,恢复了些许生机。

但好景不长,天公不作美,七月十八日,福州发生强台风,十九日闽江竟然发生海啸,让刚刚喘息了一口气的民众们,再次陷入水深火热之中。人们忙着救灾,菜馆的生意又一落千丈,邓响云虽然不再直接参与聚春园的管理,但看着生意好一阵歹一阵,心里颇不是滋味,常常唉声叹气,痛恨这罪恶的世道。

民国三十三年(1944)9 月下旬,日军为维护在中国大陆沿海的交通线、阻止盟军在东南沿海登陆,再度发动对福州的作战。

福州守军虽与敌血战,最终,日军还是于 10 月 4 日攻进了城区,福州第二次沦陷。此后,长乐、福清等地相继陷落,福州沿海地区也遭沦陷。为了抗击日寇，福州军民、爱国志士纷纷站出来，以袭击、游击战等战法，抗击入侵的日军，日军惶惶不安、疲于奔命，龟缩在福州城内不敢大规模向福州外围地区大肆出击。

转过年的三月，日军运送军粮的 6 艘运输船，因遭盟国飞机追袭，窜入平潭县东尾澳（属流水镇）停泊。平潭县自卫团向驻妈祖宫的日军发起进攻，东尾村渔、船民纷纷提刀斧、执棍棒也前往助战，日军仓皇溃逃。打扫战场，这次战斗共击毙日军官兵 28 名，俘虏 10 名，缴获日军运输船"荣丸""大喜丸""兴国丸" 3 艘及枪支、军用物资等。

尽管军民抗战情绪高涨，但日军在福州城内仍异常嚣张，欺压鱼肉百姓，烧杀抢掠，无恶不作，这也助长了那些汉奸的嚣张气焰。

福州总店冷冷清清，王祖官和叶仲涛、叶武涛兄弟带着两名伙计，在外面摆摊，售卖鱼丸和鱼汤。这年，叶仲涛也娶了妻子，生个儿子取名叶建宏。

这天，林三穿着一身崭新的西服，抹了头油的"中分头"格外晃眼，抽着东洋烟，陪着一个日本军官，大摇大摆地来到福州聚春园总店，扯着嗓子喊："皇军要吃佛跳墙，你们快快端上来。"

王祖官强压着怒火，朝他解释："你看看，我们一共就四五个人，都在摆小摊，肚子都填不饱了，拿什么做佛跳墙？"

"怎么？你还敢违抗皇军？我看你是活腻歪了。"

"大厨都走了，我们几个也不会做呀！即使想做，佛跳墙原材料也凑不齐呀！"

"皇军不管那么多，今日你就是上了天请灶王爷，也得给我做出来。"说话间，林三掏出怀表，看了看，咧着嘴说，"我也不为难你，一个钟头，总够了吧，现在是十点一刻，到十一点半，必须给我们端上热腾腾的佛跳墙，要不然你可小心，一把火烧了你这聚春园。"

王祖官摇摇头："你要是用别的都可以，这佛跳墙，确实无能为力啊。"

"呀呵，你这是非要惹恼皇军？"

王祖官赔着笑说："林爷，你也讲讲理，给递几句好话嘛。"

林三猛地把烟蒂朝桌面上摁灭，活动着腿脚，怒骂道："给脸不要脸，你可真是活够了！"

这时，为了补贴家用，叶武涛也跟着哥哥在聚春园学徒，做些零活儿，他方才见到林三这个汉奸，早已恨得牙根痒痒，是哥哥叶仲涛拉着他，让他冷静。可此刻见林三这副德行，叶武涛再也按捺不住一腔怒火，高喊一声："狗汉奸！收回你的狗腿！"说话间已经来到林三面前，伸手扭住林三的脖子，猛地一推，林三"噔噔噔"朝前跑了三步，"扑哧"跌倒在地，一群人哈哈大笑起来。

林三蓦地站起来，拍拍身上的灰，正要扑过去，日本军官已经掏出了手枪对着叶武涛。

林三见有日本人撑腰，伸出手，"啪"的一下，扇了叶武涛一个耳光，吐着唾沫骂："你个死不悔改的狗崽子，吃了豹子胆，敢和皇军作对。"

叶武涛正是三十多岁血气方刚的年龄，哪里受得了如此侮辱，当即就再次抓住林三的肩膀，一个过肩摔，将他重重摔在地上，踏上了一只脚，踩住林三的头。

电光火石之间，众人都来不及阻拦，林三匆忙中朝着日本军官喊了一句："这人是共产党！快开枪……"

　　日本军官听闻，毫不迟疑，朝着叶武涛的心脏，开了一枪……叶武涛仰面倒下，瞪着眼珠子骂出了最后一句话："狗汉奸，不得好死……"

　　叶仲涛见弟弟倒在血泊中，疯一般朝着林三扑过去，喊着："赔我弟弟命来！"王祖官等人急忙死死拉住他。

　　听到枪声赶来的人们将林三和日本军官团团围住，高喊着："杀人偿命，不能放走鬼子……"

　　日本军官朝天又开了一枪，举着枪示威，林三扯着嗓子高叫："皇军杀的是游击队，你们不要命了！"

　　王祖官气得朝着林三踢了一脚："你血口喷人！"

　　众人怒气冲冲，林三和日本军官被团团围在中间，难以走脱。僵持之际，枪声惊动了日军，十分钟内，一支日军小队就从总督府赶到了聚春园，端着枪口朝向聚春园的伙计们。

　　双方剑拔弩张，空气中的火药味一触即发，王祖官清楚眼前的形势，硬碰硬，只怕还有人要倒下，只好咬牙切齿地朝着林三说："迟早，你会被人们撕得粉碎……"说完摆摆手，让众人放他们走。

　　众人喊叫着："不能放他们走，不能便宜了他们……"可手中无枪，只能看着日军扬长而去。

　　叶仲涛抱着弟弟的尸首，满身是血，仰天长啸："武涛啊，你可叫我如何向阿妈交代啊……老天啊老天，这是什么鬼世道啊！"

　　滔天的哭号，感染得在场的男子汉们呜咽声一片……聚春园的灯，暗了下来，人们将牙齿咬得咯嘣咯嘣响……

　　此前，叶仲涛本来一直努力压住怒火，千般忍让，只为维持家庭的安宁。父亲的去世虽然让他伤心不已，作为家中长子，必须告诫自己时刻保持冷静，引导好弟弟，照顾好母亲，在乱世中努力生存下去。

可眼睁睁地看着弟弟被日本人戕害，他彻底看清了日本侵略者的面目，对他们有几分忍让，就是对亲人多几分罪过。日本人对中国人民犯下的滔天罪行，罄竹难书，永世不可饶恕。

叶仲涛被彻底激怒了，他不再忍让，主动参加各种抗日活动，为共产党传递情报，联系福州抗日分子，协助毁坏日军的据点、烧毁日军汽车、在郊外埋设地雷……

民国三十四年（1945）5 月 18 日，福州终于迎来了曙光，日军狼狈逃窜，福州再次光复。

由于南平地处闽北山区，交通不畅，日军也难以进攻，分店才得以维持。但是，山区货源短缺，新鲜的海产品无法及时供应，最多的食材就是肉和蛋，厨师们因地制宜，将闽北的香菇、腐竹、金针、笋片等土特产巧妙融合，竟然做出了别样的闽菜。这几年，聚春园南平分店所挣盈余，不但要养活南平分店人员，还要补贴福州城内的聚春园总店。

听到南平分店要搬回来的消息，看着门柱上"聚多冠盖，春满壶觞"的楹联，王祖官无限感慨，扭头看着那棵硕大的榕树。恍惚间，瞧见郑春发正默默站在树下，一语不发盯着聚春园……他不由得羞愧地低下头来，搅动着锅里的鱼丸，腾腾的热气，渐渐蒙眬了双眼……

四

滔滔闽江，向着东方，日日奔腾不息。

闽江两岸，青山如黛，街巷繁华，汽笛声声，行舟如织。悠悠行走的闽江，至入海处，江面豁然开阔，水流减缓，似一位饱经沧桑的智者，以洞穿万事万物的豁达，用平稳淡泊的情绪，以己之用，献己之能，悄无声息地融入浩瀚的海洋。

金山寺里有故事，那故事包裹着福州人的喜怒哀乐；高高耸立的罗星塔，为南来北往的航行者点亮明灯，指明方向。

邓响云闲来无事，总爱到这闽江之畔，走一走，看一看，想一想。他有些累了，眼前一幕幕流动着聚春园的过往与现今。

从青春勃发到白发染鬓，他和聚春园一路同行，繁盛时名冠福建，低沉时黯然唏嘘。聚春园来到了十字路口，可他这位领航人，已经成为过客。

民国三十四年（1945）秋，天高云淡，抗战结束，聚春园南平分店结束了使命，搬回福州。

聚春园门口乌泱泱围满了人，有金未央从南平分店带回来的厨师、伙计，有守在福州的王祖官，也有看热闹的左邻右舍，鞭炮齐鸣，热热闹闹，每个人脸上都洋溢着抑制不住的笑容。走得再远，也是漂泊，福州的聚春园是根，是魂，是归宿，是百年血脉的源泉，让每一个聚春园人深深眷恋。

邓响云没有和众人一起去感受这份热闹，而是悄无声息地登上了乌石山。

登上山顶，慢慢行走到巨石之旁、硕榕之阴下的"先薯亭"，邓响云不知不觉驻足，凝望远方：雾霭蒙眬，似真似幻，俨然迈入了历史深处……

这座先薯亭，是为纪念福州长乐人陈振龙而建。据传，明代万历二十一年（1593）福建全省大旱，水稻歉收，数万饥民难以果腹。侨居菲律宾吕宋岛的陈振龙，挂念家乡父老困苦，遂不顾当地政府严格禁令，将番薯苗偷偷装进竹筒，封好口，绑于船舷两侧，揣着一颗急于报国的心，涉海过洋，将救命的番薯苗运回福州，在南台沙帽池试种成功。时任福建巡抚金学曾见有此高产、适宜的作物，大力推广，广泛种植，终使百姓免于灾荒之苦。之后，在东南沿海各地种植，渐传至北方。

邓响云思想着陈振龙的过往，当时，他是怀着怎样急迫而又焦虑的救国救民之心啊，远涉重洋，不惧安危，救百姓于饥饿和死亡的边缘，功德何其大哉，得享此亭，实至名归。

自己虽不能和陈振龙相提并论，但情同此境，理同此心。陈振龙为的是解决民众的吃，聚春园也是为民众提供食物，民以食为天，这是千古至理名言。如果说陈振龙解决的是"吃饱"的问题，聚春园解决的就是"吃好"的事情。如今，邓响云考虑的，已不仅仅是保住聚春园、继续盈利。他在思虑师父郑春发叮嘱他的话："把聚春园守住，就是守住了闽菜的根；把聚春园的技艺传下去，就是传播闽菜的魂。"

聚春园，和众多的福州城里的菜馆一样，承担着历史使命，凝聚着闽菜的魂魄。若是在他这一代人手中断了根系，只怕要想继承、发扬，就会遭受许多不必要的周折。

　　"不，一定不能停！"邓响云想到这里，快步下山，朝着聚春园方向大踏步奔去。他要告诉金未央和股东们，保住聚春园，比保住自己的性命还重要。聚春园，是闽菜之源，要趁着赶跑日寇、社会安定的良机，重振聚春园，让闽菜再续辉煌！

　　当邓响云走到聚春园门前时，却遇到了他最讨厌的人——林三。

　　这个恶毒的流氓，已五十六岁，虽穿戴整齐，却满面枯容，老态尽显站在聚春园门口，如流浪的丧家狗。

　　大家都在忙碌，没人顾得上理会这个可憎的恶徒，邓响云斜觑一眼他，准备绕过去进入聚春园。

　　林三却嬉皮笑脸地拦住了他："老东家，今天是个好日子，赏口饭吃吧。"

　　"滚，这地方岂是你这野狗待的！"自从林三害死叶武涛后，邓响云就对他恨之入骨。

　　"我滚可以，你总得扔给几块骨头啊。"林三弯着腰，瞪着眼珠子，伸出双手，掌心向上，似乎等待着捧"骨头"，赔着笑脸说道。

　　邓响云气得牙根生疼，怒气冲冲地说："你走不走，再不走我就让伙计们出来赶你了！"

　　林三还要纠缠，金未央已经笑着迎出来，见此状况，一把拉住邓响云，笑呵呵地说："今天，聚春园做了最丰盛的宴席，席后自然要扔给狗一些骨头的。邓师父，莫和这癞皮狗一般见识，走，老兄弟们都等着您呢……"

　　林三高兴得手舞足蹈，乐不可支，活像一个疯乞丐。聚春园的小伙计手拿一把竹扫帚，正在打扫门前的鞭炮屑，趁机朝着林三身上扫去，嘴里骂着："好狗不挡道，去，边上待着去……"

林三识趣地躲到了远处的树荫下，静静地坐在石凳子上，贼眉鼠眼地观察着来往的宾客，希望找到个他认识的人……

眨眼间，来到了民国三十六年（1947）6 月 26 日，汉奸江逸仙在中亭街被捕。

本来邓响云已经很少来聚春园了，可每遇到大事，尤其是这个月，连续不断的水灾、风灾降临，他实在坐不住，每天准时到聚春园转一转，生怕这个老菜馆再有什么闪失。

一进门，他就乐呵呵地说："听说了吗？我过来时，汉奸江逸仙被捕了，这可是特大好消息。"

金未央说："这帮卖国贼，早就该受到惩罚了。对了，那个林三，再来时，我们就报告他也是汉奸。"

叶仲涛当即附和道："是呢，这个人真是坏透了，政府为何不逮捕他。"

"善恶终有报，是时候不到。"邓响云说。

"就是我们太软弱纵容，才让他有恃无恐。"叶仲涛说。

邓响云在大厅里走来走去，反复咀嚼："这几天我想了又想，这做菜，和生活息息相关。你说说，六月里发生了多少事，哪一件离得开吃穿？记得我师父曾说过，大厨的高境界是'人菜合一'，师父说得固然不错，我总觉得，技艺虽然看着重要，却不是最要紧的，做菜应该是一种情怀，一种坚守，一种……我也说不好，你有文化，你给总结总结。"

叶仲涛听罢，沉思片刻，问："师父，您的意思，是不是说，做菜和人民生活息息相关。做菜应该一心为人，心中有人。"

"对，对，就这个意思，你再提高提高。"

"人在先，我在后！"叶仲涛响亮地答，"这个我，就是说我们厨师。意思就是，厨师要时刻想着客人，才会达到'人菜合一'的境界。"

邓响云连连夸赞："读书真是有用。这句话说得好，做菜的根本，说到底是与人打交道，心中装着客人，师父说的'人'是我们厨师，我们说的'人'是客人。客人为先，才能立于不败之地。"

金未央也赞同地说："我也想通了，我们一直努力再努力，誓要保住聚春园，其实反过来想，聚春园存在的意义，不能只为了盈利而存在，要为客人而存在。为了生存而保护，不如为了客人而生存更有持久生命力。"

"两位师父，你们说的，正合乎《道德经》里老子的话——有无相生，难易相成。"叶仲涛拱了拱手，表示钦佩。

"以人为本。"邓响云激动地说，"包括我们的厨师，反过来也是东家的'客人'，总之，一切以人为本，就是对的。"

"以人为本，手中有艺。人在先，我在后——便得厨之臻境，实乃厨之大者！"叶仲涛竖起拇指。

邓响云叮嘱金未央："仲涛聪颖，我就把他交给你了，务必让年轻人扛起大梁来！"

"您放心。"

"老头六十有三，总算可以安心了。"邓响云捋着山羊胡须，悠然自得哼着小曲，刚迈步走出聚春园，又折返回来，叮嘱道，"还有几句话，是新闽菜精要，务必要牢记，这便是——融山海、擅治汤、茶入筵！"

叶仲涛闻听，连忙拉住邓响云，要他仔细讲讲其中奥妙。

邓响云好整以暇地说，这新闽菜的形成，总离不开气候、物产、土壤，正是这些独特的因素，才提供了丰富的特产，让闽菜区别于其他的菜肴，形成独特的风味，又有了一道道闽菜，才组成了闽菜宴席，最终凝聚成闽菜形成文化。这是一个循序渐进、相辅相成的成因，更是传承、延续、创新、发展的脉络。也就是说，离开了独有的闽菜原材料，做出的菜肴便如"橘生淮南则为橘，橘生淮北则为枳"的云泥之别。

叶仲涛听了这番话，心生敬意，随即就到屋里记录在笔记本上，以利日后好好揣摩。

福州城真是不得安生。七月里，福州邮工积极响应全国性的反饥饿、反内战、反迫害和反对美帝暴行运动，开展经济斗争，要求按照生活费指数发给工资。陆续有学生和工人组织上街游行，情绪激昂，拿着旗帜，举着"饥饿事大读书事小"的标语，工人喊着"我们要吃饭"的口号，在街上演讲，军警阻止他们游行，用棍棒、皮鞭和枪抽打手无寸铁的人们。运动的声势巨大，民众们深恐政府进行压制，纷纷劝诫自己的家人。

到八月，鼠疫激增，每日平均发现 15 起，遍布城台各地，仓山较少；又连续数日高温，很少降雨，郊区的田地干涸，农民因秋稻缺水灌溉，焦急万分；8 月 25 日，中州、南台白马桥、南禅山发现天花；26 日，阳光炽热如火，热浪滚滚而来，仿佛置身于火炉之中，连呼吸都变得困难，空气中弥漫着沉闷与燥热……

凡此种种，福州城内外，蔓延着一种焦灼的气息，似乎只要往空气中扔一根火柴，就能引起一场爆炸。

国民党当局惶惶不可终日，疯狂搜刮钱财，毒害人民。他们残杀地下党和革命群众，在白色恐怖统治下，福州民不聊生，百业凋敝，人民生活在水深火热之中，聚春园也在苦苦挣扎。各政府机构轮番到聚春园巧立名目收税，除了以国家名义征收的所得税、烟酒税、营业税等等之外，还增加了电灯税、清洁税、茶水税等种类繁多的税收。

1949 年 8 月，福州城内危机进一步加深，经济崩溃、通货膨胀、物价飞涨。而解放军的脚步越来越近了。

聚春园这几日，已不对外营业，在等待黎明的到来。

这天，夜色降临，街上不见几个行人，昏黄稀疏的街灯像萤火虫一样扑闪着，闷热的夜晚有着暴风雨来临前的宁静。

即使时局不稳、变幻莫测，聚春园也安排人员值守。这晚轮到叶仲涛，小建宏吃过，在地下跑来跑去玩耍。叶仲涛、叶妻、阿黑三人坐在花厅一角的八仙桌旁，每人面前盛着小半碗饭，就着一碟南瓜吃着。

阿黑叹了口气："现在一麻袋钞票还买不到一麻袋米。真是民国'万税'，天下'太贫'。"他的头发已经斑白，饱经风霜的脸上，布满了深深的皱纹，身上穿着一件灰不灰、黄不黄的褂子，被汗水浸得湿透。

叶仲涛安慰他："快了，快了，好日子就要来了。"两口把碗里的饭拨下肚子。拿起放在桌上的《中国人民解放军布告》，今天早上，叶仲涛发现它出现在了聚春园门上，他一字一句念给阿黑听："人民解放军纪律严明，公买公卖，不许妄取民间一针一线。希望我全体人民，一律安居乐业，切勿轻信谣言，自相惊扰。切切此布。"

阿黑欣喜地说："若果真如此，解放军可比国民党好。"

"嘭、嘭、嘭……"大门上传来一阵敲门声,阿黑站起身。

叶仲涛已四十三岁,成熟稳重。他叮嘱说:"先搞清楚是谁,再说。不要像前几日,进来一拨又一拨国民党兵,把东西都抢光了。"

阿黑走到门前,问:"外面是谁?"

"我是林三。"

阿黑把门拉开一条缝,是许久没有露面的林三,拖着孱弱的身躯挤了进来:"给我口吃的吧,我快饿死了。"

"你这狗东西,死了正好。"林三平日里把众人的容忍当成软弱,自以为手上有把柄,隔三岔五到店里讨要吃的。邓响云不想节外生枝,每次也给他一点吃的,以息事宁人。阿黑早对他忍无可忍。

林三也不理会阿黑的讥讽,见桌上有碗,两眼放光,紧走几步,抢在手中,一看,每只碗都空空如也。

他大失所望:"给点吃的吧?不然,我就告官去。"

叶仲涛和阿黑闻言,大笑了起来,要变天了,林三还沉睡在旧时光里。

"走,我陪你告官去!"阿黑朝林三大声怒喝,这辈子他恨透了林三,走上前来,用蒲扇一样的大手死死抓住林三的臂膀,拖着到了店外。

林三与阿黑年龄相仿,却哪里是阿黑的对手。他挣脱不得,梗着脖子拧着头,心里打鼓,慌张地结巴着说:"你、你要干什么?"

叶仲涛跟前到了门口,对阿黑说:"阿黑叔,放开他,为这么个烂人不值得。"叶妻关心叶仲涛,抱着小建宏站在叶仲涛身边。

阿黑用力一甩,林三打了个趔趄,差点摔倒。他站稳身形,脸上因疼痛龇牙咧嘴,腿脚发软,左臂低垂着。他用颤抖的右手指着阿黑，阴森森地说："你，你们，等着瞧。"

林三踉跄着往街上走去，此时，一辆军车正飞快地驶来，"嘎"的一声停下，两道明晃晃的车灯照在林三身上。

林三弯着腰，用手挡着光，眯着眼仔细看，而后兴高采烈地挥手："长官、长官……"

"砰——"林三随着枪响倒下，双肩耸动。车上跳下两个国民党士兵，补了一枪，穿透了心脏，血流如注。

"叶师傅一同走吧。"驾驶室有人发话，几个士兵冲上前，反剪着叶仲涛的双臂，往军车上推搡，叶仲涛不断反抗着，高叫："你们干什么？"他的嘴立刻被捂住。

纠缠中，叶妻摔倒，仍一手拉着儿子，一手死死拽着叶仲涛的衣角。阿黑上前，尚未能近身，被一脚踢倒在地。

"没有时间了，一起带走。"驾驶室里再次下达了命令，车上又跳下几个士兵，迅速扭着叶仲涛一家，扔到车上，车子飞快地消失在了黑夜中。

阿黑年老力衰，挣扎着，朝着车子离去的方向，声嘶力竭地呐喊着："仲涛、仲涛……我怎么向老东家交代啊……"

8月17日，当天上午，解放军的红旗高高飘扬在福州城的上空。

只是，再也没有人见过叶仲涛。

.